· 网络空间安全技术丛书 ·

网络空间安全计划
与策略开发

[美] 奥马尔·桑托斯（Omar Santos）著

王欣 马金鑫 吴润浦 译

DEVELOPING
CYBERSECURITY
PROGRAMS
AND
POLICIES

机械工业出版社
CHINA MACHINE PRESS

本书中文简体字版由 Pearson Education（培生教育出版集团）授权机械工业出版社在中国大陆地区（不包括香港、澳门特别行政区及台湾地区）独家出版发行。未经出版者书面许可，不得以任何方式抄袭、复制或节录本书中的任何部分。

本书封底贴有 Pearson Education（培生教育出版集团）激光防伪标签，无标签者不得销售。

北京市版权局著作权合同登记　图字：01-2018-8483 号。

图书在版编目（CIP）数据

网络空间安全计划与策略开发 /（美）奥马尔·桑托斯（Omar Santos）著；王欣，马金鑫，吴润浦译 . —北京：机械工业出版社，2023.7

（网络空间安全技术丛书）

书名原文：Developing Cybersecurity Programs and Policies

ISBN 978-7-111-73501-4

I. ①网… II. ①奥…②王…③马…④吴… III. ①计算机网络－网络安全 IV. ① TP393.08

中国国家版本馆 CIP 数据核字（2023）第 128296 号

机械工业出版社（北京市百万庄大街 22 号　邮政编码 100037）

策划编辑：朱　劼　　　　　　责任编辑：朱　劼　　陈佳媛
责任校对：樊钟英　李　杉　　责任印制：李　昂
河北宝昌佳彩印刷有限公司印刷
2023 年 11 月第 1 版第 1 次印刷
185mm×260mm·25.25 印张·610 千字
标准书号：ISBN 978-7-111-73501-4
定价：129.00 元

电话服务　　　　　　　　　　网络服务
客服电话：010-88361066　　机 工 官 网：www.cmpbook.com
　　　　　010-88379833　　机 工 官 博：weibo.com/cmp1952
　　　　　010-68326294　　金 书 网：www.golden-book.com
封底无防伪标均为盗版　　机工教育服务网：www.cmpedu.com

译者序

随着信息化水平的不断提高，人们在工作生活中对信息化技术的依赖逐渐加大，计算机技术和互联网技术在各行各业的应用逐渐深入，政府、金融、能源、工业生产、医疗、商业等传统领域的信息化程度快速加深，网络风险也随之增加。在这个万物互联的时代，如何维护网络安全、提高信息化水平、保障生产生活的有序运行，日益成为网络安全领域研究和实践工作的焦点，也引起了越来越多从业人员的关注和重视。

在网络空间中，无论互联网还是一个组织的局域网，都存在着自然和人为等诸多因素导致的脆弱性和潜在安全威胁。网络安全策略定义了一个组织如何保护其信息资产和信息系统，目标是全面地应对各种不同的脆弱性和威胁，确保网络信息的机密性、完整性和可用性。通过制定完善的网络安全策略，能够有效降低、缓解甚至阻止网络安全风险。

随着网络安全威胁对组织正常运行造成的危害逐渐加大，网络安全策略应全面覆盖信息资产的各个方面，包括数据安全、物理安全、环境安全、访问控制、安全开发和维护等，甚至包括组织的企业文化、价值观等。网络安全计划与策略的制定不仅关乎信息技术人员和网络安全人员，同时与管理人员、使用人员等都息息相关。

为促进国内网络安全治理工作的开展，提高企业、机构、组织甚至国家的网络安全保障能力和防御水平，我们通过对该领域的长期跟踪和关注，有针对性地选取国外网络安全方面的优秀图书并译成中文，供国内人员参考借鉴。

本书从相关的行业标准和实践出发，详细阐述了如何制定完善的网络安全计划与策略。书中涵盖网络安全框架的构建、重要的网络安全元素、网络安全实践以及金融和医疗机构的合规性等内容，能够为网络安全计划的制定提供详细的指导。

在本书的翻译过程中，我们得到了北京信息科技大学的易军凯老师及其团队成员的大力支持和帮助，在此深表感谢。

译者

前　言

网络攻击的数量在持续增加。对安全可靠的数据和其他信息的需求意味着公司需要专业人员来保证其信息安全。网络安全风险不仅包括数据泄露的风险，还包括整个组织因依赖数字化和可访问性的业务活动而受到破坏的风险。因此，学习制定适当的网络安全计划对任何组织都至关重要。网络安全不再是委派给信息技术（IT）团队的任务，每个人都需要参与其中，包括董事会。

本书侧重于行业领先的实践和标准，如国际标准化组织（ISO）的标准以及美国国家标准与技术研究院（NIST）的网络安全框架和特别出版物，为如何在组织内有效制定网络安全计划提供了详细的指导。本书面向想要在商业、政府、学术、金融服务或卫生保健领域担任领导职位的读者，书中提供的材料是所有网络安全专业人员必须掌握的。

本书首先概述网络安全策略和治理，以及如何制定网络安全策略和开发网络安全框架。然后，详细描述有关治理、风险管理、资产管理和数据丢失预防的信息。你将学习如何将人力资源、物理和环境安全作为重要元素纳入网络安全计划。本书还介绍了通信和操作安全、访问控制管理以及信息系统获取、开发和维护方面的最佳实践。你将学习网络安全事件的响应原理以及如何制定事件响应计划。全球各组织必须了解新的网络安全法规以及这些法规如何影响其业务以保持合规性。合规性尤其重要，因为对违规行为的处罚通常包括大额罚款。本书第 13 和 14 章阐述了金融机构与卫生保健部门的合规性，第 15 章阐述了对支付卡行业数据安全标准（PCI DSS）的深入见解。最后一章概述了 NIST 网络安全框架，附录 A 提供了本书所涵盖的资源列表。从网络安全工程师到事件管理人员、审计人员和执行人员，所有这些读者都可以从本书中受益。

致谢

本书是多人共同努力的结果。感谢技术评审员 Sari Green 和 Klee Michaelis 的重要贡献和专业指导，没有他们的帮助，这本书不会顺利出版。

还要感谢策划编辑 Chris Cleveland 与责任编辑 Mary Beth Ray 在本书出版过程中给予的帮助和支持。

Omar Santos 是思科安全研究和运营中心产品安全事件响应团队（PSIRT）的首席工程师，负责调查和解决思科所有产品（包括云服务）中的安全漏洞。Omar 从 20 世纪 90 年代中期开始从事信息技术和网络安全相关工作。Omar 曾为多家《财富》100 强、500 强公司和美国政府设计、实施与运维网络安全项目。在担任目前的职务之前，他是全球安全实践和思科技术援助中心（TAC）的技术领导者，在这两个组织中领导和指导着许多工程师。

Omar 是安全界的活跃人员，他领导着几个全行业的倡议和标准机构，旨在帮助希望提高关键基础设施安全性的企业、学术机构、执法机构以及其他参与者。

Omar 经常在多个会议上为思科客户和合作伙伴提供技术演示，他是数十本书籍和视频课程的作者。你可以通过以下方式关注他：

个人网站：omarsantos.io

Twitter：@santosomar

LinkedIn：https://www.linkedin.com/in/santosomar

目　录

第1章 理解网络安全策略和治理

我们生活在一个相互联系的世界中，个人和集体行为都有可能带来鼓舞人心的善良或悲剧性的伤害。网络安全的目标是保护我们每个人、我们的经济、我们的关键基础设施和我们的国家免受因无意、故意滥用，以及妥协和破坏信息跟信息系统而造成的伤害。

美国国土安全部设立了几个关键基础设施部门，如图 1-1 所示。

美国国土安全部将关键基础设施部门提供的服务描述为"国家经济、安全和卫生健康的支柱。它是我们在家中使用的电力，饮用的水，乘坐的交通工具，购物的商店，以及我们与朋友和家人保持联系的通信系统。总体而言，有 16 个关键基础设施部门构成资产、系统和网络，无论是物理的还是虚拟的，它们对美国至关重要，因为这些关键基础设施失能或破坏会对安全、国家经济安全、国家公共卫生保健或其他任何对这些的组合造成严重影响"。

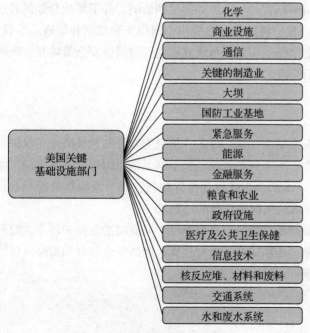

图 1-1　美国关键基础设施部门

仅供参考：美国国家安全

美国总统策略指令7——保护关键基础设施（2003）制定了一项国家策略，要求联邦部门和机构确定美国关键基础设施与关键资源，确定它们的优先顺序，并保护它们免受物理和网络恐怖攻击。该指令承认，不可能保护或消除全国所有关键基础设施和关键资源的脆弱性，但安全方面的战略性改进可降低攻击成功率，并可减轻可能发生的攻击的影响。除了增强战略性安全之外，还可以快速实施战术性安全改进，以阻止、减轻或消除潜在的攻击。

2013年，美国总统策略指令21——关键基础设施的安全和弹性通过认识到这项努力是联邦、州、地方、部落和地区实体，以及公共和私人所有者、关键基础设施运营商的共同责任，扩大了加强和维护安全、正常运行及弹性的关键基础设施的影响。

2017年，美国总统实施了关于加强联邦网络和关键基础设施网络安全的总统行政命令。值得强调的是，通过行政命令实施了具有广泛影响的大规模策略变革，尽管大多数策略变化并未影响所有政府部门。然而，就网络安全而言，该行政命令要求所有联邦机构采用由NIST开发的改进关键基础设施网络安全的框架。该框架由专家根据私营部门和公众的意见制定，被描述为"理解、管理和表达内部和外部网络安全风险的共同语言"。

策略是用于保护关键基础设施和个人自由的开创性工具。策略的作用是提供方向。策略是公司运营、社会法治或政府在世界上的姿态的基础。没有策略，我们将处于混乱和不确定的状态。策略的影响可以是积极的，也可以是消极的。积极策略的标志是肯定我们的努力，应对不断变化的环境，并潜在地创造一个更美好的世界。

在本章中，我们从历史的角度探讨策略，讨论人类如何受到影响，并了解社会如何通过策略来建立秩序以及保护人员和资源。我们将这些概念应用于网络安全原则和策略。然后，我们将详细讨论有效网络安全策略的七个特点。我们承认政府监管对网络安全策略和实践的发展及采用的影响。最后，我们将介绍策略的生命周期。

信息安全与网络安全策略

许多人将传统的信息安全与网络安全混为一谈。过去，信息安全计划和策略旨在保护组织内部数据的机密性、完整性和可用性。不幸的是，这已经不够了。组织很少是独立的，而相互连接的代价就是暴露于攻击之下。无论大小或地理位置如何，每个组织都是潜在的目标。网络安全是通过预防、检测和响应攻击来保护信息的过程。

网络安全计划和策略认识到组织必须保持警惕，具有弹性，并随时准备保护每个入口和出口连接以及组织数据，无论它们存储、传输或处于何种位置。网络安全计划和策略以传统信息安全计划为基础，还包括以下内容：

- ❑ 网络风险管理和监督
- ❑ 威胁情报和信息共享
- ❑ 第三方组织、软件和硬件依赖关系管理

❑ 事件响应和弹性

看一看古往今来的策略

一个想法如果已经存在了很长时间并且经受住了时间的考验，同时得到了人们的理解，那么它似乎更可信。自社会结构产生以来，人们一直致力于从感知混乱中形成秩序，并寻找方法来维持有利于社会结构进步和改善的思想。我们发现的最好方法是识别常见问题并在未来的努力中避免它们。几乎只要在字母和书面单词允许的情况下，策略、法律、司法和其他此类文件就会出现。这并不意味着在书面单词之前没有任何策略或法律。这确实意味着我们没有提及被称为"口头法律"的口头策略，因此我们的讨论局限于我们知道其存在且仍然存在的书面文件。

我们将按时间回顾一些书面策略的例子，这些策略已经并且仍然对包括美国社会的全球社会产生深远的影响。我们不会关心这些策略的功能，而是会首先注意我们可以看到的为什么以及如何创建它们以服务于更大的社会秩序的基本共性。这些书面策略有些被称为法律，有些被称为其他，它们的共同之处在于它们是在可预见的情况下为了引导人类行为而产生的，甚至在不可预见的情况下引导人类行为。与维持秩序和保护的策略目标相同，要求我们的策略必须可以根据动态条件进行改变。

古代策略

3300 年以前，书面策略的例子已然存在，例如宗教的历史文献。有的宗教历史文献可以分为三类——道德、礼仪和文明。我们从社会角度审视这些文献的重要性及其对整个世界的持久影响，这些文献阐述了成文的社会秩序，包含作为社会结构成员的生活规则，这些规则旨在为人们的行为、做出的选择，以及彼此之间乃至整个社会的互动提供指导。其中的一些与商业有关的规则包括：

❑ 计重和度量要准确
❑ 不收取过高的利息
❑ 在所有交易中都要诚实
❑ 及时支付工资
❑ 履行对他人的承诺

值得认可的是，这些"策略范例"存在了很长时间且产生了广泛的影响，甚至一直推动着文化发展。"一系列策略"的好处不是理论上的，而是在很长一段时间内都是真实有效的。

美国宪法

美国宪法是一系列文章和修正案，为美国政府提供框架并界定公民权利。文章本身是非常广泛的原则，承认世界将会改变。这是修正案作为原始文件的补充而发挥作用的地方。随着时间的推移，这些修正案已经扩大了越来越多美国人的权利，并考虑到创始人无法预见的情况。创始人明智地在文件框架中建立了一个改变它的过程，同时仍然坚持其基本原则。虽然修改宪法需要付出很大的努力，但当人们看到需要改变时，这个过程始于人们的经验所得的想法。我们从宪法中学到了一些宝贵的经验教训，最重要的是策略需要足够的动态性，以适应不断变化的环境。

美国宪法和宗教文献是在不同的环境中创造的，但它们都有类似的目标：既作为规则，又指导我们的行为和当权者的行为。虽然我们的网络安全策略可能不会用于宪法和律法这样的崇高目的，但对指导、方向和角色的需求仍然保持不变。

现代策略

我们来关注编写网络安全策略的组织，即非营利组织、营利组织、政府机构和其他机构。同样的环境导致我们为社会文化制定的策略也存在于我们的企业文化中。

指导原则

企业文化可以定义为公司或机构的共同态度、价值观、目标和实践。指导原则为企业文化奠定了基调。指导原则综合了组织的基本理念或信念，反映了组织所追求的公司类型。

文化可以正式或非正式地形成。例如，文化可以通过个人在组织内的待遇来非正式地塑造，也可以通过书面策略正式形成。组织可能有一个允许并重视员工意见的策略，但没有为员工提供任何提出意见的机会。在这种情况下，虽然有一个很好的策略，但它没有得到认可和颁布，也就没用了。

企业文化

企业文化通常根据企业如何对待员工及其客户进行分类，分为消极的、中立的和积极的，如图 1-2 所示。

"消极的"表示敌对、危险或苛刻的环境。员工感到不舒服、不安全，客户不被重视，甚至可能被欺骗。"中立的"意味着企业既不支持也不阻碍其员工，客户通常会得到预期的回报。"积极的"表示企业努力创建并维持沟通融洽的工作环境，真正重视客户关系，与提供商合作愉快并且是社区负责任成员。

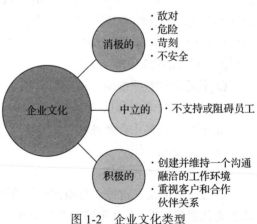

图 1-2　企业文化类型

我们来看一个关于两家公司的故事。两家公司都遇到了泄露客户信息的数据泄露事件，两家公司都请专家帮助确定发生了什么。在这两种情况下，调查人员都确定数据保护措施不足，员工没有正确监控系统。这两家公司之间的区别在于它们如何回应并从事件中吸取什么教训，如图 1-3 所示。

积极的企业文化专注于保护内部信息和客户信息，征求意见，参与主动教育，并适当分配资源，这是一个强有力的声明，员工和客户都受到重视。在这些组织中，策略被视为吸引优质员工和客户的投资和竞争优势。

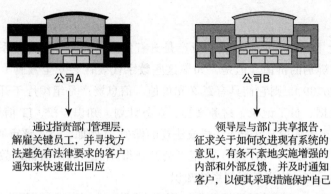

图 1-3　企业文化类型

实践中：尊重公信力的哲学

我们每个人都愿意与为我们提供服务的组织分享大量的个人信息。在网上，我们发布图片、个人资料、消息等。我们与健康专业人士一起讨论我们的身体、情感、心理和家庭问题。我们为会计师、银行从业者、财务顾问和税务编制者提供机密的财务信息。我们为政府提供从出生证明到死亡证明的数据。有时，我们可能会发现自己处于必须向律师倾诉的境地。我们时刻希望所提供的信息勿受未经授权的泄露，不遭故意更改，并仅用于其预期目的。我们还期望用于提供服务的系统能秉承公众信任的理念，谨慎管理我们所委托的信息。真正关心服务对象是组织的主要目标之一。在计划职业生涯时，请考虑你在履行公众信任方面的潜在作用。

网络安全策略

策略的作用是编写指导原则，塑造行为，为负责制定当前和未来决策的人提供指导，并作为实现路线图。网络安全策略是一项指令，定义了组织如何保护其信息资产和信息系统，确保遵守法律和监管要求，并维护支持指导原则的环境。

网络安全策略和相应计划的目标是保护组织，使其员工、客户及其提供商和合作伙伴免受因故意或意外损坏、滥用以及披露信息而造成的伤害，并保护信息的完整性，同时确保信息系统的可用性。

仅供参考：网络是什么

"网络"并不是什么新鲜词。自 20 世纪 90 年代初以来，一个词以"网络"开头表示其涉及计算机或计算机网络。网络伴有犯罪、恐怖主义和战争等术语，意味着计算机资源或计算机网络（如互联网）用于实施行动。

曾经的网络安全顾问理查德·克拉克评论说，"网络犯罪、网络间谍和网络战争之间的区别是几次击键。让你用来盗取钱财、专利蓝图信息或者化学配方的技术和一个国家民族用来入侵并摧毁东西的技术一样。"

资产

信息是具有上下文或含义的数据。资产是具有价值的资源。作为一系列数字，字符串123456789 没有可辨别的价值。但是，如果这些数字代表社会安全号码（123-45-6789）或银行账号（12-3456789），则它们具有意义和价值。信息资产是组织用于开展业务的信息的术语，例如客户数据、员工记录、财务文档、业务计划、知识产权、IT 信息、声誉和品牌。信息资产（例如，患者病史）可能受法律或法规的保护，（例如，员工评审和薪酬计划）可能被视为内部机密，（例如，网站内容）甚至可公开获得。信息资产通常以数字或印刷格式存储，但也有可能将我们的定义扩展到系统知识。

在大多数情况下，组织遵循纵深防御原则制定网络安全策略。如果你是网络安全专家，甚至是业余爱好者，你可能已经知道，当你部署防火墙或入侵防御系统（IPS）或者在你的计算机上安装防病毒或高级恶意软件防护时，不能认为现在是安全可靠的。分层和跨境的纵深防御战略是保护网络和企业资产所需要的。纵深防御策略的主要好处是即使单个控件（例如，防火墙或 IPS）出现故障，其他控件仍可以保护你的环境和资产。纵深防御的概念如图 1-4 所示。

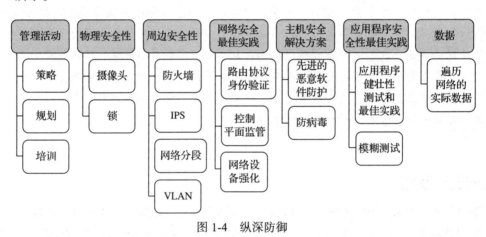

图 1-4　纵深防御

以下是图 1-4 中所示的层（从左侧开始）。

- □ 管理（非技术）活动，例如适当的安全策略和程序、风险管理以及最终用户和员工培训。
- □ 物理安全性，包括摄像头、物理访问控制（如徽章阅读器、视网膜扫描仪和指纹扫描仪）和锁。
- □ 周边安全性，包括防火墙、IDS / IPS 设备、网络分段和 VLAN 等。
- □ 网络安全最佳实践，例如路由协议身份验证、控制平面监管（CoPP）、网络设备强化等。
- □ 主机安全解决方案，例如端点、防病毒软件等的高级恶意软件防护（AMP）。
- □ 应用程序安全性最佳实践，例如应用程序健壮性测试、模糊测试、防范跨站脚本（XSS）、跨站请求伪造（CSRF）攻击、SQL 注入攻击等。
- □ 数据，包括遍历网络的实际数据。你可以在休息和传输中使用加密来保护数据。

每层安全性都会引入复杂性和延迟，同时要求有人管理它。涉及的人越多，创建的攻击媒介也就越多，就越能分散人们对可能更重要的任务的注意力。采用多层，但避免重复——使用共识。

在全球范围内，政府和私人组织已不再纠结是否使用云计算的问题。相反，它们专注于解决如何在采用云计算时变得更加安全和有效。与传统计算相比，云计算代表了巨大的变化。云使任何规模的组织都能够做得更多、更快。云正在释放全新一代的转型，提供大数据分析并为物联网提供支持，但是了解如何制定正确的策略、运营和采购决策可能很困难。云的采用尤其如此，因为它有可能改变业务完成方式以及谁拥有创建和实施此类策略的任务。

此外，它还可能使适当的立法框架产生混淆，不同数据资产的具体安全要求可能会降低政府采用的速度。无论组织是默认使用公共云服务还是作为故障转移选项，私营部门和政府必须确信，如果出现危机，其数据和基本服务的完整性、机密性和可用性将保持不变。每个云提供商都有自己的策略，每个客户（购买云服务的组织）也都有自己的策略。如今，在构建网络安全计划和策略时，需要考虑这种模式。

成功策略的特点

成功策略说明了什么事情必须实现以及为什么必须实现，没有说明具体怎么实现。好的策略有以下七个特点。

- ❑ **支持**：策略得到了管理层的支持。
- ❑ **相关性**：策略适用于组织。
- ❑ **现实性**：策略有意义。
- ❑ **可实现**：策略可以成功实现。
- ❑ **适应性**：策略可以适应变化。
- ❑ **可强制执行**：策略是法定的。
- ❑ **包容性**：策略范围包括所有相关方。

总之，这些特点可以被视为一个策略饼图，每个扇区都同样重要，如图1-5所示。

支持

我们都听过"行动胜于雄辩"的说法。为了使网络安全策略取得成功，领导者不仅要相信策略，还必须以身作则来展示对策略的积极承诺，从而采取相应行动。这需要明显的参与和行动、持续的沟通和支持、投资以及优先排序。

考虑这种情况：A公司和B公司都决定为管理和销售人员购买手机。根据策略，两个组织都需要强大、

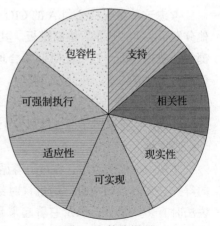

图1-5 策略饼图

复杂的电子邮件密码，IT人员在用于登录的移动电话上对他们的Webmail应用程序实施相同的复杂密码策略。A公司的CEO在使用手机时遇到了麻烦，他要求IT人员重新配置他的手机，这样他就不必使用密码了。他声称："他太重要了，不必花费额外的时间输入密码，而且他的同行都不必这样做。"B公司的CEO参与推广培训，鼓励员工选择强密码来保护客

户和内部信息，并向他的同行展示增强的安全性，包括五次密码尝试失败后的擦除功能。

管理层的忽视、不遵守或规避将使策略快速失败。相反，领导的带头作用和鼓励是人类所知的两个最强大的动力。

策略还可以与个人或客户数据管理、安全漏洞策略等相关。

让我们来看看近年来最严重的数据泄露事件之一，即 Equifax 漏洞。2017 年 9 月，Equifax 遭到破坏，数百万的个人记录被泄露给攻击者。被泄露的数据主要是美国客户的。Equifax 的个人数据管理策略也可以扩展到其他国家，例如英国。该策略可以在网址：http://www.equifax.com/international/uk/documents/Equifax_Personal_Data_Management_Policy.pdf 找到。

有许多法规强制 Equifax 等组织公开记录这些策略以及它们为保护客户数据所做的工作：

"虽然这不是一份详尽的清单，但以下法规（不时修订）直接适用于 Equifax 作为信贷参考机构管理个人数据的方式，包括：

（a）1998 年数据保护法

（b）2000 年消费者信贷（信贷参考机构）条例

（c）2000 年数据保护（主题准入）（费用和杂项规定）条例

（d）1974 年消费者信贷法

（e）2010 年消费者信贷（欧盟指令）条例

（f）2001 年人民代表（英格兰和威尔士）条例"

相关性

从战略上讲，网络安全策略必须支持组织的指导原则和目标。从战术上讲，它必须与那些必须遵守策略的人相关。向那些在日常生活中找不到任何可识别信息的人介绍策略是一种灾难。

考虑这种情况：公司 A 的 CIO 参加关于物理访问安全重要性的研讨会。在研讨会上，他分发了一个"样本"策略模板。其中两项策略要求是：外门始终处于锁定状态，每位访客都必须获得认证。这可能听起来合理，直到你了解到 A 公司大多数的办公地点需要公众可访问的小型办公室。在分发策略时，员工立即意识到 CIO 不知道他们的运作方式。

策略制定是一个深思熟虑的过程，必须考虑到环境。如果策略与环境不相关，那么策略将被忽略，或者更糟糕地，被视为不必要的，并且管理层将被视为脱节。

现实性

回想一下你的童年，在被迫遵循你认为没有任何意义的规则之前，大多数人最记忆犹新的辩护是父母在回应自己的抗议时给出的，"按我说的做！"我们都记得每当我们听到这种说法时有多么沮丧，以及它看起来是多么不公正。我们也许还记得我们故意不服从父母来反抗这种行为。同样，如果策略不现实，策略将被拒绝。策略必须反映所实施环境的现实情况。

考虑这种情况：公司 A 发现用户正在便利贴上写下他们的密码，并将便利贴放在键盘的下面。这一发现令人担忧，因为多个用户共享同一个工作站。作为回应，管理层决定实施禁止员工记下密码的策略。原来每个员工至少使用六种不同的应用程序，每种都需要单独登录。而且，密码每90天就会更改一次。可以想象用户如何对待这项策略。用户很可能会觉得完成他们的工作比遵守此策略更重要，并继续记下他们的密码，或者他们可能会为每个应用程序使用相同的密码。要改变这种行为，不仅仅是发布禁止它的策略，领导者还需要了解员工为什么写下他们的密码，让员工意识到写下密码的危险，最重要的是提供替代策略或帮助员工记住密码。

如果你让策略制定中的三方成员参与进来，提供适当的培训并始终如一地执行策略，员工将更有可能接受并遵守这些策略。

可实现

策略应该是可以实现的，不应该要求组织及其利益相关者完成不可能的任务和要求。如果你认为策略的目标是推进组织的指导原则，还可以假设需要积极的结果。策略绝不应该为失败而制定；相反，它应该为成功提供一条清晰的道路。

考虑这种情况：为了控制成本并加强跟踪，A公司的管理层采用了采购策略，采购订单必须以电子方式发送给提供商。他们在第一年结束时设定了80%的电子履约目标，并宣布不符合这一目标的地区办事处将失去其年度奖金。根据现有的网络安全策略，必须使用安全文件传输应用程序向外发送所有包含专有公司信息的电子文档。问题是采购人员鄙视安全的文件传输应用程序，因为它很慢并且难以使用。最令人沮丧的是，它经常处于脱机状态。这使他们有三种选择：依赖于不稳定的系统（不是一个好主意），通过电子邮件发送采购订单（违反策略），或继续邮寄基于纸张的采购订单（失去奖金）。

在策略适用的每个工作角色中寻求关键人员的建议和意见非常重要。如果预计会产生无法实现的结果，那么人们就会失败。这将对士气产生深远影响，并最终影响生产力，因此策略的可实现性至关重要。

适应性

为了蓬勃发展，企业必须对市场变化持开放态度并愿意承担风险。静态的一体化网络安全策略不利于创新。创新者对安全、合规或风险部门的谈话犹豫不决，因为担心他们的想法会立即被视为违反策略或监管要求。"绕过"安全被理解为完成工作的方式。不幸的结果是引入可能使组织面临风险的产品或服务。考虑这种情况：A公司和B公司正在竞相将其移动应用程序推向市场。公司A的编程经理指示她的团队把开发过程当成秘密且不透露给任何其他部门，包括安全和合规部门。她对自己的团队充满信心，并且知道如果不分心，他们可以击败B公司进入市场。B公司的编程经理采取了不同的策略。她要求在软件开发周期的早期定义安全要求。在这样做时，她的团队确定了一个策略障碍。他们已经确定他们需要为移动应用程序开发自定义代码，但该策略要求"使用标准编程语言"。与安全主管一起，编程经理建立了一个过程来记录和测试代码。它符合策略的意图。管理层同意授予例外，并根据新的开发方法评价该策略。

A公司确实首先进入市场。然而，它的产品很容易受到攻击，使其客户面临风险，并最终导致糟糕的新闻。开发团队需要花时间重写代码并发布安全更新，而不是转到下一个项目。B公司几个月后进入市场，它推出了功能强大、稳定且安全的应用程序。

适应性强的网络安全策略认识到，网络安全不是一种静态的、即时的努力，而是一种旨在支持组织使命的持续过程。网络安全计划的设计应鼓励参与者挑战传统智慧，重新评估当前的策略要求，并在不忽视基本目标的情况下探索新的选择。致力于安全产品和服务的组织经常发现这能促进销售，扩大竞争优势。

可强制执行

可强制执行意味着可以采取行政、物理或技术控制来支持策略，可以衡量合规性，并在必要时使用适当的制裁措施。

请考虑以下情形：公司 A 和公司 B 都有一个策略，即声明 Internet 访问仅限于业务用途。A 公司没有任何限制访问的控制措施；相反，公司将其留给用户来确定"业务使用"。B 公司安装网络过滤软件，该软件根据网站类别实现访问控制并每天查看过滤日志。在实施该策略的同时，B 公司举办培训课程，解释并展示该策略的基本原理，重点是破坏恶意软件传递渠道。

A 公司的工作站感染了恶意软件。确定恶意软件来自工作站用户访问的网站后，A 公司的管理层决定解雇该员工，员工提起抗议声称该公司没有证据表明这不是为了商业用途，而且公司没有明确"商业用途"的含义，此外，其他人（包括他的经理）也总是在网上冲浪。

B 公司的员工怀疑当多个窗口在"商业用途"网站上开启时出现问题。他立即报告了可疑活动。他的工作站立即被隔离并检查恶意软件。B 公司的管理层负责调查此事件。日志证实了员工声称的访问是无意的。其他员工也感谢该员工报告此事件。

如果规则被破坏后没有后果，那么该规则基本上没有意义。但是，必须有一个公平的方法来确定策略是否被违反，其中包括评估组织对策略的支持。应明确界定制裁方式并使之与相关风险相称。应该有一个明确和一致的过程，以便以同样的方式处理所有类似的违规行为。

你还应该开发可以持续评估的报告和指标，以确定你的策略是否有效，谁在遵守，谁违反了以及违反规则的原因。它会妨碍生产力吗？难以理解或遵循吗？

包容性

在我们的策略思考过程中，让外部各方参与进来非常重要。过去，组织仅关注在其内部安置的信息和系统。如今已不再是这种情况，数据（以及存储、传输和处理它的系统）广泛分布在全球范围内。例如，组织可以将信息放在公共云［例如 Amazon Web Services（AWS）、Microsoft Azure、Google Cloud 等］中，也可以利用处理敏感信息的外包商。例如，在图 1-6 中，A 公司由一家外包公司提供支持，该公司为其客户提供技术支持服务（呼叫中心）。此外，它还使用云提供商提供的云服务。

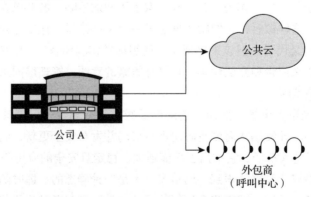

图 1-6 外包和云服务

　　选择往"云"中放入信息或使用"云"中系统的组织可能面临额外的挑战，即必须评估多个位置的分布式系统中的提供商控制。互联网的覆盖范围促进了全球商业化，这意味着策略必须考虑客户、业务合作伙伴和员工的国际受众。外包和分包的趋势要求策略的设计应包含第三方。网络安全策略还必须考虑外部威胁，例如未经授权的访问、漏洞攻击、知识产权盗窃、拒绝服务攻击，以及以网络犯罪、恐怖主义和战争为名的黑客主义。

　　网络安全策略必须考虑图 1-7 中所示的因素。

网络安全策略需要考虑：

组织目标　　　　国际法　　　　员工、业务合作　　环境影响和
　　　　　　　　　　　　　　伙伴、供应商以及　　全球网络威胁
　　　　　　　　　　　　　　客户的文化规范

图 1-7　网络安全策略考虑因素

　　如果网络安全策略不是以易于理解的方式编写的，那么它也可能变得毫无用处。在某些情况下，策略很难理解。如果它们不清晰且不易于理解，那么员工和其他利益相关者就不会关注它们。良好的网络安全策略可以对组织、股东、员工、客户以及全球社区产生积极影响。

政府的角色

　　在上一小节中，我们深入了解了 A 公司和 B 公司的策略，发现它们在网络安全方面存在很大差异。在现实世界中，这是有问题的。网络安全是复杂的，一个组织的弱点可以直接影响另一个组织。政府有时需要保护其关键基础设施及其公民。旨在限制或引起一系列特定行动的干预被称为监管。立法是另一个术语，指法定的法律，这些法律由立法机构（国家、州、省甚至城镇的治理机构的一部分）颁布。立法也可以指制定法律的过程。立法和监管是两个常常使那些不熟悉法律术语的人感到困惑的术语。

　　法规可用于描述两个基本项目：

- ❑ 监督和执行立法的过程
- ❑ 包含作为特定法律或政府策略一部分的规则的文档或文档集

　　法律是最复杂的主题之一，具有各种不同的术语和单词，在不同的语境中通常意味着不同的含义。立法和监管不应混淆，它们完全不同。

　　20 世纪 90 年代，引入了两个主要的联邦立法，目的是保护个人财务和医疗记录：

- ❑ Gramm-Leach-Bliley 法案（GLBA），也称为 1999 年金融服务现代化法案，保障规则

❑ 1996 年健康保险流通与责任法案（HIPAA）

1999 年金融服务现代化法案

1999 年 11 月 12 日，克林顿总统将 GLB 法案（GLBA）签署为法律。该法案的目的是通过消除银行和商业之间的现有障碍来改革银行业并使之现代化。该法案允许银行与新的附属实体进行广泛的活动，包括保险和证券经纪活动。立法者担心这些活动会导致客户财务信息聚集，并显著增加身份盗用和欺诈的风险。法律第 501B 条于 2003 年 5 月 23 日生效，要求向消费者提供金融产品或服务（如贷款、金融或投资建议或者保险）的公司，应确保客户记录和信息的安全性与机密性，防止任何预期的威胁或者对此类记录的安全性或完整性的危害，并防止未经授权访问或使用可能对任何客户造成重大伤害或不便的此类记录或信息。GLBA 要求金融机构和其他承保实体制定并遵守保护客户信息的网络安全策略，并履行董事会责任。GLBA 的执行被分配给联邦监督机构，包括以下组织：

❑ 联邦存款保险公司（FDIC）
❑ 美联储
❑ 货币监理署（OCC）
❑ 国家信用合作社（NCUA）
❑ 联邦贸易委员会（FTC）

> **注意** 在第 13 章中，我们研究适用于金融部门的法规，重点是建立网络安全标准的网络安全机构间准则、FTC 保障法案、金融机构信函（FIL）和适用补充。

1996 年健康保险流通与责任法案

同样，HIPAA 安全规则建立了一个国家标准，以保护由承保实体（包括医疗服务提供者和商业伙伴）创建、接收、使用或维护的电子个人健康信息（称为 ePHI）。安全规则要求提供适当的管理、物理和技术保护措施，以确保电子保护健康信息的机密性、完整性和安全性。承保实体必须发布全面的网络安全策略，详细说明信息的保护方式。立法虽然是强制性的，但并未包括严格的执法程序。然而，2012 年，"经济和临床卫生健康信息技术法"（HITECH）的一项规定将审计和执法责任分配给卫生和人类服务部民权办公室（HHS-OCR），并授予州检察长在其管辖范围内对 HIPAA 违规行为提起诉讼的权力。

> **注意** 第 14 章将详细介绍 HIPAA 安全规则，我们将考察原始 HIPAA 安全规则的组成部分以及随后的 HITECH 法案和综合规则。我们将讨论实体需要实施的符合 HIPAA 标准的策略、程序和实践。

实践中：保护你的学生记录

你的学生记录的隐私受联邦法律 FERPA 的管辖，该法律代表 1974 年的家庭教育权利和隐私法案。该法律规定，教育机构必须制定书面的机构策略，以保护学生教育的机密性记录，并且必须通知学生他们在立法下的权利。该策略的隐私权要点包括学校必须获得家长或符合条件的学生（18 岁及以上）的书面许可才能发布学生的教育记录中的任何信息。学校可以在未经同意的情况下披露"目录"信息，例如学生的姓名、地址、电话号码、出生日期和地点、荣誉和奖励以及出勤日期。但是，学校必须告诉家长和符合条件的学生目录信息，并允许家长和符合条件的学生在合理的时间内要求学校不要披露有关他们的目录信息。

州、省等地方政府作为开拓者

地方政府（州、省甚至城镇）可以在一个国家或地区起先锋作用。例如，历史上美国国会多次未能为保护数字非公有个人身份信息（NPPI）制定全面的国家安全标准，包括违反或妥协要求的通知。在没有联邦立法的情况下，各州都要承担责任。2003 年 7 月 1 日，加利福尼亚州成为第一个制定消费者网络安全通知立法的州。SB 1386 要求企业或州政府机构通知加利福尼亚州居民，他们的未加密个人信息被未经授权的人获得或合理地认为这些信息已被未经授权的人获得。

法律将个人信息定义为"识别、描述特定个人或能够与特定个人相关联的任何信息，包括但不限于姓名、签名、社会安全号码、身体特征或说明、地址、电话号码、护照号码、驾驶证或州身份证号码、保险单编号、教育经历、工作经历、银行账号、信用卡号、借记卡号或任何其他财务信息、医疗信息和健康保险信息"。

随后，48 个州、哥伦比亚特区、关岛、波多黎各和维尔京群岛颁布了立法，要求私人或政府实体通知个人包括个人身份信息在内的信息的泄露危险。

> **注意**　第 11 章将讨论事件响应能力的重要性以及如何遵守各种各样的州数据泄露通知法律。

另一个例子是马萨诸塞州成为美国第一个要求保护马萨诸塞州居民个人身份信息的州。201 CMR 17 规定了与保护纸质和电子记录中包含的个人信息有关的最低标准，并规定了一系列广泛的保障措施，包括安全策略、加密、访问控制、身份验证、风险评估、安全监控和培训。个人信息被定义为马萨诸塞州居民的名字和姓氏，或首字母和姓氏，以及以下任何一项或多项：社会安全号码、驾驶证号码或国家颁发的身份证号码、财务账号、信用卡或借记卡号码。本条的规定适用于拥有马萨诸塞州居民个人信息的所有人。

纽约州金融服务部（NY DFS）越来越关注影响金融服务组织的网络安全事件的数量。NY DFS 还关注整个行业可能面临的潜在风险（包括可以在美国提供金融服务的跨国公司）。2016 年年底，NY DFS 为所有 DFS 监管实体提出了与网络安全相关的新要求。2017 年 2 月 16 日，最终确定的 NY DFS 网络安全要求（23 NYCRR 500）被发布到纽约州登记册上。

金融服务机构将被要求每年准备并向主管提交"NY DFS 网络安全条例"的合规证书。

法规遵从性是许多组织的强大动力。有些行业部门认识到实施适当的控制和保障措施所固有的运营、公民和声誉方面的效益。本章前面提到的两项联邦法规（GLBA 和 HIPAA）是行业和政府合作的结果。这些法规的通过永远改变了网络安全的格局。

其他联邦银行的法规

近年来，下面三家联邦银行监管机构就大型金融机构新的网络安全法规提出了规则制定的预先通知：

- ❏ 联邦储备银行（FRB）
- ❏ 货币监理署（OCC）
- ❏ 联邦存款保险公司（FDIC）

什么是大型金融机构？这些机构拥有 500 亿美元的综合资产和关键的金融基础设施。该框架旨在制定规则，以解决可能"影响安全性和健全性"的严重"网络事件或失败"的类型，不仅仅是作为网络攻击受害者的金融机构，而且要维护金融体系和整体市场的健全性。经过这些初步尝试后，FRB 已存档并记录了所有与法规相关的信件和策略。

第 13 至 15 章将介绍有关联邦和州监管要求及其与网络策略和实践的关系的更多信息。

其他国家的政府网络安全条例

这些类型的法规不仅仅在美国，其他国家也有相关监管机构，特别是欧洲国家。以下是欧盟（EU）的主要监管机构：

- ❏ **欧盟网络和信息安全局（ENISA）**：是由欧洲议会和理事会于 2004 年 3 月 10 日的法规（EC）No. 460/2004 初步组织的机构，旨在提高网络和信息安全（NIS），适用于欧盟内部所有网络间的运营。目前，ENISA 在法规（EU）No. 526/2013（已在 2013 年取代原始法规）下运行。
- ❏ **网络和信息系统安全指令（NIS 指令）**：欧洲议会指定该指令为策略，旨在维持欧盟整体更高水平的网络安全。
- ❏ **《欧盟通用数据保护条例》（GDPR）**：旨在维护欧盟所有成员国的单一数据保护标准。

全球策略的挑战

世界上最大的全球治理挑战之一是为我们在全球范围内努力解决的最棘手的问题建立共同责任。这种新的全球环境给治理带来了一些挑战。

公共策略问题的复杂性日益增加，使得任何主题的全球策略基本上无法实现，与网络安全相关的策略更是如此。各州和国际组织的决策者必须解决越来越多的问题，这些问题涉及学科专业领域，其复杂性尚未被完全理解。

另一项挑战涉及合法性和问责制。传统封闭式的政府间外交无法满足公民和跨国组织倡导团体的愿望，这些团体致力于更多地参与跨国决策并对其进行问责。

网络安全策略生命周期

无论策略是基于指导原则还是监管要求，其成功在很大程度上取决于组织如何处理策略开发、发布、采用和评价的任务。总体来说，这个过程被称为策略生命周期，如图 1-8 所示。

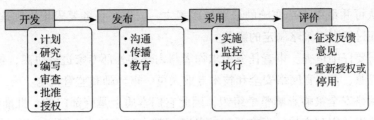

图 1-8　网络安全策略生命周期

图 1-8 中描述的网络安全策略生命周期中的活动在不同组织中是相似的。另外，机制将根据组织（公司与政府）以及具体的法规而有所不同。

与策略生命周期过程相关的职责分布在整个组织中，如表 1-1 所示。了解生命周期并采取结构化方法的组织将更容易成功。本节的目的是介绍构成策略生命周期的组件。我们将研究与特定网络安全策略相关的流程。

表 1-1　网络安全策略生命周期职责分布

位置	开发	发布	采用	评价
董事会执行管理层	沟通指导原则，授权策略	冠军策略	以身作则	重新授权或批准停用
运营管理层	计划、研究、编写、审查、批准和授权	沟通、传播和教育	实施、评估、监控和执行	提供反馈并提出建议
合规官	计划、研究、添加和审查	沟通、传播和教育	评估	提供反馈并提出建议
审计师			监控	

策略开发

即使在写策略之前，也需要花费大量的精力来开发策略。在编写策略后，仍需要经过广泛的审查和批准程序。在开发阶段有六个关键任务：计划、研究、编写、审查、批准和授权。

- 开创性计划任务应确定策略的必要性和背景。绝不应该为了自己的利益制定策略，总应该有一个理由。可能需要策略来支持业务目标、合同义务或监管要求。上下文可能涉及从整个组织到特定的用户子集不等。在第 4 至 12 章中，我们确定制定具体策略的原因。

- 策略应支持并符合相关法律、义务和惯例。研究任务的重点是确定运营、法律、监管或合同要求，并使策略与上述策略保持一致。这个目标听起来很简单，但实际上非常复杂。有些法规和合同有非常具体的要求，有些则非常模糊。更糟糕的是，它们可能相互矛盾。
  例如，联邦法规要求金融机构在其账户信息受到损害时通知消费者。通知必须包含有关违规的详细信息；但是，马萨诸塞州法律 201 CMR 17:00 规定：联邦居民个人信息保护标准明确限制相同的细节不能包含在通知中。你可以想象同时遵守这两个要求有多难。在本书中，我们将使策略与法律要求和合同义务保持一致。

- 为了有效，必须为策略的目标受众编写策略。语言是强大的，可以说是所编写策略获得认可并最终成功实施的最重要因素之一。编写任务要求识别和理解受众。第 2 章将探讨编写对策略制定的影响。

- ❑ 策略需要仔细审查。审查任务要求作者与内部和外部专家进行协商，包括法律顾问、人力资源、合规官网络安全和技术专业人员、审计师和监管机构。

- ❑ 由于网络安全策略影响整个组织，因此它们本质上是跨部门的。批准任务要求作者建立共识并得到支持。所有受影响的部门都应该有机会在授权之前对策略做出贡献和审查，并在必要时对其进行质疑。在每个部门内，应该识别、寻找关键人员并将其纳入流程。他们的参与将有助于策略的包容性，更重要的是，可以激励他们支持策略。

- ❑ 授权任务要求执行管理层或同等权威机构同意策略。一般来说，当局有监督责任，可以承担法律责任。GLBA 和 HIPAA 都要求经过董事会批准的书面网络安全策略，并且至少需要进行年度审核。董事会通常由来自各行各业的经验丰富的非技术人员组成。了解董事会成员是谁以及他们的理解程度有助于以更有意义的方式呈现策略。

策略发布

在获得了权威机构的"绿灯"后，就该发布并向整个组织介绍策略了。这一介绍需要仔细规划和执行，因为它为策略的接受和遵守程度奠定了基础。在发布阶段有三个关键任务：沟通、传播和教育。

- ❑ 沟通任务的目标是传达策略或策略对组织重要的信息。要完成这项任务，需要有杰出的领导力。世界上有两种不同类型的领导者：将领导视为责任的人和将领导视为特权的人。

将领导视为责任的领导者遵守他们要求他人遵守的所有规则。"像我一样"是一种有效的领导风格，特别是在网络安全方面。安全并不总是方便的，领导者通过坚持其策略和树立榜样来参与网络安全计划至关重要。

将领导视为特权的领导者会产生强烈的负面影响。"像我说的那样，而不是像我一样"这种领导风格会破坏网络安全计划，比任何单一的力量都可怕。一旦人们了解到领导者不受相同的规则限制，策略的接受度和遵守度就会开始受到侵蚀。

领导者通过接受和遵守自己的策略来树立榜样的组织很少有与网络安全相关的事件。当事件确实发生时，它们不太可能造成实质性损害。当领导层确定合规的基调时，组织的其他成员会更好地遵守规则，并能更积极地参与。

如果整个组织没有始终如一地采用某项策略，那么它就会被认为存在固有的缺陷。不遵守是一个可以利用的弱点。在第 4 章中，我们将研究治理与安全之间的关系。

- ❑ 传播策略仅仅意味着提供。虽然这项任务看起来很明显，但令人难以置信的是，有不少组织将策略存储在难以定位的地方，最糟糕的是，完全无法访问。策略应广泛分发，并可供其目标受众使用。这并不意味着所有策略都应该适用于所有人，因为某些策略可能有时会包含机密信息，而这些信息应仅在受限制或需要知道的基础上提供。无论如何，对于有权查看策略的人来说，应该很容易找到。

❑ 全公司培训和教育建设文化。当人们分享经验时，他们会被吸引到一起，可以加强彼此对主题的理解。引入网络安全策略应被视为一种教学机会，其目标是提高认识并使每个人与策略目标保持切实联系。初始教育应与持续地提高认识相结合，旨在加强策略驱动的安全实践的重要性。

多种因素有助于个人遵守规则、策略或法律的决定，包括被抓住的机会、承担风险的回报以及后果。组织可以通过在个体行动、策略和成功之间建立直接联系来影响个人决策。建立合规文化意味着所有参与者不仅要认识并理解策略的目的，还要积极寻找支持策略的方法。倡导策略意味着愿意展示杰出的领导力，鼓励和教育他人。创建网络安全策略合规文化需要持续投资培训和教育、评估和反馈。

 注意　在第 6 章中，我们研究 NIST 的安全意识、培训和教育（SETA）模型。

策略采用

策略已经公布，原因已经传达。现在开启艰苦的采用阶段。成功的采用始于公告，并通过实施、绩效评估和流程改进取得进展，最终目标是规范整合。就我们的目的而言，规范整合意味着策略和相应的实施是预期的行为，所有其他行为都是不正常的。采用阶段有三个关键任务：实施、监控和执行。

❑ 实施是最繁忙、最具挑战性的任务。起点是确保所涉及的每个人都了解策略的意图以及如何应用该策略。可能需要就支持管理、物理和技术控制的购买和配置做出决策。可能需要对资本投资进行预算。需要制定项目计划并分配资源，需要随时通知管理层和受影响人员，需要管理不可能实施的情况，包括批准临时或永久例外的过程。

❑ 需要监控和报告后期实施情况、遵守度与策略有效性。监控合规性的机制包括从应用程序生成的指标到人工审计、调查和访谈，以及违规和事件报告。

❑ 除非获得了批准，否则必须始终如一地统一执行策略。违规后果也是如此。如果策略的强制执行仅针对某些情况和人员，或者强制执行取决于是哪个主管或经理在负责，最终将产生不利后果。当组织内部存在不同的执法标准时，该组织对许多文化问题持开放态度，其中最严重的问题涉及歧视诉讼。组织应该分析违反策略的原因，这可能会找出策略中需要调整的缺口。

策略评价

变化是每个组织固有的。策略必须支持指导原则、组织目标和前瞻性举措，还必须与监管要求和合同义务协调一致。评价阶段的两个关键任务是提供反馈、重新授权（停用策略）。

❑ 是否继续接受网络安全策略取决于策略是否能够跟上组织或技术基础设施的重大变化。应每年评价策略。与开发阶段类似，应从内部和外部来源征求反馈意见。

❑ 过时的策略应该更新，不再适用策略应该停用。这两项任务对于整体认识组织指令的重要性和适用性很重要。年度评价的结果应该是策略重新授权或停用策略。最终裁定权属于董事会或同等机构。

总结

在本章中，我们讨论了策略在各种社会结构——从整个文化到公司中所扮演的角色。这些策略并不是全新的。不考虑宗教意图，宗教的历史文献就像任何其他世俗的法律或策略一样。那个时代的人们在日常生活中迫切需要引导，为他们的社会建立秩序。策略为我们提供了解决常见可预见情况的方法，并指导我们在面对这些情况时做出决策。类似于宗教的历史文献的提出，美国发现自己需要一个明确的结构来指导人们的日常生活，美国宪法正是为了实现这一目的而编写的，是强有力、灵活、有弹性的策略文件的典范。

我们将历史策略的知识应用于当今对企业文化作用的研究，特别是将它应用于网络安全策略。无论是社会、政府还是企业，策略都将指导原则编纂成行为，塑造行为，为那些负责制定当前和未来决策的人提供指导，并作为实施路线图。因为并非所有组织都有动力做正确的事情，并且一个组织中的弱点可能直接影响另一个组织，所以有时需要政府干预。我们考虑了政府策略的作用，特别是开创性的联邦和州立法对公共和隐私部门保护非公开个人信息（NPPI）的影响。

网络安全策略的目标是保护组织，组织员工和客户以及提供商和合作伙伴免受因故意或意外损坏、滥用和披露信息而造成的损害，同时保护信息的完整性并确保信息系统的可用性。我们深入探讨了成功的网络安全策略以及策略生命周期的七个共同特点。策略需要拥护者。倡导一项策略意味着愿意展示杰出的领导力，鼓励和教育他人，以创造一种合规文化，参与者不仅要认识并理解策略的目的，还要积极寻找推行策略的方法。最终目标是规范整合，这意味着策略和相应的实施是预期的行为。

本书以本章所介绍的这些基本概念为基础。在第 2 章中，你将学习策略和配套文档的各组成部分，以及简单写作技术。

自测题

选择题

1. 下列哪个项目是由策略定义的？
   A. 规则 　　　　　　　 B. 预期 　　　　　　　 C. 行为模式 　　　　　　　 D. 以上所有
2. 没有策略，人类将生活在_____状态。
   A. 混乱 　　　　　　　 B. 幸福 　　　　　　　 C. 和谐 　　　　　　　 D. 懒惰
3. 指导原则最好描述为_____。
   A. 财务目标 　　　　　 B. 基本哲学或信仰 　　 C. 监管要求 　　　　　 D. 负责人
4. 以下哪项最能说明企业文化？
   A. 分享态度、价值观和目标 　　　　　　 B. 多元文化主义
   C. 一视同仁 　　　　　　　　　　　　　 D. 宗教
5. 与策略生命周期过程相关的职责分布在整个组织中。在网络安全策略生命周期的"开发"阶段，董事会和执行管理层负责以下哪项？
   A. 沟通指导原则并授权策略 　　　　　　 B. 从策略中分离宗教
   C. 监控和评估任何策略 　　　　　　　　 D. 审计策略
6. 以下哪项最能说明策略的作用？
   A. 编纂指导原则 　　 B. 塑造行为 　　　　 C. 作为路线图 　　　　 D. 以上所有
7. 网络安全策略是定义下列哪一项的指令？

A. 员工应该如何工作

B. 如何通过年度审计

C. 组织如何保护信息资产和系统免受网络攻击和非恶意事件的侵害

D. 公司应该拥有多少安全保险

8. 以下哪一项不是信息资产的例子?

A. 客户财务记录   B. 营销计划   C. 患者的病史   D. 建筑涂鸦

9. 成功策略的七大特征是什么?

A. 支持,相关性,现实性,具有成本效益,适应性,可强制执行,包容性

B. 支持,相关性,现实性,可实现,适应性,可强制执行,包容性

C. 支持,相关性,现实性,技术,适应性强,可强制执行,包容性

D. 支持,相关性,现实性,合法,适应性强,可强制执行,包容性

10. 已获得批准的策略有以下哪项支持?

A. 顾客   B. 债权人   C. 工会   D. 管理

11. 谁应该始终免除策略要求?

A. 雇员   B. 高管   C. 没有人   D. 销售人员

12. "可实现"意味着该策略_____。

A. 可以成功实施   B. 很贵   C. 仅适用于提供商   D. 必须每年修改一次

13. 以下哪项陈述总是正确的?

A. 策略扼杀了创新   B. 策略使创新变得更加昂贵

C. 策略应具有适应性   D. 有效的策略永远不会改变

14. 如果违反了网络安全策略且没有后果,该策略被认为是以下哪项?

A. 无意义的   B. 包容的   C. 法律   D. 过期

15. 谁能批准停用策略?

A. 合规官   B. 审计师   C. 执行管理层或董事会   D. 法律顾问

16. 以下哪些部门不是"关键基础设施"的一部分?

A. 公共卫生   B. 商业   C. 银行业   D. 博物馆和艺术

17. 哪个术语最能描述政府干预,目的是引起一系列具体行动?

A. 放松管制   B. 政治   C. 监管   D. 修正案

18. GLBA 和 HIPAA 的目标分别是保护_____。

A. 财务和医疗记录   B. 财务和信用卡记录

C. 医学和学生记录   D. 司法和医疗记录

19. 以下哪个州是第一个颁布消费者违约通知的州?

A. 肯塔基州   B. 科罗拉多州   C. 康涅狄格州   D. 加利福尼亚州

20. 以下哪个术语最能说明开发、发布、采用和评价策略的过程?

A. 策略两步   B. 策略老化   C. 策略退休   D. 策略生命周期

21. 谁应该参与制定网络安全策略的过程?

A. 只有高层管理人员   B. 只有兼职员工   C. 全公司人员   D. 第三方顾问

22. 在策略开发阶段没有发生以下哪种情况?

A. 计划   B. 强制   C. 授权   D. 批准

23. 在策略发布阶段出现以下哪种情况?

A. 沟通   B. 传播   C. 教育   D. 以上所有

24. 应该如何评价策略?

A. 从来没有   B. 只有在发生重大变化时才会发生

C. 每年   D. 至少每年一次,如果发生重大变化,应尽快评价

25. 规范整合是采用阶段的目标，这意味着_____。

　　A. 策略没有例外

　　B. 策略通过了压力测试

　　C. 策略成为预期的行为，所有其他策略都是不正常的

　　D. 策略成本很低

练习题

练习 1.1：理解指导原则

1. 阅读本章"指导原则"部分，了解为什么指导原则对任何组织都至关重要。指导原则描述了组织关于质量保证和绩效改进的信念和理念。

2. 在线搜索公共参考组织指导原则的不同例子并进行比较。描述它们之间的相同点和不同点。

练习 1.2：识别企业文化

1. 确定一种共同的态度、价值、目标或实践，这些都是校园文化或工作场所文化的特征。

2. 描述你最初如何了解校园文化或工作场所文化。

练习 1.3：了解策略的影响

1. 在学校或工作场所，确定一种以某种方式影响你的策略。例如，检查评分策略或出勤策略。

2. 描述策略如何使你受益（或伤害你）。

3. 描述策略的执行方式。

练习 1.4：了解关键基础设施

1. 解释"关键基础设施"的含义。

2. 关于加强联邦网络和关键基础设施网络安全的总统行政命令引入了什么概念，为什么这很重要？

3. 在线研究并描述美国对"关键基础设施"的定义，并将其与其他国家对关键基础设施的看法相比较。

练习 1.5：了解网络安全

1. 网络犯罪、网络间谍和网络战争有什么区别？

2. 网络犯罪、网络间谍和网络战争有什么相似之处？

3. 网络威胁是在不断升级还是在不断减少？

项目题

项目 1.1：尊重公益信托

1. 银行和信用合作社被委托提供个人财务信息。访问金融机构网站，找到与保护客户信息或隐私相关的策略或实践示例。

2. 医院被委托提供个人健康信息。访问医院网站，找到与保护患者信息或隐私相关的策略或实践示例。

3. 银行的策略或做法与医院的策略或做法有何相似之处？它们有什么不同？

4. 银行策略或医院策略是否参考了适用的监管要求（例如，GLBA 或 HIPAA）？

项目 1.2：了解政府法规

美国平价医疗法案要求所有公民和合法居民购买健康保险或支付罚金。这项要求是政府的策略。

1. 选择四个策略特征并将其应用于健康保险要求，说明策略是否符合标准。

2. 必须支持策略。查找支持此要求的个人或团体的示例。解释他们如何表达支持。

项目 1.3：发展沟通和培训技能

　　你的任务是为校园引入新的安全策略。新策略要求所有学生和员工佩戴带有姓名和图片的身份

证，并为访客提供访客证。

1. 解释为什么机构会采用这种策略。
2. 制定在全校范围内传达此策略的方法。
3. 设计一个五分钟的培训课程，介绍新策略。你的会话必须包括参与者贡献和五个问题的会后测验，以确定培训是否有效。

案例研究：两个信用合作社的故事

Best 信用合作社的成员真的很喜欢与信用合作社做生意。工作人员很友好，服务一流，整个团队总是投入精力帮助社区。信用合作社对尊重公众信任的承诺体现在其对安全最佳实践的奉献上。在入职培训期间，新员工将参与网络安全策略。每个人都参加年度信息安全培训。

网点遍布整个城镇的 OK 信用合作社却没有相同的声誉。当你走进分店时，有时很难引起柜员的注意。选择打电话，你可能会被搁置很长时间。更糟糕的是，听到 OK 信用合作社员工在公共场合谈论会员的情况并不罕见。OK 信用合作社没有网络安全策略。它从未进行任何信息安全或隐私培训。

Best 信用合作社希望扩大其在社区中的影响力，因此它收购了 OK 信用合作社。每个机构都将以自己的名义运作。Best 信用合作社的管理团队将管理这两个机构。

你是 Best 信用合作社的信息安全官。你负责管理专门针对 OK 信用合作社开发、发布和采用网络安全策略的流程。首席执行官要求你撰写行动计划并在即将举行的管理会议上提出安全策略。

你的行动计划应包括以下内容：

❑ 你认为完成此任务的最大障碍或挑战是什么？
❑ Best 信用合作社的哪些其他人员应参与此项目？说明原因。
❑ 谁应该邀请 OK 信用合作社参与该流程？说明原因。
❑ 你将如何构建对流程的支持，并最终为策略提供支持？
❑ 如果 OK 信用合作社员工开始抱怨"变化"，会发生什么？
❑ 如果 OK 信用合作社员工不遵守新的信息安全策略，会发生什么？

参考资料

1. "What Is Critical Infrastructure?" official website of the Department of Homeland Security, accessed 04/2018, https://www.dhs.gov/what-critical-infrastructure.

2. "Cyber," Merriam-Webster Online, accessed 04/2018, https://www.merriam-webster.com/dictionary/cyber.

3. "Gramm-Leach-Bliley Act," Federal Trade Commission, Bureau of Consumer Protection Business Center, accessed 04/2018, https://www.ftc.gov/tips-advice/business-center/privacy-and-security/gramm-leach-bliley-act.

4. "The European Union Agency for Network and Information Security (ENISA)", accessed on 04/2018, https://www.enisa.europa.eu.

引用的条例和指示

"Presidential Executive Order on Strengthening the Cybersecurity of Federal Networks and Critical Infrastructure," official website of the White House, accessed 05/2018, https://www.whitehouse.gov/presidential-actions/presidential-executive-order-strengthening-cybersecurity-federal-networks-critical-infrastructure/.

"Presidential Policy Directive—Critical Infrastructure Security and Resilience," official website of the White House, accessed 05/2018, https://obamawhitehouse.archives.gov/the-press-office/2013/02/12/presidential-policy-directive-critical-infrastructure-security-and-resil.

"Homeland Security Presidential Directive 7: Critical Infrastructure Identification, Prioritization, and Protection," official website of the Department of Homeland Security, accessed 05/2018, https://www.dhs.gov/homeland-security-presidential-directive-7.

"Interagency Guidelines Establishing Information Security Standards," accessed 05/2018, https://www.federalreserve.gov/bankinforeg/interagencyguidelines.htm.

"The Security Rule (HIPAA)," official website of the Department of Health and Human Services, accessed 05/2018, https://www.hhs.gov/hipaa/for-professionals/security/index.html.

"State of California SB 1386: California Security Breach Information Act," University of California San Francisco, accessed 05/2018, https://it.ucsf.edu/policies/california-senate-bill-1386-sb1386.

"201 CMR 17.00: Standards for the Protection of Personal Information of Residents of the Commonwealth," official website of the Office of Consumer Affairs & Business Regulation (OCABR), accessed 05/2018, www.mass.gov/ocabr/docs/idtheft/201cmr1700reg.pdf.

"Family Educational Rights and Privacy Act (FERPA)," official website of the U.S. Department of Education, accessed 05/2018, https://www2.ed.gov/policy/gen/guid/fpco/ferpa/index.html.

"Directive on Security of Network and Information Systems," accessed 05/2018, https://ec.europa.eu/digital-single-market/en/network-and-information-security-nis-directive.

"EU General Data Protection Regulation (GDPR)", accessed 05/2018, https://www.eugdpr.org.

其他参考资料

Krause, Micki, CISSP, and Harold F. Tipton, CISSP. 2004. *Information Security Management Handbook, Fifth Edition*. Boca Raton, Florida: CRC Press, Auerbach Publications.

第2章 网络安全策略组织、格式和风格

在第1章中，你了解到策略在帮助我们形成和维持社会、政府与企业组织方面发挥了重要作用。在本章中，我们首先检查指导原则、策略、标准、进程和指南的层次结构与目的，以及附属计划和规划。之后回到我们的重点策略上来，检查策略文档的标准成分和组成。你将了解到，即使构建良好的策略，如果没有传递预期的消息也是无用的。在最好的情况下，复杂、模糊或臃肿的策略充其量是不合规的。在最坏的情况下，它会导致负面后果，因为这些策略可能无法被遵循或理解。在本章中，你将学习"简明语言"，这意味着使用最简单、最直接的方式来表达想法。简明语言文档易于阅读、理解和操作。到本章结束时，你将掌握构建策略和配套文档的技能。本章重点介绍私营部门的网络安全策略，而不是任何国家或州政府制定的策略。

策略的层次结构

正如你在第1章中所了解到的，策略是一种强制性的管理声明，表示管理层的立场。一份精心编写的策略明确定义了指导原则，为必须做出当前和未来决策的人提供指导，并作为实施路线图。策略很重要，但仅凭它们可以实现的目标是有限的。策略需要支持文档来为其提供语境和有意义的应用。标准、基线、指南和进程在确保治理目标的实施方面发挥着各自的重要作用。文档之间的关系称为策略的层次结构。在层次结构中，除最顶层对象外，每个对象都从属于它上面的对象。在策略的层次结构中，最重要的目标是指导原则，如图2-1所示。

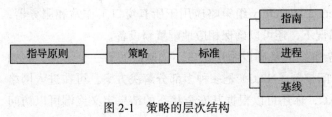

图 2-1　策略的层次结构

网络安全策略应反映指导原则和组织目标。这就是它在组织内传达清晰且易于理解的组织目标时非常重要的原因。标准是一组规则和强制性操作，为策略提供支持。指南、进程和基线为标准提供支持。让我们仔细看看这些概念。

标准

标准用作实施策略的规范并规定强制性的要求。例如，我们的密码策略可能会声明以下内容：

1. 所有用户必须具有符合公司密码标准的唯一用户 ID 和密码。

2. 用户不得与任何人分享他们的密码，无论其职位或地位如何。

3. 如果怀疑密码已泄露，则必须立即向服务部门报告，并且必须请求提供新密码。

然后，密码标准将规定所需的密码特征，例如以下几条：

❑ 至少包含八个大写和小写字母数字字符

❑ 必须包含至少一个特殊字符（例如 *、&、$、#、! 或 @）

❑ 不得包含用户的姓名、公司名称或办公地点

❑ 不得包含重复字符（例如，111）

标准的另一个例子是基础设施设备的常见配置，例如路由器和交换机。组织可能有数十个、数百个，甚至数千个路由器和交换机，它们可能采用“标准”方式为管理会话配置身份验证、授权和记录（AAA）。它们可以使用 TACACS+ 或 RADIUS 作为组织内所有路由器和交换机的身份验证标准机制。

如你所见，该策略代表的期望不一定受技术、流程和管理变化的影响。但是，该标准对于基础设施非常具体。

标准由管理层决定，与策略不同，它们不受董事会授权。只要符合策略意图，管理层就可以更改标准。为网络安全计划编写成功标准的艰巨任务是组织内所有利益相关方和团队达成共识。此外，标准不必解决策略中定义的所有内容。标准应该是强制性的，必须强制执行才能生效。

基线

基线是将标准应用于特定类别或分组。组的示例包括平台（操作系统及其版本）、设备类型（笔记本电脑、服务器、台式机、路由器、交换机、防火墙、移动设备等）、所有权（员工拥有或公司拥有）和位置（现场、远程工作人员等）。

基线的主要目标是均匀性和一致性。与我们的密码策略和标准示例相关的基线示例是要求在所有 Windows 设备（组）上使用特定的 Active Directory 组策略配置（标准）以技术上强制执行安全要求，如图 2-2 所示。

在此示例中，通过将相同的 Active Directory 组策略应用于所有窗口工作站和服务器，在整个组织中实施了基线。在这种情况下，还可以确保相应地配置新设备。

图 2-3 显示了如何在具有更复杂系统的基础设施中实施不同基线的另一个示例，例如 Cisco 身份服务引擎（ISE）。网络访问控制（NAC）是一种多部分解决方案，可在进入网络之前验证终端的安全状态。使用 NAC，你还可以根据其安全状态的结果定义终端可以访问

的资源。任何 NAC 解决方案的主要目标都是提高网络识别、预防和适应威胁的能力。图 2-3 中显示的 Cisco ISE 集中了基于商业角色和安全策略的网络访问控制，为最终用户提供一致的网络访问策略，无论他们是通过有线、无线还是 VPN 连接。所有这些都可以从集中式 ISE 控制台完成，然后在整个网络和安全基础设施中分配执行。

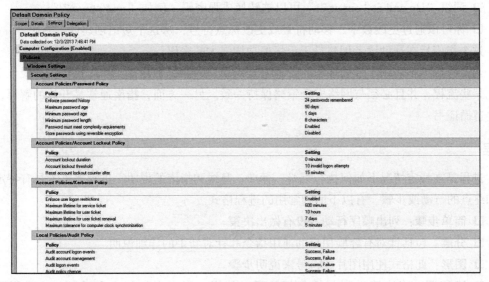

图 2-2　Windows 组策略设置

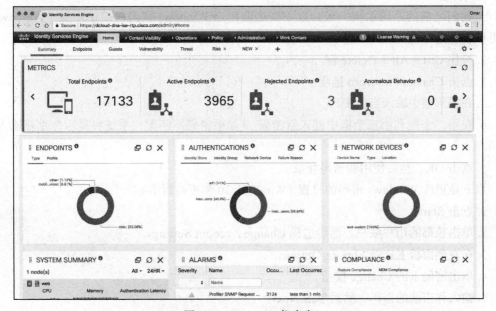

图 2-3　Cisco ISE 仪表盘

在图 2-3 中，三个不同的终端被推迟或拒绝访问网络，因为它们不符合公司基线。

指南

指南被认为是最好的教学工具。指南的目标是帮助人们遵守标准。除了使用比标准更婉转的语言之外，还为目标受众定制了指南，并是非强制性的。指南类似于建议或意见。与前一个示例中的密码标准相关的准则可能如下。

"创建一个强密码的好方法是想出一个易于记忆的词组、歌曲标题或其他词组，然后转换它，如下所示：

❏ 词组 "Up and at ' em at 7!" 可以被转换成强密码，例如 "up&atm@7!"。

❏ 你可以通过更改数字、移动符号或更改标点符号，从这个短语创建许多密码。"

这个指南旨在帮助读者创建易于记忆但功能强大的密码。

当某些标准不适用于你的环境时，指南是对用户的意见和建议。指南旨在根据最佳实践简化某些流程，并且必须与网络安全策略保持一致。另一方面，指南通常是开放的解释，不需要遵循证书。

进程

进程是在特定情况下如何执行策略、标准、基线和指南的说明。进程侧重于具有特定起点和终点的行动或步骤。有以下四种常用的进程格式。

❏ **简单步骤**：列出顺序行动。没有做出决策。

❏ **分层**：包括针对有经验用户的通用指令和针对新手的详细说明。

❏ **图形**：此格式使用图片或符号来说明步骤。

❏ **流程图**：当决策过程与任务相关联时使用。当多方参与一个任务时，流程图很有用。

与我们之前的密码示例一致，以下是更改用户 Windows 密码的简单步骤（Windows 7 及更早版本）：

1. 按住 Ctrl + Alt + Delete 键。

2. 点击 Change Password 选项。

3. 在顶部框中输入当前密码。

4. 在第二个框和第三个框中键入新密码。（如果密码不匹配，系统将提示你重新输入新密码。）

5. 点击 OK，然后使用新密码登录。

以下是更改 Windows 密码的过程（Windows 10 和更高版本）：

1. 点击 Start。

2. 单击顶部的用户账户，然后选择 Change Account Settings。

3. 在左侧面板上选择 Sign-in Options。

4. 单击密码下的 Change 按钮。

5. 输入你当前的密码，然后单击 Next。

6. 输入新密码并重新录入，并且输入密码提示以便在忘记密码时帮助你。

注意 与指南一样，在设计进程时了解受众和任务的复杂性非常重要。第 8 章将详细讨论网络安全手册和标准操作进程（SOP）的使用。

进程应有详细记录并易于遵循，以确保一致性并遵守策略、标准和基线。与策略和标准

一样，应对其进行充分的审查，以确保它们实现策略的目标，并确保其准确性和相关性。

计划和方案

计划的功能是在一定的时间范围内，通常在确定的阶段和指定的资源下，提供关于如何执行倡议或如何应对情况的战略和战术指示及指南。计划有时被称为方案。就我们的目的而言，这些术语是可以互换使用的。以下是我们在本书中讨论的与信息安全相关的计划的一些示例：

- ❑ 提供商管理计划
- ❑ 事故响应计划
- ❑ 业务连续性计划
- ❑ 灾难恢复计划

策略和计划密切相关。例如，事故响应策略通常包括发布、维护和测试事件响应计划的要求。相反的是，事故响应计划从策略中得到权威。通常情况下，策略应包括在计划文件中。

> **实践中：回顾策略的层次结构**
>
> 让我们看一个标准、指南和进程如何支持策略声明的示例：
> - ❑ 该策略要求所有媒体都应加密。
> - ❑ 该标准指定了必须使用的加密类型。
> - ❑ 该指南可能会说明如何识别可移动媒体。
> - ❑ 该进程将提供加密媒体的说明。

写作风格和技巧

风格至关重要。人们对文档的第一印象以其风格和组织为基础。如果读者立即被吓倒，则内容变得无关紧要。请记住，策略的作用是指导行为。只有在策略明确且易于使用的情况下才会发生这种情况。文档如何流动以及你使用的单词将对策略的解释方式产生重大影响。了解你的读者并以可理解的方式撰写。使用相关的术语。最重要的是，保持简单。过于复杂的策略往往会被误解。策略应当使用简明语言来编写。

使用简明语言

简明语言意味着使用最简单、最直接的方式来表达一个想法。

没有一种单一的技术能够定义简明语言。相反的是，简明语言是由结果定义的——它易于阅读、理解和使用。研究证明，使用简明语言技术创建的文档在许多方面都是有效的：

- ❑ 读者能更好地理解文档。
- ❑ 读者更喜欢简明语言。
- ❑ 读者能够更快地定位信息。
- ❑ 文档更容易更新。
- ❑ 培训人员更容易。

　　❑ 简明语言节省时间和金钱。

　　即使是自信的读者也会欣赏简明语言。简明语言使他们能够更加快速地阅读和理解。在美国文化的许多领域，包括各级政府，尤其是联邦政府、医疗保健、科学和法律制度等方面，正在推广使用简明语言。

仅供参考：Warren Buffet 使用简明语言

　　以下内容摘自美国证券交易委员会的《简明英语手册》（*A Plain English Handbook*）中的序言：

　　"四十多年来，我研究了上市公司提交的文件。很多时候，我一直无法破译文件中所说的内容，或者更糟糕的是，我不得不断定什么都没有说。

　　"然而，也许最普遍的问题是，一个善意、见多识广的作家根本无法把信息传达给一个聪明的、感兴趣的读者。在这种情况下，老练的行话和复杂的结构通常是不好的。

　　"一个非原创但有用的提示是：在脑海中写给一个特定的人。在写 Berkshire Hathaway 公司的年度报告时，我假装是在跟我的姐妹们说话。我毫不费力地想象：虽然她们非常聪明，但她们不是会计或金融方面的专家。她们会理解简单的英语，但是行话会使她们困惑。我的目的只是给她们提供信息，如果我们的立场互换的话，我也会希望她们提供给我简明语言。为了成功，我不需要成为莎士比亚，不过，我必须有一颗真诚的心。

　　"没有兄弟姐妹去写信吗？借我的吧：只要以'Dear Doris and Bertie.'开头就好。"

　　来源：证券交易委员会，"简明英文手册：如何创建清晰的 SEC 披露文件，"www.sec.gov/news/extra/handbook.htm.

简明语言运动

　　每个人似乎都想使用简明的语言，但事实并非如此。有一个持久的神话，官方或重要的文件都是冗长的。结果是过多复杂、混乱的法规、合同和策略。为回应公众的无奈，简明语言运动于 20 世纪 70 年代初正式开始。

　　1971 年，美国全国英语教师委员会成立了公共双语委员会。1972 年，美国总统理查德·尼克松颁布了"联邦公报必须以外行人的语言来撰写"，这给了简明语言运动以动力。美国简明语言运动历史上的下一个重大事件发生在 1978 年，当时美国总统吉米·卡特发布了 12044 和 12174 号总统令。这样做的目的是使政府法规具有成本效益并易于理解。1981年，美国总统罗纳德·里根取消了卡特的总统令。然而，许多人继续努力简化文件。到1991 年，八个州通过了与简明语言相关的法规。

　　1998 年，克林顿总统发布了一份总统备忘录，要求政府机构在与公众的沟通中使用简明语言。所有后来的主管部门都支持这份备忘录。2010 年，简明语言倡导者在"简明写作法"获得通过后取得成功。该法律要求联邦政府机构使用简明语言指南以"清晰、简洁、组织良好"的方式撰写出版物和表格。

　　我们可以从政府那里得到启示，并在编写策略、标准、指南和计划时应用这些相同的技巧。策略越容易理解，合规的可能性就越大。

仅供参考：简明语言结果

以下是使用涉及太平洋海上鲸类减少计划的简明语言的示例：第 229.31 节。国家海洋渔业局（NMFS）不仅改进了该法规的语言，还将关键点转变为用户友好的快速参考卡片，使其变为亮黄色让用户很容易找到，且卡片耐湿。

之前

在通知 NMFS 后，该最终规则要求所有 CA / OR DGN 船舶运营商在 1997 年 9 月由 NMFS 召集所有研讨会后参加一个船长教育研讨会。CA/OR DGN 船舶运营商须于此后每隔一年参加船长教育研讨会，除非 NMFS 放弃此要求。NMFS 将在召开研讨会之前通过邮件预先通知船舶运营商。

之后

在 NMFS 发出通知后，船舶运营商必须参加船长教育研讨会，然后在每个捕鱼季开始捕鱼。

来源：www.plainlanguage.gov/examples/before_after/regfisheries.cfm

---

简明语言策略写作技巧

简明语言行动和信息网络（PLAIN）在其网站（http://plainlanguage.gov）上描述了自己作为一群来自许多机构和专业的联邦雇员，他们支持在政府公文和出版物编写中使用简明语言。2011 年 3 月，PLAIN 发布了联邦简明语言指南。有些指南专门针对政府出版物。许多也同样适用于政府和工业。此处列出的十条准则与编写策略和配套文档相关：

1. 为你的受众编写时，使用受众知道并熟悉的语言。

2. 写一些短小的句子，每个句子中只表达一个想法。

3. 将段落限制为一个主题，且不超过七行。

4. 言简意赅，删掉不必要的单词。用"去"代替"由于什么目的"，用"因为"代替"由于事实是"。

5. 当日常用语具有相同含义时，不要使用行话或术语。

6. 使用主动语态。用主动语态写的句子表明主语按照标准的英语句子顺序行事：主语 - 动词 - 宾语。主动语态表明谁应该做什么。它消除了对责任的歧义。不是"它必须这样被做"，而是"你必须这样做"。

7. 用"必须"，而不是"应该"来表示要求。"应该"是不精确的。它可以表示责任或预测。"必须"这个词是向你的受众传达他们必须做某事的最清楚的方式。

8. 在文档中始终使用相同的单词和术语。如果你用"老年人"这个词指一个群体，那么在整个文档中需要继续使用这个词。不要替换其他术语，如"上了年纪的人"或"年龄大的人"。使用不同的术语可能会使读者怀疑你指的是不是同一类人。

9. 省略冗余对或修饰符。例如，使用"cease"或"desist"来代替"cease and desist"。更好的是，使用一个更简单的词，如"stop"（cease、desist、stop 均代表停止含义）。而不是说"最终结果是真实的真理"，而是说"结果是真实的"。

10. 避免双重否定和例外之例外。许多普通的词语都有负面的含义，例如，除非、不能、尽管、除了、未（"un-"词头）、不允许（"dis-"词头）、终止、无效、不足等。当它们出现在"not"后面时，要注意它们。找一个正面的词语来表达你的意思。

你想进一步了解如何使用简明语言吗？PLAIN 的官方网站拥有丰富的资源，包括联邦简明语言指南、培训材料和演示文稿、视频、海报，以及参考资料。

实践中：理解主动语态和被动语态

以下是关于主动语态和被动语态的一些要点：

❑ 语态指的是主语与动词的关系。

❑ 主动语态是指主语行动的动词。

❑ 被动语态是指显示主语被采取行动的动词。

主动语态

用主动语态写的句子表明主语按照标准的英语句子顺序行事：主语 – 动词 – 宾语。主语命名了负责该动作的代理，而动词标识了该代理启动的动作。例如："乔治扔球。"

被动语态

用被动语态写的句子颠倒了标准的句子顺序。例如："球被乔治抛出。"代理人乔治不再是主语，而现在成为介词"by"的对象。球不再是宾语，而成为句子的主语。

转换步骤

要将被动句子转换为主动句子，请执行以下步骤：

1. 确认代理人。

2. 把代理人移到主语的位置。

3. 移动助动词（to be）。

4. 去掉过去分词。

5. 用主动动词替换帮助动词和分词。

转换的例子

原句：报告已经被完成。

改后：Stefan 完成了报告。

原句：决定将被做出。

改后：Omar 将会做出决定。

实践中：美国陆军清晰度指数

清晰度指数旨在鼓励简明撰写。该指数有两个因素：每个句子的平均单词数和超过三个音节的单词百分比。该指数将这两个因素加在一起。目标是每个句子平均 15 个单词，并且总文本的 15% 由三个或更少的音节组成。结果索引在 20 到 40 之间是理想的，表示单词和句子长度的正确平衡。在下面的例子中（摘自 Warren Buffet 的 SEC 介绍），该索引由平均包含 18.5 个单词的句子组成，11.5% 的单词是三个或更少的音节。指数为 30，正好落在理想范围内！

句子	每句的单词数	具有三个或更多音节的单词的数量和百分比
For more than forty years, I've studied the documents that public companies file.	13	两个单词：2/13 = 15%
Too often, I've been unable to decipher just what is being said or, worse yet, had to conclude that nothing was being said.	23	一个单词：1/23 =4%
Perhaps the most common problem, however, is that a well-intentioned and informed writer simply fails to get the message across to an intelligent, interested reader.	26	三个单词：3/26= 11%
In that case, stilted jargon and complex constructions are usually the villains.	12	一个单词：2/12=16%
总数	74	46%
平均数	18.5	11.5%
清晰度指数	18.5+11.5=30	

策略格式

编写策略文件可能具有挑战性。策略是复杂的文件，编写时必须接受法律和监管审查，同时也要便于读者阅读和理解。选择格式的出发点是确定策略受众。

理解你的受众

该策略的目标人群称为策略受众。在安全策略项目的规划部分，必须明确定义受众。策略可以基于工作职能或角色针对特定员工组。例如，应用程序开发策略面向开发人员。其他策略可能基于组织角色针对特定群体或个人，例如定义首席信息安全官（CISO）责任的策略。该策略或其中的一部分有时可以适用于公司外部的人员，例如业务合作伙伴、服务提供商、承包商或顾问。策略受众是整个策略生命周期中的潜在资源。事实上，谁能够比那些在日常工作中使用这些策略的人更好地帮助创建和维持有效的策略呢？

策略格式的类型

在开始写作之前组织好语言！在开始之前，确定需要多少部分和子部分非常重要。设计一个允许编辑灵活性的模板将节省大量时间并减少错误。在本节中，你将学习不同的策略部分和小节，以及策略文档的构成选项。

可以通过两种方式来构建和格式化策略。

❑ **单一策略**：将每个策略编写为独立的文档。

❑ **综合策略**：将类似和相关的策略分组在一起。

综合策略通常由部分和小节组成。

表 2-1 说明了策略文件的格式选项。

表 2-1   策略文件的格式选项

描　　述	例　　子
单一策略	首席信息安全官策略：具体针对信息安全官的角色和责任
综合策略	治理策略：解决董事会、执行管理、首席风险官、首席信息安全官、合规官员、法律顾问、审计师、IT 主任和用户的角色及责任

单一策略的优点是每个策略文档可以短、干净、清晰，并且针对其预期受众。缺点是需要管理多个策略文档，并且它们可能变得支离破碎并失去一致性。合并的优势在于它以单一的声音呈现一个复合的管理语句。缺点是文档的潜在大小和读者定位适用部分的挑战。

在本书的第一版中，我们将研究限制在单一文档中。从那时起，技术的使用和监管环境都呈指数级增长——仅次于威胁升级。为了应对这种不断变化的环境，策略的需求和数量不断增加。对于许多组织来说，管理单一策略变得难以控制。目前的趋势是走向综合。在整本书中，我们将整合安全领域策略。

无论选择哪种格式，都不要在策略文档中包含标准、基线、指南或进程。如果这样做，你将得到一个难以管理的大文件。毫无疑问，你会遇到以下一个或多个问题：

- ❑ **管理挑战**：谁负责管理和维护具有多个贡献者的文档？
- ❑ **更新的困难**：因为标准、准则和进程比策略的变化多，所以更新这些文档比单独处理这些元素要困难得多。版本控制将成为噩梦。
- ❑ **烦琐的审批程序**：各种规章制度以及公司运营协议都要求董事会批准新的策略以及变更。将它们组合在一起意味着对进程、指南或标准的每次更改都可能需要董事会评价和批准。这对于每个人来说都是耗时且烦琐的过程。

策略组件

策略文档有多个部分或组件（见表 2-2）。组件的使用方式及顺序取决于你选择的格式是单一格式还是综合格式。在本节中，我们将检查每个组件的组成。在"实践中"一栏中提供了综合策略示例。

版本控制

最佳实践要求每年对策略进行评价，以确保它们仍然适用和准确。当然，只要存在相关的更改驱动程序，就可以（也应该）更新策略。与策略相关的版本控制是对文档的更改的管理。版本通常用数字或字母代码来标识。主要的修改通常按下一个字母或数字（例如，从 2.0 到 3.0）来推进。小版本通常作为小节（例如，从 2.0 到 2.1）推进。版本控制文档应该包括更改日期、进行更改的人员的姓名、更改的简要概要、授权更改的人员、委员会或董事会的姓名以及更改的

表 2-2   策略文档组件

组件	目的
版本控制	跟踪变化
介绍	构图文档
策略标题	确定主题
策略目的和目标	传达意图
策略声明	强制性指令
策略例外	承认排除
策略执行条款	违规制裁
行政注释	附加信息
策略定义	专业术语

有效日期。

❑ 对于单一的策略文件，此信息在策略标题和行政注释之间分开。

❑ 对于综合的策略文档，版本控制表包含在文档的开头或部分的开头。

实践中：版本控制表

版本控制表用于综合的策略文档。该表位于标题页之后，目录之前。版本控制为读者提供文档的历史记录。这是一个例子：

版本	主编	目的	更改说明	被授权于	有效日期
1.0	S. Ford, EVP		原版	Sr. 管理委员会	01/17/18
1.1	S. Ford, EVP	分段补充	2.5：披露第三部分	Sr. 管理委员会	03/07/18
1.2	S. Ford, EVP	分段更新	4.4：边界设备管理 5.8：无线网络	Sr. 管理委员会	01/14/19
—	S. Ford, EVP	年度报告	无变化	Sr. 管理委员会	01/18/19
2.0	B. Lin, CIO	选择修订	修订"部分 1.0：治理和风险管理"以反映角色和责任的内部重组	Acme，董事会董事	05/13/19

介绍

把介绍作为开篇来考虑。这是我们第一次与读者见面，并有机会与他们接触的地方。下面是介绍的目标。

❑ 提供背景和意义。

❑ 传达理解和遵守策略的重要性。

❑ 让读者了解文件及其内容。

❑ 解释豁免过程和不合规的后果。

❑ 加强策略的权威性。

介绍的第一部分应该说明为什么策略是必要的。它反映了指导原则，定义了公司信奉和致力于的核心价值观。这里也是阐明公司规章和合同义务的地方——通常会列出哪些规章制度（如 GLBA、HIPAA 或 MA CMR 17 201）与组织以及策略的范围有关。

介绍的第二部分应该毫不怀疑合规是强制性的。高级机构（如董事会主席、首席执行官或总裁）的强烈期望是恰当的。用户应了解他们在正常工作或与公司的关系过程中明确并直接负责遵守该策略。它还应明确欢迎用户提出问题，并提供可以澄清策略或协助遵守的资源。

介绍的第三部分应描述策略文件，包括结构、类别和存储位置（例如，公司内部网）。它还应该参考标准、指南、进程和计划等配套文件。在某些情况下，介绍包括修订历史，可能已评价策略的利益相关者，以及联系谁进行任何修改。

介绍的第四部分应解释如何处理合规性可能不可行的情况。它应该提供豁免和执行过程的高级视图。该部分还应说明故意违规的后果。

❑ 对于单一的策略文件，介绍应该是一份单独的文件。

❑ 对于综合的策略文档，介绍作为前言并遵循版本控制表。

实践中：介绍

介绍有五个目标：提供背景和意义，传达理解和遵守策略的重要性，让读者了解文件及其内容，解释豁免过程和不合规的后果，最后，感谢读者并加强策略的权威性。在以下示例中将介绍每个目标。

目标1：提供背景和意义

21世纪的互联技术环境为我们提供了许多令人兴奋的现在和潜在的机会。不幸的是，有些人试图利用这些机会获取个人、经济或政治利益。作为一个组织，我们致力于保护我们的客户、员工、利益相关者、业务合作伙伴和社区，使他们免受伤害并提供卓越的服务。

我们的网络安全策略的目标是保护和尊重客户信息，公司专有数据和员工数据的机密性、完整性和可用性，以及支持我们的服务和业务活动的基础设施。

该策略旨在满足或超过适用的联邦和州信息安全相关规定，包括但不限于Gramm-Leach-Bliley法案（GLBA）第501条和第505（b）条及《MA CMR 17 201》，以及我们的合同义务。

网络安全策略的范围扩大到所有职能领域和所有雇员、董事、顾问、承包商、临时工作人员、合作社学生、实习生、合作伙伴和第三方雇员以及合资伙伴，除非明确排除在外。

目标2：传达理解和遵守策略的重要性

勤勉的信息安全实践是一项公民责任和团队努力，涉及每个处理信息或信息系统的员工和联营公司的参与和支持。每个员工和联营公司都有责任了解、理解、遵守这些策略，并相应地开展活动。如果你有任何疑问或想了解更多信息，我建议你通过x334联系我们的合规官。

目标3：让读者了解文件及其内容

乍一看，策略（或策略组）可能显得令人畏惧。如果查看目录（或列表），你将看到网络安全策略是按类别组织的。这些类别构成了我们的网络安全计划的框架。支持策略是执行标准、指南和进程。你可以在我们的在线公司图书馆的管理部门找到这些文件。

目标4：解释豁免过程和不合规的后果

如果合规在技术上不可行，或者由于业务需要而没有正当理由，可以准予豁免。豁免请求必须以书面形式提交给首席运营官（COO），包括豁免的理由和福利。除非另有说明，首席运营官和总裁有权给予豁免。

故意违反这项策略（或策略组）可能导致纪律处分，这可能包括终止雇佣关系。此外，个人可能受到民事和刑事起诉。

目标5：感谢读者并加强策略的权威性

我要提前感谢你们的支持，同时我们都会尽最大努力创造一个安全的环境并完成我们的使命。

——Anthony Starks，首席执行官

策略标题

策略标题按名称标识策略，并向读者提供策略主题或类别的概述。标题的格式和内容在很大程度上取决于你使用的格式（单一或综合）。

- ❑ 单一策略必须能够独立存在，这意味着必须在每个标题中包含重要的组织管理细节。单一策略标题中包含的信息可能包括组织或部门名称、类别（部分）、子部分、策略编号、作者姓名、版本号、审批权限、策略生效日期、监管性交叉参考，以及支持资源和源材料清单。该主题通常不言自明，不需要概述或解释。

- ❑ 在综合策略文件中，标题用作章节介绍并包括概述。因为策略的版本号、批准权限和有效日期已经记录在版本控制表中，所以没有必要将它们包括在节标题中。监管性交叉参考、主要作者和支持性文档可在策略的行政注释部分找到。

实践中：策略标题

综合策略标题用作部分或类别的介绍。

第一部分：治理与风险管理

概览

治理是由董事会和管理团队执行的一组职责与实践，其目标是提供战略指导，确保实现组织目标，适当管理风险，负责任地使用企业资源。组织风险管理过程的主要目标是为领导和数据管理角色中的人员提供做出明智决策所需的信息。

策略目的和目标

策略目的和目标是进入内容的门户，也是它们解决的安全原则。该部分应简明扼要地传达该策略的意图。请注意，即使是单一策略也可以有多个目标。我们生活在一个商业问题复杂且相互联系的世界，这意味着单一目标的策略可能无法涵盖特定情况的所有方面。因此，在规划阶段，必须适当注意安全策略应力求实现的不同目标。

- ❑ 单一策略列出了策略标题或文件正文中的目的和目标。
- ❑ 在综合策略文件中，目的和目标被分组并遵循策略标题。

实践中：策略目的和目标

目的和目标应该传达策略的意图。下面是一个例子。

第 1 节的目的和目标：治理和风险管理

- ❑ 展示我们对信息安全的承诺
- ❑ 定义组织的角色和职责
- ❑ 为有效的风险管理和持续评估提供框架
- ❑ 满足法规的要求

策略声明

到目前为止，在文档中，除了实际的策略声明之外，我们已经讨论了所有内容。策略声明被认为是最好的高层指示或战略路线图。在本节中，我们列出了需要遵循的规则，在某些情况下，还参考了实现指令（标准）或相应的计划。策略语句旨在提供动作项以及情景响应的框架。策略是强制性的。偏差或例外必须经过严格的审查程序。

实践中：策略声明

最终策略文件的大部分内容由策略声明组成。下面是从治理和风险管理策略中摘录的例子。

1.1   角色和责任

1.1.1   董事会将为网络安全策略和相应计划提供指导并授权。

1.1.2   首席运营官（COO）负责网络安全策略和相应程序的监督、通信与执行。

1.1.3   首席运营官将向董事会提交年度报告，向董事会提供衡量组织遵守网络安全策略目标所需的信息，并衡量业务和运营中固有风险的变化性质。

1.1.4   首席信息安全官（CISO）负责执行网络安全策略和标准，包括但不限于：

❑ 根据适用的监管指南和行业最佳实践，确保选择、实施和维护管理、物理及技术控制，以识别、测量、监测和控制风险。

❑ 管理风险评估相关的补救措施。

❑ 授予对客户端和专有信息的访问控制权限。

❑ 根据审计标准审核访问控制权限。

❑ 应对安全事件。

1.1.5   内部法律顾问负责向所有合同实体传达网络安全策略和提供商管理计划中详细说明的有关它们的信息安全要求。

策略例外和豁免程序

实际上，在某些情况下，遵守策略指令是不可能或不实际的，甚至可能是有害的。这并不会使策略的目的或质量失效。它只是意味着某些特殊情况会要求规则有例外。策略例外是策略中记录的商定豁免。例如，为了保护其知识产权，A公司的策略禁止在所有公司场所使用数码相机。但是，人力资源部门应配备数码相机拍摄新员工的照片，将其粘贴在工作证上；或者，在发现安全漏洞后，安保人员应该有一台数码相机来记录收集证据的过程。这两个例子都是可能需要数码相机的正当理由。在这些情况下，可以在文档中添加策略的例外情况。如果不允许例外，则应在"策略声明"部分明确说明。

在策略授权后确定的例外情况下，需要豁免或放弃流程。豁免程序应在引言中说明。豁免的标准或条件不应在策略中详细说明，只应在申请豁免的方法或程序中详细说明。如果试图列出适用豁免的所有条件，我们就有可能因豁免本身造成漏洞。同样重要的是，该流程遵循授予或拒绝豁免的特定标准。无论是批准还是拒绝豁免，都应该向请求方提供包含明确理由的书面报告。

最后，出于以下几个原因，建议你将批准的例外和豁免的数量保持在低水平。

❑ 加入太多例外可能导致员工认为策略不重要。

❑ 给予过多的豁免可能会产生偏袒的印象。

❑ 例外和豁免可能变得难以记录和成功审计。

如果存在太多的例外或豁免请求，则可能意味着该策略并不合适，应该重新审查。

实践中：策略例外

这里有一个策略例外，它告诉读者谁不需要遵守特定的条款，在什么情况下不用遵守和谁拥有授权：

"根据内部法律顾问的决定，合同中包含保密条款的合同实体可以免于签署保密协议。"

授予采用后豁免的程序应包括在介绍中。这是一个例子：

"如果合规在技术上不可行或业务需要合理调整，则可以给予豁免。豁免申请必须以书面形式提交给首席运营官，包括归属于豁免的理由和福利。除非另有说明，否则首席运营官和总裁有权给予豁免。"

策略执行条款

传递策略是强制性的这一信息的最佳方式是包括违反规则的惩罚。策略执行条款是指明确规定对不遵守策略的制裁以强化遵守的严肃性。显然，你必须小心惩罚的性质。它应该与违反的规则以及公司所承担的风险水平成正比，无论是偶然的还是有意的。

激励遵守策略的有效方法是主动培训。应对所有员工针对安全策略中可接受的实践进行培训。如果没有经过培训，很难让员工知道因为他们不应该以某种方式行事而犯错。在这种情况下实施纪律处分可能会对士气造成不利影响。我们将在后面的章节中介绍各种培训、教育和意识的工具及技术。

实践中：策略执行条款

策略执行条款的这个例子以明确的术语告诉读者，如果他们不遵守规则将会发生什么。它属于介绍，根据具体情况，可以在策略文档中重复。

"违反此策略可能会导致纪律处分，其中可能包括解雇雇员和临时工，终止雇主和顾问的雇佣关系，以及解雇实习生和志愿者。此外，个人还要受到民事和刑事起诉。"

行政注释

行政注释的目的是向读者提供附加信息或提供对内部资源的引用。注释包括法规交叉引用、相关赞助文档的名称（如标准、指南和方案）、支持文档（如年度报告或工作描述）以及策略作者的名称和联系信息。应该只包括适用于你的组织的符号。但是，你应该在所有策略上保持一致。

❑ 单一策略在文档的标题、结尾或两个位置之间包含管理注释。如何处理取决于公司使用的策略模板。

❑ 在综合策略文档中，管理注释位于每个部分的末尾。

实践中：行政注释

行政注释是附加信息的参考点。如果策略以电子格式分发，则将注释直接超链接到源文档是个好主意。

法规交叉引用

GLBA 第 505（b）节

MA CMR 17 201

主要作者

B. Lin，首席信息官

b. lin@example.com

相应文件

风险管理标准

提供商管理计划

支持文档

由人力资源部维护的职位描述。

策略定义

策略定义部分是一个术语表，包括读者不熟悉的文档中使用的术语、缩写和首字母缩写。向整个文档添加定义有助于目标受众理解策略，使策略成为更有效的文档。

一般规则是包括特定于行业的、技术的、法律的或法规语言的任何实例的定义。在决定包括哪些术语时，力求稳妥是正确的。安全策略作为文档的目的是沟通和教育。此文档的目标受众通常包括公司的所有员工，有时还包括外部人员。即使一些技术话题是所有内部员工都熟知的，一些与公司有联系的外部个人（因为受安全策略控制）可能也不太熟悉该策略的技术方面。

简单地说，在开始写定义之前，建议你首先定义文档所针对的目标受众，并迎合最低的共同点，以确保最佳的沟通传达效率。

不应忽视策略定义的另一个原因是它们所代表的法律衍生物。当策略本身明确定义时，员工不能假装认为策略中使用的某个术语在策略本身中明确定义时意味着一件事。因此，当你选择要定义的单词时，重要的是不仅要查看那些可能明显未知的单词，还要考虑那些应该被定义以消除歧义的单词。安全策略可以成为法律诉讼的重要组成部分，因此应被视为一份法律文件，并按此制定。

实践中：术语和定义

我们应该定义读者不熟悉或对解释开放的术语。

下面是一个缩写的例子：

❑ MOU——谅解备忘录

下面是一个监管参考的例子：

❑ MA CMR 17 201 规定了马萨诸塞州居民个人信息安全保护应达到的最低标准。

最后，这里有几个安全术语的例子：

❑ **分布式拒绝服务（DDoS）**：一种攻击，其中来自多个源的大量 IP 数据包。传入数据包的泛滥消耗了可用资源，导致拒绝向合法用户提供服务。

❑ **漏洞利用**：旨在"开发"或利用单个漏洞或漏洞集的恶意程序。

❑ **网络钓鱼**：攻击者向用户呈现看起来像是有效的、可信的资源的链接。当用户单击它时，系统会提示他公开用户名和密码等机密信息。

❑ **域欺骗**：攻击者使用这种技术将客户的 URL 从有效资源引导到恶意资源，恶意资源可能被显示为用户的有效站点。在那里，尝试从用户处提取机密信息。

❑ **恶意广告**：在可信网站上合并恶意广告的行为，导致用户的浏览器被无意地重定向到托管恶意软件的网站。

❑ **逻辑炸弹**：注入合法应用程序的恶意代码类型。攻击者在系统上执行恶意任务后，可以对逻辑炸弹进行编程，以便从磁盘中删除自身。这些恶意任务的示例包括删除或破坏文件或数据库，以及在满足某些系统条件之后执行特定指令。

❑ **特洛伊木马**：一种恶意软件，它执行由木马的特性确定的指令，以删除文件、窃取数据或损害底层操作系统的完整性。特洛伊木马通常使用社会工程的形式来愚弄受害者在他们的计算机或移动设备上安装这种软件。木马也可以充当后门。

❑ **后门**：允许攻击者远程控制受害者系统的恶意软件或配置更改。例如，后门可以在受影响的系统上打开网络端口，以便攻击者可以连接和控制系统。

总结

你现在知道了策略需要支持文档，以便为它们提供上下文和有意义的应用。标准、指南和进程提供了交流执行策略的具体方法的手段。我们创建了组织标准，它规定了每个策略的要求。我们提供帮助人们遵守标准的指南。我们创建了一组称为过程的指令，以便始终如一地执行任务。我们的过程的格式（简单步骤、层次结构、图形或流程图）取决于任务和受众的复杂性。除了策略，我们还制订了计划，提供战略和战术指导，说明如何执行一项倡议，或如何在一定时限内（通常有确定的阶段和指定的资源）对局势做出反应。

编写策略文件是一个多步骤的过程。首先，我们需要定义文档所针对的受众。然后，我们选择格式。选项是将每个策略编写为独立文档（单一策略）或将策略组合在一起（综合策略）。最后，我们需要决定结构，包括要包含的组件以及按什么顺序排列。

第一个也是最重要的部分是介绍。这是我们与读者联系并传达策略的意义和重要性的机会。介绍应由"负责人"撰写，例如 CEO 或总裁。此人应使用介绍来强化公司指导原则，并将其与安全策略中引入的规则相关联。

具体到每个策略的是标题、目标和目的、策略声明，以及例外。标题按名称分辨策略，并为读者提供策略主题或类别的概述。目标和目的传达了策略旨在实现的目标。策略声明是我们制定需要遵循的规则的地方，在某些情况下，还要参考实施说明（标准）或相应的计划。

策略例外是在策略内记录的同意豁免。

在授权策略后确定的例外情况需要豁免或放弃流程。策略执行条款是明确规定对故意不遵守策略的制裁,以加强遵守的严肃性。行政注释向读者引用附加信息或提供对内部资源的引用。策略定义部分是读者可能不熟悉的文档中使用的术语、缩写和首字母缩略词的词汇表。

我们认识到读者对文件的第一印象建立在它的风格和组织上,因此我们研究了简明语言运动。我们使用简明语言的目的是产生易于阅读、理解和使用的文档。我们查看了简明语言指南中的十种技巧,我们可以(也应该)使用它们来编写有效的策略。下一章将运用这些新发现的技能。

自测题

选择题

1. 策略层次结构之间的关系是以下哪个?

    A. 指导原则、法规、法律和进程　　　　　　B. 指导原则、标准、指南和进程

    C. 指导原则、说明、指南和计划　　　　　　D. 以上答案都不对

2. 以下哪项陈述最能说明标准的目的?

    A. 陈述组织的信念　　　　　　　　　　　　B. 反映指导原则

    C. 规定强制性要求　　　　　　　　　　　　D. 提出建议

3. 以下哪项陈述最能说明指南的目的?

    A. 陈述组织的信念　　　　　　　　　　　　B. 反映指导原则

    C. 规定强制性要求　　　　　　　　　　　　D. 帮助人们遵守标准

4. 以下哪项陈述最能说明基线的用途?

    A. 衡量合规性　　　　　　　　　　　　　　B. 确保在类似的一组设备上保持一致性

    C. 确保一致性和均匀性　　　　　　　　　　D. 提出建议

5. 简单步骤、层次结构、图形和流程图是下列格式中的哪种格式的示例?

    A. 策略　　　　　　B. 程序　　　　　　C. 进程　　　　　　D. 标准

6. 以下哪个术语最能描述关于如何在特定时间框架内(通常具有确定的阶段和指定的资源)执行主动或如何应对情况的指示和指导?

    A. 计划　　　　　　B. 策略　　　　　　C. 进程　　　　　　D. 包装

7. 下列哪个语句最能描述使用单一策略格式的缺点?

    A. 这项策略可能很短　　　　　　　　　　　B. 这项策略是有针对性的

    C. 你可能会有太多的策略需要维持　　　　　D. 该策略可以很容易地更新

8. 下列哪个语句最能描述使用综合策略格式的缺点?

    A. 在整个文档中使用一致的语言　　　　　　B. 只能维护一份策略文件

    C. 格式必须包含复合管理语句　　　　　　　D. 文档的潜在大小

9. 策略、标准、指南和进程都应在同一文件中。

    A. 正确　　　　　　　　　　　　　　　　　B. 错误

    C. 只有当公司是跨国公司时　　　　　　　　D. 只有当文件有同一作者时

10. 版本控制是对文档的更改的管理,并且应该包括以下哪些元素?

    A. 版本号或修订号　　　　　　　　　　　　B. 授权日期或策略生效的日期

    C. 更改说明　　　　　　　　　　　　　　　D. 以上选项都正确

11. 什么是漏洞利用?

    A. 网络钓鱼运动　　　　B. 旨在"开发"或利用单个漏洞或漏洞集的恶意程序或代码

    C. 网络或系统的弱点　　D. 协议的弱点

12. 策略的名称、策略编号和概述属于以下哪个部分?

    A. 介绍　　　　　　　B. 策略标题　　　　　　C. 策略目的和目标　　　　D. 策略声明

13. _____陈述了策略的目的或意图。

    A. 介绍　　　　　　　B. 策略标题　　　　　　C. 策略目的和目标　　　　D. 策略声明

14. 以下哪项陈述属实?

    A. 安全策略应仅包含一个目标。　　　　　　B. 安全策略不应包含任何例外。

    C. 安全策略不应包括词汇表。　　　　　　　D. 安全策略不应列出需要采取的所有分步措施。

15. _____包含必须遵循的规则。

    A. 策略标题　　　　　　　　　　　　　　　B. 策略声明

    C. 策略执行条款　　　　　　　　　　　　　D. 策略目的和目标

16. 策略应被视为_____。

    A. 强制性的　　　　　B. 任意的　　　　　　　C. 情境性的　　　　　　　D. 可选择的

17. 下面哪一个能最恰当地描述策略定义?

    A. 读者不熟悉的文档中使用的术语、缩写和首字母缩写词汇表

    B. 与违反策略中规定的规则相关的可能处罚的详细列表

    C. 安全策略创建团队的所有成员的列表

    D. 以上答案都不对

18. _____包含如果员工忽略安全策略的一部分将适用的处罚。

    A. 策略标题　　　　　B. 策略声明　　　　　　C. 策略执行条款　　　　　D. 策略权威声明

19. 下列短语属于安全策略的哪一个组成部分?"只有当无线网络与企业网络分离且不同时,才允许使用无线网络。"

    A. 介绍　　　　　　　B. 行政注释　　　　　　C. 策略标题　　　　　　　D. 策略声明

20. 可能存在无法遵守策略指令的情况。豁免或豁免程序应该在哪里解释?

    A. 介绍　　　　　　　B. 策略声明　　　　　　C. 策略执行条款　　　　　D. 策略例外

21. 授权该策略的人 / 团体(例如,执行委员会)的名称应包括在_____中。

    A. 版本控制表或策略声明　　　　　　　　　B. 标题或策略声明

    C. 策略声明或策略例外　　　　　　　　　　D. 版本控制表或策略标题

22. 当你起草安全策略的例外列表时,语言应该_____。

    A. 尽可能具体　　　　B. 尽量模糊　　　　　　C. 参考另一个专门的文件　　D. 以上选项都不对

23. 如果支持文档对读者有用,那应该是_____。

    A. 完整地包含在策略文件中　　　　　　　　B. 被忽略,因为支持文档不属于策略文档

    C. 列在"策略标题"或"行政注释"部分中　　D. 包含在策略附录中

24. 在编写策略、标准、指南或进程时,你使用的语言应该是_____。

    A. 技术的　　　　　　B. 简明扼要的　　　　　C. 法律术语　　　　　　　D. 复杂的

25. 读者更喜欢"简明语言"因为它_____。

    A. 可帮助他们找到相关信息　　　　　　　　B. 可帮助他们理解信息

    C. 可节省时间　　　　　　　　　　　　　　D. 以上选项都正确

26. 以下哪项不是简明语言的特征?

    A. 短小的句子　　　　B. 使用主动语态　　　　C. 技术术语　　　　　　　D. 每段最多七行

27. 在表明强制性要求时,最好使用以下哪个术语?

    A. 必须　　　　　　　B. 应该　　　　　　　　C. 应该不要　　　　　　　D. 可能不要

28. 使用术语"雇员"一词来指代公司工资单上的工人的公司应该在其整个策略中将其称为_____。

    A. 劳动力成员   B. 雇员   C. 雇工   D. 工人

29. 关于策略定义,下列哪个陈述是正确的?

    A. 它们应在单独的文件中定义和维护

    B. 一般规则包括除技术、法律或规范语言之外的任何主题的定义

    C. 策略定义的一般规则包括针对特定行业、技术、法律或监管语言的任何实例的定义

    D. 它们应该在任何策略或标准之前创建

30. 当下列哪一个正确时,即使最好的书面策略也会失败?

    A. 策略太长了   B. 该策略由政府授权

    C. 该策略没有管理层的支持   D. 以上选项都正确

练习题

练习 2.1:制定标准、指南和进程

大学系统的策略规定:"所有学生都必须遵守校园出勤标准。"

1. 你的任务是开发一个标准化强制性要求的标准(例如,可以错过多少个类而不会受到惩罚),包括至少四个要求。

2. 制定指南,帮助学生遵守你创建的标准。

3. 创建请求免除策略的过程。

练习 2.2:撰写策略声明

1. 谁将成为与校园选举相关策略的目标受众?

2. 牢记目标受众,撰写与高校选举相关的策略声明。

3. 撰写强制执行条款。

练习 2.3:撰写策略介绍

1. 针对练习 2.2 中创建的策略写一个介绍。

2. 通常,介绍由权威机构签署。谁将成为签署介绍的合适方?

3. 写一个例外条款。

练习 2.4:策略编写的定义

1. 策略定义的目的是明确含糊的术语。如果你正在为校园内的学生读者写策略,你会用什么标准来确定哪些术语应该有定义?

2. 你会定义哪些术语的例子?

练习 2.5:使用清晰的语言

1. 在下面的每一行中找出被动动词。提示:在动词之前插入一个主语(例如,他或我们)。

    a) 过去被写   将要写   写完了   正在写

    b) 应该运输   可能运输   正在运输   被运输

    c) 已经送了   过去被送   将要送   正在送

    d) 应该取消   将要被取消   取消了   被取消

    e) 正在邮寄   已经被邮寄   已经邮寄了   将要邮寄

    f) 可能被请求 被请求   已经请求了 将要请求

2. 缩短以下短语(例如,"应当给予考虑"可以缩短为"考虑")。

    原型   改进

    a) 为了……的目的   去

    b) 由于这个事实   因为

c）在另函中发送　　　单独发送

3．删除多余的修饰符（例如，对于"实际事实"，你将删除单词"实际"）：

a）诚实的事实　　　　　　　　　　b）最终的结果

c）分离出去　　　　　　　　　　　d）重新再开始一遍

e）形状对称　　　　　　　　　　　f）缩小范围

项目题

项目2.1：比较安全策略模板

1．在网上搜索"网络安全策略模板"。

2．阅读文件并进行比较。

3．确定本章中介绍的策略组件。

4．立即搜索真实世界的策略，例如 Tuft 的大学双因素身份验证策略，网址是 https://it.tufts.edu/univ-pol。

5．选择在策略的定义部分中没有定义的两个术语，并为每个术语编写定义。

项目2.2：分析纽约州的企业安全策略

1．在线搜索"纽约州网络安全策略 P03-002"文件。

2．阅读策略。你对该策略的总体看法是什么？

3．斜体格式的目的是什么？在你看来，它有用还是分散注意力？

4．该策略参考标准和进程。确认每个实例中至少有一个实例。你能找到任何标准、指南或进程嵌入策略文件的例子吗？

项目2.3：测试策略文件的清晰度

1．找到学校的网络安全策略。（它可能有不同的名称。）

2．选择策略中的一部分并使用美国陆军的清晰度指数来评估阅读的便利性（参考"实践中：美国陆军清晰度指数"一栏以获取指示）。

3．解释你如何能使策略更具可读性。

案例研究：清理图书馆大厅

图书馆包括以下展览策略：

"为了利用图书馆入口区域展示海报和传单，引发了要展示材料的原型、来源和有效性的问题。由校园安全办公室、学生生活办公室、健康中心和其他权威机构发行的海报、传单和其他展示材料通常陈列在图书馆里，具有争议性的物品，虽然不一定被排除在外，但是也被认为应单独考虑。"

学校图书馆的大厅很乱。墙壁上贴有各种尺寸和形状的便签、海报及卡片。从过时的消息中分辨出有用的信息是不可能的。很明显，没有人关注图书馆展览策略。请你评估该策略并进行必要的更改以实现合规性。

1．考虑受众。使用简明语言指南重写策略。你可能会遇到修改策略的阻力，因此请记录每次更改的原因，例如将被动语态更改为主动语态、消除冗余修饰符以及缩短句子。

2．扩展策略文档，以包括目的和目标、例外和策略执行条款。

3．提出支持该策略的标准和指南。

4．对如何将策略、标准和指南引入高校社区提出建议。

参考资料

Baldwin, C. *Plain Language and the Document Revolution*. Washington, D.C.: Lamplighter, 1999.

引用的条例和指示

Carter, J. "Executive Order—Improving Government Regulations," accessed 05/2018, www.presidency.ucsb.edu/ws/?pid=30539.

Clinton, W. "President Clinton's Memorandum on Plain Language in Government Writing," accessed 05/2018, www.plainlanguage.gov/whatisPL/govmandates/memo.cfm.

Obama, B. "Executive Order 13563—Improving Regulation and Regulatory Review," accessed 05/2018, https://obamawhitehouse.archives.gov/the-press-office/2011/01/18/executive-order-13563-improving-regulation-and-regulatory-review.

"Plain Writing Act of 2010" PUBLIC LAW 111–274, Oct. 13, 2010, accessed 05/2018, https://www.gpo.gov/fdsys/pkg/PLAW-111publ274/pdf/PLAW-111publ274.pdf.

其他参考资料

Krause, Micki, CISSP, and Harold F. Tipton, CISSP. 2004. *Information Security Management Handbook*, Fifth Edition. Boca Raton, FL: CRC Press, Auerbach Publications.

第3章 网络安全框架

在本章中，我们针对信息安全目标与框架方面重点回答以下问题，这些问题与维持政府、公共部门和私营部门之间的数据存储和通信安全的需求有关。在这种情况下，我们在维持可靠和安全的通信上付出的努力，已经成为一种全球性的努力。

❑ 我们为追求网络安全而努力实现的目标是什么？

❑ 编写网络安全策略的最终目标是什么？

❑ 通过我们的艰苦努力，客户、员工、合作伙伴和组织将获得哪些有形利益？

要组织这项工作，需要一个框架。框架适用于许多容易关联的元素。最明显的是对于任何建筑来说：没有下层基础，就没有上层建筑。更具体地说，任何建筑的框架越好，其持续时间就越长，能够容纳得越多，其功能就越强。当然，建造任何建筑都必须先有一个计划。我们聘请建筑师和工程师来设计建筑，思考什么是可能的，并表达实现这些可能性的最佳方式。

同样，信息安全计划也需要一个框架。就像建筑物中的许多房间一样，每个房间都有自己的功能，我们将信息安全程序分成逻辑的和有形的单元，称为领域。安全领域与有关活动、系统或资源的指定分组相关联。例如，人力资源安全管理领域包括与人员相关的主题，如背景调查、保密协议和员工培训。在没有框架的情况下，会有很多新情况出现，可能需要重复操作、重新设计、重新反应，这些可以被统称为"计划外情况"，或在危机中浪费的时间。幸运的是，在信息安全领域，没有理由选择危机而非防范。主动而非被动的程序和策略已成为网络安全治理系统的特设标准。包括 ISO 和 NIST 在内的许多公共和私人组织都投入了相当多的时间和精力来制定能够建立主动的网络安全框架的标准。

在本章中，你将了解这两个组织开发的标准。在开始建立信息安全计划和策略之前，首先要确定实现的目标是什么以及为什么要实现。本章首先讨论信息安全的三个基本原则。然后，我们观察不断升级的全球威胁，包括谁是幕后主使、他们的动机，以及他们如何攻击。我们将这些知识应用于信息安全程序框架的构建以及策略的编写。

机密性、完整性和可用性

机密性、完整性和可用性通常被描述为 CIA 模型。很容易猜到，当你读到这三个词时，脑海中闪现的第一个念头就是美国中央情报局。在网络安全的世界里，这三个字母代表我们努力获得和保护的东西。机密性、完整性和可用性（CIA）是信息安全程序的统一特性。统称为 CIA 三元素或 CIA 安全模型，每个属性代表信息安全的一项基本目标。

你可能想知道哪个最重要：机密性、完整性，还是可用性？这需要组织评估自己的任务和服务，并考虑法规和合同。如图 3-1 所示，组织可以认为这三种要素同等重要，在这种情况下，必须按比例分配资源。

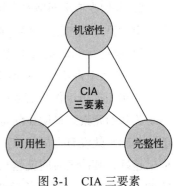

图 3-1   CIA 三要素

机密性

当你私底下告诉朋友某件事时，你希望他们保密，不要在未经你允许的情况下把这件事告诉其他人。你也希望他们永远不会使用这个秘密攻击你。同样，保密是指不向未经授权的个人透露私有或机密信息的要求。

有许多人试图定义什么是机密性。例如，ISO 2700 标准为机密性提供了一个很好的定义，即"信息不会被未经授权的个人、实体或流程利用或披露的特性"。

机密性基于三个基本概念，如图 3-2 所示。

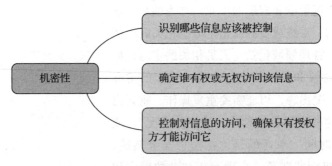

图 3-2   机密性的一般概念

有几种方法可以保护系统或其数据的机密性，最常见的一种是使用加密。这包括使用点到点和远程访问虚拟专用网（VPN）对传输中的数据进行加密，或者使用传输层安全（TLS）部署服务器和客户端加密。

保密的另一个重要因素是，所有敏感数据都需要随时控制、审计和监视。这通常是通过在静止状态下加密数据来完成的。下面是一些敏感数据的例子：

❑ 社会保障号码

❑ 银行和信用卡账户信息

❑ 犯罪记录

❑ 病人和健康记录

❑ 商业秘密

❑ 源代码

❑ 军事秘密

以下是为保密而设计的安全机制的例子：

❑ 逻辑和物理访问控制

❑ 加密（静态和动态）

❑ 数据库视图

❑ 控制通信路线

在决定如何保护数据时，数据分类非常重要。借助好的数据分类方法，可以更高效地在网络和系统中获取数据。

不仅私有网络和公共互联网上存储、处理和传输的信息数量在大幅增加，而且访问数据的潜在途径也大幅增加。互联网及其固有的弱点，以及那些愿意（并能够）利用漏洞的人，是保护机密信息具有新的紧迫性的主要原因。如今常用的安全技术和可访问性在 10 年前还被认为是不可思议的。网络安全以惊人的速度发展也是因为我们在安全方面有很大缺口。市场竞争通常意味着安全被牺牲了。因此，尽管信息安全要求有时看起来有点极端，但它实际上是对威胁环境的反应。

还需要注意保密条例。例如，医生和病人之间的信息交换或律师和客户之间的信息交换分别受到保密法律的保护，这些法律分别被称为"医生-病人特权"和"律师-客户特权"。

由于涉及信息安全，机密性是指保护信息不受未经授权的人员和流程影响。美国联邦法典第 44 号第 3542 条将机密性定义为"对访问和披露的授权限制，包括保护个人隐私和专有信息"。

没有人希望自己的个人健康信息或财务信息落入陌生人手中。没有哪个企业主愿意看到自己的商业信息被披露给竞争对手。信息是有价值的。社会保障号码可以被用于盗窃银行账户并窃取钱财。医疗保险信息可以被用来欺诈性地获得服务或者索赔。军事机密可以用来制造武器，跟踪部队调动情况，或揭露反情报机构。诸如此类的例子不胜枚举。

因为机密信息的价值，它往往是网络犯罪分子的目标。例如，许多犯罪行为涉及盗窃信用卡信息或其他有用的个人身份信息。犯罪分子寻找并准备利用网络设计、软件、通信渠道和人们访问机密信息的弱点。此类机会有很多。

罪犯并不总是局外人。内部人士可能会为了经济利益而"复制"他们能够获取的信息。最近对机密性的威胁是黑客主义，它是术语"黑客"和"活动主义"的组合。黑客主义被描述为黑客与活动主义、政治和技术的融合。黑客组织揭露或扣押非法获得的信息，可能用于政治声明或进行报复。

仅供参考：网络安全漏洞影响机密性的例子以及如何评估相关风险

通用漏洞评分系统（CVSS）在用于计算 CVSS 基本评分的度量标准中使用了 CIA 三要素原则。让我们来看两个影响机密性的安全漏洞示例：

- ❑ 思科网讯会议服务器信息披露漏洞：https://tools.cisco.com/security/center/content/CiscoSecurityAdvisory/cisco-sa-20180117-wms3。

- ❑ 思科自适应安全设备远程代码执行和拒绝服务漏洞：https://tools.cisco.com/security/center/content/CiscoSecurityAdvisory/cisco-sa20180129-asa1。

第一个漏洞是一种中等级别的漏洞，CVSS 基础分数为 5.3。CVSSv3 基本分数向量和参数见 CVSS 计算图表，链接如下：

https://tools.cisco.com/security/center/cvssCalculator.x?version=3.0&vector=CVSS:3.0/AV: N/AC:L/PR:N/UI:N/S:U/C:L/I:N/A:N

该漏洞影响机密性，但不影响完整性或可用性。

第二个漏洞是一个关键漏洞，其 CVSS 基础分数为 10。CVSSv3 基本分数向量和参数可以在 CVSS 计算器上看到，链接如下：

https://tools.cisco.com/security/center/cvssCalculator.x?version=3&vector=CVSS:3.0/AV:N/AC:L/PR:N/UI:N/S:C/C:H/I:H/A:H

这个漏洞对机密性、完整性和可用性有直接影响。

仅供参考：黑客主义

多年来，黑客主义者使用工具来执行网站破坏、重定向、拒绝服务（DoS）攻击、信息窃取、网站模仿、虚拟访问、域名抢注和虚拟破坏。例如，名为 Anonymous 的"黑客组织"及其臭名昭著的黑客攻击，以及对 Fox.com、Sony PlayStation Network 和 CIA 等组织产生直接影响的 Lulzec 攻击。Lulzec 黑客组织泄露了几个密码，窃取了私人用户数据，并使网络脱机。另一个例子是针对全球众多网络基础设施设备的攻击，攻击者在滥用智能安装协议后，在这些设备的屏幕和配置上留下了美国国旗。

获得未经授权访问的能力通常是机会主义的。在这种情况下，机会主义意味着利用发现的弱点或保护不力的信息。罪犯（以及多事的员工）关心工作因素，工作因素的定义是完成一项任务需要付出多少努力。获得未经授权访问的时间越长，被抓住的机会就越大。复杂性也起了作用——越复杂，失败的概率越高，掩盖痕迹的难度就越大。"工作"成本越高，成功完成的利润就越少。机密性的信息安全目标是保护信息不被未经授权地访问和滥用。要做到这一点，最好的方法是实施保障措施和过程，增加工作因素和被抓住的机会。这需要一系列的访问控制和保护，以及不断的监视、测试和培训。

完整性

一提到正直这个词，布莱恩·德·帕尔马就会想起 1987 年由凯文·科斯特纳和肖恩·康纳利主演的经典电影《铁面无私》。这部电影讲的是一群警察，他们没有被有组织的犯罪团伙收买。他们是清廉的。正直无疑是人格的最高理想之一。当我们说某人正直的时候，意思是他按照道德准则生活；在某些情况下，他可以被信任能够坚持以某种方式行事。值得注意的是，对于机密信息，我们信赖那些正直的人。完整性基本上是确保系统及其数据没有被更改或妥协的能力。它确保数据是原始安全数据的准确和不变的表示。完整性不仅适用于数据，也适用于系统。例如，如果威胁参与者更改服务器、防火墙、路由器、转换器或任何其他基础设施设备的配置，则认为威胁参与者影响系统的完整性。

数据完整性要求信息和程序仅以指定和授权的方式被改变。换言之，信息是否与预期的信息相同？例如，如果你保存了一个包含必须传递给组织成员的重要信息的文件，但有人打开该文件并更改了部分或全部信息，那么该文件已失去完整性。其后果可能是，你的同事错过了你计划的一个特定日期和时间的会议，或者是所生产的5万台机器部件出现了尺寸错误。

系统完整性要求系统"以不受损害的方式执行其预期功能，而且不会故意或无意地未经授权就操纵系统"。计算机病毒是故意进行未经授权的操纵的例子，它破坏引导计算机所需的一些系统文件。

错误和遗漏是对数据和系统完整性的重要威胁。这些错误不仅由每天处理数百个事务的数据输入员引起，而且由创建和编辑数据及代码的所有类型的用户引起。即使是最复杂的程序也不能检测到所有类型的输入错误或遗漏。在某些情况下，错误是威胁，例如数据输入错误或破坏系统的编程错误。在其他情况下，错误会造成漏洞。编程和开发错误通常被称为"bug"，它们的影响程度从良性到灾难性不等。

为了让表述更贴近生活一些，我们来谈谈医疗和财务信息。如果你受伤了，失去知觉，被送往医院急诊室，医生需要查看你的健康信息，怎么办？你希望信息是正确的。考虑一下，如果你对一些非常常见的治疗方法过敏，而这些重要的信息已经从你的医疗记录中删除了，会发生什么。或者，如果你在存款后查看银行余额，发现这些钱还没有存入你的账户，你会感到沮丧！

完整性和机密性是相互关联的。如果用户密码被泄露给未经授权的人，那么此人可以在使用所获得的密码访问系统之后，反过来操纵、删除或销毁数据。许多威胁完整性的漏洞也同样威胁机密性。然而，最值得注意的是人为失误。防止完整性丢失的保障措施包括：访问控制，如加密和数字签名；过程控制，如代码测试；监视控制，如文件完整性监视和日志分析；行为控制，如职责分离、轮换职责和培训。

可用性

CIA三要素的最后一个要素是可用性，它表示系统、应用程序和数据必须在需要和请求时对授权用户可用。对可用性最常见的攻击是拒绝服务（DoS）攻击。如果数据不可用，用户的生产力会受到很大影响，公司会损失很多钱。例如，如果你是在线零售商或云服务提供商，并且你的电子商务站点或服务对用户不可用，则可能会丢失当前或未来的业务，从而影响收入。

事实上，可用性通常是互联网服务提供商（ISP）所解决的第一个安全问题。你可能听过"正常运行时间"和"5-9秒"（99.999%正常运行时间）。这意味着为互联网链接、网页等服务的系统将在用户需要的时候被提供给他们。服务提供商经常利用服务级别协议（SLA）来向他们的客户保证一定的可用性。

就像机密性和完整性一样，我们同样重视可用性。我们希望朋友和家人"在我们需要的时候出现"，我们想在需要的时候得到食物、饮料和钱，等等。在某些情况下，我们的生活取决于这些东西的可用性，包括信息。问问你自己，如果你需要立即治疗，而你的医生不能查看你的医疗记录，你会有什么感觉。并非所有可用的威胁都是恶意的。例如，人为错误或者错误配置服务器或基础设施设备会导致网络中断，这将直接影响可用性。

图 3-3 显示了一些对可用性的威胁的附加示例。

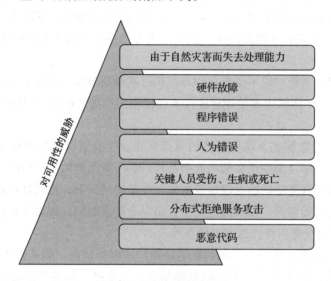

图 3-3　对可用性的威胁

与机密性和完整性相比，可用性更容易受到威胁。我们肯定会面对其中一些问题。解决可用性的保障措施包括访问控制、监视、数据冗余、弹性系统、虚拟化、服务器集群、环境控制、操作计划的连续性和事故响应准备。

谈到可用性，什么是拒绝服务攻击

拒绝服务（DoS）攻击和分布式拒绝服务（DDoS）攻击已经存在了相当长一段时间，但在过去几年里，人们对它们的认识有所提高。DoS 攻击通常使用一个系统和一个网络连接来对目标系统、网络或资源执行拒绝服务条件。DDoS 攻击使用多个计算机和网络连接，可以在物理上分散，用于对受害者进行拒绝服务攻击。

DDoS 攻击一般可分为以下三类：

❑ 直接 DDoS 攻击

❑ 反射 DDos 攻击

❑ 放大 DDoS 攻击

直接 DDoS 攻击发生在攻击源生成直接发送到攻击受害者的信息包时，无论协议、应用程序如何。

图 3-4 演示了直接 DDoS 攻击。

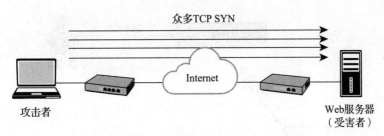

图 3-4 直接 DDoS 攻击

在图 3-4 中，攻击者通过向 Web 服务器（受害者）发送大量 TCP SYN 包启动直接 DoS。这种类型的攻击的目的是用大量的数据包淹没受害者，过度饱和其连接带宽，或耗尽目标的系统资源。这种类型的攻击也被称为"SYN 洪水攻击"。

当攻击源被发送貌似来自受害者的欺骗包时，就会发生反射 DDoS 攻击，然后，这些信息源将响应通信发送回目标受害者，从而在不知情的情况下成为 DDoS 攻击的参与者。UDP 经常被用作传输机制，因为它不需要三次握手而更容易被欺骗。例如，如果攻击者（A）决定攻击受害者（V），他将向认为这些包合法的源发送数据包（例如，网络时间协议请求）。然后，源通过向受害者发送响应来响应 NTP 请求，受害者从未预料到会从源收到这些 NTP 包，如图 3-5 所示。

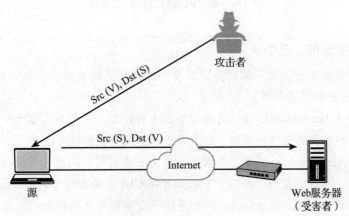

图 3-5 反射 DDoS 攻击

当响应流量（由不知情的参与者发送）由比最初攻击者发送的数据包（欺骗受害者）大得多的数据包组成时，放大攻击是反射攻击的一种形式。例如，发送 DNS 查询时，DNS 响应的包大小要比初始查询包大得多。最终的结果是，受害人的机器被大量的数据包淹没，因为它从未真正发布过查询。

另一种类型的 DoS 是漏洞利用，比如缓冲区溢出导致服务器或网络基础设施设备崩溃，从而造成了拒绝服务的条件。

许多攻击者使用僵尸网络来发动 DDoS 攻击。"僵尸网络"是一系列受损的机器，攻击者可以通过命令和控制系统来操作系统，参与 DDoS，发送垃圾邮件，进行其他不法活动。图 3-6 显示了攻击者如何使用僵尸网络来发起 DDoS 攻击。

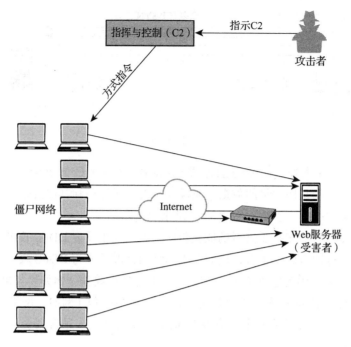

图 3-6　僵尸网络与指挥控制系统

实践中：信息安全的"五个 A"

支持 CIA 信息安全三位一体的是信息安全的五大关键原则，俗称"五个 A"原则。以下是对每个问题的快速解释：

- ❑ 问责制（Accountability）：追踪行动源头的过程。不可否认技术、入侵检测系统（IDS）和取证都支持问责制。这有助于保护完整性和机密性。
- ❑ 担保（Assurance）：用于建立对安全措施正在按照预期进行的信心的过程、策略和控制。审计、监视、测试和报告是确保 CIA 三要素都受到保护的基础。
- ❑ 身份验证（Authentication）：对想要访问安全信息或系统的个人或系统的正面标识。密码、Kerberos、令牌和生物特征是身份验证的形式。这还允许你创建控制机制以保护所有 CIA 要素。
- ❑ 授权（Authorization）：授权用户和系统获得信息资源的预先设定的权限。
- ❑ 记录（Accounting）：信息资源获取与利用的记录。

CIA 三要素和五个 A 是网络安全项目的基本目标和属性。

在图 3-6 中，攻击者向 C2 发送指令；随后，C2 向僵尸网络中的机器人发送指令，以对受害者发起 DDoS 攻击。

谁负责 CIA

确保机密性、完整性和可用性是信息所有者的责任。作为一名信息所有者意味着什么？根据 FISMA，信息所有者是具有法定或业务权力的官员，负责指定信息，并负责为其创建、收集、处理、传播或处置建立标准，这些标准可扩展到互联系统或互联系统组。更简单地说，信息所有者有权力和责任确保信息从创建到销毁都受到保护。例如，银行的高级贷款人员可能拥有与客户贷款相关的信息。高级信贷员有责任决定谁有权访问客户贷款信息、使用这些信息的策略以及为保护这些信息而建立的控制措施。

人们广泛认为信息技术（IT）或信息系统（IS）部门是拥有信息和信息系统的部门。也许这是因为"信息"这个词是部门头衔的一部分。准确来说，除其部门的特殊信息外，IT和 IS 部门不应被视为信息所有者。相反，他们负责维护存储、处理和传输信息的系统。他们被称为信息保管人——负责实施、维护和监督保障措施和系统的人。他们被称为系统管理员、站长和网络工程师。在下一章中，我们将仔细研究这些角色。

NIST 的网络安全框架

在详细讨论 NIST 网络安全框架之前，我们先定义一个集合框架。安全框架是一个集合术语，用于指导与信息系统安全相关的主题，主要是关于总体信息安全实践的规划、实现、管理和审计。最全面的网络安全框架之一是 NIST 的网络安全框架，参见网址 https://www.nist.gov/cyberframework。NIST 关于系统可靠性的指导涵盖各种技术领域，包括一般的网络安全指导、云计算、大数据和物理系统。这些努力和指导着重于 CIA 三要素的安全目标。

NIST 的功能

NIST 成立于 1901 年，是美国商务部技术管理局的非监管联邦机构。NIST 的使命是发展和改进度量法、标准和技术，以提高生产力，促进贸易，提高生活质量。计算机安全部门（CSD）是 NIST 信息技术实验室的七个部门之一。CSD 的任务是改进信息系统安全，具体包括：

- 提高对 IT 风险、漏洞和保护需求的认识，特别是对新技术和新兴技术的认识。
- 为 IT 漏洞和设计技术提供帮助，为敏感的联邦系统设计具有成本效益的安全和隐私技术。
- 开发标准、度量、测试和验证程序。
  - 促进、测量和验证系统安全和服务安全。
  - 教育消费者并建立联邦系统的最低安全要求。
- 通过制定指导，提高 IT 规划、实施、管理和运营的安全。

2002 年《电子政务法》[公共法 107-347] 赋予 NIST 制定信息保障框架（标准和指南）的任务，该框架是由未被指定为国家安全系统的联邦信息系统设计的。NIST 信息保障框架包括联邦信息处理标准（FIPS）和特别出版物（SP）。尽管该框架是为政府使用而开发的，但它也适用于私营部门，并涉及保护 CIA 信息和信息系统的管理、操作和技术方面。

NIST 将信息安全定义为保护信息和信息系统不受未经授权的访问、使用、披露、中断、修改或破坏，以保证 CIA。目前，NIST 有 500 多个与信息安全相关的文档。这些文档包括FIPS、SP 800 系列、信息、信息技术实验室（ITL）公告和 NIST 跨部门报告（NIST IR）：

- 联邦信息处理标准（FIPS）：这是标准和指南的官方出版物系列。

- ❑ 特别出版物（SP）800 系列：本系列介绍 ITL 在信息系统安全方面的研究、指南针和外联工作，以及与工业、政府和学术组织的合作活动。SP 800 系列文档可以从 https://csrc.nist.gov/publications/sp800 下载。
- ❑ 特别出版物（SP）1800 系列：本系列着重于网络安全实践和指南。SP 1800 系列文档可以从 https://csrc.nist.gov/ publications/sp1800 下载。
- ❑ NIST 内部或机构间报告（NISTIR）：这些报告集中于研究发现，包括 FIPS 和 SP 的背景信息。
- ❑ ITL 公告：每个公告都深入讨论了信息系统社区的一项重要的主题。公告是根据需要发布的。

从访问控制到无线安全，NIST 的出版物确实是一个有价值且实用的宝库。

ISO

ISO 是由 160 多个国家的国家标准机构组成的网络。每个会员国允许派一名代表，瑞士日内瓦的一个中央秘书处负责协调这一制度。1946 年，来自 25 个国家的代表在伦敦开会，决定成立一个新的国际组织，其目标是"促进国际协调和统一工业标准"。1947 年 2 月 23 日，新组织 ISO 正式开始运营。

ISO 是一个非政府组织。与联合国不同，它的成员不是各国政府的代表团。然而，ISO 在公营和私营部门之间占有特殊的地位。这是因为，一方面，它的许多成员机构是其国家政府结构的一部分，或由其政府授权。另一方面，其他成员的根基在私营企业中是独一无二的，他们是由国家产业合作伙伴建立的。

ISO/IEC 27000 系列（也称为 ISMS 系列标准，简称 ISO27k）是由 ISO 和国际电子技术委员会（IEC）联合发布的信息安全标准组成的。

ISO/IEC 27000 系列的前 6 个文件为"建立、实施、操作、监视、评价、维护和改进信息安全管理系统"提供了建议。这个系列总共有 22 个文件，还有几个仍在开发中。

- ❑ ISO 27001 是信息安全管理系统（ISMS）的规范。
- ❑ ISO 27002 描述了信息安全管理的实践规范。
- ❑ ISO 27003 提供了详细的实施指导。
- ❑ ISO 27004 概述了组织如何使用度量标准来监视和测量安全性。
- ❑ ISO 27005 定义了 ISO 推荐的高风险管理方法。
- ❑ ISO 27006 对于将衡量 ISO 27000 遵从性的组织概述了相关要求。

该框架适用于所有规模的公共和私人组织。按照 ISO 网站所述："ISO 标准为信息安全管理提供了建议，供组织中负责发起、实施或维护安全的人员使用。"它旨在为组织的安全标准和有效的安全管理实践提供一个共同的基础并为组织间的交易增强信心。

NIST 网络安全框架

NIST 网络安全框架是帮助组织管理网络安全风险的行业标准和最佳实践的集合。这个框架是在美国政府、公司和个人之间的协作下创建的。NIST 的网络安全框架是用一种通用的分类开发的，其主要目标之一是以一种划算的方式处理和管理网络安全风险，以保护关键的基础设施。

私营部门组织经常使用 NIST 的网络安全框架来加强他们的网络安全项目。

NIST 网络安全框架的目标之一是不仅帮助美国政府，而且为任何组织提供指导，无论其规模、网络安全风险程度或成熟度如何。

 注意　第 16 章详细介绍 NIST 的网络安全框架。

ISO 标准

ISO 27002 标准起源于英国。1989 年，英国工业贸易署（DTI）商业电脑保安中心（CCSC）制定了"用户行为守则"，目的是协助电脑用户采用稳妥可靠的安全保护措施，并确保资讯系统的 CIA。ISO 进一步的发展来自国家计算中心（NCC），以及后来由英国工业界组成的一个团体，他们确保从用户的角度来看该规范是可应用和实用的。该文件最初作为《英国标准指南文件 PD 0003：信息安全管理实务守则》发布。在收到私营部门组织的更多信息后，该文件被重新采用为英国标准 BS7799:1995。经过 1997 年和 1999 年的两次修订，BS7799 被推荐为 ISO 标准。虽然第一次修订被否决，但在 2000 年 8 月国际投票结束后，ISO 最终采纳了该版本，并于 2000 年 12 月 1 日以 ISO/IEC 17799:2000 的名义进行了小范围的修订。新版 ISO 17799:2005 于 2005 年出版。在 2007 年，这个版本被重新命名为 27002:2005，并合并到 27000 系列中。17799 系列和 27000 系列之间最显著的区别是可选的认证过程。组织的 ISMS 符合 ISO/IEC 27001 则可以通过世界各地的注册机构认证。

2013 年 10 月，ISO 27002:2005 被替换为 ISO 27002:2013。ISO 27002:2013 增加了两种类别：密码学和提供商关系。操作和通信领域被分为两个单独的类别。最重要的是，新版决定删除风险评估指南，因为它是 ISO 27005 的一个子集，ISO 27005 专门处理信息安全风险管理，包括风险评估、风险处理、风险接受、风险沟通、风险监控和风险评审。更多关于 ISO 的信息可以在 www.iso.org 上找到。

ISO 27002：2013 实践代码是一套全面的信息安全建议，包括信息安全的最佳实践。它的目的是作为单一的参考点，以确定在工业和商业以及大、中、小型组织使用信息系统的大多数情况下所需的控制范围。该标准中"组织"一词指的是商业和非营利组织，如公共部门和政府机构。27002:2013 并没有强制实施特定的控制，而是允许组织选择和实施适合的控制，使用风险评估过程来识别最适合其特定需求的控制。建议的做法分为以下"范畴"或类别：

- ❑ 信息安全策略
- ❑ 组织信息安全
- ❑ 人力资源安全
- ❑ 资产管理
- ❑ 访问控制
- ❑ 密码学
- ❑ 物理和环境安全
- ❑ 操作安全

- 通信安全
- 系统获取、开发和维护
- 提供商关系
- 信息安全事件管理
- 业务连续性管理
- 遵守管理

我们将同时使用 ISO 27002:2013 操作规范和 NIST 指南作为开发过程和策略的框架。使用这个框架将使我们能够组织制定策略的方法；它为开发提供了一个结构，并提供了对类似策略进行分组的方法。第一步是熟悉每个安全领域（或类别）的目标和意图。在后面的章节中，我们将深入研究每个领域，评估安全实践，并开发策略。

信息安全策略（ISO 27002:2013　第 5 节）

信息安全策略领域着重于信息安全策略要求以及使策略与组织目标一致的需要。该领域强调管理参与和支持的重要性。这个领域包含在第 4 章中。

相关的 NIST 特别出版物如下：

- SP 800-12, R1："信息安全概论"
- SP 800-100："信息安全手册：管理者指南"

信息安全组织（ISO 27002:2013　第 6 节）

信息安全领域的组织关注建立和支持一个管理结构，以实现和管理组织内部、跨组织和外部的信息安全。面向内部的管理集中在员工和股东关系上。面向外部的治理集中于第三方关系。第三方包括提供商、贸易伙伴、客户和服务提供者。这个领域在第 4 章中讨论。

相关的 NIST 特别出版物如下：

- SP 800-12, R1："信息安全概论"
- SP 800-14："保护信息技术系统的公认原则和实践"
- SP 800-100："信息安全手册：管理者指南"

人力资源安全管理（ISO 27002:2013　第 7 节）

人力资源安全管理领域的重点是将安全集成到员工生命周期、协议和培训中。第 6 章将更详细地介绍这个领域。

相关的 NIST 特别出版物如下：

- SP 800-12："计算机安全概论——NIST 手册"
- SP 800-16："信息技术安全培训需求：基于角色和性能的模型"
- SP 800-50："建立信息技术安全意识和培训方案"
- SP 800-100："信息安全手册：管理者指南"

资产管理（ISO 27002:2013　第 8 节）

资产管理领域着重于开发分类模式、分配分类级别以及维护数据和设备的准确库存，强调文件化处理标准对保护信息的重要性。这个领域在第 5 章中涉及。

相关的 NIST 特别出版物如下：

- ❑ SP 800-60："信息和信息系统类型映射到安全类别指南"（两卷）
- ❑ SP 800-88, R1："介质脱敏指南"

访问控制（ISO 27002:2013　第 9 节）

访问控制领域的重点是管理授权访问和防止对信息系统的未授权访问。此领域可扩展到远程位置、家庭办公室和移动访问。该领域在第 9 章中介绍。

相关的 NIST 特别出版物如下：

- ❑ SP 800-41, R1："防火墙和防火墙策略指南"
- ❑ SP 800-46, R2："企业远程工作、远程访问和自带设备（BYOD）安全指南"
- ❑ SP 800-63-3："数字身份指南"
- ❑ SP 800-63A："登记和身份验证"
- ❑ SP 800-63B："认证和生命周期管理"
- ❑ SP 800-63C："联合会和声明"
- ❑ SP 800-77："IPSec VPN 指南"
- ❑ SP 800-113："SSL VPN 指南"
- ❑ SP 800-114："用户远程操作指南和自带设备（BYOD）安全"
- ❑ SP 800-153："确保无线局域网（WLAN）安全指南"

密码学（ISO 27002:2013　第 10 节）

2013 年的更新中添加了加密领域。该领域专注于正确有效地使用密码学来保护信息的机密性、真实性、完整性。要特别注意关键管理。这个领域包含在第 10 章中。

相关的 NIST 特别出版物如下：

- ❑ 800-57："关键管理建议——第 1 部分：总则（修订 3）"
- ❑ 800-57："关键管理建议——第 2 部分：关键管理组织的最佳实践"
- ❑ 800-57："关键管理建议——第 3 部分：专用密钥管理指南"
- ❑ 800-64："系统开发生命周期中的安全考虑"
- ❑ 800-111："终端用户设备存储加密技术指南"

物理和环境安全（ISO 27002:2013　第 11 节）

物理和环境安全领域的重点是设计和维护一个安全的物理环境以防止未经授权的访问、损坏，以及对商业场所的干扰。处理和销毁需要被特别注意。该领域在第 7 章中介绍。

相关的 NIST 特别出版物如下：

- ❑ SP 800-12："计算机安全概论——NIST 手册"
- ❑ SP 800-14："保护信息技术系统的公认原则和实践"
- ❑ SP 800-88："介质脱敏指南"
- ❑ SP 800-100："信息安全手册：管理者指南"

操作安全（ISO 27002:2013　第 12 节）

运营安全领域关注数据中心运营、操作的完整性、漏洞管理、防止数据丢失以及基于证据的日志记录。这个领域在第 8 章中涉及。

相关的 NIST 特别出版物如下：

❑ SP 800-40, R3："企业补丁管理技术指南"

❑ SP 800-115："信息安全测试与评估技术指南"

❑ SP 800-83, R1："台式机和笔记本电脑的恶意软件事件预防和处理指南"

❑ SP 800-92："计算机安全日志管理指南"

❑ SP 800-100："信息安全手册：管理者指南"

通信安全（ISO 27002:2013　第 13 节）

通信安全领域的重点是保护传输中的信息。该领域包括内部和外部传输以及基于互联网的通信。第 8 章将介绍这一领域。

相关的 NIST 特别出版物如下：

❑ SP 800-14："保护信息技术系统的公认原则和实践"

❑ SP 800-45："电子邮件安全指南"

❑ SP 800-92："计算机安全日志管理指南"

信息系统的获取、开发和维护（ISO 27002:2013　第 14 节）

信息系统的获取、开发和维护领域集中在从设计到销毁的信息系统、应用程序和代码的安全要求。这个顺序被称为系统开发生命周期。第 10 章将介绍这一领域。

相应的 NIST 特别出版物是 SP 800-23："关于已测试 / 评估产品的安全性保障和获取 / 使用的联邦机构指南"。

提供商关系（ISO 27002:2013　第 15 节）

提供商关系领域是在 2013 年的更新中添加的。该领域主要关注服务交付、第三方安全需求、合同义务和监督。这个领域包含在第 8 章中。

NIST 没有相应的特别出版物。

信息安全事件管理（ISO 27002:2013　第 16 节）

信息安全事件管理领域的重点是信息安全事件管理的一致性和有效性，包括检测、报告、响应、升级和取证实践。该领域在第 11 章中有所涉及。

相关的 NIST 特别出版物如下：

❑ SP800-61, R2："计算机安全事件处理指南"

❑ SP800-83："恶意软件事件预防和处理指南"

❑ SP800-86："取证技术融入事件响应指南"

业务连续性（ISO 27002:2013　第 17 节）

业务连续性管理领域重点关注的是在正常运行条件中断期间的可用性和基本服务的安全提供。ISO 22301 提供了一个框架来计划、建立、实施、操作、监视、评审、维护和持续改进业务连续性管理系统（BCMS）。这个领域在第 12 章中有所涉及。

相关的 NIST 特别出版物如下：

❑ SP 800-34："信息技术系统应急计划指南（修订 1）"

❑ SP 800-84："信息技术计划和能力的测试、培训和训练计划指南"

责任管理（ISO 2700:2013　第 18 节）

责任管理领域注重与内部策略的一致性，地方、国家和国际刑法和民法，监管或合同义务，知识产权和版权。该领域将在第13～15章中介绍。

相关的NIST特别出版物如下：

- □ SP 800-60卷I："将信息类型和信息系统映射到安全类别的指南"
- □ SP 800-60卷II："将信息类型和信息系统映射到安全性的指南附录"
- □ SP 800-66："实施健康保险可携带性及责任性法案（HIPAA）安全规则的介绍性资源指南"
- □ SP 800-122："保护个人可识别信息（PII）机密性的指南"

太多的领域

与策略一样，要使信息安全计划有效，它必须是有意义的、相关的，并且与组织的规模和复杂性相适应。并非所有组织都需要ISO 27002实践规范中引用的所有策略。关键是理解哪些领域适用于给定的环境，然后开发、采用和实现对组织有意义的控制和策略。记住，策略必须支持而不是阻碍组织的使命和目标。

27002:2013实践代码的4.1节告诉我们，领域的顺序并不意味着它们的重要性，这些领域也不是按优先顺序列出的。因此，本书可以自由地重新排序各部分，并在适用的情况下组合不同领域。第4～12章将每个领域的安全目标映射到现实的、相关的和可用的实践和策略。我们定义了目标和目的，详细探讨了相关的安全问题，并讨论了该标准的适用性。

> **注意** 在每一章中，你将找到包含相关策略声明的"实践中"。每个策略声明之前都有相关概要。大纲仅作为解释性文本，通常不会出现在策略文档中。在本书的最后，你将找到一个全面的信息安全策略文件，其中包括所有的策略声明以及在第2章中讨论的支持策略元素。

总结

确保机密性、完整性和可用性是每个信息安全项目的统一原则。它们被统称为CIA三要素或CIA安全模型，每个属性表示与信息、过程或系统的保护相关的基本目标和相应的行动。机密性是指防止未经授权的访问或泄露。完整性是对操作的保护。可用性是对拒绝服务（DoS）攻击的保护。支持CIA三要素的安全原则被称为"五个A"：问责制、担保、身份验证、授权和记录。

信息所有者是指为确保信息和相关系统不受破坏而被授予相关权力和责任的人。这包括决定信息分类、保护措施和控制措施。信息保管人负责根据信息所有者的决策实施、维护和监控保障措施。制定一致的决策需要一个框架。

安全框架是一个集合术语，用于指导与信息系统安全相关的主题，主要涉及总体信息安全实践的规划、实现、管理和审计。在本章中，你了解了NIST网络安全框架的要点。第16章将详细介绍NIST的网络安全框架。国际标准化组织（ISO）发布了一份技术中立的信息安全标准法则，名为ISO/IEC 27002:2013。这一标准已被国际上各种规模的私人和公共组织采用。ISO 27002:2013分为14个领域。每个类别都有控制目标、遵从性需求和推荐的策略组件。NIST有许多补充ISO实践规范的特殊出版物。这些出版物提供了可应用于安全领域和特定技术的深入研究、建议和指导。ISO标准和NIST网络安全框架也可被监管机构用于确保网络策略是健全的和完整的。在本书中，我们使用这两种方法来构建信息安全策略和项目。

自测题

选择题

1. CIA 的三要素是什么？

   A. 信心、整合、可用性   B. 一致性、完整性、认证

   C. 机密性、完整性、可用性   D. 保密性、完整性、意识

2. 以下哪一项是以完整性为目标的例子？

   A. 确保只有授权用户才能访问数据   B. 确保系统的正常运行时间为 99.9%

   C. 确保所有修改都经过变更控制过程   D. 确保更改可以追溯到编辑

3. 以下哪一项是涉及可用性的控制？

   A. 灾难恢复站点   B. 数据丢失防护（DLP）系统

   C. 培训   D. 加密

4. 以下哪项是机密性的目标？

   A. 防止未经授权的访问   B. 防止操纵

   C. 防止拒绝服务   D. 防止授权访问

5. 下列哪项是机密性的良好定义？

   A. 不向未经授权的个人、实体或流程提供或披露信息

   B. 用于确定安全措施是否按预期进行的过程、策略和控制

   C. 对寻求获得安全信息或系统的人或系统的积极识别

   D. 记录信息资源的访问和使用

6. 机密性的一个重要因素是所有敏感数据都需要随时进行控制和监控。以下哪项提供了有关如何保护数据的示例？

   A. 确保可用性   B. 在传输和休息时加密数据

   C. 部署更快的服务器   D. 利用网络可编程性

7. 以下哪项是对可用性的威胁？

   A. 由于自然灾害或人为错误导致处理能力丧失

   B. 由于未经授权的访问而导致的机密性丢失

   C. 事故造成的人员流失

   D. 未经授权的事件造成的声誉损失

8. 以下哪个术语最能说明信息资源的访问和使用记录？

   A. 问责制   B. 验收   C. 记录   D. 事实

9. 以下哪个术语组合最能描述信息安全的五个 A？

   A. 意识、接受、可用性、责任、认证   B. 意识、接受、权威、认证、可用性

   C. 问责制、担保、授权、身份验证、记录   D. 接受、认证、可用性、保证、记录

10. 信息的所有者负责什么？

   A. 维护存储、处理和传输信息的系统   B. 保护商业信誉和使用该信息所得的结果

   C. 保护用于访问数字信息的人员和流程   D. 从创建到销毁，确保信息受到保护

11. 以下哪个术语是 ISO 的准确名称？

   A. 内部标准组织   B. 国际标准化组织   C. 国际标准组织   D. 内部组织系统化

12. 以下哪项是对机会犯罪的准确描述？

   A. 计划周密的犯罪   B. 针对性的犯罪

C. 利用已发现的弱点或保护不力的信息犯罪　　　D. 又快又容易的犯罪

13. 以下哪个术语是对黑客主义动机的准确描述？

A. 财务　　　　　　　B. 政治　　　　　　　C. 个人　　　　　　　D. 乐趣

14. 罪犯获得未经授权的访问的时间越长，则意味着_____。

A. 需要花费更多时间　　B. 犯罪更有利可图　　C. 成功的机会更大　　D. 更有可能被抓住

15. 以下哪个术语最能说明某一种攻击，其目的是使机器或网络资源无法用于其预期用途？

A. 中间人　　　　　　B. 数据泄露　　　　　C. 拒绝服务　　　　　D. SQL 注入

16. 信息保管人负责_____。

A. 制定策略　　　　　　　　　　　　　　　　B. 数据分类

C. 批准预算　　　　　　　　　　　　　　　　D. 实施、维护和监督保护措施

17. 美国 NIST 是一个_____。

A. 国际组织　　　　　　　　　　　　　　　　B. 私人资助的组织

C. 美国政府机构，是美国商务部的一部分　　　　D. 欧盟机构

18. 国际标准化组织（ISO）是_____。

A. 非政府组织　　　　　　　　　　　　　　　B. 国际组织

C. 总部设在日内瓦的一个组织　　　　　　　　D. 以上所有都对

19. 目前与信息安全有关的 ISO 标准系列是_____。

A. BS 7799:1995　　　B. ISO 17799:2006　　C. ISO / IEC 27000　　D. 以上都不是

20. 以下哪个术语最适合描述与管理授权访问和防止对信息系统的未授权访问有关的安全领域？

A. 安全策略　　　　　　B. 访问控制　　　　　C. 合规性　　　　　　D. 风险评估

21. 以下哪个术语最适合说明与数据如何分类和估值有关的安全领域？

A. 安全策略　　　　　　B. 资产管理　　　　　C. 合规性　　　　　　D. 访问控制

22. 以下哪个术语最适合说明包括 HVAC、火灾扑救和安全办公场所在内的安全领域？

A. 操作　　　　　　　　B. 通信　　　　　　　C. 风险评估　　　　　D. 物理和环境控制

23. 以下哪个术语最适合描述与保密目标最接近的安全领域？

A. 访问控制　　　　　　B. 合规性　　　　　　C. 事件管理　　　　　D. 业务连续性

24. 什么领域的主要目标是确保符合 GLBA、HIPAA、PCI / DSS 和 FERPA。

A. 安全策略　　　　　　B. 合规性　　　　　　C. 访问控制　　　　　D. 合同和监管

25. _____领域中包括响应恶意软件感染、进行取证调查和报告违规行为的流程。

A. 安全策略　　　　　　B. 业务和通信　　　　C. 事件管理　　　　　D. 业务连续性管理

26. 以下哪个术语是最适合描述业务连续性的同义词？

A. 授权　　　　　　　　B. 身份验证　　　　　C. 可用性　　　　　　D. 问责制

27. 哪个领域重点关注服务提供、第三方安全要求、合同义务和监管？

A. 事件处理和取证　　　B. 安全策略　　　　　C. 提供商关系　　　　D. 信息安全事件管理

28. 哪个领域专注于正确有效地使用密码术来保护信息的机密性、真实性和完整性？

A. 密码　　　　　　　　B. 密码分析　　　　　C. 加密和 VPN 治理　　D. 法律和合规性

29. 哪个领域侧重于将安全性纳入员工生命周期、协议和培训？

A. 运营和通信　　　　　B. 人力资源安全管理　C. 治理　　　　　　　D. 法律和合规性

30. 以下哪个安全目标对一个组织来说最重要？

A. 机密性　　　　　　　　　　　　　　　　　B. 完整性

C. 可用性　　　　　　　　　　　　　　　　　D. 因组织而异，以上答案均有可能

31. 以下哪些是 NIST 网络安全框架核心功能的一些组成部分？

A. 识别　　　　　　　　B. 完整性　　　　　　C. 检测　　　　　　　D. 保护

E. 以上所有内容

练习题

练习 3.1：理解 CIA

1. 定义安全术语"机密性"。给出需要保密的业务情况的示例。
2. 定义安全术语"完整性"。给出丢失完整性可能导致严重损害的业务情况的示例。
3. 定义安全术语"可用性"。给出可用性比保密性更重要的业务情况的示例。

练习 3.2：了解机会主义网络犯罪

1. 定义"机会主义"犯罪的含义。
2. 举例说明。
3. 找到（在线）最近 Verizon 数据破坏事件报告的副本。有多少百分比的网络犯罪被认为是"机会主义"？

练习 3.3：理解黑客主义或 DDoS

1. 查找最近有关黑客主义或分布式拒绝服务（DDoS）攻击的新闻文章。
2. 总结一下这次攻击。
3. 解释为什么攻击者成功（或不成功）。

练习 3.4：了解 NIST 和 ISO

1. 在官网上分别阅读 ISO（www.iso.org）和 NIST 计算机安全资源中心（http://csrc.nist.gov/）的任务和相关部分。描述组织之间的异同点。
2. 你认为哪个组织更有影响力？为什么？
3. 确定它们如何相互补充。

练习 3.5：理解 ISO 27002

1. 选择 ISO 27002:2013 类别之一，并解释为什么你对此领域特别感兴趣。
2. 2013 版本中添加了 ISO 27002 提供商关系（第 15 节）。你认为为什么要添加这部分？
3. 27002:2013 并未强制要求特定控制，而是让组织选择并实施适合它们的控制。NIST 特别出版物提供具体指导。在你看来，哪种方法更有用？

项目题

项目 3.1：进行 CIA 模型调查

1. 调查 10 人，主题是 CIA 模型对他们的重要性。使用下表作为模板。让他们列出自己的手机或平板电脑上的三种数据类型。对于每种数据类型，请询问哪个更重要——设备上的信息应保密（C）、完整（I）和可用（A）。

#	参加者姓名	设备类型	数据类型 1	CIA	数据类型 2	CIA	数据类型 3	CIA
1.	Sue Smith	iPhone	电话号码	I	图片	A	文本信息	C
2.								
3.								

2. 对回复进行总结。
3. 回复是否符合你的期望？为什么符合或者为什么不符合？

项目 3.2：根据 NIST 特别出版物 800 系列目录准备报告

1. 找到 NIST 特别出版物 800 系列目录。

2. 仔细阅读文件清单。选择一个你感兴趣的清单并阅读它。

3. 准备一份解决以下问题的报告：

    a. 为什么选择这个主题

    b. 该文档的目标读者是什么

    c. 为什么本文档适用于其他受众

    d. 该文件的各个部分

    e. 文档是否涉及机密性、完整性或可用性

项目 3.3：准备 ISO 27001 认证报告

1. 研究目前有多少组织通过了 ISO 27001 认证。

2. 准备一份关于组织如何获得 ISO 27001 认证的报告。

项目 3.4：NIST 的网络安全框架电子表格

1. 从 https://www.nist.gov/cyberframework 下载 NIST 的网络安全框架电子表格。熟悉 NIST 网络安全框架的不同组件、类别、子类别和信息参考。

2. 从 https://www.nist.gov/cyberframework/csf-reference-tool 下载 NIST 的 CSF 工具。熟悉该工具的所有功能以及它如何允许你开始开发自己的网络安全工程。

3. 准备一份报告，说明企业或私营部门组织如何利用该框架来帮助实现以下目标：

❑ 识别资产和相关风险。

❑ 防范威胁参与者。

❑ 检测并响应任何网络安全事件和事故。

❑ 网络安全事件发生后的恢复。

案例研究：策略制定方法

    区域银行发展迅速。在过去两年中，它已经收购了六家规模较小的金融机构。长期战略计划是银行在未来三到五年内继续发展并"上市"。FDIC 监管机构告知管理层，在银行加强其信息安全计划之前，它们不会批准任何额外的收购。监管机构表示，地方银行的信息安全策略混乱、缺乏结构、漏洞百出。你的任务是"修复"策略文档中的问题。

    1. 考虑以下问题：你从哪里开始这个项目？你会使用原始文件中的任何材料吗？你还需要哪些其他材料？你想采访原始策略的作者吗？你还会采访谁？银行应该致力于 ISO 认证吗？你将使用 ISO 27002:2013 的哪些领域和章节？你应该使用 NIST 的网络安全框架和相关工具吗？你还应该考虑哪些标准？

    2. 创建一个项目计划，说明如何处理该项目。

参考资料

引用的条例

"NIST Cybersecurity Framework," accessed 04/2018, https://www.nist.gov/cyberframework.

"Federal Code 44 U.S.C., Sec. 3542," accessed 04/2018, https://www.gpo.gov/fdsys/pkg/CFR-2002-title44-vol1/content-detail.html.

"The Cybersecurity Framework: Implementation Guidance for Federal Agencies," accessed 04/2018, https://csrc.nist.gov/publications/detail/nistir/8170/draft.

"Public Law 107–347–E-Government Act of 2002," official website of the U.S. Government Printing Office, accessed 04/2018, www.gpo.gov/fdsys/pkg/PLAW-107publ347/content-detail.html.

ISO 研究

"International Standard ISO/IEC 27001," First Edition 2005-10-15, published by ISO, Switzerland.

"International Standard ISO/IEC 27000," Second Edition 2012-12-01, published by ISO, Switzerland.

"International Standard ISO/IEC 27002:2013," Second Edition 2013-10-01, published by ISO, Switzerland.

"About ISO," official website of the International Organization for Standardization (ISO), accessed on 04/2018, https://www.iso.org/about-us.html.

"A Short History of the ISO 27000 Standards: Official," *The ISO 27000 Directory*, accessed on 04/2018, www.27000.org/thepast.htm.

"An Introduction to ISO 27001, ISO 27002, … ISO 27008," *The ISO 27000 Directory*, accessed on 04/2018, www.27000.org.

"The ISO/IEC 27000 Family of Information Security Standards," IT Governance, accessed 04/2018, https://www.itgovernance.co.uk/iso27000-family.

"ISO/IEC 27000 Series," Wikipedia, accessed 04/2018, https://en.wikipedia.org/wiki/ISO/IEC_27000-series.

NIST 研究

"NIST General Information," official website of the National Institute of Standards and Technology, accessed 04/2018, https://www.nist.gov/director/pao/nist-general-information.

"NIST Computer Security Division," official website of the NIST Computer Security Resource Center, accessed 04/2018, https://csrc.nist.gov.

"Federal Information Processing Standards (FIPS) Publications," official website of the NIST Computer Security Resource Center, accessed 04/2018, https://www.nist.gov/itl/fips-general-information.

"Special Publications (800 Series) Directory," official website of the NIST Computer Security Resource Center, accessed 04/2018, https://csrc.nist.gov/publications.

其他参考资料

"Distributed Denial of Service Attack (DDoS)," Security Search, accessed 05/2018, http://searchsecurity.techtarget.com/definition/distributed-denial-of-service-attack.

"Hacktivism," Wikipedia, accessed 05/2018, http://en.wikipedia.org/wiki/index.html?curid=162600.

Poulen, K., and Zetter, K. "U.S. Intelligence Analyst Arrested in WikiLeaks Video Probe," *Wired Magazine*, accessed 05/2018, http://www.wired.com/threatlevel/2010/06/leak/.

"Edward Snowden," accessed 05/2018, https://www.biography.com/people/edward-snowden-21262897.

"What Is WikiLeaks," WikiLeaks, accessed 05/2018, https://wikileaks.org.

"Cisco security: Russia, Iran switches hit by attackers who leave US flag on screens," ZDNet, accessed on 05/2018.

第4章 治理与风险管理

NIST 的网络安全框架提供了有关实施和管理网络安全策略操作、风险管理以及组织内外事件处理所必需的治理结构的指南。该框架旨在帮助保护美国的关键基础设施，但许多非政府组织使用该框架来建立强大的网络安全计划。

本章还包括对风险管理的讨论，因为它是治理、决策制定和策略的基本方面。NIST 网络安全框架部分参考了 ISO / IEC 标准，以及组织的其他来源，以帮助创建适当的风险管理流程。在 ISO / IEC 标准中，风险管理非常重要，它足足涉及两套标准：ISO / IEC 27005 和 ISO / IEC 31000。此外，信息安全策略（ISO 27002:2013 的第 5 节）和信息安全组织（ISO 27002:2013 的第 6 节）密切相关，因此本章将讨论这里提到的所有标准。

理解网络安全策略

网络安全策略、标准、程序和计划存在的原因之一是保护组织，并进一步保护其成员免受伤害。网络安全策略的目标有三个：

- ❑ 网络安全指令应编入书面策略文件。
- ❑ 管理层参与策略制定并明确地支持策略非常重要。
- ❑ 管理层必须战略性地使网络安全与业务要求和相关法律法规保持一致。

国际公认的安全标准，如 ISO 27002:2013 和 NIST 网络安全框架可以提供框架，但最终每个组织必须结合组织目标和监管要求构建自己的安全战略和策略。

治理

NIST 将治理定义为"建立和维护框架并支持管理结构和流程的过程，以确保信息安全策略能够与业务目标保持一致并支持业务目标，能够通过遵守策略和内部控制与适用的法律法规保持一致，以及能够提供责任分配，所有这些都是为了管理风险。"

战略一致性的意义

有两种网络安全方法，分别是基于孤岛的（silo-based）和综合的。基于孤岛的网络安全方法赋予 IT 部门保证安全性的责任，将合规视为自由裁量权，并且很少或根本没有组织责任。基于孤岛的网络安全方法如图 4-1 所示。

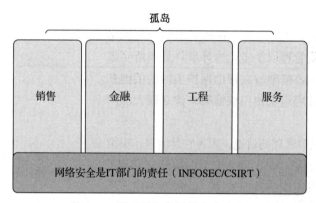

图 4-1   基于孤岛的网络安全方法

综合的网络安全方法认识到安全性和成功是相互交织的，其示意图如图 4-2 所示。

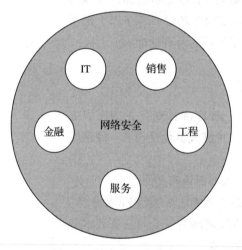

图 4-2   综合的网络安全法

基于孤岛的方法的缺点之一是组织孤岛没有相同的优先级、目标，甚至不使用相同的工具，因此每个孤岛或部门作为企业内的单个业务单位或实体运行。孤岛的出现是因为组织的结构，这种结构下的经理只负责组织内的一个特定部门，每个经理都有不同的优先级、责任和愿景。这对于良好的网络安全计划来说可能是个问题。通常，利益相关者并不了解其他部门的优先事项和目标，各个业务部门之间几乎没有沟通、协作和团队合作。

在进行战略一致化时，安全性作为可以增加价值的业务推动者。预期各位决策者将像讨论其他基本驱动因素和业务影响因素一样去讨论安全性。这不会奇迹般地发生，它需要领导层认识到网络安全的价值，在人员和流程上做调整，鼓励大家进行讨论和辩论，并以与其他业务需求相同的对待方式对待安全性。

它还要求网络安全专业人员认识到网络安全的真正价值在于保护企业免受伤害并实现组织目标。明确的管理层支持与书面策略相结合，形成并传达了组织对网络安全的承诺。

法规要求

为了保护美国公民，立法者认识到书面网络安全策略的重要性。以下是与网络安全和隐私相关的一些法规示例：

- ❑ Gramm-Leach-Bliley 法案（GLBA）
- ❑ 健康保险可携带性及责任性法案（HIPAA）
- ❑ Sarbanes-Oxley（SOX）
- ❑ 家庭教育权利和隐私法案（FERPA）
- ❑ 联邦信息安全管理法案（FISMA）
- ❑ 支付卡行业数据安全标准（PCI DSS）——不是政府法规，而是与国际受众密切相关
- ❑ 纽约金融服务部（DFS）网络安全法规 23 NYCRR 500

所有列出的法规和标准都要求所涵盖的实体制定保护其信息资产的书面策略和程序，并定期评价策略。这里的每个立法行为都更好地保护了每个人的私人信息，并引入了治理行为以减少欺诈性的公司收益报告。

有许多组织受多套法规的约束。例如，公开交易的银行受 GLBA 和 SOX 的约束，医疗账单公司发现自己受 HIPAA 和 GLBA 的约束。试图编写策略以符合联邦州法规的组织在进行编写时显得信心不足，好在迄今为止发布的法规有足够多的共同点，即基于 ISO 27002 等框架的编写良好的网络安全策略可以映射到多个监管要求。策略管理标记通常包括对特定监管要求的交叉引用。

良好的治理计划根据行业标准框架检查组织的环境、运营、文化和威胁形势，还使合规性与组织风险保持一致，并整合了业务流程。此外，通过良好的治理和适当的工具，你可以根据要求衡量进度并实现合规标准。

要建立强大的网络安全计划，需要确保业务目标考虑到风险承受能力，并确保最终的策略是负责任的。治理包括许多类型的策略。以下各节介绍了最相关策略的一些示例。

用户级别网络安全策略

网络安全策略是为了指导组织而编写的治理声明。正确编写的策略也可以用作影响使用者行为的教学文件。应专门制定可接受使用策略文件和相应的协议，并分发给用户社区。可接受使用策略应仅包括与用户直接相关的信息，并酌情包括解释和示例。随附的协议要求用户了解自己的责任并确认自己的个人承诺。

提供商网络安全策略

公司可以外包工作，但不能外包责任。应要求存储、处理、传输或访问信息资产的提供商或业务合作伙伴（通常称为"第三方"）拥有满足组织要求或在某些情况下超出组织要求的信息管理权。评估提供商安全性的最有效方法之一是为他们提供组织安全策略的提供商版本，并要求他们证明其合规性。提供商版本应仅包含适用于第三方的策略，并应对其进行脱敏处理，以使其不披露任何机密信息。

网络安全漏洞披露策略

提供商通常会创建并公开发布漏洞披露策略。这是成熟提供商（特别是技术领域）的常见做法。在此策略中，提供商解释了它如何接收、管理、修复和披露可能影响其客户的产品和服务中的安全漏洞。例如，链接 https://www.cisco.com/c/en/us/about/security-center/security-vulnerability-policy.html 包含思科的公共安全漏洞策略。另一个示例——CERT／CC 漏洞披露策略参见链接 http://www.cert.org/vulnerability-analysis/vul-disclosure.cfm。

网络安全策略的客户概要

此处的客户是指组织向其提供服务的公司。组织应客户要求提供网络安全策略概要。为适应客户群，可以扩展概要以使其包含事件响应和业务连续性过程、通知，以及监管交叉引用。除非要求收件人签署保密协议，否则概要不应披露机密商业信息。

实践中：网络安全策略

概要： 组织必须制定书面的网络安全策略和支持文件。

策略声明：

❏ 公司必须制定书面的网络安全策略。

❏ 执行管理层负责确定网络安全策略的任务和总体目标。

❏ 策略必须支持组织目标。

❏ 这些策略必须符合相关的法律、法规和合同要求。

❏ 必须将策略传达给公司内部和外部的所有相关方。

❏ 必要时必须制定标准、指南、计划和程序，以支持策略目标和要求的实施。

❏ 为了教育员工，用户级别的文档将来自网络安全策略，包括但不限于可接受使用策略、可接受使用协议和信息处理说明。

❏ 必须对分发在组织外部的任何网络安全策略进行脱敏处理。

❏ 所有文件自上次生效日期起保留六年。

仅供参考：策略层级复习

❏ **指导原则**是组织的基本理念或信念，反映了组织所追求的公司类型。策略层级代表指导原则的实施。

❏ **策略**是编纂组织要求的指令。

❏ **标准**是实施规范。

❏ **基线**是特定类别或分组的最低实施标准和安全控制的集合。

❏ **指南**是建议的行动或建议。

❏ **程序**是说明。

❏ **计划**是战略和战术指导，用于在特定时间范围内执行计划或响应情况，通常具有确定的阶段和指定的资源。

谁授权网络安全策略

策略反映了组织的承诺、方向和方法。网络安全策略应由执行管理层授权。根据组织的规模、法律结构或监管要求，执行管理层可能被定义为所有者、董事或执行官。

由于执行管理层对信息资产的保护负有责任并且可以承担法律责任，因此领导职位的人员对想办法让策略一直得到正确执行以及为确保策略正确执行采取监督活动负有义不容辞的责任。全美公司董事协会（NACD）是美国董事会和董事的主要会员组织，它推荐了五项基本原则：

- ❑ 将网络安全视为企业范围的风险管理问题，而不仅仅是 IT 部门的问题。
- ❑ 了解网络风险的法律含义。
- ❑ 董事会应该有足够多的条件学习网络安全专业知识，董事会议程应给网络风险管理留足够长的时间。
- ❑ 董事们应该设定管理层将建立企业网络风险管理框架的期望。
- ❑ 董事会需要讨论网络风险管理和风险处理的细节。

应按计划的时间周期评价策略，以保持策略的适宜性、充分性和有效性。

仅供参考：董事的责任和关怀义务

在侵权法中，关怀义务是适用于公司董事和高级职员的法律标准。1996 年，Caremark 公司的股东提起衍生诉讼，声称董事会未能建立适当的内部控制系统，从而违反了其关怀义务。作为回应，特拉华州法院定义了一项多因素测试，旨在确定怎样算违反了关怀义务：

- ❑ 董事们知道或应该知道违法行为正在发生。
- ❑ 董事们没有采取任何措施以善意的努力来预防或纠正正在发生的情况。
- ❑ 这种沉默直接导致了所申诉的损失。

Orrick、Herrington 和 Sutcliffe 律师事务所的律师表示，"简而言之，只要董事善意行事，只要做出适当的、应有的关怀并且没有表现出重大过失，就不用为未成功预测或防止网络攻击承担责任。如果原告能够证明某董事未能采取行动以履行已知义务，从而表明其有意无视自身责任，则可能会引起违反信托义务的索赔。"

分布式治理模型

"安全是一个 IT 问题"的神话是时候破灭了。安全不是一个孤立的学科，也不应该被孤立。设计和维护支持组织使命的安全环境需要企业范围内的投入、决策和承诺。分布式治理模型基于管理是组织责任的原则。有效的安全性需要利益相关者、决策者和用户社区的积极参与、合作和协作。应该同等对待安全性与其他基本驱动因素和业务影响因素。

首席信息安全官（CISO）

即使在最具安全意识的组织中，也仍有人需要提供专家领导。这就是 CISO 的作用。作为执行团队的一员，CISO 将成为领导者、教师和安全冠军。CISO 协调和管理整个公司的安全工作，包括 IT、人力资源（HR）、通信、法律、设施管理和其他组，如图 4-3 所示。

最成功的 CISO 能够完美地平衡安全性、生产力和创新性。CISO 必须是倡导安全的业务推动者，同时要注意保护组织免受无法识别的伤害，他通常不是会议室中最受欢迎的人。该职位往往直接向高级职能部门（CEO、COO、CFO、总法律顾问）报告，并且应该与董事会建立直接的沟通渠道。

图 4-3　CISO 与公司其他部门的互动

在较小的组织中，CISO 通常属于信息安全官（ISO）的非执行级职位。许多公司存在的冲突源是 ISO 应该向谁报告，以及 ISO 是否应该是 IT 团队的成员。CISO 向 CIO 报告并非罕见情形，根本算不上问题，但是这种指挥系统可能会引发有关独立水平是否够的问题。为确保适当的职责分离，ISO 应直接向董事会或具有足够独立性的高级官员报告，以执行指定的任务。安全人员不应在 IT 部门内担任运营职责。他们应该有足够的知识、雄厚的技术背景并经过培训，同时具备一定的权限以便能够充分有效地执行所分配的任务。安全决策不应该是一项单一的任务。推荐将 CISO 或 ISO 设为一个代表职能部门和业务部门的多学科委员会。

实践中：CISO 策略

概要： 确定 CISO 的作用以及报告结构和沟通渠道。

策略声明：

❑ COO 将任命 CISO。

❑ CISO 将直接向 COO 报告。

❑ CISO 可自行决定是否直接与董事会成员沟通。

❑ CISO 负责管理网络安全计划，确保遵守适用的法规和合同义务，并与业务部门合作，以协调网络安全要求和业务计划。

❑ CISO 将作为网络安全问题的内部咨询资源。

❑ CISO 将担任网络安全指导委员会的主席。

❑ CISO 将成为事件响应小组和运营连续性小组的常任成员。

❑ 每季度，CISO 将向执行管理团队报告网络安全计划的总体状况。报告应讨论重大事项，包括风险评估、风险管理、控制决策、服务提供商安排、测试结果、安全漏洞或违规行为，以及策略变更建议等问题。

网络安全指导委员会

创建安全文化需要在组织内的多个层面产生积极影响，成立网络安全指导委员会（ISC）能够为组织提供一个可以沟通和讨论安全要求及业务集成的论坛。通常，委员会成员代表业务线或部门，包括运营、风险、合规性、营销、审计、销售、人力资源和法律的横截面（cross-section）。除了提供建议和咨询，他们的使命是将安全福音传播给同事、下属和商业伙伴。

> **实践中：网络安全指导委员会策略**
>
> **概要：** 网络安全指导委员会的任务是支持网络安全计划。
>
> **策略声明：**
>
> ❏ 网络安全指导委员会在网络安全计划的实施、支持和管理方面，与业务目标的一致性方面以及遵守所有适用的州和联邦法律法规方面提供咨询服务。
>
> ❏ 网络安全指导委员会提供了一个讨论业务计划和安全要求的开放论坛。预计安全性将与其他基本驱动因素和业务影响因素受到一样的重视。
>
> ❏ 常任理事将包括 CISO（主席）、COO、信息技术总监、风险官、合规官和业务部门代表。兼职委员会成员可能包括但不限于人力资源、培训和营销部门的代表。
>
> ❏ 网络安全指导委员会将每月一次召开会议。

组织角色和责任

除了 CISO 和网络安全指导委员会之外，分布在整个组织的各种角色都担负着与网络安全相关的职责。这里举一些示例。

- ❏ **合规官**：负责确定所有适用的且与网络安全相关的法定、监管和合同要求。
- ❏ **隐私官**：负责处理和披露与州、联邦、国际法律及习俗有关的数据。
- ❏ **内部审计**：负责衡量对经董事会批准的策略的遵守情况，并确保控制措施按预期运作。
- ❏ **事件响应团队**：负责响应和管理与安全相关的事件。
- ❏ **数据所有者**：负责根据分类、业务需求、法律和法规要求定义数据的保护机制；评价访问控制措施；监督和执行对策略与标准的遵守情况。
- ❏ **数据保管人**：负责实施、管理和监控数据所有者定义的保护机制，并通知相关方任何可疑或已知的策略违规事件或潜在危害。
- ❏ **数据用户**：期望通过采取合理和谨慎的步骤来保护他们可以访问的系统和数据，从而充当安全计划的代理人。

这些职责中的每一项都应记录在策略、职位描述或员工手册中。

评估网络安全策略

董事和执行管理层有责任以负责任的方式管理公司。重要的是，他们能够准确地衡量对策略指令的遵守情况、网络安全策略的有效性以及网络安全计划的成熟程度。审计和成熟度模型等标准化方法可用作评估和报告机制。组织可以选择由内部人员进行这些评估或与独立的第三方合作。决策标准包括组织的规模和复杂性、监管要求、可用的专业知识和职责分离。为了满足独立性，评估员不应对目标的设计、安装、维护、操作，或指导目标操作的策略和程序负有责任、从中受益，以及以任何方式产生影响。

审计

网络安全审计是对组织如何符合董事会批准的策略、监管要求和国际公认标准（如 ISO 27000 系列）等既定标准的系统性、基于证据的评估。审计程序包括访谈、观察、跟踪管理策略的文件、评价实践、评价文件以及跟踪源文件的数据。审计报告是审计小组基于预定义范围和标准给出的正式意见（或免责声明）。审计报告通常包括对所完成工作的描述、工作的任何固有限制、详细的调查结果和建议。

仅供参考：认证网络安全审核员（CISA）

由 ISACA（以前称为信息系统审计和控制协会）将 CISA 认证授予那些已被证明高度掌握审计相关知识并具有可验证工作经验的专业人员。CISA 认证在全球享有盛誉，其持续专业教育（CPE）计划的可信度确保了 CISA 认证的专业人员能够保持其技能。美国国家标准协会（ANSI）根据 ISO / IEC 17024:2003 认证 CISA 认证计划。有关 ISACA 认证的更多信息，请访问 www.isaca.org。

能力成熟度模型

能力成熟度模型（CMM）用于评估和记录给定区域的流程成熟度。"成熟度"一词涉及形式化和结构化的程度，范围为从无线自组网到优化后的流程。CMM 受美国空军资助，于 20 世纪 80 年代中期由卡内基·梅隆大学软件工程研究所开发，目标是为军队创建一个用于评估软件开发程度的模型。CMM 已被广泛用于网络安全、软件工程、系统工程、项目管理、风险管理、系统获取、IT 服务和人员管理等主题。在某些情况下，NIST 网络安全框架可以被视为成熟度模型或衡量网络安全计划成熟度的"框架"。

如表 4-1 所示，CMM 的变体可用于评估企业网络安全成熟度。应用该模型的贡献者应深入了解该领域的组织和专业知识。

表 4-1　CMM 等级表

等　级	状　态	描　述
0	不存在	组织不了解策略或流程的必要性
1	无线自组网	没有记录在案的策略或流程，有零星的活动
2	可重复	策略和流程没有完整记录，但活动是定期进行的
3	定义好的流程	策略和流程记录在案并经过了标准化，积极致力于它们的实施
4	经管理的流程	策略和流程已得到很好的定义、实施、测量和测试
5	优化后的流程	策略和流程已得到充分了解，并已完全融入组织文化

如图 4-4 所示，结果很容易以图形式表示，并简洁地传达了每个领域的网络安全计划的状态。任何基于等级的模型的挑战在于，有时评估结果介于不同等级之间，在这种情况下使用渐变等级（例如 3.5）是完全合适的。这是向负责监督的人员（如董事会或执行管理层）报告的有效机制。流程改进目标是 CMM 评估的自然结果。

董事会（或组织机构）通常是权威的决策机构，负责监督网络安全计划的制定、实施和维护。"监督"一词意味着委员会负有传统的监督职责，日常职责则留给管理层。执行管理层的任务是为正确的计划制定、管理和维护提供支持和资源，并确保战略与组织目标保持一致。

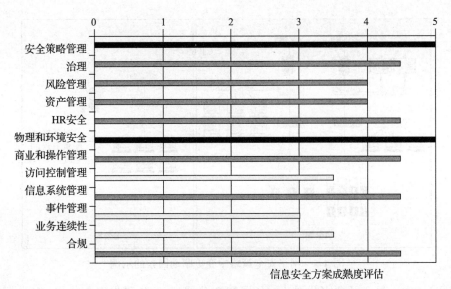

图 4-4 CMM 评估

实践中：网络安全策略授权和监督策略

概要： 网络安全策略必须由董事会授权，必须每年审查策略的相关性和有效性。

策略声明：

❑ 董事会必须授权网络安全策略。

❑ 必须对网络安全策略进行年度评价。

❑ CISO 负责管理审核流程。

❑ 策略变更必须提交给董事会并由其批准。

❑ COO 和 CISO 通常联合向董事会提交年度报告，向他们提供衡量组织遵守网络安全策略目标的程度和网络安全计划成熟度所需的信息。

❑ 当内部知识不足以支撑评价或审计网络安全策略时，或者当环境需求独立审计时，必须聘用第三方专业人士。

修订网络安全策略：变更驱动因素

由于组织随时间而变化，因此策略需要修订。变更驱动因素是指修改了公司业务方式的事件。变更驱动因素可以是以下任意一种：

❑ 人口

❑ 经济

❑ 技术

❑ 监管

❑ 相关人员

变更驱动因素的示例包括公司收购、新产品、服务或技术、监管策略更新、订立合同义务以及进入新市场。变更可能会带来新的漏洞和风险。变更驱动因素会触发内部评估并最终审查策略。策略应相应更新，并需要重新授权。

让我们看一下图 4-5 中所示的示例。

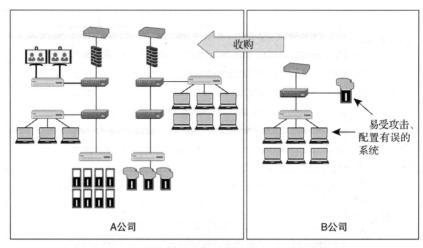

图 4-5　网络安全策略中变更驱动因素的示例

在图 4-5 中，显示了两家公司（A 公司和 B 公司）。A 公司收购 B 公司。B 公司从未有足够的资源来建立适当的网络安全治理体系，并且从未更新过网络安全策略。因此，一些易受攻击的系统现在给 A 公司带来了风险。在这个例子中，A 公司扩展了其网络安全策略和计划，以完全取代 B 公司的计划。

NIST 网络安全框架治理子类别和信息参考

NIST 网络安全框架包括几个与治理相关的子类别，以下列出了这些子类别。

- ❑ ID.GV-1：建立组织信息安全策略。
- ❑ ID.GV-2：信息安全角色和职责与内部角色和外部合作伙伴协调一致。
- ❑ ID.GV-3：有关网络安全的法律和监管要求，包括隐私和公民自由义务，都得到了理解和管理。
- ❑ ID.GV-4：治理和风险管理流程可解决网络安全风险。

与治理相关的每个子类别都有一些在你建立网络安全计划和治理体系时可能对你有益的信息参考。与 ID.GV-1 相关的信息参考（标准和指南）如图 4-6 所示。信息参考包括你在第 3 章中学习的标准和指南，但信息和相关技术的控制目标（COBIT）除外。COBIT 是由国际专业协会 ISACA 为 IT 管理和治理创建的框架，它定义了一组围绕 IT 流程和促成因素的逻辑框架组织的控件。

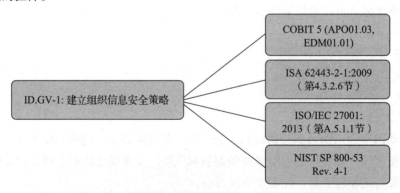

图 4-6　NIST 网络安全框架的 ID.GV-1 子类别相关的信息参考

图 4-7 显示了与 ID.GV-2 子类别相关的信息参考。

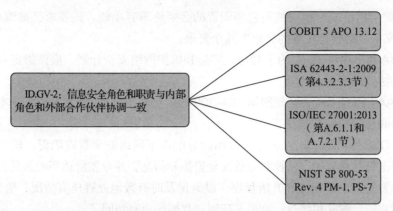

图 4-7　NIST 网络安全框架的 ID.GV-2 子类别相关的信息参考

图 4-8 显示了与 ID.GV-3 子类别相关的信息参考。

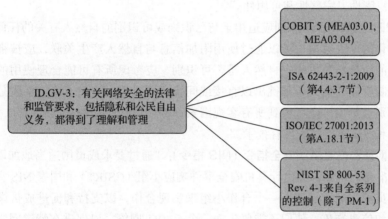

图 4-8　NIST 网络安全框架的 ID.GV-3 子类别相关的信息参考

图 4-9 显示了与 ID.GV-4 子类别相关的信息参考。

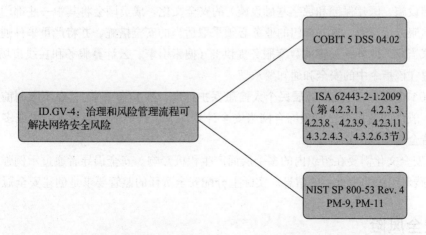

图 4-9　NIST 网络安全框架的 ID.GV-4 子类别相关的信息参考

法规要求

正式分配与网络安全相关的角色和职责的必要性不容小觑。该要求已被编入许多标准、法规和合同义务，最值得注意的是以下几个要求。

- ❑ GLBA 第 314-4 节："为了制定、实施和维护网络安全计划，应该指定一名或多名员工来协调网络安全计划。"

- ❑ HIPAA / HITECH 安全规则第 164-308（a）节："确定负责制定和实施本节所要求的策略和程序的安全官员。"

- ❑ PCI DSS 第 12.5 节："为个人或团队分配以下网络安全管理职责：建立、记录和分发安全策略和程序；监控和分析安全警报和信息，并分发给适当的人员；建立、记录和分发安全事件响应和升级程序，以确保及时有效地处理所有情况；管理用户账户，包括添加、删除和修改；监控并控制对数据的所有访问。"

- ❑ 23 NYCRR 500（金融服务公司的网络安全要求）第 500.02 节："网络安全计划。本要求涵盖的每个实体都应维护一个网络安全计划，旨在保护所涵盖实体的信息系统的机密性、完整性和可用性。"

- ❑ GDPR："数据保护原则应适用于与已识别或可识别的自然人有关的任何信息。经过假名化的个人数据，可以通过使用附加信息与自然人产生关联，应被视为可识别自然人的信息。为了确定自然人是否可识别，应考虑所有可能合理使用的手段，例如由控制者或其他人单独挑出以直接或间接识别自然人。为了确定手段是否合理地用于识别自然人，应考虑到所有客观因素，例如识别所需的成本和时间，同时考虑到加工和技术发展时的现有技术。"

- ❑ 欧洲网络和信息系统安全指令（NIS 指令）："通过要求成员国适当地加以配备让它们有所准备，例如，经由计算机安全事件响应小组（CSIRT）和国家 NIS 主管当局，所有成员国之间通过建立一个合作小组来实现合作，以支持和促进成员国之间的战略合作和信息交流。他们还需要建立一个 CSIRT 网络，以促进在特定网络安全事件上实现迅速有效的业务合作，并分享有关风险的信息、跨部门（对我们的经济和社会至关重要，而且严重依赖信息通信技术的部门，如能源、运输、水、银行、金融市场基础设施、医疗保健和数字基础设施）的安全文化。成员国会将其中一些部门确定为基本服务运营者，这些部门的业务必须采取适当的安全措施，并将严重事件通知有关国家当局。此外，关键的数字服务提供商（搜索引擎、云计算服务和在线市场）也必须遵守该指令中的安全和通知要求。"

- ❑ 201 CMR 17（英联邦居民个人信息保护标准）第 17.0.2 节："在不限制前述内容的一般性的前提下，每项综合网络安全计划均应包括但不限于指定一名或多名员工维持全面的网络安全计划。"

创建安全文化需要在组织内的多个层面产生积极影响。安全倡导者通过示例强化了安全策略和实践对组织非常重要的信息。实际上分配安全责任的监管要求是创建安全冠军。

网络安全风险

影响网络安全决策和策略制定的三个因素为：

   □　指导原则。

   □　法规要求。

   □　与实现业务目标相关的风险。

风险是给定的行为、活动和（或）不作为导致产生不良或不利结果的可能性。承担风险的动机是有利的结果。管理风险意味着正在采取其他行动来减轻不良或不利结果的影响和（或）增强积极结果的可能性。

以下是网络安全风险治理的几个关键概念。

   □　组织对网络安全风险和潜在风险响应的评估考虑了其网络安全计划的隐私影响。

   □　与网络安全相关的隐私责任的个人向适当的管理层报告并接受适当的培训。

   □　制定流程以支持符合适用的隐私法律、法规和宪法要求的网络安全活动。

   □　制定流程以评估上述组织措施和控制措施的实施情况。

图 4-10 对这些关键概念进行了分类和说明。

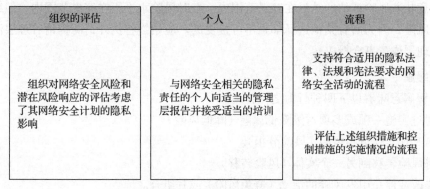

图 4-10　网络安全风险治理的关键概念

例如，风险投资人（VC）决定向一家初创公司投资 100 万美元。在这种情况下，风险（不良后果）是公司将倒闭，且风险投资人将失去部分或全部投资。承担这种风险的动机是公司可以取得巨大的成功，最初的支持者会赚很多钱。为了影响结果，风险投资可能需要在董事会中占有一席之地，需要频繁的财务报告，并指导领导团队。然而，做这些事并不能保证成功。

风险承受能力是指风险承担者愿意接受多少不良后果以换取潜在利益，在这种情况下，VC 愿意损失多少钱。当然，如果风险投资公司认为该公司注定要失败，那么就不会进行投资。相反，如果风险投资公司确定投资回报率高达 300 万美元的可能性很高，则可能愿意接受潜在的 20 万美元亏损的风险。

NIST 网络安全框架包括几个参考文献位于 "ID.GV-4：治理和风险管理流程可解决网络安全风险"之下。

风险是不好的吗

本质上，风险既不好也不坏。所有人类活动都有一定的风险，尽管数量差别很大。考虑一下：每次上车，都会有受伤甚至死亡的危险。你可以通过保持良好车况、系好安全带、遵守道路规则、开车时不发短信、不疲劳驾驶来管理风险。你的风险承受能力是到达目的地的需求超过了潜在的伤害。

冒险可能是有益的，它往往是进步的必要条件。例如，企业家承担风险可以在创新和进步中获得回报。停止冒险会迅速消除实验、创新、挑战、兴奋和动力。然而，当被无知、意识形态、功能障碍、贪婪或报复所影响时，冒险可能是有害的。关键是通过做出明智的决策来平衡风险与收益，然后管理与组织目标相称的风险。管理风险的过程要求组织分配风险管理责任，建立组织风险偏好和容忍度，采用标准方法评估风险，响应风险水平，并持续监控风险。

理解风险管理

风险管理是确定可接受的风险水平（风险偏好和容忍度），计算当前风险水平（风险评估），接受风险水平（风险接受）或采取措施将风险降低到可接受水平的过程（风险缓解）。

风险接受

风险接受表明组织愿意接受与给定活动或过程相关的风险等级。一般而言，但并非总是如此，这意味着风险评估的结果在容忍范围内。有时风险水平不在容忍范围内，但组织仍会选择接受风险，因为所有其他选择都是不可接受的。应始终将例外情况提请管理层注意，并由执行管理层或董事会授权。

风险缓解

风险缓解意味着以下四种行为之一：

❑ 通过实施一项或多项对策降低风险（降低风险）。
❑ 与其他实体分担风险（风险分担）。
❑ 将风险转移到另一个实体（风险转移）。
❑ 修改或停止引发风险的活动（避免风险）或其组合。

降低风险是通过实现一个或多个攻击性控制或防御控制，以降低剩余风险来实现的。攻击性控制旨在减少或消除漏洞，例如增强培训或应用安全补丁。防御控制旨在响应威胁源（例如，如果检测到入侵者则发送警报的传感器）。在实施之前，应根据其有效性、资源要求、对生产力和绩效的复杂性影响、潜在的意外后果和成本来评估降低风险的建议。根据具体情况，可以在业务部门层面，管理层或董事会做出降低风险的决定。

当组织希望并有能力将风险责任和责任转移到其他组织时，就会进行风险转移或风险分担。这通常通过购买保险来实现。

风险分担将一部分风险责任转移给其他组织。对此选项的警告是，GLBA（金融机构）和 HIPAA / HITECH（卫生保健部门）等法规禁止承保实体转移合规责任。

当已识别的风险超过组织风险偏好和容忍度时，风险规避可能是适当的风险应对措施，并且已做出不做出例外的决定。避免风险涉及采取特定行动来消除或显著修改作为风险基础的过程或活动。将此策略应用于关键系统和流程是不寻常的，因为需要考虑先前的投资和机会成本。但是，在评估新流程、产品、服务、活动和关系时，此策略可能非常合适。

实践中：网络安全风险应对策略

概要： 定义网络安全风险响应要求和权限。

策略声明：

❑ 所有风险评估的初始结果必须在完成后七天内提供给执行管理层和业务流程所有者。

❑ 业务流程所有者可以接受低风险。

❑ 必须在 30 天内回复高风险和严重风险（或可比评级）。响应是业务流程所有者和首席信息安全官的共同责任。风险降低建议可包括风险接受、风险缓解、风险转移、风险规避或其组合。建议书必须记录在案，并包括适用的详细程度。

❑ 执行管理层可以接受严重或较高的风险。

❑ 董事会必须被告知所承担的严重风险。根据自己的判断，可以选择拒绝接受。

仅供参考：网络保险

网络保险涵盖两大类风险和潜在负债：第一方风险和第三方风险。

❑ 第一方风险是保单持有人自己的数据丢失或损坏，收入或业务损失的潜在成本。

❑ 第三方风险包括保单持有人对客户或各种政府或监管实体的潜在责任。

❑ 公司的最佳网络安全政策将包含第一方和第三方索赔的保险范围。受 Experian Data Breach Resolution 委托，2013 年 Ponemon 研究所进行的研究发现，在考虑或采用网络保险的多个业务部门的风险管理专业人员完成的 683 次调查中，86% 的策略涵盖了通知成本，73% 涵盖了法律辩护费用，64% 涉及取证和调查费用，48% 涉及更换丢失或损坏的设备。然而，并非一切都被覆盖，因为公司表示只有 30% 的政策涵盖第三方责任，30% 涵盖了监管机构的通信成本，8% 涵盖了品牌损害。

仅供参考：小企业说明

无论组织规模如何，策略、治理和风险管理都很重要。小型组织面临的挑战是谁将完成这些任务。小型（甚至中型）企业可能没有董事会、C 级官员或董事，如表 4-2 所示，其任务分配给所有者、经理和外包服务提供商。无论大小如何都不会改变的是数据所有者、数据保管人和数据用户的责任。

表 4-2　组织角色和责任

角　色	小企业等价物
董事会	所有者（们）
执行管理	所有者（们）或管理人员
	首席安全官管理团队的一名成员，其职责包括网络安全。如果内部人员不具备专业知识，则应聘请外部顾问
首席风险官	管理团队的一名成员，其职责包括评估风险。如果内部人员不具备专业知识，则应聘请外部顾问。
合规官	管理团队的一名成员，其职责包括确保遵守适用的法律法规。如果内部人员不具备专业知识，则应聘请外部顾问
IT 总监	IT 经理。如果内部人员不具备专业知识，则外部服务提供商应该参与
内部审计	如果需要这个职位，通常会外包

风险偏好和容忍度

风险偏好由 ISO 31000 风险管理标准定义为"组织准备追求、保留或承受的风险的数量和类型。"换句话说，你愿意在组织内接受多少风险。风险承受力是战术性的，并且特定于被评估的目标。风险承受水平可以是定性的（例如，低、高、严重）或定量（例如，经济损失、受影响的客户数量、停机时间）。董事会和执行管理层有责任制定风险承受能力标准，为可接受的风险水平制定标准，并将此信息传播给整个组织的决策者。

没有银弹可以接受并设定风险偏好；但是，所使用的方法应归董事会高管所有，并应反映董事会的集体知情意见。风险偏好应以可衡量的术语来定义。使用诸如高、中、低等主观测量不是对这种风险进行分类的正确方法，因为这些测量对不同的人来说意味着不同的结果。应根据组织目标（包括其预算）的可接受差异来阐明风险偏好和容忍度。例如，公司高管可能愿意在 15% 的预算下容忍 3% 的最低资本回报率。随后，高管需要确定风险类别，包括所有重大风险。

实践中：网络安全风险管理监督策略

概要：分配有关风险管理活动的组织角色和职责。

策略声明：

❑ 执行管理层与董事会协商，负责确定组织风险偏好和风险承受能力水平。

❑ 执行管理层将把上述内容传达给整个公司的决策者。

❑ 首席信息安全官与首席风险官协商，负责确定网络安全风险评估计划，管理风险评估流程，认证结果，与业务流程所有者共同制定降低风险的建议，并将结果提交给执行管理层。

❑ 首席运营官将向董事会通报危及组织、利益相关者、员工或客户的风险。

风险评估

风险评估的目标是评估可能出现的问题，发生此类事件的可能性以及发生此类事件时的危害。在网络安全中，这一目标通常表示为（a）根据相关威胁、威胁源和相关漏洞确定固有风险的过程；（b）确定威胁源成功后的影响；（c）计算发生的可能性，并考虑控制环境以确定剩余风险。

❑ **固有风险**是在采取安全措施之前的风险等级。

❑ **威胁**是一种自然、环境、技术或人类的事件或情况，有可能造成不良后果或影响。网络安全侧重于对机密性（未经授权的使用或披露）、完整性（未经授权或意外修改），以及可用性（损坏或破坏）的威胁。

❑ **威胁源**是旨在故意利用漏洞的意图和方法，例如犯罪集团、恐怖分子、僵尸网络运营商和心怀不满的员工，或可能意外触发漏洞的情况和方法，例如无人的过程、严重的风暴，以及偶然或无意的行为。

❑ NIST 关于什么是漏洞提供了几个定义：

　○ 可能被威胁源利用或触发的信息系统、系统安全程序、内部控制或实施方面的弱点。

　　　　○ 系统、应用程序或网络中易受攻击或滥用的弱点。

　　　　○ 可能被威胁源利用的信息系统、系统安全程序、内部控制或实施方面的弱点。

❑ 漏洞可以是物理的（例如，解锁门、灭火不足）、自然的（例如，位于洪水区或飓风带中的设施）、技术的（例如，配置错误的系统、编写不良的代码）或人为的（例如，未经训练或分心的员工）。

❑ **影响**是伤害的程度。

❑ **发生的可能性**是给定威胁能够利用给定漏洞（或一组漏洞）的加权因子或概率。

❑ **控制**是一种安全措施，旨在防止、制止、侦查，或威胁源响应。

❑ **剩余风险**是指采用安全措施后的风险等级。在最简单的形式中，剩余风险可以定义为应用控制后发生的可能性乘以预期损失。剩余风险是实际状态的反映。因此，风险等级可以从严重到不存在。

　　让我们考虑获取对受保护客户数据的未授权访问的威胁。威胁源可能是网络犯罪分子。该漏洞是存储数据的信息系统面向互联网。我们可以放心地假设，如果没有安全措施，犯罪分子将无法获得数据（固有风险）。由此产生的损害（影响）将是声誉损害、应对违规行为的成本、潜在的未来收入损失以及可能的监管处罚。现有的安全措施包括数据访问控制、数据加密、入口和出口过滤、入侵检测系统、实时活动监控和日志评价。剩余风险计算是基于犯罪分子（威胁源）能够成功渗透安全措施的可能性，如果是，那么造成的伤害将是什么。在该示例中，因为被盗或访问的数据被加密，所以可以假设剩余风险较低（当然，除非他们也能够访问解密密钥）。但是，根据业务类型，与违规相关的声誉风险仍有可能升高。

仅供参考：商业风险类别

　　在业务环境中，风险按类别进一步分类，包括战略、财务、运营、人员、声誉和监管 / 合规风险：

❑ 战略风险涉及不利的商业决策。

❑ 金融（或投资）风险与货币损失有关。

❑ 声誉风险与消极的舆论有关。

❑ 操作风险涉及由于过程或系统不充分或失败而导致的损失。

❑ 人员风险涉及影响士气、生产力、招聘和保留的问题。

❑ 监管 / 合规风险涉及违反法律、规则、法规或策略的行为。

风险评估方法

　　风险评估方法的组成部分包括定义的过程、风险模型、评估方法和标准化分析。持续应用风险评估方法的好处是可比较且可重复的结果。三种最著名的网络安全风险评估方法如下：

❑ 操作上的严重威胁，资产和漏洞评估（OCTAVE）。

❑ 信息风险因素分析（FAIR）。

❑ NIST 风险管理框架（RMF）。NIST 风险管理框架包括风险评估和风险管理指导。

OCTAVE

OCTAVE 最初是在卡内基·梅隆大学的 CERT 协调中心开发的。他们将此规范制定为自我导向指南，这意味着利益相关方承担指定组织安全策略的责任。OCTAVE 依靠个人对组织安全实践和流程的了解，将风险分类为最关键的资产。OCTAVE 方法由两个方面驱动：操作风险和安全实践。OCTAVE 最初是在 21 世纪初开发的，大多数采用它的人已经迁移到 NIST 风险评估方法。

FAIR

FAIR 提供了一个模型，用于理解、分析和量化定量财务和业务术语中的信息风险。这与风险评估框架略有不同，风险评估框架将其输出集中在定性的基于颜色的图表或数字加权尺度上。FAIR 创建者和维护者的目标是为开发信息风险管理的科学方法奠定基础。

FAIR 的最初发展促成了 FAIR 研究所的成立，该研究所是一个专业的非营利组织，通过提供学习机会，分享最佳实践以及探索 FAIR 标准的可能新应用来帮助成员成熟起来。有关 FAIR 和 FAIR 研究所的信息，请访问 https://www.fairinstitute.org。Open Group 采用了 FAIR，并在社区中宣传其使用方法。

NIST 风险评估方法

联邦监管机构和检查员历来在其评论和指导中提及 NIST SP 800-30 和 SP 800-39，最近还提到了 NIST 网络安全框架（因为正如你之前所了解的那样，它提供了一份全面的指南和参考清单）。

SP 800-30：进行风险评估指南中定义的 NIST 风险评估方法分为四个步骤：

步骤 1：准备评估。

步骤 2：进行评估。

步骤 3：传达结果。

步骤 4：维持评估。

这些步骤如图 4-11 所示。

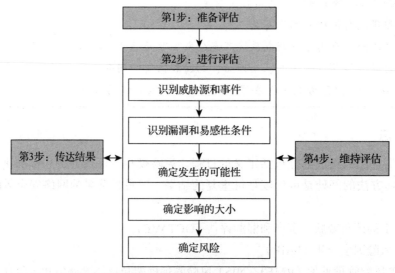

图 4-11　NIST 风险评估方法在 SP 800-30 中定义

单一的方法能够满足私营和公共部门组织的多样化需求是不现实的。NIST SP 800-39 和 800-30 中提出的期望是每个组织将根据规模、复杂性、行业部门、监管要求和威胁向量来调整和定制方法。

实践中：网络安全风险评估策略

概要： 为网络安全风险评估分配责任并设置参数。

策略声明：

❑ 公司必须采用网络安全风险评估方法，以确保一致、可重复和可比较的结果。

❑ 网络安全风险评估必须具有明确的范围和有限的范围。具有广泛范围的评估在执行和结果记录方面变得困难和笨拙。

❑ 首席信息安全官负责根据信息系统的关键性和信息分类级别制定网络安全风险评估计划。

❑ 除计划评估外，还必须在实施技术、流程或第三方协议的任何重大变更之前进行网络安全风险评估。

❑ 首席信息安全官和业务流程所有者共同要求对风险评估结果做出响应，并提出降低风险的策略和建议。

❑ 必须向执行管理层提交风险评估结果和建议。

总结

网络安全本身并不是目的。网络安全是一种商业规则，旨在支持业务目标，增加价值并保持对外部强加的要求的遵从性。这种关系被称为"战略一致性"。组织对网络安全实践的承诺应该在书面政策中编纂。网络安全政策是一份权威性文件，可为决策和实践提供信息。因此，它应由董事会或同等机构授权。应发布和分发特定受众的衍生文件。这包括针对用户的可接受使用策略和协议，针对提供商和服务提供商的第三方版本，以及针对业务合作伙伴和客户的概要。

网络安全策略必须保持相关性和准确性。至少应每年评价和重新授权策略一次。变更驱动因素是指修改公司运营方式并触发政策审核的事件。应评估对政策要求的遵守情况并向执行管理层报告。

网络安全审计是对组织如何符合既定标准的系统性证据评估。审计通常由独立审计师进行，这意味着审计师不对审计目标负责，没有从中受益，也不受审计目标的任何影响。能力成熟度模型（CMM）评估是对给定区域的过程成熟度的评估。与审计相反，CMM 的应用通常是内部过程。审计和成熟度模型是政策接受和整合的良好指标。

治理是管理、指导、控制和影响组织决策、行动和行为的过程。董事会是权威的决策机构。执行管理的任务是提供支持和资源。首席信息安全官（或同等职位）得到董事会和执行管理层的认可，拥有网络安全计划管理责任和问责制。首席信息安全官的指挥系统应该没有利益冲突。首席信息安全官应有权直接与董事会沟通。

讨论、辩论和深思熟虑的审议会带来良好的决策。支持 CISO 应该是一个网络安全指导委员会，其成员代表该组织的一个横截面。指导委员会以顾问身份提供服务，特别注重业务和安全目标的一致性。在整个组织中分布的是具有网络安全相关职责的各种角色。最值得注意的是，数据所有者负责定义保护要求，数据保管人负责管理保护机制，数据用户应根据组织的要求行事，并成为信息的管家。

影响网络安全决策和策略制定的三个因素是：指导原则、法规要求以及与实现业务目标相关的风险。风险是由于给定的行为、活动或不作为而导致的不良或不利结果的可能性。风险承受能力是指风险承担者为了获得潜在利益而愿意接受的不良后果。风险管理是确定可接受风险水平，确定特定情况的风险水平以及确定是否应接受或减轻风险的过程。风险评估用于计算风险等级。许多公开可用的风险评估方法可供组织使用和定制。风险接受表明组织愿意接受与给定活动或过程相关的风险等级。风险缓解意味着将采取四种行动（降低风险，风险分担，风险转移或避免风险）中的一种（或行动的组合）来缓解风险。

风险管理、治理和信息政策是信息计划的基础。与这些领域相关的策略包括：网络安全策略，网络安全策略授权和监督，首席信息安全官，网络安全指导委员会，网络安全风险管理监督，网络安全风险评估和网络安全风险管理。

自测题

选择题

1. 什么表明网络安全计划被称为"战略一致"？
   A. 它支持业务目标　　　　　　　　　　B. 它增加了价值
   C. 它保持符合法规要求　　　　　　　　D. 以上所有内容

2. 应该多久评价一次网络安全策略？
   A. 一年一次　　　　　　　　　　　　　B. 只有在需要进行变革时
   C. 至少每年一次，每当有变化触发时　　D. 只有法律要求

3. 网络安全策略应得到_____授权。
   A. 董事会（或同等职位）B. 业务部门经理　　C. 法律顾问　　　　　　D. 股东

4. 以下哪项陈述最能说明策略？
   A. 策略是规范的实施　　　　　　　　　B. 策略是建议的行动或建议
   C. 策略是指示　　　　　　　　　　　　D. 策略是编纂组织要求的指令

5. 以下哪项陈述最能代表最全面的理由，即拥有全面的网络安全策略的员工版本？
   A. 综合策略的各个部分可能不适用于所有员工
   B. 综合政策可能包括未知的缩略词
   C. 综合文件可能包含机密信息
   D. 策略越容易理解和相关，用户就越有可能积极回应

6. 以下哪项是所有联邦网络安全法规的共同要素？
   A. 受保护的实体必须有书面的网络安全策略
   B. 涵盖的实体必须使用联邦政府授权的技术
   C. 承保实体必须自我报告合规情况
   D. 如果存在违规行为，承保实体必须通知执法部门

7. 选择采用 ISO 27002:2103 框架的组织必须_____。
   A. 使用建议的每个政策、标准和指南　　B. 为每个安全领域创建策略
   C. 评估适用性并酌情定制　　　　　　　D. 注册 ISO

8. 网络安全审计员使用的循证技术包括以下哪些要素?

    A. 结构化访谈、观察、财务分析和文件抽样

    B. 结构化访谈、观察、实践评价和文件抽样

    C. 结构化访谈、客户服务调查、实践评价和文档抽样

    D. 临时对话、观察、实践评价和文件抽样

9. 以下哪项陈述最能说明审计背景下的独立性?

    A. 审核员不是公司的员工

    B. 审核员经过认证可以进行审核

    C. 审计师不对审计目标负责,不从中受益,也不受任何方式的影响

    D. 每位审计员都提出自己的意见

10. CMM 中不包含以下哪种状态?

    A. 平均   B. 优化   C. 特设   D. 管理

11. 以下哪项活动不被视为治理活动?

    A. 管理   B. 影响   C. 评估   D. 购买

12. 为避免利益冲突,首席信息安全官可向以下哪些人报告?

    A. 首席信息官(CIO)   B. 首席技术官(CTO)

    C. 首席财务官(CFO)   D. 首席合规官(CCO)

13. 以下哪项陈述最能说明网络安全指导委员会的作用?

    A. 委员会授权策略   B. 该委员会帮助沟通和讨论安全要求及业务集成

    C. 委员会批准信息安全的预算   D. 以上都不是

14. 定义保护要求是_____的责任。

    A. ISO   B. 数据保管人   C. 数据所有者   D. 合规官

15. _____指定个人或团队来协调或管理网络安全是必需的。

    A. GLBA   B. 23 NYCRR500   C. PCI DSS   D. 以上都是

16. 以下哪个术语最能说明由于给定的动作,活动或不作为而导致的不良或不利结果的可能性?

    A. 威胁   B. 风险   C. 漏洞   D. 影响

17. 固有风险是_____以前的状态。

    A. 已经进行了评估   B. 已实施安全措施   C. 风险已被接受   D. 以上都不是

18. 以下哪个术语最能描述可能导致不良后果或影响的自然、环境、技术或人为事件或情况?

    A. 风险   B. 威胁源   C. 威胁   D. 漏洞

19. 以下哪个术语最能描述一个意图造成伤害的心怀不满的员工?

    A. 风险   B. 威胁源   C. 威胁   D. 漏洞

20. 以下哪项活动不被视为风险管理的一个要素?

    A. 确定可接受风险水平的过程   B. 评估特定情况的当前风险水平

    C. 接受风险   D. 安装风险缓解技术和网络安全产品

21. 风险承担者愿意接受多少不良结果以换取潜在利益被称为_____。

    A. 风险接受   B. 风险承受能力   C. 风险缓解   D. 避免风险

22. 以下哪项陈述最能说明漏洞?

    A. 漏洞是可以被威胁源利用的弱点   B. 漏洞是一个永远无法修复的弱点

    C. 漏洞是一个只能通过测试识别的弱点   D. 漏洞是一个无论代价如何都必须解决的弱点

23. 以下哪项是安全控制的好处?

    A. 检测威胁   B. 遏止威胁   C. 防止网络攻击和破坏   D. 以上都是

24. 以下哪项不是风险缓解措施?

    A. 风险接受   B. 风险分担或转移   C. 降低风险   D. 避免风险

25. 以下哪种风险最好描述为"应用控制后发生的可能性 × 预期损失"？
　A. 固有风险　　　　　　B. 预期风险　　　　　C. 剩余风险　　　　　D. 接受的风险
26. 以下哪种风险类型最能描述保险的例子？
　A. 避免风险　　　　　　B. 风险转移　　　　　C. 风险确认　　　　　D. 风险接受
27. 以下哪种风险类型与消极的舆论有关？
　A. 操作风险　　　　　　B. 财务风险　　　　　C. 声誉风险　　　　　D. 战略风险
28. 以下哪项因为涉及联邦和州法规不符合合规风险？
　A. 无法避免合规风险　B. 合规风险无法转移　C. 合规风险不能被接受　D. 这些答案都不正确
29. 以下哪项陈述最能说明需要遵守多项联邦和州法规的组织？
　A. 他们必须对每项法规制定不同的策略
　B. 他们必须具有多个 ISO
　C. 他们必须确保他们的网络安全计划包括所有适用的要求
　D. 他们必须选择一个优先的法规
30. 以下哪项是与网络安全治理相关的 NIST 网络安全框架的子类别？
　A. ID.GV-1：建立组织信息安全策略
　B. ID.GV-2：信息安全角色和职责与内部角色和外部合作伙伴协调一致
　C. ID.GV-3：有关网络安全的法律和监管要求，包括隐私和公民自由义务，都得到了理解和管理
　D. ID.GV-4：治理和风险管理流程可解决网络安全风险
　E. 所有这些答案都是正确的

练习题

练习 4.1：理解 ISO 27002:2005

　ISO 27002:2005 的引言包括以下声明："本国际标准可被视为制定组织特定指南的起点。并非本操作规范中的所有控制和指导都适用。此外，可能还需要本标准中未包含的其他控制和指南。"

1. 解释本声明如何与战略一致性的概念相关。
2. 风险评估领域包含在 ISO 27002:2005 版本中，然后在 ISO 27002:2013 中删除。你认为为什么做出这个改变？
3. ISO 27005 的主要议题是什么？

练习 4.2：了解策略制定和授权

　三位企业家聚在一起，创办了一家网站设计托管公司。他们将为客户创建网站和社交媒体网站，从简单的"Hello World"页面到成熟的电子商务解决方案。第一名企业家是技术大师，第二名是营销天才，第三名是财务主管。他们是平等的伙伴。5 位 Web 开发人员作为目项的独立承包商工作。客户要求提供其安全策略的副本。

1. 解释他们应该用来制定策略的标准。谁应该授权这些策略？
2. 策略是否适用于独立承包商？为什么适用或者为什么不适用？
3. 他们应该为客户提供哪种类型的文件？

练习 4.3：了解网络安全官员

1. ISO 需求量很大。使用在线求职网站（如 Monster.com、Dice.com 和 TheLadders.com），研究你所在地区的可用职位。
2. 职务说明中是否有共同主题？
3. 雇主寻求什么类型的认证、教育和经验？

练习 4.4：了解风险术语和定义

1. 定义以下每个术语：固有风险、威胁、威胁源、漏洞、发生的可能性、影响和剩余风险。
2. 提供旨在阻止威胁源，防止威胁源成功，以及检测威胁源的安全措施示例。
3. 解释避免风险以及为什么通常不选择该选项。

练习 4.5：了解保险

1. 什么是网络保险？它通常涵盖什么？
2. 为什么组织会购买网络保险？
3. 第一方保险与第三方保险有何区别？

项目题

项目 4.1：分析书面策略

1. 许多组织依靠机构知识而不是书面策略。你认为所有主要的网络安全法规都需要书面的网络安全策略吗？说说你的意见。
2. 我们将测试传统观念，即通过实验来记录策略。

   a. 写下或打印出这三个简单的策略声明。或者如果你愿意，可以创建自己的策略声明。

   董事会必须授权网络安全策略。

   必须对网络安全策略进行年度审查。

   首席信息安全官负责管理审核流程。

   b. 为你的实验准备四个团队。

   给两个团队书面策略。请他们阅读文件。让他们保留纸质文档。

   为其他两个团队阅读策略。不要给他们书面材料。

   c. 在 24 小时内，联系每个团队并要求他们尽可能多地回忆该策略。如果他们问，让前两个团队知道他们可以查阅你给他们的文件。记录你的发现。结果是否支持你对问题 1 的回答？

项目 4.2：分析网络安全管理

1. 你的学校或工作场所是否有首席信息安全官或同等职位？首席信息安全官（或同等职位）向谁报告？他有直接的报告吗？这个人被视为安全冠军吗？他是否可以访问用户社区？
2. 重要的是，首席信息安全官应遵守安全最佳实践、法规和同行经验。研究并推荐（至少三个）网络和教育资源。
3. 如果你的任务是在你的学校或工作场所选择网络安全指导委员会为首席信息安全官（或同等职位）提供建议，你会选择谁？为什么？

项目 4.3：使用风险评估方法

   三个最著名的网络安全风险评估方法是 OCTAVE（在卡内基·梅隆大学 CERT 协调中心开发的操作性关键威胁、资产和漏洞评估），FAIR（信息风险因素分析）和 NIST 风险管理框架（RMF）。

1. 研究并撰写每个的描述（包括优点和缺点）。
2. 它们属于公共领域，还是存在许可成本？
3. 培训可用吗？

案例研究：确定发生的可能性和影响

   风险评估中最具挑战性的方面之一是确定发生和影响的可能性。NIST SP 800-30 定义发生的可能性如下：基于对给定威胁源能够利用给定漏洞（或一组漏洞）的概率的分析的加权风险因子。对于对抗性威胁，对发生可能性的评估通常基于：(i) 对手意图；(ii) 对手能力；(iii) 对手目标。对于除对抗性威胁事件之外，使用历史证据、经验数据或其他因素估计发生的可能性。组织通常采用三步流程来确定威胁事件的总体可能性：

- ❑ 组织评估威胁事件将被发起（对于敌对威胁事件）或将发生（对于非对抗性威胁事件）的可能性。

- ❑ 组织评估威胁事件一旦启动或发生，将对组织运营和资产、个人、其他组织或国家造成不利影响或损害的可能性。

- ❑ 组织将总体可能性评估为启动/发生的可能性和导致不利影响的可能性的组合。

确定两个威胁来源——一个是对抗性的，另一个是非对抗性的——可以利用学校或工作场所的脆弱性，并导致服务中断。对抗性事件是犯罪集团、恐怖分子、僵尸网络运营商或心怀不满的员工故意利用漏洞；非对抗性事件是对漏洞的意外利用，例如无证过程、严重风暴或无意的行为。

1. 对于每个人（使用你的最佳判断），回答以下问题：

a. 威胁是什么？

b. 威胁源是什么？

c. 来源是对抗性的还是非对抗性的？

d. 可以利用哪些漏洞？

e. 威胁源成功的可能性有多大？为什么？

f. 如果威胁源成功，造成的损害程度有多大？

2. 一个人独自工作很少进行风险评估。如果你主持一个研讨会来回答上述问题，你会邀请谁，为什么？

参考资料

引用的条例

"Appendix B to Part 364—Interagency Guidelines Establishing Cybersecurity Standards," accessed 04/2018, https://www.fdic.gov/regulations/laws/rules/2000-8660.html.

"201 CMR 17.00: Standards for the Protection of Personal Information of Residents of the Commonwealth," official website of the Office of Consumer Affairs & Business Regulation (OCABR), accessed 04/2018, http://www.mass.gov/ocabr/docs/idtheft/201cmr1700reg.pdf.

"Family Educational Rights and Privacy Act (FERPA)," official website of the US Department of Education, accessed 04/2018, https://www2.ed.gov/policy/gen/guid/fpco/ferpa/index.html.

"HIPAA Security Rule," official website of the Department of Health and Human Services, accessed 04/2018, https://www.hhs.gov/hipaa/for-professionals/security/index.html.

European Global Data Protection Regulation (GDPR) website, accessed 04/2018, https://ec.europa.eu/info/strategy/justice-and-fundamental-rights/data-protection_en.

"The Directive on Security of Network and Information Systems (NIS Directive)," accessed 04/2018, https://ec.europa.eu/digital-single-market/en/network-and-information-security-nis-directive.

"New York State 23 NYCRR 500: Cybersecurity Requirements for Financial Services Companies," accessed 04/2018, http://www.dfs.ny.gov/legal/regulations/adoptions/dfsrf500txt.pdf.

其他参考资料

Allen, Julia, "Governing for Enterprise Security: CMU/SEI-2005-TN-023 2005," Carnegie Mellon University, June 2005.

Bejtlich, Richard, "Risk, Threat, and Vulnerability 101," accessed 04/2018, http://taosecurity. blogspot.com/2005/05/risk-threat-and-vulnerability-101-in.html.

NIST's Glossary of Key Information Security Terms, accessed 04/2018, http://nvlpubs.nist.gov/ nistpubs/ir/2013/NIST.IR.7298r2.pdf.

DeMauro, John, "Filling the Cybersecurity Officer Role within Community Banks," accessed 04/2018, www.practicalsecuritysolutions.com/articles/.

"Duty of Care," Legal Information Institute, Cornell University Law School, accessed 04/2018, https://www.law.cornell.edu/wex/duty_of_care.

AIG Study, "Is Cyber Risk Systemic?", accessed 04/2018, https://www.aig.com/content/dam/aig/ america-canada/us/documents/business/cyber/aig-cyber-risk-systemic-final.pdf.

Godes, Scott, Esq., and Kristi Singleton, Esq. "Top Ten Tips for Companies Buying Cybersecurity Insurance Coverage," accessed 04/2018, http://www.acc.com/legalresources/publications/ topten/tttfcbcsic.cfm.

"Cybersecurity Governance: Guidance for Boards of Directors and Executive Management, Second Edition," IT Governance Institute, 2006.

Matthews, Chris, "Cybersecurity Insurance Picks Up Steam," *Wall Street Journal/Risk & Compliance Journal*, August 7, 2013, accessed 04/2018, https://blogs.wsj.com/riskandcompliance/ 2013/08/07/cybersecurity-insurance-picks-up-steam-study-finds/.

"PCI DDS Requirements and Security Assessment Procedures," accessed 04/2018, https:// www.pcisecuritystandards.org/pci_security/standards_overview.

"Process & Performance Improvement," Carnegie Mellon Software Engineering Institute, accessed 04/2018, www.sei.cmu.edu/process/.

Swenson, David, Ph.D., "Change Drivers," accessed 04/2018, http://faculty.css.edu/dswenson/web/ Chandriv.htm.

"The Security Risk Management Guide," Microsoft, accessed 04/2018, https://technet.microsoft.com/ en-us/library/cc163143.aspx.

"What Is the Capability Maturity Model (CMM)?" accessed 04/2018, http://www.selectbs.com/ process-maturity/what-is-the-capability-maturity-model.

"European Union Cybersecurity-Related Legislation," accessed 04/2018, https:// www.securityroundtable.org/wp-content/uploads/2017/05/eu-cybersecurity-legislation- executive-advisory-report.pdf.

NIST Computer Security Resource Center Publications, accessed 04/2018, https://csrc.nist.gov/ publications.

NIST Cybersecurity Framework, accessed 04/2018, https://www.nist.gov/cyberframework.

FAIR and The FAIR Institute, accessed 04/2018, https://www.fairinstitute.org.

第 5 章 资产管理和数据丢失预防

如果我们不知道信息的价值以及它的敏感性，是否有可能妥善保护信息？在我们对信息进行分类之前，我们如何知道所需的保护级别？除非我们确定组织的价值，否则我们如何决定我们应该花费多少时间，精力或资金来保护资产？谁负责做出这些决定？我们如何将信息资产的价值传达给员工、业务合作伙伴和提供商？

信息资产和系统的识别与分类对于正确选择安全控制至关重要，以防止机密性、完整性和可用性（CIA）的丧失：

❏ 机密性的丧失是指未经授权的信息披露。

❏ 完整性的丧失是指未经授权或偶然地修改或破坏信息。

❏ 可用性的丧失是对信息或信息系统的访问或使用的意外或故意中断。

在本章中，我们将介绍组织用于定义、清点和分类信息及信息系统的各种方法和评级方法。我们研究了用于传达价值和处理指令的公共和私营部门分类系统。我们将确定谁负责这些活动。最后，我们将把这些最佳实践纳入政策。

仅供参考：ISO / IEC 27002:2013 和 NIST 网络安全框架

ISO 27002:2013 第 8 节侧重于资产管理，目的是制定分类模式，分配分类级别，并制定保护信息的处理标准。

NIST 网络安全框架的资产管理类别将资产管理定义为"数据、人员、设备、系统和设施，使组织能够实现业务目的，这些目标通过对业务目标和组织风险的相对重要性得到一致的识别和管理战略。"

ID.AM-5：资源子类别包括硬件、设备、数据、时间和软件。这些资源根据其分类、关键性和业务价值进行优先排序。以下是 NIST 资产管理类别网络安全框架中包含的其他资源：

❑ COBIT 5 APO03.03, APO03.04, BAI09.02

❑ ISA 62443-2-1:2009 4.2.3.6

❑ ISO/IEC 27001:2013 A.8.2.1

❑ NIST SP 800-53 Rev. 4 CP-2, RA-2,SA-14

信息资产和系统

究竟什么是信息资产以及为什么要保护它？信息资产是以任何方式存储的可定义信息，被认为对组织有价值。信息资产包括原始、挖掘、开发和购买的数据。如果信息遭到破坏、损坏或被盗，其后果可能包括尴尬、法律责任、财务损失，甚至危及生命。

组织信息的示例包括以下内容：

❑ 有关客户、人员、生产、销售、营销或财务的信息的数据存储或仓库

❑ 知识产权（IP），如图纸、原理图、专利、乐谱或其他具有商业价值的出版物

❑ 运营和支持程序

❑ 基于实验或探索的研究文档或专有信息

❑ 唯一定义组织的战略和运营计划、流程和程序

信息系统是支持者。信息系统提供处理、存储、传输和传递信息的方式和地点。这些系统通常是硬件和软件资产以及相关服务的组合。信息系统可以是普通的现成产品或高度定制的设备和代码。支持服务可以是技术服务（语音通信和数据通信）或环境（加热、照明、空调和电源）。信息系统的位置可以在"内部"，在签约数据中心或在云中。

谁负责信息资产

这让我们想到了所有权问题。必须为每个信息资产分配一个所有者。信息安全计划的成败与数据所有者和信息之间的定义关系直接相关。在最佳情况下，数据所有者还可以充当安全支持者，热情地接受 CIA 的目标。

我们将信息所有权定义为负责保护信息以及使用该信息所产生的业务结果。例如，你在医生办公室有一份医疗档案，其中可能包含你的病史、数字扫描、实验室结果和医生笔记。办公室的临床医生使用这些信息为你提供医疗服务。因为这些信息都是关于你的，你是主人吗？不是。医务人员使用这些信息来提供护理，他们是所有者吗？不是。信息所有者负责保护你的医疗记录的机密性，确保记录中信息的完整性，并确保在你需要护理时可供临床医生使用。在小型医疗实践中，所有者通常是医生。在诊所或医院，所有者是高级管理人员。虽然每个信息资产都需要一个所有者，但谁应该或谁愿意承担所有权的责任并非总是那么明显。

数据所有者的角色

ISO 27002:2013 标准建议我们制定一项政策，专门解决对我们的信息资产进行核算以及将所有者分配给资产的需求。信息所有权政策的目标是确保维持适当的保护。应为所有主要信息资产确定所有者，并负责保护信息系统。所有者负责资产的安全性。

图 5-1 显示了数据所有者的职责。

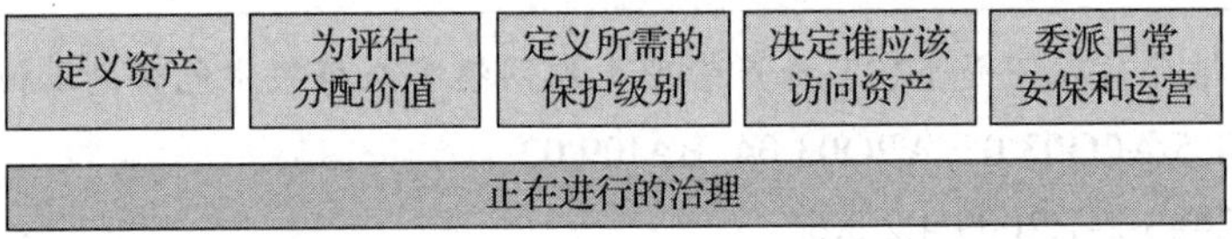

| 定义资产 | 为评估分配价值 | 定义所需的保护级别 | 决定谁应该访问资产 | 委派日常安保和运营 |

正在进行的治理

图 5-1 数据所有者的职责

如图 5-1 所示，数据所有者职责包括以下内容：

❏ 定义什么是资产。

❏ 为资产分配经济或商业价值。

❏ 定义此类资产所需的保护级别。

❏ 确定谁有权访问资产以及谁应该被授予此类访问权限。

❏ 委派日常安保和运营任务。

所有者执行所有资产管理的持续治理，以及任何信息披露的授权。

但是，所有者不是负责实施安全控制的人。该责任可以委派给信息保管人，例如系统管理员。

资产（系统、数据和资源）托管人职责包括以下内容：

❏ 成为主题专家。

❏ 实施保护机制。

❏ 监控问题或违规行为。

❏ 报告可疑事件。

常见的托管人角色包括网络管理员、IT 专家、数据库管理员、应用程序开发人员、应用程序管理员和图书馆管理员。

信息安全官的角色

信息所有者对信息资产的保护负责。信息托管人负责管理日常控制。信息安全官（ISO）的作用是为适当的控制提供指导，并确保在整个组织中始终如一地应用控制。信息所有者和客户关注特定信息资产，而 ISO 则负责整个组织的安全。因此，ISO 的办公室是安全信息的中央存储库。ISO 发布分类标准，维护信息系统清单，并实施广泛的战略和战术安全计划。

实践中：信息所有权政策声明

概要：数据所有者负责保护指定的信息和系统。该责任包括有关信息分类、信息和信息系统保护以及信息和信息系统访问的决定。

政策声明：

❏ 所有信息资产和系统必须拥有指定的所有者。

❏ 信息安全办公室将维护信息所有权清单。

❏ 所有者必须按照组织分类指南对信息和信息系统进行分类。

❏ 所有者有责任确定所需的保护级别。

❏ 所有者必须授权内部信息和信息系统访问权限。必须每年审查和批准访问权限。

❏ 所有者必须授权第三方访问信息或信息系统。这包括提供给第三方的信息。

❏ 控制的实施和维护是信息安全办公室的责任，但是问责制仍由资产所有者承担。

信息分类

如前一节所述，信息或数据所有者负责使用 ISO 建立的标准对信息进行分类。信息分类系统的目标是区分数据类型，使组织能够根据内容保护 CIA。分类过程的自然结果是指示谁可以访问资产，如何使用资产，需要采取哪些安全措施，以及最终销毁或处置资产的方法。分类系统起源于 20 世纪 70 年代为美国军队设计的两个开创性的安全模型：Bell-Lapadula 和 Biba。两种模型都基于这样的假设：信息系统可能包含需要不同安全级别的信息，并且各种许可级别的用户将访问信息系统。Bell-Lapadula 模型的目标是通过限制用户对数据的读取访问权限来确保机密性，并限制对数据的写入访问来降低潜在风险。这通常表示为"不能上读不能下写"。Biba 模型的目标是确保数据完整性。Biba 模型限制用户向低级别读数据、向高级别写数据。理论上，较低级别的数据可能不完整或不准确，如果读取则可能会过度影响更高级别的写入。这通常表示为"不能下读不能上写"。Bell-Lapadula、Biba 和后续模型的实施要求开发结构化数据分类系统。

使用 Bell-Lapadula 时，用户只能向自己的安全级别或更高级别创建内容，查看自己的安全级别或更低级别的内容。你可以使用 Biba 模型来解决完整性问题，但它只解决了完整性的第一个目标，即保护系统免受未授权用户的访问，不检查可用性和机密性。Biba 模型可利用良好编码实践的保护解决内部威胁，这就是它关注外部威胁的原因。

分类系统现在用于私营部门、政府和军队。金融机构将允许出纳员查看合理金额的一般账户信息和现金支票。同一位出纳员不允许查看有关内部银行资产的信息，而且大多数人无法访问其有权转移数百万美元的系统。医院将允许实验室技术人员访问患者统计数据和医生指示，但不允许他阅读或编辑完整的患者记录。军方根据国家安全考虑，决定向谁提供信息以及如何获取信息，而且当然不希望与敌人分享战斗计划。事实上，军队是一个广泛依赖于明确的分类系统的生动的例子。军队不仅对信息系统进行了分类，还对人进行了分类。军人和文职人员都有许可级别，个人的许可级别必须与数据的分类相匹配才能被授予访问权限。在本节中，我们将研究信息分类的不同方法。

实践中：信息分类生命周期过程

信息分类生命周期从分类的分配开始，以解密结束。信息所有者负责管理此过程，如下所示：

- ❑ 记录信息资产和支持信息系统。
- ❑ 分配分类级别。
- ❑ 应用适当的标签。
- ❑ 记录"特殊"处理程序（如果与组织标准不同）。
- ❑ 定期进行分类审查。
- ❑ 在适当时解密信息。

仅供参考：信息自由法案

信息自由法案（FOIA）为倡导获取信息提供了强有力的工具。根据 FOIA，任何人都可以请求并接收联邦机构的任何记录，除非文件根据特定类别有特殊官方规定，例如最高机密、秘密和分类。每年有成千上万的 FOIA 请求！要了解有关 FOIA 的更多信息，探索 FOIA 数据或提出 FOIA 请求，请访问 FOIA.gov。

联邦政府如何对信息进行分类

让我们首先看看联邦机构如何对信息和系统进行分类，然后比较私营部门如何对信息进行分类。美国政府拥有大量数据，并在保护信息和信息系统的 CIA 方面负有责任。为此，联邦指南要求联邦机构对信息和信息系统进行分类。联邦信息处理标准 199（FIPS-199）要求信息所有者根据 CIA 标准将信息和信息系统分类为低、中或高安全性。表达信息类型的安全类别（SC）的通用格式如下：信息类型的 SC = {（机密性，影响），（完整性，影响），（可用性，影响）}，其中可接受的值为潜在影响是低、中、高或不适用：

- 低潜在影响意味着 CIA 的损失可能会对组织运营、组织资产或个人产生有限的负面影响。
- 中潜在影响意味着 CIA 的损失可能会对组织运营、组织资产或个人产生严重的不利影响。
- 高潜在影响意味着 CIA 的损失可能会对组织运营、组织资产或个人产生严重或灾难性的不利影响。

机密性因素

针对未经授权的披露以及信息的使用的影响评估信息的机密性。联邦指南建议各机构考虑以下因素：

- 恶意攻击者如何利用未经授权的信息披露对机构运营、代理机构资产或个人进行有限 / 严重的伤害？
- 恶意攻击者如何利用未经授权的信息披露来控制可能导致未经授权的信息修改，信息破坏或拒绝系统服务的机构资产，从而对机构运营、代理资产、个人造成有限或严重的伤害？
- 未经授权披露 / 传播信息类型的元素是否违反法律、行政命令（Executive Order，EO）或机构规定？

完整性因素

评估信息的完整性与未经授权的修改或破坏相关的影响。联邦指南建议各机构考虑以下因素：

- 未经授权或无意修改信息如何损害代理机构运营、代理机构资产或个人？
- 采取的措施，根据修改后的信息做出的决策，或者修改后的信息是否传播给其他组织或公众，会产生什么影响？
- 修改 / 销毁信息类型的元素是否违反法律、行政命令或机构法规？

可用性因素

评估信息的可用性，以了解访问或使用信息的中断的影响。联邦指南建议各机构考虑以下因素：

- ❑ 访问或使用信息的中断如何对代理运营、代理资产或个人造成损害？
- ❑ 破坏或永久性信息丢失的影响是什么？
- ❑ 访问或使用信息类型元素的中断是否违反了法律、行政命令或机构规定？

仅供参考：FIPS-199 分类的例子

示例 1：在其 Web 服务器上管理公共信息的组织确定机密性丧失并不会造成影响（即机密要求不适用），潜在的完整性损失和潜在可用性损失是中等的。此信息类型的结果 SC 表示如下：

SC 公共信息 = {（机密性，不适用），（完整性，中），（可用性，中）}

示例 2：管理极其敏感的调查信息的执法机构确定机密性丧失的潜在影响很大，完整性丧失的潜在影响是中等的，可用性丧失的潜在影响是中等的。由此产生的此类信息的 SC 表示如下：

SC 调查信息 = {（机密性，高），（完整性，中），（可用性，中）}

示例 3：发电厂包含 SCADA（监控和数据采集）系统，用于控制大型军事设施的电力分配。SCADA 系统包含实时传感器数据和管理信息。管理层发电厂确定：（i）由 SCADA 系统获取的传感器数据机密性丧失造成中等影响，完整性丧失造成巨大潜在影响，可用性丧失造成巨大潜在影响；（ii）对于系统正在处理的管理信息，机密性丧失的潜在影响较小，完整性丧失的潜在影响较小，可用性丧失的潜在影响较小。这些信息类型的结果 SC 表示如下：

SC 传感器数据 = {（机密性，中），（完整性，高），（可用性，高）}

SC 管理信息 = {（机密性，低），（完整性，低），（可用性，低）}

得到的信息系统的 SC

SC SCADA 系统 = {（机密性，中），（完整性，高），（可用性，高）}

表示来自工业控制系统上驻留的信息类型的每个安全目标的高水平或最大潜在影响值。

为什么国家安全信息分类不同

美国政府和军队处理、存储和传输与国家安全直接相关的信息。重要的是，与这些数据交互的每个人都能识别出重要性。第一个专门定义和分类政府信息的行政命令由总统杜鲁门于 1952 年发布。随后的行政命令由艾森豪威尔、尼克松、卡特、里根、克林顿和布什发布。2009 年 12 月，奥巴马总统发布了行政命令 13526（分类国家安全信息），该命令撤销并取代了以前的驻外办事处：

"该命令规定了一个统一的系统，用于对国家安全信息进行分类、保护和解密，包括有关防御跨国恐怖主义的信息。我们的民主原则要求美国人民了解其政府的活动。此外，我们国家的进步取决于信息的自由流动。然而，在我们的整个历史中，国防要求保持某些信息的机密性，以保护我们的公民、民主机构、我们的国土安全以及我们与外国的互动。保护对国家安全至关重要的信息，并通过准确和负责任地应用分类标准以及常规，安全和有效的解密来证明我们对开放政府的承诺同样是重要的优先事项。"（美国总统奥巴马，2009 年 12 月 29 日）

行政命令 13526 中定义的以下三个特殊分类表示特殊访问和处理要求。与分类系统无关的信息被认为是非分类的。敏感但未分类（SBU）是国防部（DoD）特定的分类类别。指定分类级别的授权仅限于特定的美国政府官员：

❑ **最高机密（TS）**：未经授权披露的任何信息或材料可能会对国家安全造成特别严重的损害。特别严重损害的例子包括针对美国或其盟国的武装敌对行动；破坏对外关系，对国家安全产生重大影响；重要的国防计划或复杂的密码学和通信情报系统的妥协；敏感情报行动的暴露；对国家安全至关重要的科学或技术发展的披露。

❑ **秘密（S）**：未经授权披露可能导致严重损害国家安全的任何信息或材料。严重损害的例子包括破坏严重影响国家安全的对外关系；与国家安全直接相关的计划或政策的重大损害；揭示重大的军事计划或情报行动；妥协重要的军事计划或情报行动；妥协与国家安全有关的重大科学或技术发展。

❑ **机密（C）**：未经授权披露可能导致国家安全受损的任何信息或材料。损害的例子包括信息的妥协，这些信息包括美国和海外地区的陆军、空军和海军力量；披露用于训练、维护和检查战争分类弹药的技术信息；关于战争弹药的性能特征、试验数据、设计和生产数据的暴露。

❑ **未分类（U）**：通常可以在不对国家利益构成威胁的情况下向公众分发的任何信息。注意：此类别未在 EO 13526 中明确定义。

❑ **敏感但未分类（SBU）**：此分类是国防部子类别，适用于"任何因丢失、滥用或未经授权的访问或修改而对国家利益、国防部计划或国防部人员的隐私造成影响的信息。"此类别的标签包括"仅供官方使用""不适用于公开发布"和"仅供内部使用"。请注意，此类别未明确定义在 EO 13526。

谁决定如何分类国家安全数据

国家安全数据按以下两种方式之一分类：

❑ 原始分类是信息需要保护的初步确定。只有经过分类要求培训的特定美国政府官员才有权做出分类决定。原始分类机构发布其他人用于制定衍生分类决策的安全分类指南。大多数政府雇员和承包商做出衍生分类决策。

❑ 衍生分类是根据授权原始分类机构已经做出的原始分类决定对特定信息或材料项目进行分类的行为。衍生分类的授权来源通常包括先前分类的文件或由原始分类机构颁发的分类指南。衍生分类有两个主要的政策指导来源。在国防部，国防部手册 5200.01，第 1～4 卷，信息安全计划，为国防部信息安全计划提供基本指导和监管要求。第 1 卷，附文 4 讨论了衍生分类器职责。对于私营部门，DoD 5220.22-M，国家工业安全计划操作手册（NISPOM）详细说明了衍生分类责任。

私营部门如何对数据进行分类

没有法律具体规定私营部门数据分类，因此组织可以自由地开发适合其组织的分类系统。常用的分类包括法律保护、机密、内部使用和公共。信息所有者负责对数据和系统进行分类。根据分类，信息保管人可以应用适当的控制，重要的是，用户知道如何与数据交互。

- **法律保护**：受法律、法规、协议备忘录、合同义务或管理自由裁量权保护的数据。示例包括非公开个人信息（NPPI），例如社会安全号码、驾驶执照号码或州颁发的身份证号码、银行账户或金融账号，支付卡信息（PCI），即信用卡或借记卡持卡人信息，以及个人健康信息（PHI）。
- **机密**：对组织使命至关重要的数据。丢失、损坏或未经授权的披露将对组织及其声誉造成重大财务或法律损害。示例包括业务战略、财务状况、员工记录、即将开始的销售或广告活动、实验室研究和产品原理图。
- **内部使用**：进行普通公司业务所必需的数据。丢失、损坏或未经授权的披露可能会损害业务或导致业务、财务或法律损失。示例包括策略文档、过程手册、非敏感客户端或提供商信息、员工列表或组织公告。
- **公共**：专门面向公众的信息。公共信息需要酌情处理，并应在公开发布之前批准发布。此类别包括年度报告、产品文档、即将举行的贸易展览清单以及已发布的白皮书。

如果适当的分类本身并不明显，则通常使用保守的方法，并将数据分类为更具限制性的类别。

仅供参考：什么是 NPPI 以及为什么要保护它

非公开个人信息（NPPI）是被视为个人性质的数据或信息，公众可用，如果披露是侵犯隐私。NPPI 的妥协往往是身份盗窃的先兆。NPPI 受到保护，不会被随意披露或需要通过各种联邦和州法律法规许可后才可披露。

私营部门的 NPPI 也称为个人身份信息（PII）或敏感个人信息（SPI）。

NPPI 定义为个人的名字（或名字的首字母）和与以下任何一个或多个数据元素相关联的姓氏：

- 社会安全号码。
- 驾驶执照号码。
- 出生日期。
- 信用卡或借记卡号码。
- 国家身份证号码。
- 财务账号，以及允许访问账户的任何所需安全代码，访问代码或密码。

实践中：信息分类策略

概要：信息分类系统将用于对信息和信息系统进行分类。该分类将用于设计和传达基线安全控制。

政策声明：

❏ 公司将使用由法律保护、机密、内部使用和公共组成的四层数据分类模式。

❏ 公司将公布每个分类的定义。

❏ 每个级别的标准将由信息安全办公室维护并提供。

❏ 所有信息都将与四种数据分类之一相关联。信息所有者有责任对数据进行分类。

❏ 将根据最高分类级别的要求保护包含来自多个分类级别的信息的信息系统。

❏ 无论在任何给定时间数据的位置或状态如何，数据分类都将保持有效。这包括备份和归档媒体和位置。

❏ 分类系统将允许信息资产的分类可能随时间而变化。

❏ 每个分类都有处理和保护规则。信息安全办公室负责制定和执行处理和保护规则。

信息可以重新分类甚至解密吗

在一段时间内，保护信息的需要可能会发生变化。这方面的一个例子可以在汽车行业中找到。在新车介绍之前，设计信息被视为机密信息。披露将对汽车制造商产生严重影响。在推介之后，相同的信息被认为是公开的，并发布在汽车手册中。降级保密级别的过程称为解密。

相反，组织可以为了组织的利益或者是满足不断变化的法规要求，选择加强分类级别。例如，2013 年，HIPAA 法规扩展到涵盖商业伙伴维护的数据。在这种情况下，业务合作伙伴需要重新访问他们访问、存储、处理或传输的数据分类。升级分类的过程称为重新分类。如果信息所有者提前知道信息应该重新分类，则应在原始分类标签上注明该日期（例如，"机密至 [日期]"）。在组织确定分类级别标准时，还应包括重新分类和解密信息的机制。该责任可以分配给信息所有者，也可以进行内部审查。

标签和处理标准

信息所有者对信息进行分类以确定必要的保护级别。正如第 2 章所定义的那样，标准作为实施政策的规范并规定了强制性要求。处理标准规定了分类级别如何存储、传输、通信、访问、保留和销毁信息。标签是将指定的分类传达给信息保管人和用户的工具。

为什么贴标签

标签可以轻松识别数据分类。标签可以采用多种形式：电子、印刷、音频和视觉。信息可能需要以多种方式进行标记，具体取决于受众。你最熟悉的标签是安全标签。你从骷髅符号中识别出毒药。当你看到红灯时，你本能地知道要停下来。当你听到警笛时，你知道要停下来。为了保护信息，分类级标签需要像骷髅符号或停止标志一样清晰并被理解。标签超越了机构知识，并在受众流动的环境中提供稳定性。

在电子形式中，分类应该是文档名称的一部分。在书面或印刷文件上，分类标签应在文件外侧以及文件页眉或页脚中清楚标明。介质（如备份磁带）应清楚地标明文字和符号。

为什么要处理标准

信息需要根据其分类处理。处理标准告知托管人和用户如何处理他们使用的信息以及他们与之交互的系统。处理标准通常包括存储、传输、通信、访问、保留、销毁和处置，并可能扩展到事件管理和违规通知。

如表 5-1 所示，处理标准必须以可用的格式简明扼要地记录。应在指导期间引入处理标准，并将其作为可接受使用政策和协议的一部分重新引入。

表 5-1　样品处理标准矩阵

数据处理标准	受保护的	保　密	内部使用
数据存储（服务器）	根据业务目的允许	根据业务目的允许	根据业务目的允许
数据存储（工作站 – 内部）	不允许	不允许	根据业务目的允许
数据存储（移动设备和媒体）	根据业务需要允许 需要加密	根据业务需要允许 需要加密	根据业务需要允许 强烈推荐加密
数据存储（工作站 – 首页）	不允许	不允许	根据业务目的允许
数据存储（用于备份目的的可移动介质）	根据业务需要允许 需要加密	根据业务需要允许 需要加密	根据业务目的允许
内部邮件	应尽量避免	应尽量避免	允许
即时消息或聊天	不允许	不允许	允许，但不鼓励
外部邮件	根据业务目的允许文本 需要加密 没有附件 页脚处必须表明内容受法律保护	根据业务目的允许文本 需要加密 没有附件	允许，但强烈建议加密
外部文件传输	必须预先由 SVP 授权 需要加密	必须预先由 SVP 授权 需要加密	允许，但强烈建议
远程访问	需要多因素身份验证	需要多因素身份验证	需要多因素身份验证
数据保留	请参阅法律记录保留和销毁指南	请参阅公司记录保留和销毁指南	请参阅公司记录保留和销毁指南
电子数据处理 / 销毁	必须被彻底摧毁，破坏认证要求	必须被彻底摧毁	推荐使用不可逆转的破坏
纸质文件处理	必须交叉撕碎，需要销毁认证	必须交叉撕碎	必须交叉撕碎
纸质文件存储	保存在安全的存储区域或锁在柜子中	保存在安全的存储区域或锁在柜子中	没有特殊要求
外部邮递	使用商用车或快递服务 信封 / 盒子应以这种方式密封——篡改是显而易见的 必须签署包裹	使用商用车或快递服务 信封 / 盒子应以这种方式密封——篡改是显而易见的 必须签署包裹	没有特殊要求
传出传真	封面应指明传真信息受法律保护	封面应指明传真信息受法律保护	封面应标明传真信息是内部使用
传入传真	应将传入的传真定向到最近的传真机，并立即从机器中取出	应将传入的传真定向到最近的传真机，并立即从机器中取出	没有特殊要求
应报告涉嫌违规、未经授权的披露或违规行为	立即向 ISO 或合规官报告	立即向 ISO 或主管报告	立即向主管报告
数据处理问题负责人	ISO 或合规官	ISO 或主管	主管

实践中：信息分类处理和标签要求政策

概要： 应明确识别信息资产的分类和处理要求。

策略声明：

❑ 每个分类都有标签标准。

❑ 数据和信息系统将根据其分类进行标记。

❑ 每种数据分类都有以下类别的文档处理标准：存储、传输、通信、访问、记录、保留、销毁、处置、事件管理和违规通知。

❑ 信息安全办公室负责制定和实施标签和处理标准。

❑ 将向所有员工、承包商和附属机构提供明确描述标签和处理标准的书面文件，或者他们可以查看这些文件。

❑ 告知所有员工、承包商和附属机构向谁提出问题。

❑ 告知所有员工、承包商和附属机构向谁报告违规行为。

信息系统清单

尽管看起来很惊人，但许多组织都没有最新的信息系统清单。出现这种情况的原因有很多。最普遍的是缺乏集中管理和控制。组织内的部门可以自主制定个人决策，引入系统，并创建独立于组织其他部分的信息。鼓励创业行为的企业文化特别容易受到这种不完整结构的影响。另一个原因是公司通过收购和兼并的增长。有时公司变化如此之快，几乎不可能有效地管理信息。通常，应该整合或合并信息和系统，但实际上，它们通常最终只是"简单放在一起"。

为什么清单是必要的，如何整理清单

信息系统清单是必要的，因为没有信息系统清单，有效和准确地跟踪需要保护的所有项目以及可能给组织带来风险的因素将是非常具有挑战性的。

整合和维护信息系统的综合实物清单是一项重要任务。关键决策是选择要记录的信息资产的属性和特征。库存越具体详细，就越有用。请记住，随着时间的推移，你的库存可能有多种用途，包括用于关键性和风险分析、业务影响、灾难恢复计划保险范围和业务评估。

硬件资产

硬件资产是可见的和有形的设备和媒体，如下所示：

❑ 计算机设备：大型计算机、服务器、台式机、笔记本电脑、平板电脑和智能手机。

❑ 打印机：打印机、复印机、扫描仪、传真机和多功能设备。

❑ 通信和网络设备：IDS / IPS、防火墙、调制解调器、路由器、接入点、布线、DSU / CSU 和传输线。

❑ 存储介质：磁带、磁盘、CD、DVD 和 U 盘。

❑ 基础设施设备：电源、空调和门禁设备。

软件资产

软件资产是提供硬件、用户和数据之间接口的程序或代码。软件资产一般分为三类。

❑ 操作系统软件：操作系统负责提供硬件、用户和应用程序之间的接口。示例包括 Microsoft Windows、Apple iOS、Linux、UNIX 和 FreeBSD。

❑ 生产性软件：生产性软件的目标是提供基本的业务功能和工具。示例包括移动应用程序，Microsoft Office 套件（Word、Excel、Publisher 和 PowerPoint）、Adobe Reader、Intuit QuickBooks 和 TurboTax。

❑ 应用程序软件：应用程序软件旨在实现组织的业务规则，通常是定制开发的。示例包括运行复杂机器、处理银行交易或管理实验室设备的程序。

资产库存特征和属性

每个资产都应具有唯一标识符。最重要的标识符是设备或程序名称。虽然你可能认为名称很明显，但你经常会发现不同的用户、部门和受众以不同的方式引用相同的信息，系统或设备。最佳实践要求组织为其资产选择命名约定并始终如一地应用标准。命名约定可以包括位置、提供商、实例和服务日期。例如，位于纽约市并连接到 Internet 的 Microsoft Exchange 服务器可能名为 MS_EX_NYC_1。包含女鞋的库存记录的 SQL 数据库可能被命名为 SQL_SHOES_W。该名称也应在设备上清楚标明。关键是保持一致，以便名称本身成为信息的一部分。然而，这是一把双刃剑。如果我们的设备可以访问或以任何方式做广告，我们就有可能向公众公开资产信息。我们需要保护此信息使之与所有其他有价值的信息资产一致。

资产描述应指明资产的用途。例如，设备可以被识别为计算机、连接或基础设施。类别可以（并且应该）细分。计算机可以分解为领域控制器、应用程序服务器、数据库服务器、Web 服务器、代理服务器的工作站、笔记本电脑、平板电脑、智能手机和智能设备。连接设备可能包括 IDS / IPS、防火墙、路由器、卫星和交换机。基础设施可能包括 HVAC、公用设施和物理安全设备。

对于硬件设备，应记录制造商名称、型号、部件号、序列号和主机名或别名。还应记录物理地址和逻辑地址。物理地址是指设备本身的地理位置或容纳信息的设备。这应该尽可能具体。例如，APPS1_NYC 位于东 21 街办公室的二楼数据中心。逻辑地址是可以在组织的网络上找到资产的地方。逻辑地址应引用主机名、Internet 协议（IP）地址以及媒体访问控制（MAC）地址（如果适用）。主机名是系统的"友好名称"。主机名可以是系统的实际名称，也可以是便于参考的别名。IP 地址是分配给该系统的唯一网络地址位置。最后，MAC 地址是由设备制造商分配给网络连接设备的唯一标识符。

仅供参考：逻辑地址

必须唯一标识连接到网络或 Internet 的每台设备。MAC 地址、IP 地址和域名都用于标识设备。这些地址被称为"逻辑"而不是"物理"，因为它们与设备的地理位置几乎没有关系。

❑ MAC 地址：媒体访问控制（MAC）地址是唯一标识设备的硬件标识号。MAC 地

> 址被制造到每个网卡中，例如以太网卡或 Wi-Fi 卡。 MAC 地址由六个两位十六进制数组成，用冒号分隔。示例：9c:d3:6d:b9:ff:5e。
>
> ❑ IPv4 地址：唯一标识 Internet 和内部网络上的设备的数字标签。标签由四组 0 到 255 之间的数字组成，按句点（点）分隔。示例：195.112.56.75。
>
> ❑ IPv6 地址：功能与 IPv4 类似，IPv6 是 128 位标识符。IPv6 地址表示为八组，每组四个十六进制数字。示例：FE80:0000:0000:0000:0202:B3FF:FE1E:8329。
>
> ❑ IP 域名：域名是 Internet 连接设备的名称（例如，www.yourschool.edu）。名称的"yourschool.edu"部分由 Internet 注册商分配，唯一描述一组设备。"www"是特定设备的别名。当你访问网站时，完整的域名实际上会转换为 IP 地址，该 IP 地址定义了网站所在的服务器。此转换由称为域名系统（DNS）的服务动态执行。

软件应包括发布者或开发者、版本号、修订版、购买或支付资产编号的部门或业务以及补丁级别记录。软件提供商通常会分配序列号或"软件密钥"，这些密码应包含在记录中。

最后但并非最不重要的是，应记录控制实体。控制实体是购买或支付资产或负责持续维护和保养费用的部门或企业。控制实体的资本支出和支出反映在预算、资产负债表和损益表中。

市场上有许多工具可以加速和自动化资产库存。其中一些工具和解决方案可以基于云或在本地安装。资产管理软件和解决方案可帮助你监控从采购到处置的整个资产生命周期。其中一些解决方案支持自动发现和管理网络中部署的所有硬件和软件清单。有些还允许你对资产进行分类和分组，以便你可以轻松理解上下文。这些资产管理解决方案还可以帮助你跟踪所有软件资产和许可证，以便保持合规性。以下是资产管理解决方案的几个示例：

❑ ServiceNOW

❑ SolarWinds Web Help Desk

❑ InvGate Assets

❑ ManageEngine AssetExplorer

拆除、处置或销毁公司财产

公司资产应始终入账。如果公司财产需要从其指定位置移动或销毁，则应该有资产管理程序。应保留文件，以便在任何时候审核每件设备或信息的位置和拥有情况。资产处置和销毁将在第 7 章中讨论。

实践中：信息系统资产清单

　　概要： 应对所有信息系统进行盘点和跟踪。

　　策略声明：

❑ 根据信息安全办公室发布的标准，将根据其分类、所有者、位置和其他详细信息识别和记录所有信息系统资产。

❑ 必须始终对公司资产进行核算。

❑ 信息安全办公室将维护库存文档。

❑ 所有库存文档的副本将包含在业务连续性计划中。

仅供参考：小型企业说明

　　小型企业是否有必要对数据进行分类？是的！小型企业很可能存储、处理或传输受法律保护的财务或医疗数据或根据合同约定有义务保护借记卡和信用卡信息。至少，该公司有信息，出于与隐私或竞争相关的原因不应成为公众知识。表 5-2 显示了针对小型企业的三层数据分类描述和数据处理指令的组合。

表 5-2　小型企业数据分类和处理说明

数据分类和数据处理说明

I. 数据分类定义

受保护	受法律、法规、合同义务或管理自由裁量权保护的数据
机密	不应公开披露的数据
公开	专门面向公众的数据

II. 数据处理说明

	受保护	机密	公开
数据存储服务器	根据业务目的允许	根据业务目的允许	根据业务目的允许
数据存储工作站	不允许	不允许	根据业务目的允许
数据存储移动设备	根据业务目的允许需要加密	根据业务目的允许需要加密	根据业务目的允许
数据存储家庭工作站	不允许	不允许	根据业务目的允许
内部邮件	尽量避免	允许	允许
外部邮件	必须使用安全电子邮件	允许	允许
外部文件传输	必须使用安全的文件传输程序发送	必须使用安全的文件传输程序发送	允许
远程访问	需要多因素认证	需要多因素认证	不适用
处理 / 破坏	必须被彻底摧毁	必须被彻底摧毁	不适用
纸质文档	保持安全存储区或锁定的机密	保持安全存储区或锁定的机密	不适用
问题和疑虑	请将所有问题或疑虑直接发送给你的直接主管		

理解数据丢失预防技术

　　数据丢失防护（DLP）是一种检测离开组织的任何敏感电子邮件、文档或信息的技术和功能。这些解决方案通常保护以下数据类型：

- **个人身份信息（PII）**：出生日期、员工编号、社会安全号码、国家和地方政府识别号码、信用卡信息、个人健康信息等。
- **知识产权（IP）**：专利申请、产品设计文档、软件源代码、研究信息。
- **非公开信息（NPI）**：财务信息、收购相关信息、公司政策、法律和监管事宜、执行沟通等。

　　图 5-2 列出了数据可以存在的三种状态以及相关的保护。

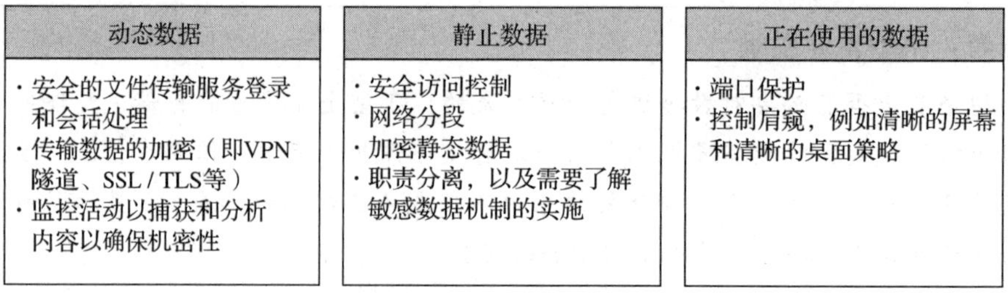

动态数据	静止数据	正在使用的数据
·安全的文件传输服务登录和会话处理 ·传输数据的加密（即VPN隧道、SSL／TLS等） ·监控活动以捕获和分析内容以确保机密性	·安全访问控制 ·网络分段 ·加密静止数据 ·职责分离，以及需要了解敏感数据机制的实施	·端口保护 ·控制肩窥，例如清晰的屏幕和清晰的桌面策略

图 5-2   数据状态和相关保护

什么是数据泄露？这通常被称为数据挤出。数据泄露是指数据未经授权地从系统或网络手动传输（由具有物理访问权限的人员执行），或者它可以是自动的，并通过恶意软件或系统漏洞通过网络进行。

业内有几种产品检查流量以防止组织中的数据丢失。一些行业安全产品与第三方产品集成以提供此类解决方案。

例如，Cisco ESA 和 Cisco WSA 将 RSA 电子邮件 DLP 集成到出站电子邮件和 Web 流量中。这些 DLP 解决方案允许网络安全管理员保持合规性并通过加密、DLP 和基于身份的现场集成来维护高级控制。这些解决方案还允许深入内容检查，以符合法规要求和数据泄露保护。它使管理员能够按标题、元数据和大小检查 Web 内容，甚至阻止用户将文件存储到 Dropbox、Box 和 Google Drive 等云服务。

CloudLock 也是另一种 DLP 解决方案。CloudLock 旨在通过高度可配置的基于云的 DLP 架构，保护任何类型的组织免受任何类型的云环境或应用程序（App）中的数据泄露。

其中一些解决方案提供应用程序接口（API），可提供与受监控的 SaaS、IaaS、PaaS 和 IDaaS 解决方案的深层次集成。它们提供高级云端 DLP 功能，其中包括旨在帮助管理员保持合规性的开箱即用策略。

基于云的 DLP 解决方案的一个重要优势是，它们允许你通过 API 监控平台内的静态数据，并通过追溯监控功能提供用户活动的全面信息。安全管理员可以使用可配置的自动响应操作（包括加密、隔离和最终用户通知）有效降低风险。

由于外部攻击者进行了复杂的攻击，并不总是会发生数据丢失；许多数据丢失事件都是由内部（内部）攻击实施的。由于人为疏忽或无知，数据丢失也可能发生，例如，内部员工将敏感的公司电子邮件发送到个人电子邮件账户，或将敏感信息上载到未经批准的云提供商。这就是为什么保持对即将发生的事情以及离开组织的可见性如此重要的原因。

数据丢失防护（DLP）工具旨在检测和防止数据泄露（未经授权的释放或删除数据）。DLP 技术定位和编目敏感数据（基于预先确定的规则或标准），DLP 工具监控正在使用的、动态的和静止的数据。表 5-3 总结了一些 DLP 工具以及它们在网络中的位置。

表 5-3   DLP 位置

DLP 工具	描述／位置
基于网络（内部部署）	基于网络（硬件或虚拟设备）的 DLP 处理动态数据，通常位于网络边界
基于存储的	基于存储（软件）的 DLP 的操作是长期存储（存档）
基于端点	基于端点（软件）的 DLP 在本地设备上运行，并专注于使用中的数据
基于云（外部）	基于云的操作的 DLP 在云中运行，处理正在使用的、动态的和静止的数据

DLP 解决方案可用于识别和控制端点端口以及阻止对可移动介质的访问。

- ❑ 按类型识别连接到网络的可移动设备 / 介质（例如，U 盘、CD 刻录机、智能手机）、制造商、型号和 MAC 地址。
- ❑ 通过端点端口控制和管理可移动设备，包括 USB、FireWire、Wi-Fi、调制解调器 / 网络 NIC 和蓝牙。
- ❑ 需要加密，限制文件类型，限制文件大小。
- ❑ 按人员、时间、文件类型和金额提供有关设备使用和数据传输的详细取证。

总结

你可能已经听过"隐晦式安全"这一短语。这句话意味着保持资产隐藏与安全之间存在比例关系。这个概念的问题在于保持我们的信息和系统被锁定是不实际的，甚至是不可取的。信息资产对组织有价值，通常用于日常运营以完成其使命。与"隐晦式安全"相反的是"通过分类和标签的安全性"。保护信息资产或系统的最佳方法是确定机密性、完整性和可用性（CIA）要求，然后应用适当的安全措施和处理标准。识别和区分的过程称为分类。信息所有者负责正确识别和分类他们负责的信息。信息托管人的任务是实施安全控制。

FISMA 要求联邦机构信息所有者根据 FIPS-199 中列出的标准将其信息和信息系统分类为低、中或高安全性。评估信息的机密性，包括未经授权披露的影响以及信息的使用，与未经授权的修改或破坏相关的影响的完整性，以及关于访问或使用中断的影响的可用性。五种特殊分类保留用于表示特殊访问和处理要求的国家安全相关信息：最高机密、秘密、机密、未分类和敏感但未分类。降级分类的过程称为解密。升级分类的过程称为重新分类。

私营部门没有类似的分类要求。但是，多个州和联邦法规要求所有组织保护特定类别的信息。最广泛的类别是非公开个人信息（NPPI）。NPPI 是被视为个人性质的信息，不允许公众可用，如果被披露是侵犯隐私。考虑到法律、隐私和商业机密性要求，私营部门组织通常采用三层或四层分类系统。标签是将指定的分类传达给信息保管人和用户的工具。处理标准告知托管人和用户如何处理他们使用的信息以及他们与之交互的系统。

信息系统提供了处理、存储和传输信息资产的方式和场所。保持最新的硬件和软件资产清单非常重要。硬件资产是可见的和有形的设备和媒体。软件资产是提供硬件、用户和数据之间接口的程序或代码。描述符可以包括资产用于什么、其位置、称为 MAC 地址的唯一硬件标识号、称为 IP 地址的唯一网络标识符、主机名和域名。

组织资产管理政策包括信息所有权、信息分类、处理和标签要求以及信息系统清单。

在本章中，你了解到 DLP 是一种检测离开组织的任何敏感电子邮件、文档或信息的技术和功能。这通常被称为数据泄露或数据挤出。数据泄露是指数据未经授权地从系统或网络手动传输（由具有物理访问权限的人执行），或者它可以是自动的，并通过恶意软件或系统妥协通过网络进行。

自测题

选择题

1. 以下哪个词最能说明以任何方式存储的可定义信息，这些信息被认为对组织有价值？

　　A. NPPI　　　　　　　　B. 信息资产　　　　　　C. 信息系统　　　　　　D. 分类数据

2. 信息系统_____信息。

　　A. 创建、修改和删除　　　　　　　　　　　B. 分类、重新分类和解密

　　C. 存储、处理和传输　　　　　　　　　　　D. 使用、标记和处理

3. 信息所有者负责以下哪项任务？

　　A. 分类信息　　　　　　B. 保持信息　　　　　　C. 使用信息　　　　　　D. 注册信息

4. 以下哪些角色负责实施和维护安全控制并报告可疑事件？

　　A. 信息所有者　　　　　B. 信息提供商　　　　　C. 信息用户　　　　　　D. 信息保管人

5. FIPS-199 要求将联邦政府信息和信息系统归类为_____。

　　A. 低、中、高安全性　　　　　　　　　　　B. 温和、关键、低安全性

　　C. 高度、关键、绝密的安全　　　　　　　　D. 以上内容

6. 信息分类系统用于以下哪个组织？

　　A. 政府　　　　　　　　B. 军事　　　　　　　　C. 金融机构　　　　　　D. 上述所有的

7. FIPS 要求评估信息的_____有关未授权披露的影响以及信息的使用的要求。

　　A. 完整性　　　　　　　B. 可用性　　　　　　　C. 机密性　　　　　　　D. 保密

8. 以下哪些国家安全分类需要最大程度的保护？

　　A. 秘密　　　　　　　　B. 最高机密　　　　　　C. 机密　　　　　　　　D. 未分类

9. 以下国家安全分类中哪一项要求保护最少？

　　A. 秘密　　　　　　　　B. 未分类　　　　　　　C. 机密　　　　　　　　D. 敏感但未分类（SBU）

10. 信息自由法案（FOIA）允许任何人访问以下哪项？

　　A. 通过询问获取所有政府信息

　　B. 访问所有机密文件

　　C. 以"需要知道"为基础访问机密文件

　　D. 访问联邦机构的任何记录，除非文件有特殊官方规定

11. 以下哪个术语最能说明与修改信息相关的 CIA 属性？

　　A. 分类　　　　　　　　B. 完整性　　　　　　　C. 可用性　　　　　　　D. 情报

12. 所有私营企业都必须对信息进行分类吗？

　　A. 是的　　　　　　　　　　　　　　　　　　B. 是的，只要他们想减少税收

　　C. 是的，只要他们与政府做生意　　　　　　D. 不是

13. 以下哪项不是分类信息的标准？

　　A. 该信息不适用于公共领域

　　B. 信息对组织没有价值

　　C. 需要保护信息不受组织外部人员的影响

　　D. 信息受政府法规的约束

14. 被认为属于个人性质的数据，如果被披露，则是对隐私的侵犯、安全性的妥协的，被称为以下哪项？

　　A. 非个人公共信息　　　　　　　　　　　　B. 非私人个人信息

　　C. 非公开个人信息　　　　　　　　　　　　D. 以上都不是

15. 大多数组织将受保护，机密和内部使用数据的访问权限限制在组织内的以下哪些角色？

　　A. 高管　　　　　　　　B. 信息所有者　　　　　C. 有"需要知道"的用户　　D. 提供商

16. 标签是将分类级别传达给组织中以下哪些角色的工具？
    A. 雇员　　　　　　　　B. 信息保管人　　　　　　C. 承包商　　　　　　　　D. 上述所有
17. 以下哪个术语最能说明如何根据分类存储、保留和销毁数据的规则？
    A. 处理标准　　　　　　B. 分类程序　　　　　　　C. 使用政策　　　　　　　D. 材料指南
18. 以下哪个术语最能说明删除受限分类级别的过程？
    A. 解密　　　　　　　　B. 分类　　　　　　　　　C. 重新分类　　　　　　　D. 负分类
19. 以下哪个术语最能说明升级或更改分类级别的过程？
    A. 解密　　　　　　　　B. 分类　　　　　　　　　C. 重新分类　　　　　　　D. 负分类
20. 破坏和 / 或永久性信息丢失的影响用于确定以下哪项保障措施？
    A. 授权　　　　　　　　B. 可用性　　　　　　　　C. 认证　　　　　　　　　D. 会计
21. 以下哪个术语最能描述硬件资产的示例？
    A. 服务器　　　　　　　B. 数据库　　　　　　　　C. 操作系统　　　　　　　D. 无线电波
22. 以下哪项陈述最能说明 MAC 地址？
    A. MAC 地址是动态网络地址　　　　　　　　B. MAC 地址是唯一的主机名
    C. MAC 地址是唯一的硬件标识符　　　　　　D. MAC 地址是一个唯一的别名
23. 10.1.45.245 是以下哪一项的示例？
    A. MAC 地址　　　　　　B. 主机名　　　　　　　　C. 一个 IP 地址　　　　　D. 一个 IP 域名
24. 源代码和设计文档是以下哪些示例？
    A. 软件资产　　　　　　B. 专有信息　　　　　　　C. 内部使用分类　　　　　D. 知识产权（IP）
25. 以下哪个术语最能说明基于授权原始分类机构已经做出的原始分类决定对信息进行分类的行为？
    A. 重新分类　　　　　　B. 衍生分类　　　　　　　C. 解密　　　　　　　　　D. 原始分类
26. 以下哪类信息不会被视为 NPPI ？
    A. 社会安全号码　　　　B. 出生日期　　　　　　　C. 借记卡密码　　　　　　D. 汽车制造商的名字
27. 根据最佳做法和监管期望，如何对待存储在移动设备上的受法律保护的数据？
    A. 掩码　　　　　　　　B. 加密　　　　　　　　　C. 贴标签　　　　　　　　D. 隔离
28. 以下哪项陈述最能说明如何处理包含 NPPI 的书面文件？
    A. 包含 NPPI 的文档应存放在锁定区域或锁定的机柜中
    B. 包含 NPPI 的书面文件应经过交叉撕碎
    C. 包含 NPPI 的书面文件应遵守公司保留政策
    D. 以上所有
29. 以下哪种地址类型代表网络上的设备位置？
    A. 物理地址　　　　　　B. MAC 地址　　　　　　　C. 逻辑地址　　　　　　　D. 静态地址
30. 什么是 DLP ？
    A. 用于防止网络钓鱼攻击的电子邮件检查技术
    B. 用于确保企业用户不在公司网络外发送敏感或关键信息的软件或解决方案
    C. 用于防止网络钓鱼攻击的网络检查技术
    D. 云解决方案用于提供动态层保护

练习题

练习 5.1：分配所有权

所有者负责保护资产。对于以下每项资产，分配所有者并列出所有者在保护资产方面的责任：
1. 你的住所。
2. 你开的车。

3. 你使用的电脑。

4. 你住的城市。

练习 5.2：区分所有权和托管权

智能手机是一种信息系统。与任何信息系统一样，必须分配数据所有权和托管权。

1. 如果公司向员工提供智能手机以用于与工作相关的通信：

    a. 你会考虑信息系统的所有者吗？为什么？

    b. 你会考虑信息系统托管人吗？为什么？

2. 如果公司允许员工使用个人拥有的设备进行与工作相关的通信：

    a. 你会考虑信息系统的所有者吗？为什么？

    b. 你会考虑信息系统托管人吗？为什么？

    c. 保护数据、公司数据和个人数据之间是否应该有区别？

练习 5.3：创建库存

你的任务是为你学校的计算机实验室创建库存系统。

1. 对于实验室中的硬件，列出至少五个用于标识每个资产的特征。

2. 对于实验室中的软件，列出至少五个用于标识每个资产的特征。

3. 创建库存模板。使用电子表格或数据库应用程序。

4. 访问教室或实验室，至少清点三个硬件资产和三个软件资产。

练习 5.4：查看解密文档

请访问 http://foia.gov 或 CIA FOIA 电子阅览室，网址为 www.foia.cia.gov。

1. 找到最近解密的文件。

2. 写一份简短的报告，解释文件解密的原因和时间。

练习 5.5：了解颜色编码的国家安全

国土安全部使用颜色编码的咨询系统向公众传达威胁等级。这是标签的一个例子。

1. 威胁咨询系统使用什么颜色？

2. 每种颜色的含义是什么？

3. 你认为这些标签是向公众传播威胁信息的有效方式吗？为什么是或者为什么不是？

项目题

项目 5.1：开发电子邮件分类系统和处理标准

      数据分类类别和处理标准是妥善保护信息所必需的。电子邮件是处理、存储和传输多种类型信息的信息系统的一个很好的例子。

1. 为你的电子邮件通信开发三级分类系统。考虑你发送和接收的电子邮件类型。考虑谁能够查看、保存、打印或转发你的电子邮件。对于每个分类，决定如何标记电子邮件以传达指定的分类。对于每个分类，制定处理标准。

2. 多个信息系统用于处理、传输、存储和备份电子邮件。确定每个步骤中涉及的尽可能多的系统。对于标识的每个系统，记录你希望成为信息系统所有者的人员或职位。是否有必要提供你的分类系统或处理标准的副本？为什么有必要或者为什么没必要？

3. 有时信息系统所有者有不同的优先事项。例如，你的网络服务提供商（ISP）有权查看/打开存储在其系统上或通过其系统传递的所有文档。ISP 可以选择通过扫描病毒或检查非法内容来行使此权利。假设你发送的电子邮件如果被披露或泄露可能会对你造成伤害。作为信息所有者，你有什么选择？

项目 5.2：对学校记录进行分类

随着时间的推移，学校积累了大量有关你和你家人的信息，包括你的医疗记录、财务状况（包括纳税申报表）、成绩单和学生人口统计数据（姓名、地址、出生日期等）。重要的是，限制授权用户访问此信息。

1. 创建列出每个信息类别的表格。将每个表格分类为受保护、机密、内部使用或公开。

2. 在表格中包含一个定义"需要知道"标准的列。（提示：这是应该授予某人访问信息的原因。）

3. 即使是有关你的信息，你也可能不是所有者。在你的表格中列出你希望成为信息所有者的列。

4. 选择你列出的类别之一，找出实际存储信息的位置，谁负责信息，谁有权访问信息，以及有哪些政策可以保护信息。将此信息与你回答的前三个问题的答案进行比较。

项目 5.3：查找和使用特殊出版物

美国 NIST 的特殊出版物包含适用于私营和公共部门组织的大量信息。在本练习中，你将熟悉查找和使用特殊出版物.

1. 下载 NIST SP 800-88，R1：介质脱敏指南。

2. 阅读文件。

3. 他们为介质脱敏分配了最终责任？

4. 关于介质脱敏，解释清理（clear）、清除（purge）和破坏（destory）之间的区别？

案例研究：评估 SouthEast Healthcare 的分类和授权

SouthEast Healthcare 成立于 1920 年。总部位于佐治亚州亚特兰大，在全州拥有 15 个患者护理站点。SouthEast Healthcare 提供全方位的医疗保健服务。该组织通过网络提供电子医疗记录，是远程医疗服务的领导者。多年来，该组织已经进行了重要的信息安全投资，包括先进的入侵检测系统，审计、监控和报告访问的程序，生物识别装置，以及培训。虽然他们的信息技术（IT）和安保人员规模很小，但他们是专业的团队。SouthEast Healthcare 似乎有一个安全模型，并被选中参加 HIPAA 安全研究。审计小组对此很感兴趣，想知道 SouthEast Healthcare 如何做出保护决策。在他们看来，所有信息资产都得到了平等的保护，这意味着一些信息资产可能受到过多保护，而另一些则保护不足。他们找到了首席执行官并要求她解释该组织如何做出保护决定。她回答说她把问题留给了 IT 和安全团队。然后，审计员前往安全团队并向他们提出同样的问题。他们热情地回答说，各种信息资产的重要性是"机构知识"。当审计员询问信息所有者是否对信息进行分类并授权保护级别时，团队成员感到困惑。

"不，"他们回答说，"这由安全团队全权负责"。审计员对这个答案不满意，并在他们的临时报告中表示了不满。审计员将在三个月后回来完成研究。SouthEast Healthcare 的 CEO 希望在他们返回之前解决以下问题：

1. 谁应该对分类和授权项目负责？

2. 这是一个项目还是两个独立的项目？

3. 谁应该参与这个项目？

4. 你会参与外部资源吗？为什么参与或者为什么不参与？

5. 你会如何达成共识？

6. 董事会应该参与什么？

参考资料

引用的条例

FIPS PUB 199 Standards for the Security Categorization of Federal Information and Information Systems, February 2004, accessed 05/2018, http://nvlpubs.nist.gov/nistpubs/FIPS/NIST.FIPS.199.pdf.

Freedom of Information Act, official website of the U.S. Department of Justice, FOIA, accessed 05/2018, www.foia.gov/.

Modifications to the HIPAA Privacy, Security, Enforcement, and Breach Notification Rules 45 CFR Parts 160 and 164 Under the Health Information Technology for Economic and Clinical Health Act and the Genetic Information Nondiscrimination Act; Other Modifications to the HIPAA Rules; Final Rule Federal Register, Volume 78, No. 17, January 25, 2013, accessed 05/2018, https://www.hhs.gov/hipaa/for-professionals/privacy/laws-regulations/combined-regulation-text/omnibus-hipaa-rulemaking/index.html.

"Instructions for Developing Security Classification Guides," accessed 05/2018, http://www.esd.whs.mil/Portals/54/Documents/DD/issuances/dodm/520045m.pdf.

第6章 人力资源安全

人是否可能同时成为组织最有价值的资产和最危险的威胁？研究表明，人是网络安全最薄弱的环节。因为网络安全主要是由人驱动的过程，所以网络安全计划必须得到信息所有者、托管人和用户的支持。

为了让组织发挥作用，员工需要访问信息和信息系统。因为我们在暴露有价值的资产，所以必须了解员工的背景、教育和弱点。员工还必须知道对他们的期望是什么，从第一次接触开始，组织就需要传递安全被认真对待的信息。相反，应聘者和员工为雇主提供了大量的个人信息。根据法规和合同义务保护员工相关数据是组织的责任。

在允许员工访问信息和信息系统之前，他们必须了解组织的期望、策略、处理标准和不遵从的后果。这些信息通常被编入两个协议：保密协议和可接受的使用协议。可接受的使用协议应每年评价和更新，并重新分发给员工签字。应该设计一个任职培训计划，以解释和扩展协议中提出的概念。就连资深员工也需要不断地接受安全问题的再教育。NIST 已经投入大量资源开发基于角色的安全教育、培训和意识（SETA）模型。虽然是为政府设计的，但该模型是针对私营部门的。

从本章开始研究与员工招聘、入职、用户配置、职业发展和终止相关的安全问题。然后，讨论保密性和可接受使用协议的重要性。最后，关注 SETA 培训方法。在整个章节中，我们将最佳实践编入人力资源安全策略。

仅供参考：NIST 网络安全框架和 ISO / IEC 27002:2013

NIST 网络安全框架的 PR.IP-11 子类别描述了人力资源实践（包括取消配置、人员筛选等）。

ISO 27002:2013 第 7 节致力于人力资源安全管理，目标是确保将安全性整合到员工生命周期中。

相应的 NIST 指南在以下文档和其他参考文献中提供：

❑ SP 800-12：计算机安全概论——NIST 手册。

❑ SP 800-16：信息技术安全培训要求——基于角色和绩效的模型。

❑ SP 800-50：建立信息技术安全意识和培训计划。

❑ SP 800-100：信息安全手册：管理者指南。

❑ SP 800-53 Rev. 4 PS Family。

❑ COBIT 5 APO07.01, APO07.02, APO07.03, APO07.04, APO07.05。

员工的生命周期

员工生命周期模型（如图 6-1 所示）表示员工职业生涯的各个阶段。具体的员工生命周期模型因公司而异，但常见的阶段包括：

❑ **招聘**：此阶段包括所有流程，并且包括雇用新员工。

❑ **入职**：在此阶段，员工将被添加到组织的工资和福利系统中。

❑ **用户配置**：在此阶段，为员工分配设备以及物理和技术访问权限。只要员工的职位、所需的访问级别终止或发生变化，就会调用用户配置流程。

❑ **任职培训**：在这个阶段，员工安顿下来，融入公司文化，熟悉同事和管理层，并在组织中确立自己的角色。

❑ **职业发展**：在这个阶段，员工在组织中的角色趋于成熟。职业发展经常意味着角色和责任的变化。

❑ **终止**：在此阶段，员工离开组织。具体过程在某种程度上取决于离职是否是辞职、解雇或退休的结果。任务包括从薪资和福利系统中删除员工，恢复智能手机等信息资产，删除或禁用用户账户和访问权限。

❑ **离职**：将员工转移出组织的过程。这包括记录离职前的终止细节、任务和责任、知识转移、离职面谈（如果适用的话），删除所有用户凭证以及用户拥有的任何其他访问权限。

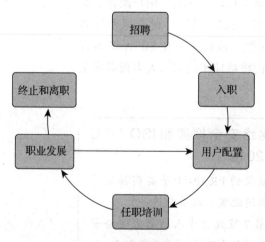

图 6-1　员工生命周期

除了职业发展之外，我们还将研究网络安全概念、安全保障和策略的每个阶段。

招聘与安全有什么关系

招聘阶段包括制定和发布职位描述，积极寻找潜在员工，收集和评估候选人数据，面试，进行背景调查，以及提出邀约或拒绝候选人。在招聘阶段出现了大量信息。为了吸引最合格的候选人，会公开披露有关组织的信息。反过来，潜在的候选人会以大量的个人信息做出回应。

工作海报

许多潜在求职者与未来雇主的第一次直接接触是招聘广告。过去，这个广告要么在报纸或商业杂志上刊登，要么提供给"猎头"，专门寻找潜在的候选人。在这两种情况下，循环的范围和时间都是有限的。现在，大多数招聘是基于互联网的。公司可以使用在线就业搜索引擎（例如 Monster.com 等）或者社交媒体（比如 LinkedIn）发布招聘信息。这种趋势的好处是能吸引更多的人才。不利之处在于，这种暴露为潜在入侵者提供了便利，并且可能会带来暴露组织的信息的意外后果。求职帖子是入侵者经常使用的信息来源之一。原因在于职位招聘可能是关于组织的大量信息：人员变动、产品开发、新服务、办公室的开放以及招聘经理的姓名和电话号码等基本信息。所有这些项目都可以用于社会工程攻击，并为更深入的知识提供途径。考虑两个版本的工作描述：发布版本 A，并且具有足够的信息来吸引潜在员工的注意力和兴趣；版本 B 更详细，并且在内部发布或发布给"第一次筛选"的候选人。版本 B 的工作描述需要足够详细以传达职位的具体要求，并具有以下特征：

- ❏ 它传达了组织的使命。
- ❏ 它概括地描述职位。
- ❏ 它概述了该职位的职责。
- ❏ 它详细说明了必要的技能。
- ❏ 它说明了组织对机密性和安全性的期望。这一特征的目标是传递组织对安全的承诺以及所有员工都必须履行承诺的信息。

在任何版本的工作描述中都不应该包含关于特定系统、软件版本、安全配置或访问控制的信息。

求职者申请数据

张贴工作的目的是让应聘者提供有关信息的回应。收集求职者数据是一把双刃剑。一方面，公司需要个人信息来正确选择潜在的员工。另一方面，一旦收集到这些信息，公司就要负责保护数据以及求职者的隐私。在这个阶段收集的求职者数据一般包括家庭情况、联系方式、工作经历、个人成就、教育背景、期望的报酬、以前的雇主反馈、推荐信、执照和证书。如果可能，在这个阶段不应该收集受法律保护的非公开个人信息（NPPI），如社会保障号码、出生日期、驾驶执照或身份证号码，以及财务信息。

面试

顶级应聘者经常被邀请参加一个或者多个部门人员的面试。面试官与求职者分享的信息总是比他们应该分享的更多。这样做有多种原因。有时他们试图给一个受到追捧的候选人留下深刻印象。他们可能对这个组织感到骄傲（或沮丧）。有时，他们只是没有意识到他们分享信息的保密性。例如，面试官可能会透露公司即将推出一款新的移动应用程序，而他们对如何保护它知之甚少！创建并遵循一个面试脚本（已被网络安全人员审查）可以最小化披露风险。面试官可能犯的最严重的错误之一就是带着一个早期的求职者去参观工厂。在没有信息系统所有者事先授权的情况下，不允许候选人访问安全区域。即便如此，也应该谨慎行事。

实践中：招聘策略

概要： 为了支持网络安全，这一策略的目的是确保公司和候选人的资源在招聘过程中受到保护。

策略声明：

- ❑ 任何被归类为"受保护"或"机密"的信息都不能包括在职位海报或职位描述中。
- ❑ 除非信息所有者书面授权，否则求职者将不被允许进入任何安全区域。
- ❑ 求职者提交的所有非公开信息必须归类为"受保护"，并按照公司处理标准处理。
- ❑ 在任何情况下，公司都不会要求求职者向社交媒体、博客、网络或个人电子邮件账户提供密码。
- ❑ 信息安全办公室和人力资源办公室将共同负责执行这一策略。

筛选潜在雇员

你是一个企业负责人。过去的 10 年里，你夜以继日地工作来开创自己的事业。你已经进行了投资。你在社会上的声誉与企业的行为息息相关。关于最新的销售人员，你需要了解多少？

你是财富 1000 强金融服务公司的首席执行官（CEO）。你对股东负责，并对你企业的行为向政府负责。关于你的新首席财务官（CFO），你需要了解多少？

你是当地医院的医药负责人。你有责任维护患者的健康并保障他们的隐私权。关于新的急诊室护士的信息，你需要了解多少？

在这三种情况下，信息所有者都希望保证用户根据其分类适当地处理信息。确定谁应该有权访问的标准之一是定义用户标准。这些标准延伸到他们的背景：教育、经验、证书/执照、犯罪记录和财务状况。此外，我们必须考虑员工在组织中的权力或影响力。

例如，我们希望首席财务官可以访问机密的财务记录和敏感的公司战略文档。此外，首席财务官有权潜在地操纵数据。在这种情况下，我们需要关注信息的机密性和完整性。很明显，首席财务官需要保持高标准。他不应该有犯罪记录，不会受到任何可能导致挪用公款等不当行为的财务压力。不幸的是，当权者并不总是为了公司的最大利益行事。组织需要通过对潜在员工和董事进行背景和参考检查来主动保护自己。对于不太重要的职位也是如此，例如销售人员或进修护士。虽然这些职位的权力可能较低，但滥用的可能性仍然存在。

并非所有潜在雇员都需要同样程度的审查。信息所有者有责任根据信息的获取水平和职位来制定标准。

背景调查的各种类型如下：

- ❑ **教育背景**：确认在申请、简历或求职信上列出的所有教育证书是有效的，并且已经被授予。
- ❑ **工作经历**：对申请、简历或求职信上列出的所有相关先前工作进行确认。
- ❑ **证书/执照**：对所有相关许可证、证书或执照进行认证。
- ❑ **信用历史**：检查所选择的申请人或雇员的信用记录。联邦法律禁止因破产而歧视申请人或雇员。联邦法律还要求如果申请人的信用历史影响就业决定，则告知他们。
- ❑ **犯罪记录**：确认所选的申请人或雇员没有任何未披露的犯罪历史。

重要的是，要制定一项策略，为组织制定最低标准，要求对信息所有者进行，更深入的背景调查。这是策略在开发阶段可能需要涉及外部人员的一个例子，例如法律顾问或雇员代表。许多组织都有工会劳工。工会合同可能禁止背景调查。这一策略需要纳入下一轮谈判。以下是你应知道的规则：

- ❑ **员工隐私权**：当你做出雇用决定时，你可以收集和使用的信息是有法律限制的。员工在某些个人事务中享有隐私权，如果你问得太深，他们可以通过起诉你来行使这项权利。确保你的询问与工作有关。你应当始终考虑工作相关的信息。不同的管理机构，如 GDPR 第 88 条，就包括关于在就业情况下处理数据和隐私的严格规则。
- ❑ **获取同意**：尽管法律没有做普遍要求，但传统观点建议应聘者同意背景调查。大多数组织在其申请表中包括了这一要求，并要求申请人以书面形式同意。根据法律，如果应聘者拒绝接受合理的信息请求，你可以基于此决定不雇用该员工。
- ❑ **使用社交媒体**：社交媒体网站正越来越多地被用于"更多了解"候选人。它们也被用作招聘平台。根据 HireRight 的 2017 年基准报告，一些组织使用社交媒体进行预聘背景调查。然而，根据同一份报告，"在交通行业，只有 9% 的受访者在进行预聘背景调查时转向社交媒体。"社交媒体档案包括性别、种族和宗教信仰等信息。法律禁止使用此信息进行招聘。访问该信息可能会使组织受到歧视指控。法律专家建议组织让非决策者进行搜索，并且只向决策者提供与工作有关的相关信息。
- ❑ **教育记录**：根据 FERPA，必须有书面许可学校才能公布学生的教育记录中的任何信息。有关获取 FERPA 下的记录的更多信息，请访问 www.ed.goV。
- ❑ **机动车记录**：根据联邦 DPPA，禁止任何州 DMV（或其任何官员、雇员或承包商）使用该部门获得的与机动车记录有关的个人信息。DPPA 的最新修正案要求各州在个人机动车记录可能被出售或公布给第三方营销人员之前获得个人的许可。
- ❑ **金融记录**：根据联邦贸易委员会（FTC）的说法，你可以在雇用新员工时使用信用报告，在评估员工的晋升、调动和保留时使用信用报告，只要你遵守 FCRA。FCRA 第 604、606 和 615 条明确了雇主在使用信用报告进行雇用时的责任。这些责任包括在信息可能导致负面的就业决定的情况下告知雇员。2003 年 FACTA 为联邦金融监管局增加了新的条款，旨在帮助消费者打击日益增长的身份盗窃犯罪。FACTA 包括准确性、隐私、信息共享的限制以及新的消费者披露权。有关使用信用报告和 FCRA 的更多信息，请访问 www.ftc.gov。

❑ **破产**：根据美国破产法案第11条，雇主不得歧视申请破产的人。虽然雇主可以用负面的信用记录作为不雇用员工的理由，但是雇主不能将破产作为唯一的理由。

❑ **犯罪记录**：关于如何使用这些信息的法律各个州都有很大的不同。

❑ **员工赔偿记录**：在大多数州，当雇员的索赔经历了员工赔偿程序后，案件就变成了公开记录。雇主只有在受伤可能影响其履行所需职责的能力时才可使用此信息。根据美国联邦残疾人法案，雇主不能使用医疗信息或因申请人提出员工赔偿要求歧视申请人。

实践中：人员甄别策略

概要：必须对雇员、临时工和承包商进行背景调查。

策略声明：

❑ 作为雇用条件，所有雇员、临时工和承包商必须同意并接受背景审查，包括身份验证、教育和专业资格的确认、信用检查以及州和联邦刑事检查。

❑ 将在招聘前进行全面的背景审查。此后每年都会进行刑事检查。

❑ 背景筛选将根据当地、州和联邦法律法规进行。

❑ 如果此人能够访问"受保护"或高度机密的信息，那么可能需要信息所有者酌情进行额外的筛选。这包括新员工和可能被调动到这样一个职位的员工。

❑ 背景筛选将由人力资源部进行。

❑ 如果临时或承包商工作人员是由代理机构或第三方提供的，合同必须明确规定代理机构或第三方根据本策略进行背景调查的责任。结果必须提交人力资源部批准。

❑ 信息安全办公室（或网络安全办公室）和人力资源办公室将共同负责执行这一策略。

❑ 在筛选过程中获得的所有信息将被归类为"受保护"，并按照公司的处理标准处理。

政府许可

许多美国政府工作都要求未来的雇员具有必要的安全许可。虽然每个政府机构都有自己的标准，但一般来说，安全许可调查是对个人的忠诚度、品格、可信度和可靠性的调查，以确保他有资格获得国家安全相关信息。获得许可的过程既昂贵又费时。

获得美国政府安全许可涉及四个阶段：

1. 应用阶段：这一阶段包括验证美国公民身份、指纹以及完成人员安全问卷（SF-86）。

2. 侦查阶段：这个阶段包括一个全面的背景调查。

3. 审判阶段：在此阶段，根据国防部确定的13个因素，对调查结果进行审查和评估。这些因素包括犯罪和个人行为、滥用药物和任何精神障碍等。

4. 授予（或拒绝）某一特定级别的许可：为了获得数据的访问，许可和分类必须匹配。例如，为了查看绝密信息，该人必须持有最高机密许可。然而，仅仅具有一定级别的安全许可并不意味着授权用户访问信息。为了访问信息，必须具有两个要素：至少等于信息分类的安全许可级别以及为了履行职责而适当地"需要知道"信息。

入职阶段会发生什么

一旦被录用，候选人就会从潜在雇员转变为雇员。在此阶段，他被添加到组织的工资和福利系统中。要完成这些任务，员工必须提供全方位的个人信息。组织有责任对员工数据进行适当的分类和保护。

薪资和福利员工数据

在美国雇用员工时，他必须提供身份证明、工作授权和税务证明。必须填写的两份表格是国土安全部与美国公民和移民服务部的表格 I-9（就业资格验证表）以及国内税务局的表格 W-4（雇员的扣缴津贴证书）。

表格 I-9 的目的是证明每个新员工（公民和非公民）都有权在美国工作。员工必须提供以下文件：（a）确定身份和就业许可；（b）记录和确定身份；（c）记录和确定就业许可。员工向雇主提供原始文件，然后雇主复制文件，保留副本，并将原件退还给员工。根据 1986 年的移民改革和控制法案，雇用无证工人的雇主将受到民事和刑事处罚。有关表格 I-9 的例子，请访问 https://www.uscis.gov/i-9。如本文件第 9 页所示，所需文件可能包含 NPPI，必须由雇主保护。

雇主须填妥表格 W-4，以便扣除员工薪资中正确数额的所得税。有关此表格的资料包括完整的地址、婚姻状况、社会保障号码及豁免号码。此外，根据 W-4 隐私法公告，这些信息的常规使用包括：交给司法部进行民事和刑事诉讼；交给城市、州、哥伦比亚特区、美国行政区，用于管理他们的税法；向国家卫生和人类服务部申请新聘人员名录。他们还可以根据税务条约向其他国家、联邦和州执行联邦非税刑事法律的机构，或向联邦执法和情报机构披露这些信息，以打击恐怖主义。在表格 W-4 上提供的信息的保密性受美国商会第 6103 条（退货和退货信息的保密性和披露）的法律保护。

什么是用户配置

用户配置是创建用户账户和组成员、提供公司标识、分配访问权限以及访问设备（如令牌或智能卡）的过程的名称。这个过程可以是手动的、自动化的（通常称为身份管理系统），或者它们的组合。在授予访问权限之前，应该向用户提供可接受的使用协议的条款和条件。我们将在本章后面讨论这个协议。授予用户的权限应该与其角色和职责相匹配。信息所有者负责定义应该授予谁访问权限以及在什么情况下授予访问权限。

主管通常代表其员工请求访问。根据组织的不同，配置过程可能由人力资源部门、网络安全部门或信息技术（IT）部门管理。

基础架构保护和有效身份管理实践的一个重要步骤是确保你可以从一个位置管理用户账户，无论这些账户的创建位置如何。虽然大多数组织将在本地拥有其主要账户目录，但混合云部署正在兴起，你必须了解如何集成内部部署和云目录并为最终用户提供无缝体验，以及管理新员工的入职和删除离职员工的账户。要完成此混合身份方案，建议你将内部部署目录与云目录同步。一个实际的例子是使用 Active Directory 联合服务（ADFS）。我们将在本书后面讨论基于角色的访问控制和其他身份管理主题。

实践中：用户配置策略

　　概要：公司必须拥有企业范围的用户配置流程。

　　策略声明：

- ❑ 将定义和记录用于授予和撤销对信息资源的访问的用户配置流程，包括但不限于账户创建、账户管理（包括访问权限和权限的分配）、访问权限的定期审查和许可及账户终止。
- ❑ 人力资源办公室和信息或网络安全办公室共同负责用户配置流程。

员工在任职培训过程中应该学习什么

　　在这个阶段，员工开始了解公司、工作和同事。在访问信息系统之前，重要的是，员工要理解自己的职责，学习信息处理标准和隐私协议，并有机会提出问题。组织任职培训通常是人力资源部门的责任。部门任职培训通常由主管或部门培训师进行。员工培训只是一个开始。每位员工在任期内都应该参加 SETA 项目。我们将在本章后面研究 SETA 的重要性。

隐私权

　　大多数私营组织的标准是，员工在公司时间对公司资源采取的行动不应有隐私，这体现在电子监控、摄像机监控和个人搜查上。

- ❑ 电子监控包括电话、计算机、电子邮件、手机、文本、互联网访问和定位（支持 GPS 的设备）。
- ❑ 摄像机监控包括现场位置，但员工换衣服的洗手间或更衣室中的摄像机除外，这是法律禁止的。
- ❑ 个人搜查指搜查员工、员工的工作空间或员工的财产，包括汽车（如果是公司财产）。个人搜查必须按照州法规进行。

　　公司应向员工披露其监督活动，并获得书面确认。根据美国律师协会的说法，"如果雇主没有采取策略或警告，或者行为与其策略或警告不一致，可能会发现雇员仍然对隐私有合理的期望。"经验教训是，公司必须制定明确的策略并在申请中保持一致。隐私期望应在网络安全策略中定义，在签署的可接受使用协议中予以承认，并包含在登录横幅和警告中。

实践中：电子监控策略

　　概要：有必要监控某些员工的活动。员工对隐私的期望必须明确界定和沟通。

　　策略声明：

- ❑ 公司保留在公司拥有的信息系统上监视电子活动的权利，包括但不限于语音，电子邮件，发送、接收或存储的文本和消息通信，计算机和网络活动以及因特网活动（包括访问的网站和采取的行动）。
- ❑ 该策略必须包括在员工可接受使用协议中，并且员工必须通过签署协议来确认该策略。
- ❑ 只要技术上可行，登录横幅和警告消息就会提醒用户该策略。
- ❑ 人力资源办公室和信息或网络安全办公室共同负责开发和管理电子监控和员工通知。

为什么终止被视为最危险的阶段

在这个阶段，员工离开组织。这是一个充满情感的事件。根据具体情况，被解雇的员工可能会进行报复、破坏，或者向他人提供信息。即使雇员因个人原因辞职，也不要认为解雇是友好的。

许多组织发现，自愿离职或因裁员而离职的员工保留了访问公司应用程序的权限，有些人在离开公司后访问了公司资源。在完美的世界中，你希望信任每个人在离开组织后会做正确的事情，但不幸的是，情况并非如此。

如何处理解雇取决于具体情况和雇员做出的过渡安排。然而，在担心雇员可能对被解雇做出消极反应的情况下，在通知雇员之前，应禁止其对网络、内部和基于网络的应用程序、电子邮件以及公司拥有的社交媒体的访问。类似地，如果有任何原因与辞职有关，则应禁止所有访问。如果员工要离开公司为竞争对手工作，最好的办法是立即护送他们离开公司。无论如何，确保关闭其远程访问权限。

仅供参考：内部威胁

内部威胁从未如此真实。内部人员比外部威胁者具有显著优势。他们不仅可以访问内部资源和信息，而且还了解组织的策略、程序和技术（以及这些策略、程序和技术中的潜在问题）。对内部威胁的风险，需要与其他网络安全挑战不同的应对策略。这是因为其固有的性质。卡内基－梅隆软件工程研究所（SEI）的计算机紧急响应小组（CERT）内部威胁中心拥有许多资源，这些资源是为了帮助你识别组织中的潜在内部威胁，制定预防和检测它们的方法，如果确实发生了，就建立处理它们的流程。

可以在以下网址获取有关计算机紧急响应小组内部威胁中心的更多信息：https://resources.sei.cmu.edu/library/asset-view.cfm?assetid=91513。

实践中：员工终止策略

概要： 必须保护信息资产和系统免受终止雇员的影响。

策略声明：

☐ 在公司与任何员工之间的关系终止后，所有对设施和信息资源的访问都将停止。

☐ 在不友好终止的情况下，所有物理和技术访问将在通知前被禁用。

☐ 在友好终止（包括退休）的情况下，人力资源办公室负责确定禁用访问的时间表。

☐ 终止程序将包含在用户配置过程中。

☐ 人力资源办公室和信息或网络安全办公室共同负责用户配置过程。

员工协议的重要性

通常要求员工、承包商和外包商签署两个基本协议：保密协议（也称为不泄露协议）和可接受使用协议。保密协议是为了防止未经授权的信息泄露而制定的，并且通常是一种工作条件，与信息系统的访问无关。可接受使用协议传统上侧重于信息系统的正确使用，并涵盖诸如密码管理、因特网访问、远程访问和处理标准之类的主题。一个日益增长的趋势是通过培训和解释来增强协议 – 分发过程；可接受使用协议的最终目标是教员工安全性的重要性、获得承诺和建立组织的价值观。

什么是保密协议或不泄露协议

保密协议或不泄露协议是雇员和组织同意某些类型的信息保密而签订的合同。可以包含的信息类型实际上是无限的。任何信息都可以被认为是机密的——数据、专业知识、原型、工程图、计算机软件、测试结果、工具、系统和规范。

保密协议履行若干职能。第一，最明显的是，它们保护机密、技术或商业信息不被泄露给其他人。第二，它们可以防止丧失有价值的专利权。根据美国法律以及其他国家的法律，公开披露一项发明可被视为丧失该发明的专利权。第三，保密协议确切地定义了什么信息可以（或不能）被披露。这通常通过将信息具体分类然后适当地（并且清晰地）标记来完成。第四，保密协议规定了如何处理信息以及处理多长时间。第五，它们说明当雇用终止时，或者在第三方的情况下，合同或项目结束时信息会发生什么变化。

什么是可接受使用协议

可接受使用协议是公司与信息系统用户之间的策略合同。通过签署协议，用户确认并同意关于他必须如何使用信息系统和处理信息的规则。它也是一个教学文件，应该加强网络安全对组织的重要性。另一种考虑可接受使用协议的方式是，它是专门为员工精心编制的整个网络安全策略文件的精简版本。它只包含与员工相关的策略和标准，并且是用容易且易于理解的语言编写的。SANS 在其信息安全策略模板网站 https://www.sans.org/security-resources/policies 中有一个可接受使用策略示例。

可接受使用协议的组成部分

可接受使用协议应包括引言、数据分类、分类策略声明、数据处理标准、违规处罚、联系人和确认书：

- ❏ 引言为协议定下了基调，并强调了组织领导层的承诺。
- ❏ 数据分类定义（包括示例）组织采用的分类模式。
- ❏ 分类策略声明包括身份验证和密码控制、应用安全、消息传递安全（包括电子邮件、即时消息、文本和视频会议）、因特网访问安全、远程访问安全、移动设备安全、物理访问安全、社交媒体、信息资源的事件利用、隐私权的期望与终止。
- ❏ 数据处理标准根据分类级别规定信息必须如何存储、传输、通信、访问、保留和销毁。
- ❏ 违规处罚部分详细说明了违规的内部流程以及员工可能要承担的民事和刑事处罚。
- ❏ 联系人应包括向谁提出问题、报告可疑的安全事件以及举报安全违规行为。
- ❏ 确认书表明用户已经阅读了协议，理解协议以及违反协议的后果，并同意遵守提出的策略。协议应包括日期、签名，并包括在雇员永久记录中。

实践中：雇员协议策略

概要：所有在合同协议中未另有规定的雇员和第三方人员必须同意保密和可接受使用的要求。

策略声明：

❑ 在提供任何被归类为受保护、保密或内部使用的公司信息之前，所有员工必须签署保密协议作为雇用条件。

❑ 所有员工在被允许访问任何公司信息或系统之前，必须签署可接受使用协议作为雇用条件。

❑ 提供给员工的文件将明确说明雇员在入职后的责任。

❑ 雇员的合法权利和责任将被包括在文件中。

❑ 法律顾问负责制定、维护和更新保密协议。

❑ 信息或网络安全办公室负责制定、维护和更新可接受使用协议。

❑ 人力资源办公室负责分发协议和管理确认过程。

以下是芝加哥市保密和可接受使用策略的实际例子，参见 https://www.cityofchicago.org/content/dam/city/depts/doit/supp_info/Confidentiality-andAcceptableUsePolicyV50Accessible.pdf。

安全教育与培训的重要性

"NIST 特刊 800-50：建立信息技术安全意识和培训计划"简洁地定义了安全教育和培训如此重要的原因：

"联邦机构和组织无法保证当今高度网络化的系统环境中的信息的机密性、完整性和可用性，从而无法确保所有参与使用和管理 IT 的人员：

❑ 了解他们与组织使命相关的角色和职责。

❑ 了解组织的 IT 安全策略、程序和实践。

❑ 至少充分具备各种管理、操作和技术控制，以及保护他们负责的 IT 资源所需的知识。

"'人员因素'而非技术，是提供足够和适当安全级别的关键。人是关键，但也是薄弱环节，那么必须对这种'资产'给予越来越多的关注。

"如果没有对机构 IT 用户进行关于安全策略、过程和技术以及安全 IT 资源所必需和可用的各种管理、操作和技术控制的培训，就不可能实施强有力的 IT 安全计划。此外，管理 IT 基础设施的机构中的那些人需要有必要的技能来有效地执行分配的任务。由于代理资源的安全既是一个技术问题，又是一个人力问题，因此不重视安全培训领域会给企业带来很大的风险。

"每个人在安全意识和培训计划的成功中都能发挥作用，但是机构负责人、首席信息官、项目官员和 IT 安全项目经理负有确保整个机构建立有效方案的关键责任。计划的范围和内容必须与现有的安全计划指令和已建立的机构安全策略相联系。在机构 IT 安全计划策略内，必须存在对意识和培训计划的明确要求。"

此外，NIST 还创建了国家网络安全教育计划（NICE），并将其定义为 NIST 特刊 800-181。NICE 网络安全劳动力框架（NICE 框架）旨在为如何识别、招募、培养和保留网络安全人才提供指导。根据 NIST 的说法，"它是一种资源，组织或部门可以根据这些资源开发更多的出版物或工具，以满足其在劳动力发展、规划、培训和教育的不同方面提供指导的需求。"

有关 NICE 网络安全劳动力框架的详细信息，请访问 NIST 特刊 800-181（https://nvlpubs.nist.gov/nistpubs/SpecialPublications/NIST.SP.800-181.pdf）以及 NICE 框架网站（https://www.nist.gov/itl/applied-cybersecurity/nice/resources/nice-cybersecurity-workforce-framework）。

安全意识影响行为

NIST 特刊 800-16 中定义的安全意识如下："意识不是培训。提高意识的目的只是将注意力集中在安全性上。意识演示旨在让个人认识到 IT 安全问题并做出相应的响应。"安全意识计划旨在提醒用户适当的行为。在我们繁忙的世界中，有时很容易忘记为什么某些控制已经到位。例如，组织可以具有访问控制锁以保护区域。通过在锁垫上输入 PIN 或刷卡来授予访问权限。如果门没有咔嗒一声关闭或有人同时进入，则控制失败。一张提醒我们检查以确保门完全关闭的海报是一个安全意识的示例。

安全技能培训

NIST 特刊 800-16 中定义的安全培训如下："培训旨在教授技能，允许人员执行特定功能。"培训示例包括教授系统管理员如何创建用户账户，培训防火墙管理员如何关闭端口，或培训审核员如何阅读日志。负责实施和监督安全控制的人员通常会参加培训。你可以从前面的章节中看到，负责实施和维护安全控制的人被称为信息保管人。

安全教育由知识驱动

NIST 特刊 800-16 中定义的安全教育如下："'教育'水平将各种专业的所有安全技能和能力集成到一个共同的知识体系内，增加了对概念、问题和原则（技术和社会）的多学科研究，并努力培养具有远见卓识和积极应对能力的 IT 安全专家和专业人员。"教育是以管理为导向的。在网络安全领域，教育通常针对参与决策过程的人：分类信息，选择控制，评估安全策略。肩负这些责任的人通常是信息所有者。

实践中：网络安全培训策略

概要： 所有员工、承包商、实习生和指定的第三方必须在其整个任期内接受与其职位相称的培训。

策略声明：

❑ 人力资源部负责员工入职阶段的网络安全培训。培训必须包括合规要求、公司策略和处理标准。

❑ 后续培训将在部门层面进行。用户将接受关于使用部门系统的培训，这些系统适合他们的具体职责，以确保信息的机密性、完整性和可用性（CIA）得到保障。

❑ 每年的网络安全培训将由信息办公室或网络安全部门进行。所有员工都必须参加，考勤将被记录在案。培训至少包括以下主题：当前与网络安全相关的威胁和风险、安全策略更新以及安全事件的报告。

❑ 公司将通过资助出席会议的费用、订阅专业期刊以及加入专业组织来支持网络安全人员的持续教育。

仅供参考：小企业说明

许多小企业对待员工就像对待家人一样。它们对背景调查、保密协议或可接受使用协议感到不舒服。它们不想给人留下其员工不被信任的印象。小企业主需要认识到人力资源安全实践是积极的保障措施，旨在保护公司的长期健康，进而保护其雇员。

背景验证、保密协议和可接受使用协议在小型组织中可能比在大型组织中更重要。小企业员工经常身兼数职，可以访问各种各样的公司信息和系统。滥用、披露和导致暴露的行为可能很容易毁灭小企业。小企业不必孤军奋战。许多信誉良好的第三方服务提供商可以协助企业招聘、进行背景调查，并草拟适当的协议。

总结

人员安全需要纳入员工生命周期的每个阶段——招聘、入职、用户配置、任职培训、职业发展和终止。组织有责任在员工加入组织之前向其传达安全的重要性。职位招聘、职位描述甚至面试过程都需要反映出致力于网络安全的组织文化。最重要的是，公司需要保护候选人数据，包括 NPPI、家庭情况、工作经历、个人成就、教育背景、期望的报酬、以前的雇主反馈、推荐信、执照和证书。如果应聘者被录用，义务就延伸到员工信息。

在录用前，应聘者应接受背景调查，包括犯罪记录、信用记录和证书核实。雇主应在进行背景调查前征得同意。有法律限制的信息可以用来做出就业决策。需要了解的规则包括雇员的隐私权、社交媒体限制，以及与信贷、破产、赔偿和医疗信息有关的监管限制。

许多美国政府工作要求准雇员有必要的安全许可，除了标准筛选外，雇主还会调查个人的忠诚度、特征、可信度和可靠性，以确保其有资格获得国家安全相关信息。

保密和可接受使用协议应成为就业的条件。保密协议是一项具有法律约束力的义务，用于定义可以披露哪些信息，向谁披露，以及在什么时间范围内披露哪些信息。

可接受使用协议是对组织策略和期望的确认。可接受使用协议应包括数据分类、分类策略声明、数据处理标准、违规处罚和联系人。协议应披露并明确解释组织的隐私策略和对雇员的监督程度。在获准访问信息和信息系统之前，应进行培训和书面确认权利和责任。安全意识计划、安全培训和安全教育都加强了安全重要性。安全意识计划旨在提醒用户适当的行为。安全培训教授特定技能。安全教育是决策的基础。

从安全的角度来看，终止是充满危险的。如何处理解雇取决于具体情况和对雇员做出的过渡安排。无论情况如何，组织都应谨慎行事，并尽快禁用或删除网络、内部和基于网络的应用程序、电子邮件以及公司拥有的社交媒体权利。

人力资源策略包括招聘、人员筛选、员工协议、用户配置、电子监控、网络安全培训和员工解雇。

自测题

选择题

1. 下列哪个陈述最能描述员工的生命周期?
   A. 员工生命周期跨越招聘到职业发展　　　　B. 员工生命周期跨越入职到任职培训
   C. 员工生命周期跨越用户配置到终止　　　　D. 员工生命周期跨越招聘到终止

2. 在招聘过程中,员工的安全行为应该从哪一个阶段开始?
   A. 面试　　　　　　B. 表示愿意　　　　　　C. 招聘　　　　　　D. 任职培训

3. 网页设计师的已发布职位描述不应包括以下哪项?
   A. 职位名称　　　　　　　　　　　　　　　B. 工资范围
   C. 关于公司正在使用的 Web 开发工具的细节　D. 公司地址

4. 潜在候选人提交的数据必须是_____。
   A. 根据适用法律和组织策略的要求进行保护　B. 除非候选人被录用,否则不受保护
   C. 仅以纸质形式存储　　　　　　　　　　　D. 公开访问

5. 在面试过程中,应该让求职者参观下列哪个地点?
   A. 整个设施　　　　　　　　　　　　　　　B. 仅限公共区域(除非另有授权)
   C. 服务器机房　　　　　　　　　　　　　　D. 配线柜

6. 面试者可以向求职者透露以下哪些事实?
   A. 详细的客户列表　　　　　　　　　　　　B. 高级管理人员的家庭电话号码
   C. 该组织的安全弱点　　　　　　　　　　　D. 职位的职责

7. 以下哪项陈述最能说明进行背景调查的原因?
   A. 验证申请人的真实性、可靠性和可信度　　B. 了解申请人是否在高中时遇到麻烦
   C. 了解申请人是否有重要的其他人　　　　　D. 验证申请人的爱好、子女数量和房屋类型

8. 以下哪项不是背景调查类型?
   A. 信用记录　　　　　B. 犯罪记录　　　　　C. 教育背景　　　　　D. 宗教或政治

9. 社交媒体配置文件通常包括性别、种族和宗教信仰。以下哪项陈述最能说明如何在招聘过程中使用此信息?
   A. 性别、种族和宗教信仰可以合法地用于制定招聘决策
   B. 性别、种族和宗教信仰不能合法地用于制定招聘决策
   C. 性别、种族和宗教信仰在制定招聘决策时非常有用
   D. 不应依赖社交媒体配置文件中列出的性别、种族和宗教信仰,因为它们可能是错误的

10. 根据 FCRA,以下哪项陈述属实?
    A. 在任何情况下,雇主都不能要求提供员工信用报告的副本
    B. 雇主必须征得候选人的同意才能申请信用报告
    C. 雇主不能使用信用信息来拒绝工作
    D. 雇主必须对所有申请人进行信用检查

11. 必须保护候选人和员工的 NPPI。NPPI 不包括以下哪项?
    A. 社会安全号码　　　B. 信用卡号　　　　　C. 发布的电话号码　　　D. 驾驶执照号码

12. 以下哪项陈述最能说明完成美国国土安全部及美国公民和移民服务部的表格 I-9 并提供支持文件的

目的?

　A. 目的是建立身份和就业授权　　　　B. 目的是确定税收识别和扣缴

　C. 目的是记录教育成就　　　　　　　D. 目的是验证犯罪记录

13. 授予用户的权限应与用户的角色和职责相匹配。谁负责定义应授予谁访问权限?

　A. 数据用户　　　　B. 数据所有者　　　　C. 数据保管人　　　　D. 数据作者

14. 网络管理员和技术支持人员通常具有较高的权限。以下哪些角色是这方面的例子?

　A. 数据所有者　　　B. 数据保管人　　　C. 数据作者　　　　D. 数据卖家

15. 以下哪项陈述不适用于保密协议?

　A. 保密/不泄露协议是防止未经授权使用信息的法律保护

　B. 保密/不泄露协议通常被视为工作条件

　C. 保密/不泄露协议是具有法律约束力的合同

　D. 只有顶级高管才需要保密协议

16. 你希望在可接受使用协议中找到以下哪些元素?

　A. 处理标准　　　　B. 午餐和休息时间表　　C. 职位描述　　　　D. 撤离计划

17. 以下哪项陈述最能说明何时应评价、更新和分发可接受使用协议?

　A. 只有在有组织变更时，才应评价、更新和分发可接受使用协议

　B. 应每年评价、更新和分发可接受使用协议

　C. 只有在合并和收购尽职调查阶段，才应评价、更新和分发可接受使用协议

　D. 应由高级管理层自行决定评价、更新和分发可接受使用协议

18. 关于NICE网络安全劳动力框架（NICE框架），以下哪项是正确的?

　A. NICE框架旨在为如何实施NIST网络安全框架提供指导

　B. NICE框架旨在为如何识别、招募、培养和留住网络安全人才提供指导

　C. NICE框架旨在提供有关如何加入新员工和删除离职人员账户的指导

　D. NICE框架旨在为如何创建网络安全计划提供指导，以保持对法规的遵守

19. 在整个工作场所放置海报，提醒用户在无人看管的情况下离开工作站时注销账户。这是以下哪个计划的示例?

　A. 安全教育计划　　B. 安全培训计划　　C. 安全意识计划　　D. 以上选项都不正确

20. 网络工程师参加为期一周的防火墙配置和维护实践课程。这是以下哪个计划的示例?

　A. 安全教育计划　　B. 安全培训计划　　C. 安全意识计划　　D. 以上选项都不正确

21. 董事会介绍了安全管理的最新趋势。这是以下哪个计划的示例?

　A. 安全教育计划　　B. 安全培训计划　　C. 安全意识计划　　D. 以上选项都不正确

22. 公司有合法权利进行以下哪项活动?

　A. 监控工作场所的用户Internet访问　　B. 将相机放在更衣室

　C. 搜查员工的家　　　　　　　　　　D. 以上选项都不正确

23. 违反策略的制裁应包括在以下哪些文件中?

　A. 员工手册　　　　B. 保密协议　　　　C. 可接受使用协议　　D. 以上选项都正确

24. 研究经常将_____视为网络安全中最薄弱的环节。

　A. 策略　　　　　　B. 人　　　　　　　C. 技术　　　　　　　D. 法规

25. 以下哪项不是可接受使用协议的组成部分?

　A. 处理标准　　　　　　　　　　　　B. 对违规行为的制裁

　C. 确认书　　　　　　　　　　　　　D. 社交媒体监控

26. 以下哪项是隐私法规，其目标是通过统一欧盟内部的法规来保护公民的个人数据并简化国际业务的监管环境?

　A. GDPR　　　　　　B. 欧盟PCI理事会

C. GLBA   D. 欧盟隐私数据保护（PDPEU）

27. 以下哪项法规明确规定学校必须有书面许可才能发布学生的教育记录中的任何信息？

     A. FERPA   B. HIPAA   C. DPPA   D. FISMA

28. 最佳实践规定就业申请不应该要求未来的员工提供下列信息中的哪一个？

     A. 最后完成的学位   B. 目前的地址   C. 社会安全号码   D. 电子邮件地址

29. 新员工留用期满后，填妥的书面聘用申请书应_____。

     A. 销毁   B. 重复利用   C. 丢掉   D. 无限期地存储

30. 威胁行动者可能会发现招聘信息对以下哪些攻击有用？

     A. DDoS 攻击   B. 社会工程攻击   C. 中间人攻击   D. SQL 注入攻击

练习题

练习 6.1：分析工作描述

1. 访问如 Monster.com 等在线职位发布服务。

2. 找到两个与 IT 相关的职位发布。

3. 评论发布的信息。其中是否透露了潜在入侵者在设计攻击时可能使用的任何信息，例如组织使用的特定技术或软件、安全控制或者组织弱点？

4. 记录你的发现。

练习 6.2：评估背景调查

1. 上网并找到一家提供背景调查的公司。

2. 它提供哪些类型的调查服务？

3. 你需要提供哪些信息？

4. 承诺的交易时间是多长？

5. 公司是否需要获得调查对象的许可？

练习 6.3：了解你的社交媒体对你的看法

1. 潜在的雇主能从你的社交媒体活动中了解到什么？

2. 看看朋友或熟人的简介。潜在雇主能了解到什么？

3. 调查最近发生的哪些事件导致了更多的隐私监管和评价。

练习 6.4：评估不好员工的行为

1. 查找关于被解雇或不满的员工偷窃、泄露或破坏公司信息的新闻文章。

2. 公司能做些什么来防止损失？

3. 在你看来，员工行为的后果应该是什么？

练习 6.5：评估安全意识培训

1. 不管是在学校还是工作场所，找到并记录至少一个安全意识提醒的示例。

2. 你认为提醒是有效的吗？解释原因。

3. 如果你不能找到安全意识提醒的例子，写一份备忘录向高级管理层建议一下。

练习 6.6：保护求职者数据

1. 公司有义务保护求职者提供的信息。通用电气（GE）候选人隐私声明（在 https://www.ge.com/careers/privacy 上可以找到）是跨国公司如何处理候选数据的一个很好的例子。阅读候选人隐私声明。

2. 在你看来，隐私声明是否涵盖了让你放心与 GE 共享信息的所有项目？解释原因。

3. 该通知显示："GE 可能会将候选数据传输给为 GE 提供某些服务的外部第三方提供商。此类第三方提供商仅为执行适用服务合同中规定的服务而访问候选数据，并且 GE 要求提供商采取与本通知中指定的保护一致的安全措施。"作为求职者，这令你舒服吗？解释原因。

4. 尝试从其他公司找到类似的求职者隐私通知，并撰写一份报告，比较这些公司的做法。

项目题

项目 6.1：评估招聘流程

1. 联系当地企业，并要求与人力资源经理或招聘经理交谈。说明你是一名撰写报告的大学生，并解释你需要的信息（参见步骤 4）以完成报告。要求举行 15 分钟的会议。

2. 在会议上，要求经理解释公司的招聘流程。务必询问公司的背景调查（如果有的话）和原因，还要求提供工作申请表的副本。别忘了感谢耽误了这个人的时间。

3. 会议结束后，审核申请表。是否包含授权公司进行背景调查的声明？它是否要求任何 NPPI？

4. 撰写涵盖以下内容的报告：
   - [ ] 会议后勤汇总（你遇到的人、地点和时间）
   - [ ] 招聘实践总结
   - [ ] 企业与你共享的任何信息的摘要，将它们归类为受保护的或机密的（不要在摘要中包括细节）

项目 6.2：评估可接受使用协议

1. 找到学校或工作场所可接受使用协议（或同等文件）的副本。

2. 写下对协议的评论。你认为它包含足够的细节吗？它是否解释了为什么禁止或鼓励某些活动？它是否鼓励用户注意安全？它是否包括制裁策略？它是否清楚地解释了员工对隐私的期望？你能说出它上次更新的时间吗？有没有过时的陈述？

3. 返回第 2 章，查看有关使用简明语言的部分。编辑协议，使其符合简明语言准则。

项目 6.3：评估监管培训

1. 上网并找到 HIPAA 安全意识培训和 GLBA 安全意识培训的示例。（注意：你可以使用实际培训或主题大纲。）

2. 记录相似之处和不同之处。

案例研究：NICE 挑战项目和 CyberSeek

NIST 创建了一个名为 NICE 的挑战项目（https://nice-challenge.com/），其目标是开发"虚拟挑战和环境，以测试学生和专业人员是否有能力执行 NICE 网络安全劳动力框架任务以及展示他们的知识、技能和能力"。NICE 挑战项目为学生和网络安全专业人士提供了数十项独特的挑战。

此外，NIST 还创建了一个名为 CyberSeek（cyberseek.org）的网站。CyberSeek 提供"关于网络安全就业市场所需的详细、可操作的数据"。CyberSeek 网站的主要功能之一是能够跟踪整个公共和私营部门的网络安全工作需求数据。CyberSeek 职业发展路线帮助对网络安全职业感兴趣的学生、专业人士以及希望填补职位空缺的雇主。

1. 假设你在一家大公司工作，并且你的任务是：
   a. 制作专注于此主题的安全意识计划。在此计划中包含有关你打算如何传递消息的详细信息。
   b. 创建至少一个支持的担保物。
   c. 设计一种测试消息有效性的方法。

2.在启动计划之前，你需要确保获得执行管理层的全力支持。

　a.你会为管理层开发什么类型的"教育"课程？

　b.信息会是什么？

3.解释 NICE 框架如何用于培养组织中的员工，以及如何从 CyberSeek 中招募新人才。提供示例。

参考资料

"Employee Life Cycle," Search Financial Applications, accessed 05/2018, http://searchhrsoftware.techtarget.com/definition/employee-life-cycle.

"Obtaining Security Clearance," Monster.com, accessed 05/2018, http://govcentral.monster.com/security-clearance-jobs/articles/413-how-to-obtain-a-security-clearance.

Changes to employee data management under the GDPR, accessed 05/2018, https://www.taylorwessing.com/globaldatahub/article-changes-to-employee-data-management-under-the-gdpr.html.

"2017 Trends in Recruiting via Social Media," HireRight, accessed 05/2018, http://www.hireright.com/blog/2017/05/2017-trends-in-recruiting-via-social-media/.

The CERT Insider Threat Center at Carnegie Mellon's Software Engineering Institute (SEI), accessed 05/2018, https://resources.sei.cmu.edu/library/asset-view.cfm?assetid=91513.

The NICE Framework, accessed 05/2018, https://www.nist.gov/itl/applied-cybersecurity/nice.

CyberSeek, NIST, accessed 05/2018, http://cyberseek.org.

引用的条例

The European Union General Data Protection Regulation (GDPR), accessed 05/2018, https://www.eugdpr.org.

"26 U.S.C. 6103: Confidentiality and Disclosure of Returns and Return Information," accessed 05/2018, https://www.gpo.gov/fdsys/granule/USCODE-2011-title26/USCODE-2011-title26-subtitleF-chap61-subchapB-sec6103/content-detail.html.

"Americans with Disabilities Act (ADA)," official website of the United States Department of Justice, Civil Rights Division, accessed 05/2018, https://www.ada.gov/2010_regs.htm.

"Fair Credit Reporting Act (FCRA). 15 U.S.C. 1681," accessed 05/2018, https://www.ecfr.gov/cgi-bin/text-idx?SID=2b1fab8de5438fc52f2a326fc6592874&mc=true&tpl=/ecfrbrowse/Title16/16CIsubchapF.tpl.

"Family Educational Rights and Privacy Act (FERPA)," official website of the U.S. Department of Education, accessed 05/2018, https://www2.ed.gov/policy/gen/guid/fpco/ferpa/index.html.

"Immigration Reform and Control Act of 1986 (IRCA)," official website of the U.S. Department of Homeland Security, U.S. Citizenship and Immigration Services, accessed 05/2018, https://www.uscis.gov/.

"Public Law 108–159: Dec. 4, 2003 Fair and Accurate Credit Transactions Act of 2003," accessed 05/2018, www.gpo.gov/fdsys/pkg/PLAW-108publ159/.../PLAW-108publ159.pdf.

"Public Law No. 91-508: The Fair Credit Reporting Act," accessed 05/2018, https://www.ecfr.gov/cgi-bin/text-idx?SID=2b1fab8de5438fc52f2a326fc6592874&mc=true&tpl=/ecfrbrowse/Title16/16CIsubchapF.tpl.

"Sarbanes-Oxley Act—SoX," accessed 05/2018, http://uscode.house.gov/download/pls/15C98.txt https://www.sec.gov/about/laws/soa2002.pdf.

"U.S. Department of Homeland Security and U.S. Citizenship and Immigration Services, Instructions for Employment Eligibility Verification," accessed 05/2018, https://www.uscis.gov/i-9.

"U.S. Department of the Treasury and Internal Revenue Service, 2017 General Instructions for Forms W-2 and W-3," accessed 05/2018, https://www.irs.gov/pub/irs-pdf/iw2w3.pdf.

第7章 物理和环境安全

在计算机时代初期，系统很容易保护，它们被锁在一个实验室里，重达数千磅，实验室只允许少数人进入。如今，计算设备无处不在。我们要保护的设备，大到大规模的基于云的多路复用系统，小到小型的手持设备。分布式和移动计算的爆炸式增长意味着计算设备可以位于世界任何地方，并受当地法律和习俗的约束。所有权要求每个用户对所使用移动设备的安全负责。

安全系统专家往往专注于技术控制，忽视了物理控制的重要性。简单的现实是，物理访问是恶意活动最直接的实施途径，包括未经授权的访问、盗窃、破坏和毁坏。保护机制包括控制物理安全边界和物理入口，创建安全的办公室、房间和设施，以及设置访问障碍，如监视和警报。ISO 27002:2013 的第 11 节介绍了物理和环境安全。环境安全是指工作场所的环境，包括设施的设计和施工、人员的移动方式和移动场所、设备的存放地点、设备的安全防护、自然灾害和人为灾害的防护等。

为了正确地保护组织信息，我们必须首先知道它在哪里，以及它对组织的重要性。正如我们不应该像保护关键信息那样花那么多的钱或资源来保护非关键信息，我们不应该像保护数据中心、服务器机房，甚至客户信息办公室等信息处理设施那样花那么多的钱来保护杂物室。

信息安全专业人员很少有独自解决某安全领域问题所需的全部专门知识。让设施和人身安全人员参与制定战略和战术决策、策略和程序步骤是至关重要的。例如，信息安全专家设计了一个带有双层钢门、读卡锁和门外照相机的服务器机房；设施专家也许会问墙壁、地板、通风口和天花板的构造，暖通空调和消防系统的能力，以及发生地震、火灾或洪水等自然灾害的可能性；物理安全专家可能会问行人、汽车和飞机所处的位置及周边地形，甚至交通模式。创建并维护物理和环境安全离不开团队的努力。

在本章中，我们将重点讨论与安全区、设备安全和环境控制相关的设计、障碍、监控和响应。我们会研究安全问题、相关的最佳实践，当然还有物理和环境安全策略。

仅供参考：ISO/IEC 27002:2013 和 NIST 网络安全框架

ISO 27002:2013 第 11 节致力于讲述物理和环境安全，目的是维护安全的物理环境，以防止未经授权的访问、损坏和对商业场所的干扰。需特别注意处置和销毁操作。

NIST 网络安全框架涉及三个领域的物理安全：

❑ "保护身份管理""身份验证"和"访问控制（PR.AC）类别"声明，必须管理和保护对资产的物理访问。

❑ "信息保护流程和程序（PR.IP）类别"声明，必须遵守有关组织资产的物理运营环境的策略和法规。

❑ "安全持续监控（DE.CM）类别"声明，需要监控物理环境以检测潜在的网络安全事件。

以下文件中提供了相应的 NIST 指南。

❑ SP 800-12："计算机安全概论——NIST 手册"。

❑ SP 800-14："保护信息技术系统的公认原则和实践"。

❑ SP 800-88："介质脱敏指南"。

❑ SP 800-100："信息安全手册：管理者指南"。

❑ SP 800-116 修订版 1："在物理访问控制系统（PACS）中使用 PIV 凭证的建议"。

❑ SP 800-116："在物理访问控制系统（PACS）中使用 PIV 凭证的建议"。

❑ SP 800-183："物联网"。

理解安全设施分层防御模型

分层防御模型的前提是，如果入侵者可以绕过一层控制系统，则下一层控制系统应该提供额外的威慑或检测能力。分层防御既是物理上的，也是心理上的。一个区域似乎是安全的这一事实本身就是一种威慑。想象一下中世纪城堡的设计，城堡本身是用石头建造的，它位于围墙内的一座小山上，可能有护城河和入口吊桥，当然还有望台和守卫。对入侵者来说想要成功发动攻击，他们必须克服和渗透每一个障碍。在设计安全的建筑物和区域时可基用相同的理念。

仅供参考：如何确保云中数据和应用的物理安全

成熟的云提供商，如 Amazon Web Services（AWS），提供了对其网络和服务器基础设施的物理和操作安全流程的详细说明。服务器将把你的应用程序和数据托管在你无法控制的云中。AWS 在以下白皮书中详细介绍了其所有物理安全实践：https://d1.awsstatic.com/whitepapers/Security/AWS_Security_Whitepaper.pdf。

以下是白皮书细节：

"AWS 的数据中心是最先进的，利用了创新的架构和工程方法。亚马逊拥有多年设计、建造和运营大型数据中心的经验，这一经验已经应用于 AWS 平台和基础设施。

AWS 数据中心位于一些不显眼的设施中。专业安全人员利用视频监视、入侵检测系统和其他电子手段严格控制来自周边和建筑入口点的物理访问。

获得授权的员工必须至少通过两次双因素认证才能进入数据中心楼层。所有访客和承包商都必须出示身份证件，并向经授权的工作人员签到和由工作人员持续护送。AWS 只向具有合法业务需求的雇员和承包商提供数据中心访问机会和信息。当员工没有需要使用这些特权的业务需求时，该员工的访问将被立即撤销，即使他仍然是 Amazon 或 AWS 的员工。AWS 员工对数据中心的所有物理访问都要定期进行记录和审计。"

该白皮书描述了以下方法和能力。

❑ 火灾探测和抑制系统，以降低火灾风险。

❑ 数据中心电力系统被设计成完全冗余和可维护的而不会影响操作，工作时间是一天 24 小时，一周 7 天。这需要使用不间断电源（UPS）单元提供备用电源和发电机。

❑ 保持服务器和其他硬件的恒定工作温度所需的气候和温度控制。

❑ 管理和监控电气、机械和生命支持系统及设备，以便立即发现任何问题。

❑ 当一个存储设备的使用时长已经达到了其使用寿命则停止使用，以防止客户数据暴露给未经授权的个人。AWS 声明它将遵循 NIST SP 800-88（"介质脱敏指南"）处理设备作为设备退役过程的一部分。

如何保证网站安全

根据组织的规模，信息处理设施的范围为从带有一个服务器的机柜到具有几千甚至几十万台计算机的整个建筑群。在处理场地物理安全时，我们需要考虑最明显的风险，例如盗窃和其他恶意活动，此外也必须考虑与自然灾害有关的意外损害和破坏。

位置

安全站点的设计从位置开始考虑。需要评估的基于位置的威胁包括政治稳定性、对恐怖主义的敏感性、犯罪率、邻近建筑物、道路、飞行路径、公用设施稳定性以及易受自然灾害的影响。历史和预测数据可用于建立地理区域的犯罪和自然灾害年表，所得结果将影响组织实施的安全措施的类型。最佳实践指示关键信息处理设施应该不显眼且不起眼，它们上不应该有与自身目的有关的标志，外表也不应暗示内部包含的东西。

仅供参考：通过环境设计预防犯罪（CPTED）

CPTED 的基本前提是，适当设计和有效利用物理环境可以降低犯罪率和恐惧感。CPTED 是一种基于三种结构来观察安全性的心理学和社会学方法。

❑ 人们保护他们认为的属于自己的领土，人们尊重他人的领土。

❑ 不想看到入侵者。

❑ 限制访问不鼓励入侵者或将其标记为入侵者。

国际 CPTED 协会（ICA）致力于通过使用 CPTED 原则和战略创造更安全的环境并改善生活质量。你可以在 www.cpted.net 上了解有关此设计概念的更多信息。

周边安全

安全的三个要素是用于阻止较弱攻击者和延迟严重攻击者的障碍、使攻击更有可能被注意到的检测系统，以及排斥或捕捉攻击者的响应系统。障碍包括物理要素，如护栏、围栏、大门和护柱。照明也是一种有价值的威慑力量。入口、出口、通道和停车场应该被照亮。篱笆至少有八英尺[⊖]高，应沿篱笆顶部用两英尺长的光照射。照明用的光必须符合安全标准。检测系统包括 IP 摄像机、闭路电视、报警器、运动传感器和安全防护装置。响应系统包括闸门和门、现场或远程安全人员的通知，以及与当地、县或州警察的直接沟通。

实践中：物理安全周边策略

概要：保护周边是抵御外部物理攻击的第一道防线。需要控制周边以防止未经授权的访问和对设施的损坏。

策略声明：

- ❑ 公司将在营业场所周围建立物理安全周边。
- ❑ 将对所有现有营业场所和信息处理设施进行年度风险评估，以确定适当和谨慎的安全周边的类型和强度。
- ❑ 在正制定的计划得到最终确定之前，必须对所有正在考虑建设的新站点进行风险评估。
- ❑ 设施管理办公室将协同信息安全办公室进行风险评估。
- ❑ 风险评估结果和建议应提交至 COO。
- ❑ 设施管理办公室负责执行和维护所有物理安全周边控制。

如何控制物理访问

我们要考虑的下一个领域是物理进入和物理出去控制。进与出需要什么？故障是如何检测和报告的？根据站点和所需的安全级别，可提供大量的访问控制，包括摄像头、保安、密码、锁、屏障、金属探测器、生物特征扫描仪、坚固承重的外墙、防碎玻璃的耐火外墙。最大的挑战是授权进入。

授权进入

公司如何识别授权人员，例如员工、承包商、提供商和访客？最值得关注的是通过仔细解析或利用被认证员工的粗心大意而获得的欺诈伪造凭证。一种常用的凭证是徽章系统。徽章也可以用作访问卡。安全区域的访客应获得认证和授权。尾随在任何时候都是一个最常见的物理安全挑战。在某些情况下，这可能是无辜的，如被授权的个人打开门后一直没关，门内部就展现在了其他没有徽章的游客，或看起来是雇员的人面前。许多访客管理系统为了便于 ID 扫描和验证、照片存储、凭证认证、签入和签出、通知和监视，让参观者必须佩戴某种能够从远处评估的身份证明。例如，我们可能会为来访者选择三个不同颜色的彩色徽章，即使从 100 英尺远的地方看到来访者，也可以通过徽章反应出应该对其进行什么级别的监督。蓝色徽章表示密切的监督，若你看到某人戴着蓝色徽章却未受任何监督，那么你需要

⊖　1 英尺约为 0.3 米。——编辑注

立即报告来访者，或者激活无声警报而不必面对或甚至接近这个人。你可以在工业中安装最先进的安全系统，但是如果你的员工没有受过有关安全风险的教育，那么你的安全措施将失败。你需要传播安全的建筑文化和发起培养良好安全意识的运动。

背景调查

你的组织还应制定正式的策略和过程，以描述对你的场所和基础架构主机进行逻辑或物理访问时遵循的最低标准。通常，企业组织在法律允许的情况下进行犯罪背景调查，作为对雇员进行就业前甄别做法的一部分，为雇员匹配在公司内的职位和所需的访问级别。这些策略还确定了在工作时间和非工作时间（包括周末和假日）管理物理访问的人员的职能责任。

实践中：物理进入控制策略

概要： 进入公司的所有非公开位置时需要授权和身份认证。

策略声明：

❑ 可以访问公司的所有非公开位置的人仅限于授权人员。

❑ 人力资源办公室负责向员工和承包商提供访问凭证。

❑ 设施管理办公室负责访客识别、提供访问凭证和监控访问。所有访客管理活动都将记录在案。

❑ 员工和承包商必须在公司所有位置明示身份证明。

❑ 访客必须在公司所有非公开位置出示身份证明。

❑ 必须随时护送访客。

❑ 所有人员必须接受培训，以便立即上报无人陪同的访客。

确保办公室、房间和设施的安全

除了确保建筑物访问外，组织还需要保护建筑物内的工作空间。工作空间应根据所需的保护级别进行分类。分类系统应解决人员安全、信息系统安全和文档安全问题。安全控制必须考虑到工作场所暴力、故意犯罪和环境危害问题。

建筑物内空间的安全设计控制包括（但不限于）以下内容：

❑ 结构保护，如全高墙、防火天花板和限制通风口。

❑ 防震坚固、防火、可锁定和可观察的门。

❑ 报警锁、牢不可破的窗户。

❑ 监控和记录物理出去的控件（键盘、生物识别、刷卡）。

❑ 监控和记录活动。

实践中：工作空间分类

概要： 这里将用一个分类系统对工作空间进行分类。所分类别将用于设计和通信基线安全控制。

策略声明：

❑ 公司将使用由安全、受限制、非公开和公共组成的四层工作空间分类模式。

- 公司将公布每个分类的定义。
- 每个级别的标准将由设施管理办公室维护并提供。
- 所有位置都将与四种数据分类中的一种相关联。分类任务由设施管理办公室和信息安全办公室共同负责。
- 每个分类必须具有文档化的安全要求。
- COO 必须授权例外情况。

在安全区域工作

仅仅物理保护一个区域是不够的，必须密切注意允许进入该区域的人以及允许他们做的事，应经常查阅访问控制列表。对某区域持续监测后，应该可以制定指南来规定将哪些活动视为"可疑的"。如果对某区域录像，且未进行持续监测，那么应该有文档化的程序来规定多久由谁审阅一次录像。一些情况下，限制照相机或记录设备（包括智能手机、平板电脑和 USB 驱动器）进入某区域可能是明智的。

实践中：在安全区域工作的策略

概要：对被分类为"安全"的区域进行持续监测。禁止使用记录设备。

策略声明：

- 所有进入"安全"区域的通道都将持续受到监测。
- 所有"安全"的区域内的工作将被记录下来，记录将保存 36 个月。
- 未经系统所有者或 ISO 授权，禁止使用移动数据存储设备，并且可能不允许在"安全"区域内使用。
- 未经系统所有者或信息安全办公室授权，禁止使用音频和视频录制设备，并且可能不允许在"安全"区域内使用。
- 此策略是工作空间分类安全协议的补充。

确保桌面和屏幕干净

包含受保护信息和机密信息的文档是有可能受到故意或意外的未经授权的，除非确保文档在不使用时不被未经授权的人员查看。计算机屏幕也是如此。公司有责任在工作时间和非工作时间保护物理和数字信息。在组织中，未经授权的用户通常能轻松地查看信息，他们可以查看无人看管或一目了然的文档，如从打印机、复印机或传真机中删除（或重新打印）的文档，可以窃取数字媒体（如 DVD 或 USB 驱动器），甚至肩窥（越过某人的肩膀看看显示器或设备上显示的内容的行为）。

未经授权的人员不得查看受保护文档或机密文档。当不使用时，这些文档应锁在文件室、橱柜或书桌抽屉中。复印机、扫描仪和传真机应位于非公共区域，并需要使用代码才能工作。打印机应该分配给具有相似访问权限和许可的用户，并且位于指定用户附近。用户应该习惯在打印完后立即取回打印的文档。监视器和设备屏幕应该位于确保隐私的位置。密码受保护的屏幕保护程序应设置为自动启动的。要让用户树立在离开设备时锁定屏幕的意识。

物理安全期望和要求应该纳入组织的可接受使用协议。

> **实践中：桌面和屏幕干净的策略**
>
> **概要：** 需要用户控制来防止未经授权的信息查看或获取。
>
> **策略声明：**
> ❑ 在工作时间无人看管时，应清除桌面上所有归类为"受保护"或"机密"的文档。
> ❑ 在非工作时间内，所有归类为"受保护"或"机密"的文档都将存储在安全的位置。
> ❑ 在使用时，任何类型的设备显示器都必须位于不允许未经授权的查看的位置。
> ❑ 在工作时间无人看管时，应清除并锁定设备显示以防止查看。
> ❑ 受保护文档和机密文档只能用指定的打印机打印。应立即取回打印的作业。
> ❑ 扫描仪、复印机和传真机在不使用时必须锁定，并且需要用户代码才能工作。

保护设备

现在我们已经确定了如何保护设施和工作区域，我们必须解决这些设施内设备的安全问题。传统上，保护控制仅限于公司拥有的设备。如今这种情况已经改变。组织越来越多地鼓励员工和承包商"自带设备"（称为 BYOD），这些设备可以存储、处理或传输公司信息。在制定策略时，我们需要考虑如何最好地保护公司和员工拥有的设备，防止未经授权的访问、盗窃、损坏和破坏。

没电无法工作

没电无法工作——就是这么简单。早在计算机进入商业世界之前，组织就已采取措施确保电力可用。当然，现在它比以往任何时候都更重要。所有的信息系统都依赖于干净、一致和丰富的电力供应。即使是用电池供电的便携式设备也需要电力补充。电力不是免费的，且事实恰恰相反：电力可能非常昂贵，过度使用会对环境和地缘政治产生影响。

电力保护

为了正常工作，我们的系统需要在正确的电压水平下提供稳定的功率。需要保护系统免受功率损耗、功率降级甚至过多功率的影响，所有这些都会损坏设备。电压变化的常见原因包括闪电、风暴、树木、鸟类或动物对架空线的破坏、车辆撞击电线杆或设备，以及网络上的负载变化或设备故障。热浪也会造成电力中断，因为电力（这里指空调）的需求有时会超过供应，该变化可能是轻微的或显著的。

功率波动按电压和功率损耗的变化分类。图 7-1 显示了电涌和电源尖峰之间的差异。

图 7-1   电涌和电源尖峰之间的差异

图 7-2 显示了断电和电量下跌之间的区别。

图 7-2　断电与电量下跌之间的区别

图 7-3 显示了停电和故障之间的区别。

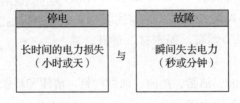

图 7-3　停电与故障之间的区别

公司可以安装保护装置，如安装电涌保护设备、线路滤波器、隔离变压器、电压调节器、电力调节器、不间断电源（UPS）和备用电源或发电机，以帮助保护其场所和资产。这些功率保护装置可以调节馈电的一致性，为关键系统提供连续功率，并在完全断电的情况下受控停机。

实践中：用电策略

概要：必须采用功率调节和冗余保护措施，以保持信息系统和基础设施的可用性及性能。应尽量减少功耗。

策略声明：

❏ 公司致力于研究可持续计算和最小化功耗。

❏ 购买的所有计算设备必须获得能源之星（或同等）认证。

❏ 除非设置降低性能，否则必须将所有计算设备配置为省电模式。

❏ 必须由设施管理办公室进行两年一次的评估，以确定提供清洁、可靠的数据中心电源的最佳方法。

❏ 必须保护数据中心设备免受电源波动或中断造成的损坏。

❏ 必须按计划对数据中心电源保护设备进行功能和负载容量测试。必须保留所有服务和日常维护的日志。

❏ 必须根据制造商的说明定期测试数据中心发电机。必须保留所有服务和日常维护的日志。

火有多危险

想象一下，数据中心消防设备和数据受到了不可挽回的破坏，内部通信受损，外部连接断开的影响。2017 年 11 月，数据中心动力公司报告称，UPS 中的电池故障导致澳大利亚凯恩斯的一家医疗中心发生火灾，有两家医院和几家市医疗服务系统发生故障。

防火由图 7-4 中所示的三个元素组成。

主动和被动防火控制是第一道防线。防火控制包括危险评估和检查、遵守建筑和施工规范、使用阻燃材料，以及适当处理和存储易燃或可燃材料的程序。火灾检测可识别是否正发生火灾。火灾检测装置可以是烟雾激活、热激活或火焰激活的。火灾遏制和抑制涉及实际处理火灾。火灾遏制和抑制设备是根据火灾分类研制的专用设备。数据中心环境通常面临 A 类、B 类或 C 类火灾的风险。

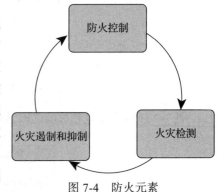

图 7-4　防火元素

- ❑ A 类：以可燃材料为燃料，如木材、布料、纸张、橡胶和塑料。
- ❑ B 类：易燃液体、油、油脂、焦油、油性涂料、清漆和易燃气体着火。
- ❑ C 类：涉及电气设备的火灾。
- ❑ D 类：涉及金属的可燃物。

设施必须符合每年测试灭火方法的标准，以验证全部功能。

最好的情况是数据中心和其他关键位置受到跨越多个类的自动灭火系统的保护。与所有其他主要投资一样，在做出决策之前进行成本 / 收益分析是明智的。在任何紧急情况下，人的生命总是优先考虑因素。所有人都应该知道如何快速安全地疏散一个区域。

实践中：数据中心和通信设施环境保障策略

概要：数据中心和通信设施必须具有旨在使功率波动、温度、湿度和火灾影响最小的控制。

策略声明：

- ❑ 数据中心和通信设施区域不允许吸烟、进食和饮水。
- ❑ 服务器和通信设施必须位于没有物理危险的区域。
- ❑ 服务器和通信设施必须受到不间断电源和备用电源的保护。
- ❑ 必须在所有数据中心和通信设施中安装火灾探测、扑灭和消防设备。
- ❑ 所有数据中心和通信设施都必须安装适当的气候控制系统。
- ❑ 必须在所有数据中心和通信设施断电时自动进行紧急照明。
- ❑ 设施管理办公室负责评估数据中心和通信设施的环境要求，并向 COO 提出建议。
- ❑ 设施管理办公室负责管理和维护数据中心与通信设施的气候控制、火灾和电力系统。

如何处置

服务器、工作站、笔记本电脑、平板电脑、智能手机、防火墙、路由器、复印机、扫描仪、打印机、存储卡、相机和闪存驱动器有什么共同点？答案是：它们都存储着应该在传递、回收或丢弃之前被永久删除的数据。

数据可以是可见数据、隐藏数据、临时数据、缓存数据、基于浏览器的数据或是元数据。

❑ 可见数据文件是授权用户可以查看和访问的文件。

❑ 隐藏数据文件是操作系统不显示的文件。

❑ 创建临时文件以在创建文件时临时保存信息。

❑ 网页缓存文件是临时存储网页文档（如 HTML 页面、图像和下载内容）的文件。

❑ 数据缓存是临时存储最近读取的数据以及相邻数据区域（在某些情况下，是接下来可能访问的数据区域）的文件。

❑ 基于浏览器的数据包括以下几项。

　　○ 浏览历史，这是访问网站的列表。

　　○ 下载历史，这是下载文件的列表。

　　○ 表单历史，包括进入网页表单的 item。

　　○ 搜索栏历史，包括进入搜索引擎的 item。

　　○ Cookies，存储关于访问网站的信息，例如站点首选项和登录状态。

❑ 元数据是描述或标识一个文件的详细信息，例如标题、作者名称、主题，以及标识文档主题或内容的关键字。

从驱动器中删除数据

一个常见的误解是删除文件将永久删除其数据。删除文件移除指向文件的操作系统指针。格式化磁盘擦除操作系统地址表。在这两种情况下，文件仍然驻留在硬盘驱动器上，并且系统恢复软件可用于恢复数据。要让你了解从格式化硬盘恢复信息有多么容易，只需用 Google 搜索短语"数据恢复"，看看你会搜到什么信息。实用程序只需不到 50 美元，就能够从格式化驱动器中恢复数据。即使驱动器已被格式化，并且安装了新的操作系统，数据也是可恢复的。

美国 NIST 特别出版物 800-88 修订版 1 将数据销毁定义为"为确保媒体不能按原计划重用以及信息实际上无法恢复或太昂贵而无法采取的行动的结果"有两种永久删除驱动器数据的方法，即磁盘擦除（也称为擦洗）和消磁。磁盘擦除过程将用数字 0 和 1 多次覆盖主引导记录（MBR）、分区表和硬盘驱动器的每个扇区，然后格式化驱动器。磁盘覆盖和格式化的次数越多，磁盘擦除的安全性就越高。政府中等安全标准（DoD 5220.22-M）指定三次迭代以完全覆盖硬盘六次。每次迭代都会在整个驱动器上进行两次写入操作；第一遍在驱动器表面上写 1，第二遍将零（0）刻在表面上。在第三次迭代之后，在驱动器上写入政府指定的代码 246，然后通过使用读取——验证过程的最终传递进行验证。有几种商业应用遵循该标准。磁盘擦除在固态驱动器、USB 拇指驱动器、紧凑型闪存和 MMC / SD 卡上无法可靠运行。

消磁是这样的过程，其中诸如计算机磁带，硬盘驱动器或 CRT 监视器之类的磁性物体暴露于具有更大波动强度的磁场。当应用于磁介质（例如视频、音频、计算机磁带或硬盘驱动器）时，磁介质通过消磁场的移动重新排列粒子，将介质的磁场重置为接近零状态，实际上擦除了所有以前写入磁带或硬盘的数据。在许多情况下，消磁将媒体重置为类似的新状态，以便能够重复使用和回收。在某些情况下，这只是擦拭介质，以准备安全可靠的处置。

美国国家安全局（NSA）批准了符合其特定标准的强大消磁器，并且在许多情况下利用最新技术实现最高机密擦除级别。

加密擦除是一种通过对目标数据的加密密钥进行清理来使用目标数据加密的技术。这样做是为了只在介质上留下密文并阻止读访问，因为没有人应该拥有加密密钥。存储制造商通常包括集成加密和访问控制功能，也称为自加密驱动器（SED）。SED 具有始终在线加密功能，可确保存储设备中的所有数据都经过加密。实际上，加密擦除可以在几分之一秒内执行。这是一大好处，因为现在其他清理方法在大型存储设备中需要更多时间。除了其他数据销毁方法之外，还可以使用加密擦除。如果在未经过清理的情况下将敏感数据存储在设备上之后启用加密，则不应使用加密擦除来清理数据。此外，如果你不确定敏感数据是否存储在设备上而未在加密前进行消毒，则不应使用加密擦除。

破坏材料

物理破坏的目的是使设备或媒体不可读和不可用。设备和介质可以被粉碎，或者针对硬盘驱动器，在垂直于盘片的几个位置钻孔，并从上到下打穿。

横切切碎技术将材料切割成细小的、像纸屑一样的碎片，可用于从纸张到硬盘驱动器的所有媒体。

组织将破坏过程外包是很常见的。提供销毁服务的公司通常有专门的设备，并了解环境和监管要求。不利的一面是，组织正在转移保护信息的责任。媒体可以被传送到非现场位置。这些数据是由非组织雇员处理的，而原始组织无法控制。选择销毁服务是严肃的事情，彻底的尽职调查是有序的。

内部和外包销毁程序均应要求维护和记录不间断的预设保管链，并颁发销毁后逐项证明书，作为隐私受到侵犯时销毁的证据，投诉或审计。NIST 特别出版物 800-88 修订版 1 提到，破坏性技术也会使"设备清洗时，有效地应用到适当的媒体类型，包括焚烧、解体、消磁和粉碎。"

实践中：安全处置策略

概要：所有媒体必须以安全和对环境无害的方式处置。

策略声明：

❑ 设施管理办公室和信息安全办公室共同负责确定每类信息的处理标准。

❑ 不得将含有"受保护"或"机密"信息的设备或媒体送出现场进行维修或维护。

❑ 当设备或介质包含多种类型的数据时，必须遵守最高分类标准。

❑ 为了销毁"受保护"和"保密"信息，必须维持一个监管链。

❑ 第三方销毁包含"受保护"和"机密"信息的设备或媒体需要销毁证书。

❑ 媒体和设备的处置将根据所有适用的州和联邦环境处置法律和条例进行。

住手，小偷

据联邦调查局（FBI）称，每 53 秒就有一台笔记本电脑被盗。被盗笔记本电脑的追缴统计数据更加糟糕，只有 3% 被收回。这意味着 97% 的笔记本电脑被盗将永远不会归还给合法的所有者。Ponemon 研究所进行了多项研究并在报告中指出，几乎一半的笔记本电脑在场外丢失或被盗（在家庭办公室或酒店房间内），三分之一的人在旅行或过境时丢失或被盗。手机和平板电脑的统计数据更糟糕。

丢失和被盗设备的成本非常高。最明显的损失是设备本身。但与检测、调查、通知、事后响应以及失去客户信任和信心的经济影响相比，设备的成本不足一提，特别是如果设备包含受法律保护的信息时更是如此。根据 Ponemon 研究所关于"2017 年数据泄露成本研究全球概览"得出的结论，美国所有行业的违约平均商业成本为每条记录 141 美元。

考虑一下这种情况：一台价值 1500 美元的笔记本电脑被盗。笔记本电脑上的文件有 2000 个人的信息。使用 Ponemon 研究所的结论，每条记录 141 美元，保守的成本将是 28.2 万美元！该费用尚不包括潜在的诉讼或罚款。现代便携式媒体，如拇指或钢笔驱动器和 SD 卡，对小偷同样极具吸引力，这就是拥有一个好的资产清单的重要性。在第 5 章中，你了解到资产管理至关重要。此外，你还必须知道每个信息资产必须被分配一个所有者。信息安全程序的成功直接关系到数据所有者和信息之间定义的关系。在最好的情况下，数据所有者还充当热衷于实现机密性、完整性和可用性（CIA）目标的安全拥护者。

你还应该有一个确定和有效的程序，以便个人报告丢失或被盗的设备。此外，你应该在被盗时采取缓解措施。这些缓解措施包括移动设备的加密和远程擦除功能。通常，远程擦除是移动设备管理（MDM）应用程序的功能。

实践中：移动设备与媒体安全

概要：必须实施保障措施，以保护存储在移动设备和媒体上的信息。

策略声明：

- ❏ 所有公司拥有的和雇员拥有的移动设备和媒体必须被加密，这些设备和媒体存储或可能存储分类为"受保护"或"机密"的信息。
- ❏ 无论何时，都必须部署能够远程定位、远程锁定和远程删除/擦除功能的防盗技术解决方案。
- ❏ 移动设备或媒体的丢失或被盗必须立即向信息安全办公室报告。

仅供参考：小企业说明

两个物理安全问题是小企业或远程办公室特有的：位置和人员标识。大多数小企业和远程办公室都位于多租户建筑物中，在那里，居住者没有对边界安全措施的输入或控制。在这种情况下，组织必须将其入口门作为边界，并安装相应的检测和预防控制。通常，租户需要向建筑人员提供访问机制（例如，密钥、代码），如维护和安全。唯一的进入代码应分配给第三方人员，以便进行进入审核。很少在小型办公室使用员工识别徽章。这使得访问者被清晰地识别更为重要。因为公共空间和私人空间之间没有什么区别，所以每当游客需要到场地时，都应该被护送。

总结

　　物理和环境安全的目标是防止未经授权进入、损坏和干扰营业场所和设备。在这一章中，我们以物理环境为重点，讨论了阻止普通攻击者和能够延迟严重攻击者的安全障碍的三个要素，使攻击更容易被发现进而进行阻击或捕获检测系统。我们从安全边界开始，逐渐向数据中心进发，然后再返回移动设备。从边界开始，我们看到了建立结合CPTED（通过环境预防犯罪的设计）的分层防御模型概念的重要性。进入到建筑物里，我们查看了入口控制和授权访问及识别所面对的挑战。我们承认并非所有的途径都是平等的。需要对工作区和区域进行分类，以便确定访问级别并实施适当的控制。需要保护设备不受损坏，包括自然灾害、电压变化（如浪涌、断电等）、火灾和盗窃。购买经过能源之星认证的设备并主动减少能源消耗，支持可用性的长期安全原则。

　　我们探讨了设备和介质处置经常被忽视的风险，以及在传真、回收或丢弃设备之前永久删除数据的重要性。即使是最无害的设备或媒体也可能包含元数据、隐藏或临时文件、Web或数据缓存、浏览器历史记录中的业务或个人数据。删除文件或格式化驱动器是不够的。经国防部批准的磁盘擦除软件或消磁过程可用于永久删除数据。最安全的处置方法是破坏，这使得设备或介质不可读和不可用。

　　存储、处理或传输公司数据的移动设备是对物理安全的最新挑战。这些设备"环游世界"，在某些情况下甚至不属于公司所有。威胁从八卦朋友和同事到目标盗窃。遗失或被盗移动设备的检测、调查、通知和事后响应成本是天文数字。失去客户信任和信心的经济影响是持久的。必须向保护库中添加启用远程定位、远程锁定和远程删除/擦除功能的加密和防盗技术解决方案。

　　物理和环境安全策略包括周边安全、入口控制、工作空间分类、在安全区域工作、清除桌面和清除屏幕、电力消耗、数据中心和通信设施环境保护、安全处置，以及移动设备和中介安全。

自测题

选择题

1. 下列哪组应负责物理和环境安全？
   A. 设施管理　　　　　　　B. 信息安全管理
   C. 建筑安全　　　　　　　D. 包括设施、信息安全和建筑安全在内的专家团队
2. 物理和环境安全控制决策应由_____驱动。
   A. 有根据的猜测　　　B. 行业调查　　　　C. 风险评估　　　　D. 风险管理
3. 以下哪个术语最能解释CPTED？
   A. 通过环境设计预防犯罪　　　　　　　　B. 通过环境指定预防犯罪
   C. 通过能源分配进行刑事预防　　　　　　D. 通过环境设计进行刑事起诉
4. 安全网站的设计始于_____。
   A. 自然监视　　　　　B. 领土强化　　　　C. 自然出入控制　　　D. 位置
5. 如果入侵者可以绕过一层控制，下一层控制应该提供额外的威慑或检测能力是以下哪种模型的构造？

  A. 分层防御模型   B. 周界防御模型   C. 物理防御模型   D. 安全防御模型

6. 一个区域似乎是安全的这一事实本身就是一个_____。

  A. 威慑   B. 层   C. 防御   D. 签名

7. 最佳实践要求数据中心应该是_____。

  A. 有清晰标记   B. 位于市区   C. 不显眼且不起眼 D. 建立在一个层面上

8. 以下哪项被视为"检测"控制?

  A. 照明   B. 护堤   C. 运动传感器   D. 护柱

9. 应使用安全设施的徽章或同等系统进行识别_____。

  A. 进入大楼的每个人 B. 员工   C. 提供商   D. 游客

10. 以下哪项陈述最能描述肩窥的概念?

  A. 肩窥是使用键盘记录器来捕获数据

  B. 肩窥是指越过某人的肩膀查看电脑屏幕上的内容

  C. 肩窥是定位肩膀以防止疲劳的行为

  D. 以上都不是

11. BYOD 一词用于指_____拥有的设备。

  A. 公司   B. 提供商   C. 员工   D. 承包商

12. 关于数据中心最佳实践,以下哪项陈述不正确?

  A. 必须保护数据中心设备免受电源波动或中断造成的损坏

  B. 数据中心电源保护设备必须按计划进行功能和负载容量测试

  C. 必须根据制造商的说明定期测试数据中心发电机

  D. 你可以选择记录所有服务和日常维护

13. 以下哪个术语最能说明电压的长期增加?

  A. 电源尖峰   B. 电涌   C. 脉冲   D. 电源故障

14. 电压变化的常见原因包括_____。

  A. 闪电、风暴损坏和电力需求   B. 使用功率调节器

  C. 打开和关闭电脑   D. 使用不间断电源

15. 遵守建筑和施工规范,使用阻燃材料和正确接地设备是以下哪些控制措施的例子?

  A. 火灾探测控制 B. 防火安全壳控制 C. 防火控制   D. 灭火控制

16. C 类火灾指示存在于以下哪些项目?

  A. 电气设备   B. 易燃液体   C. 可燃材料   D. 灭火器

17. 机密数据可以存在于以下哪个项目中?

  A. 智能手机   B. 相机   C. 扫描仪   D. 以上所有

18. 以下哪种数据类型包含有关文件或文档的详细信息?

  A. 可见数据   B. 隐藏数据   C. 元数据   D. 缓存数据

19. 哪个设备存储 URL 历史、搜索历史、表单历史和下载历史。

  A. 操作系统   B. 浏览器   C. BIOS   D. ROMMON

20. 关于格式化驱动器的以下哪些陈述不正确?

  A. 格式化驱动器会创建可引导分区 B. 格式化驱动器会覆盖数据

  C. 格式化驱动器可修复坏扇区   D. 格式化驱动器会永久删除文件

练习题

练习 7.1:研究数据销毁服务

1. 研究你所在地区提供数据销毁服务的公司。

2. 记录他们提供的服务。

3. 如果你的任务是为数据销毁服务选择提供商，请列出你会问他们的问题。

练习 7.2：评估数据中心的可见性

1. 在学校或工作场所找到数据中心。

2. 设施或区域是否标有标牌？找到它有多容易？什么控制措施可以防止未经授权的访问？记录你的发现。

练习 7.3：评价防火措施

1. 找到至少三个校园灭火器（不要碰它们）。记录它们的位置，它们可以用于什么类别的火灾，以及它们最后一次被检查的时间。

2. 在宿舍、校外公寓或家中找到一个灭火器（不要碰它）。记录它的位置，用于什么类别的火灾，以及上次检查的时间。

练习 7.4：评估识别类型

1. 记录学校发给学生、教职员工和来访者的身份证件。如果可能的话，包括这些类型的文档的图片。

2. 描述学生身份识别的过程。

3. 描述丢失或身份证明被盗的汇报流程。

练习 7.5：查找数据

1. 访问图书馆、计算机实验室或教室中的公共计算机。

2. 找到其他用户留下的文件或数据的例子。文件可以是显式的、临时的、基于浏览器的、缓存的或文档元数据。记录你的发现。

3. 如果你发现"个人"信息，你该怎么办？

项目题

项目 7.1：评估物理和环境安全

1. 对你拥有的计算设备进行物理评估。这可以是台式电脑、笔记本电脑、平板电脑或智能手机。使用下表作为模板来记录你的发现。你可以添加其他字段。

设备描述		手提电脑							
保障									
威胁	影响	保障 1	保障 2	保障 3	评价	建议	初始成本	年度成本	成本 / 收益分析
丢失或遗忘	学校工作需要电脑	pink case	标记联系者信息		不足	安装远程寻回软件	$20.0	$20.0	更换电脑的费用为每年 $20

2. 确定身体和环境的危险（威胁），例如，在学校丢失或遗忘笔记本电脑。记录你的发现。

3. 对于每个危险（威胁），识别你已经实现的控制，例如，你的箱子是粉红色的（可识别的），箱子和笔记本电脑上都有你的联系信息。据预计，并非所有的威胁都会有相应的保障措施。记录你的发现。

4. 对于没有相应保障的威胁或你认为现有保障措施不足的威胁，研究一下减轻危险的选择。根据你的研究，提出建议。你的建议应该包括初始和持续的成本。比较保障的成本与危险的成本影响。记录你的发现。

项目 7.2：评估数据中心设计

1. 你的任务是为学校新建的数据中心推荐环境和物理控制。预计你会向首席信息官提交一份报告。报告的第一部分应该概述数据中心物理和环境安全的重要性。

2. 报告的第二部分应涉及三个方面：地点、周边安全和电力。

　　a. 地点建议应包括数据中心应建在何处，以及周边地区安全的描述（例如，基于地点的威胁包括政治稳定、对恐怖主义的敏感度、犯罪率、邻近建筑物、道路、行人交通、飞行路径、公用设施稳定性和自然灾害脆弱性。

　　b. 出入控制建议应涉及谁将被允许进入大楼以及如何识别和监视他们。

　　c. 电力建议应考虑电力消耗以及正常和紧急操作条件。

项目 7.3：保护周边

1. 安全范围是防止盗窃、恶意活动、意外损坏和自然灾害的屏障。几乎所有建筑物都有多个周边控制。我们已经习惯了周边控制，他们（即保安人员）经常被忽视。从开发一个全面的周边控件列表开始这个项目。

2. 在城市或城镇周围散步进行现场调查。你正在寻找周边控制。在你的调查结果中包括建筑物的地址，对建筑物占用者的总结，周边控制的类型以及你对控制有效性的看法。要使你的调查有效，你的调查必须至少包含 10 个属性。

3. 选择一个要关注的属性。考虑到位置，居住者所需的安全深度以及地理位置，对周边控制进行详细评论。根据你的分析，提出使用其他物理控件来增强周边安全性的建议。

案例研究：物理访问社会工程

　　你在 Anywhere USA 大学教学医院担任 ISO 的角色，你委托一家独立的安全咨询公司使用社会工程模拟技术测试医院的物理安全控制。在测试的第一天结束时，测试人员提交了初步报告。

物理访问设施

　　穿着蓝色磨砂工作服、戴着听诊器并带着剪贴板的测试人员能够进入实验室、手术室和产科病房。在一个案例中，另一名工作人员在叫他。在另外两个案例中，测试人员与其他人一起走了进来。

物理访问网络

　　穿着西装的测试者能够走进会议室并将他的笔记本电脑插入实时数据插孔。一旦连接，他就可以访问医院的网络。

计算机的物理访问

　　测试人员穿着印有公司名称的马球衫，坐在无人的办公室小隔间里，从工作站取出一张硬盘。当被问到时，他回答说他是 IT 经理约翰·史密斯雇来修理电脑的。

患者文件物理访问

　　穿着实验室外套的测试者能够走到护理站的打印机旁，取出最近打印的文件。

　　根据这些调查结果，你要求咨询公司暂停测试。你的即时回复是召集会议审核初步报告。

　　1. 确定应邀请谁参加会议。

　　2. 撰写会议邀请，解释会议的目标。

　　3. 准备会议议程。

　　4. 确定你所看到的最迫切需要解决的问题。

参考资料

引用的条例

DoD 5220.22-M: National Industrial Security Program Operating Manual, February 28, 2006, revised March 28, 2013.

其他参考资料

"About Energy Star," Energy Star, accessed 04/2018, https://www.energystar.gov.

Amazon Web Services Physical Security Whitepaper, accessed 04/2018, https://d1.awsstatic.com/whitepapers/Security/AWS_Security_Whitepaper.pdf.

The Ponemon Institute, "2017 Cost of Data Breach Study: Global Overview," accessed 04/2018, https://www-01.ibm.com/common/ssi/cgi-bin/ssialias?htmlfid=SEL03130WWEN.

Destruct Data, "Department of Defense (DoD) Media Sanitization Guidelines 5220.22M," accessed 04/2018, http://www.destructdata.com/dod-standard/.

Bray, Megan, "Review of Computer Energy Consumption and Potential Savings," December 2006, accessed 04/2018, www.dssw.co.uk/research/computer_energy_consumption.html.

"Efficiency: How We Do It," Google, accessed 04/2018, https://www.google.com/about/datacenters/efficiency/internal/index.html#temperature.

"Facilities Services Sustainable Computing Guide," Cornell University, accessed 04/2018, http://www.ictliteracy.info/rf.pdf/FSSustainableComputingGuide.pdf.

"Foundations Recovery Network Notifying Patients After a Laptop with PHI Was Stolen from an Employee's Car," PHIprivacy.net, June 24, 2013, accessed 04/2018, https://www.databreaches.net/foundations-recovery-network-notifying-patients-after-a-laptop-with-phi-was-stolen-from-an-employees-car/.

"Google Data Centers," Google.com, accessed 04/2018, https://www.google.com/about/datacenters.

Jeffery, C. Ray. 1977. *Crime Prevention Through Environmental Design*, Second Edition, Beverly Hills: Sage Publications.

"Your Guide To Degaussers," Degausser.com, accessed 04/2018, http://degausser.com/.

"Data Center Battery Incident Causes Fire in Australian Hospital," Data Center Dynamics, accessed 04/2018, http://www.datacenterdynamics.com/content-tracks/security-risk/data-center-battery-incident-causes-fire-in-australian-hospital/99357.fullarticle.

第8章 通信和运营安全

NIST 网络安全框架的第 3.3 节 "与利益相关者沟通网络安全要求" 为组织提供指导，帮助它学习如何在负责提供基本关键基础设施服务的相互依存的利益相关者之间交流需求。

ISO 27002:2013 的第 12 节 "运营安全" 和 ISO 27002:2013 的第 13 节 "通信安全" 侧重于 IT 和安全功能，包括标准运营程序、变更管理、恶意软件防护、数据复制、安全消息传递和活动监控。这些功能主要由 IT 人员和信息安全数据保管人员（如网络管理员和安全工程师）执行。

许多公司会将其某些方面的运营业务外包出去。ISO 27002: 2013 的第 15 节 "提供商关系" 侧重于描述服务交付和第三方安全要求。

第 6 章介绍的 NICE 框架特别适用于该领域。数据所有者需要接受有关运营风险的培训，以便做出明智的决策。数据保管人员应参加专注于运营安全威胁的培训，以便了解实施保护措施的原因。用户应该具备安全意识，以促进日常最佳实践。在本章中，我们将介绍建议用来创建和维护安全运营环境的策略、流程及过程。

仅供参考：NIST 网络安全框架和 ISO / IEC 27002：2013

正如本章章首提到的，NIST 网络安全框架的第 3.3 节为组织学习如何在相互依存的利益相关者之间传达需求提供了指导。示例包括组织如何使用目标配置文件向外部服务提供商表达网络安全风险管理要求。这些外部服务提供商可以是云提供商，例如 Amazon Web Services（AWS）、Google Cloud 或 Microsoft Azure；也可以是云服务，例如 Box、Dropbox 或任何其他服务。

此外，NIST 框架建议组织可以通过当前配置文件表达网络安全状态，以报告结果或与采购要求进行比较。此外，关键基础设施所有者或运营商可以使用目标配置文件来传达所需的类别和子类别。

关键基础设施部门可以建立目标配置文件，可以在其组成部分中用作初始基线配置文件，以构建其定制的目标配置文件。

ISO 27002:2013 的第 12 节侧重于描述数据中心运营、运营完整性、漏洞管理、数据丢失防护和基于证据的日志记录。ISO 27002:2013 的第 13 节侧重于描述保护传输中的信息。ISO 27002:2013 的第 15 节侧重于描述服务交付和第三方安全要求。

以下文件是附加的 NIST 指南：

- ❑ "NIST 网络安全框架"（第 16 章详细介绍）。
- ❑ SP 800-14："保护信息技术系统的公认原则和实践"。
- ❑ SP 800-53："联邦信息系统和组织的推荐安全控制"。
- ❑ SP 800-100："信息安全手册：管理者指南"。
- ❑ SP 800-40："创建补丁和漏洞管理程序"。
- ❑ SP 800-83："台式机和笔记本电脑的恶意软件事件预防和处理指南"。
- ❑ SP 800-45："电子邮件安全指南"。
- ❑ SP 800-92："计算机安全日志管理指南"。
- ❑ SP 800-42："网络安全测试指南"。

标准运营程序

标准运营程序（SOP）是对如何执行任务的详细说明。SOP 的目标是提供标准化的指令、改善沟通、减少培训时间，并提高工作的一致性。SOP 的备用名称是标准运营协议。有效的 SOP 会告知谁将执行任务、需要哪些材料、任务将在何处执行、何时执行任务以及人员将如何执行任务。

为何记录 SOP

创建 SOP 的过程要求我们评估正在进行的工作、为什么要这样做，以及我们如何能够更好地做到这一点。SOP 应由了解活动和组织内部结构的人员编写。一旦编写完，SOP 中的详细信息就会标准化目标流程，并提供足够的信息，以便经验或程序知识有限的人能够成功地执行无人监督的程序。精心编写的 SOP 减少了组织对个人和机构知识的依赖。

一个常见现象是，公司员工变得很重要以至于失去这个员工对公司来说是一个巨大的打击。想象一下，这个员工是唯一一个执行关键任务的人，没有员工接受过交叉培训，也没有关于员工如何执行此任务的文档，那么突然失去该员工会严重伤害组织。要求创建适当的运营程序并非无理取闹：这是一项业务要求。

SOP 应该得到相应的授权和保护，如图 8-1 所示，以下各节也对此进行了描述。

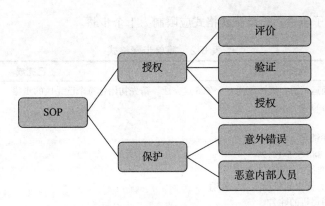

图 8-1　授权和保护 SOP

授权 SOP 文档

在文档化一个程序后，应在发布该文档之前对其进行评价、验证和授权。评价人负责分析文档的清晰度和可读性。验证人员负责测试程序以确保它是正确的并且不会遗漏任何步骤。流程所有者负责文档的授权、发布和分发。必须经流程所有者授权后才能更改已发布的程序。

保护 SOP 文档

应该实施访问和版本控制，以防止文档因意外错误和恶意内部人员失去完整性。想象一下，一个心怀不满的员工获得了关键业务程序文档并更改了关键信息，如果没有人发现这个更改，那么可能会给公司带来灾难性的后果。修订也是如此。如果对相同程序做多次修订，则很可能有人会使用错误的版本进行修订。

制定 SOP

SOP 对于每个使用者都应该是可理解的。SOP 应该以精炼、循序渐进的简明语言格式编写，如果写得不好，则 SOP 的价值将受限；最好使用简短直接的句子，以便读者能够快速理解和记忆程序中的步骤；应明确地传达信息，以消除使用者对所需内容的任何疑问；步骤必须符合逻辑顺序；必须注意和解释任何例外情况；警告必须突出。

四种常见的 SOP 格式是简单步骤、分层、流程图和图。如表 8-1 所示，有两个因素决定了要使用的 SOP 类型：用户将做出多少个决策以及程序中有多少步骤。可以使用简单步骤格式编写简短且要求做少量决策的例程程序。由十多个步骤组成、有少量决策的长程序，应以分层格式或图格式编写。会做出许多决策的程序应以流程图格式编写。选择正确的格式很重要，如果不这样做，那么最好的 SOP 也将会失败。

表 8-1　SOP 模式

是否要做出许多决定	是否超过十个步骤	推荐的 SOP 格式
否	否	简单步骤
否	是	分层或图
是	否	流程图
是	是	流程图

如表 8-2 所示，简单步骤格式使用顺序步骤。通常，这些死记硬背程序不需要做出任何

决策，也没有任何子步骤。简单步骤格式应限制为十个步骤。

表 8-2　简单步骤格式

程序	已完成
注意：这些程序由夜间运营员在周一至周五上午 6 点完成。请先初始化每个已完成的步骤	
1. 从磁带机中删除备份磁带	
2. 带有日期的标签	
3. 将磁带放入磁带盒并锁定	
4. 拨打 ABC 快递电话 888-555-1212	
5. 告诉 ABC，快递已准备就绪可以取件	
6. 当 ABC 快递到达时，要求司机出示身份证明	
7. 请在提取日志中注明司机的姓名	
8. 让司机在日志上签名并标注日期	

　　如新用户账户创建过程示例（见表 8-3）所示，分层格式用于需要更多详细信息或准确性的任务。分层格式可以让有经验的用户使用易于阅读的步骤，他们想了解更详细内容的话还可以使用子步骤。有经验的用户可以仅在他们需要时参考子步骤，初学者则可使用详细的子步骤来更快地学习程序。

表 8-3　分层格式

新用户账户创建过程
注意：在开始此过程之前，你必须拥有 HR 新用户授权表

程序	详情
启动 ADUC（Active Directory users and Computers，活动目录，用户和计算机）	a. 单击位于管理桌面上的 TS 图标 b. 提供你的登录凭据 c. 单击 ADUC 图标
创建一个新用户	a. 右键单击"用户 OU"文件夹 b. 选择新用户
输入所需的用户信息	a. 输入用户的姓、名和全名 b. 输入用户登录名，然后单击下一步 c. 输入用户的临时密码 d. 在下次登录时选择用户必须更改密码，然后单击下一步
创建 Exchange 邮箱	a. 确保选中"创建 Exchange 邮箱" b. 接受默认值并单击"下一步"
验证账户信息	a. 确认总结屏幕上的所有信息都是正确的 b. 选择完成
完整的人口统计信息配置	a. 双击用户名 b. 完成"常规""地址""电话"和"组织"选项卡上的信息。（注意：信息应该在人力资源申请表上）
将用户添加到组	a. 选择"成员"选项卡 b. 添加 HR 请求表中列出的组 c. 完成后单击"确定"
设置远程控制权限	a. 单击"远程控制"选项卡 b. 确保选中"启用远程控制"和"要求用户的权限"复选框 c. 控制级别应设置为与会话交互
就账户创建向 HR 提供建议	a. 在 HR 申请表上签名并注明日期 b. 通过局间邮件将其发送给 HR

真实的图片胜过千言万语。图 8-2 所示的图格式可以使用照片、图标、插图或屏幕截图来说明程序。此格式通常用于配置型任务，尤其是涉及各种识字级别任务或语言障碍任务时。

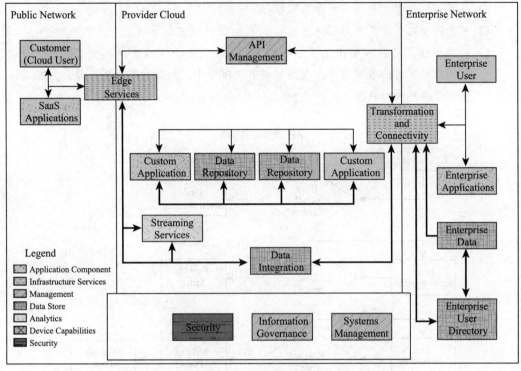

图 8-2 图格式的示例

流程图（如图 8-3 所示）是决策过程中步骤的图示。流程图提供了一种易于遵循的机制，用于引导员工完成一系列逻辑决策以及应该采取的步骤。在制作流程图时，你应该使用通用的流程图符号。ISO 5807:1985 定义了流程图中使用的符号，并为其使用提供了指导。

仅供参考：推荐的编写资源

学习如何编写程序时可使用几种资源，它们与网络安全无关，不过可能非常有利于入门。一个例子是北卡罗来纳州立大学的生产安全性 SOP 模板，该模板参见 https://ncfreshproducesafety.ces.ncsu.edu/wp-content/uploads/2014/03/how-to-write-an-SOP.pdf。

另一个例子是康奈尔大学的"开发有效的标准运营程序"，作者是 David Grusenmeyer。

实践中：SOP 文档策略

概要： 需要 SOP 以确保信息系统的一致性和安全运营。

策略声明：

❑ 将文档化所有关键信息处理活动的 SOP。

❑ 信息系统托管人负责开发和测试程序。

❑ 信息系统所有者负责授权和持续评价。

□ 信息技术办公室负责发布和分发与信息系统有关的 SOP。

□ 文档化、测试和维护所有关键信息安全活动的 SOP。

□ 信息安全托管人负责开发和测试程序。

□ 信息安全办公室负责与信息安全相关的 SOP 的授权、发布、分发和评价。

□ 内部审计员将根据 SOP 的要求检查实际操作。每个审核员或审核团队都会创建要涵盖的项目的审核清单。在内部或监管审计中，如果发现存在差异，则可以提出纠正措施和补救建议。

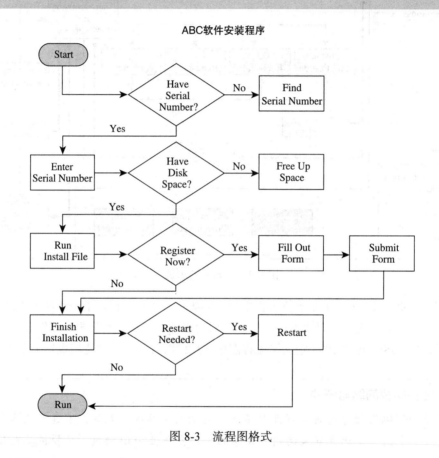

图 8-3   流程图格式

运营变更控制

运营变更是不可避免的。变更控制是一种内部过程，通过该过程对软件、硬件、网络访问权限或业务流程进行授权更改。变更控制的信息安全目标是确保网络的稳定性，同时保持所需的机密性、完整性和可用性（CIA）级别。变更管理流程为变更的提交、评估、批准、优先排序、安排、沟通、实施、监控和组织接受建立了有序有效的机制。

为何管理变更

在生产环境中对系统进行变更的过程会为正在进行的操作和数据带来风险，这些风险可在进行一致和谨慎的管理后得到有效缓解。请考虑以下情况：Windows 8 安装在任务关键型工作站上，系统管理员正安装一个服务包，服务包通常会更改系统文件。现在想象一下，由于安装程序不受控制，该过程中途失败。结果是什么？是一个既非原始版本也非更新版本的操作系统。换句话说，可能存在新旧系统文件的混合，这将导致平台不稳定。对依赖于工作站的流程造成的负面影响将是巨大的。将此示例提升到一个新的水平，想象一下如果这台机器是所有员工全天都要使用的网络服务器，那么将会产生何种影响。由于更新失败导致此机器变得不稳定，又会对整个公司的生产率带来什么样的影响。如果失败的更改影响了面向客户的设备，该怎么办？整个业务可能会停滞不前。如果失败的更改也引入了新的漏洞怎么办？结果可能是机密性、完整性或可用性（CIA）的丧失。

对变更需要加以控制。危机模式让花时间评估和计划变更的组织更有机可乘。典型的变更请求是软件、硬件缺陷或必须修复的错误，还有系统增强请求以及基础架构（如新操作系统、虚拟化管理程序或云提供程序）中的变更。

变更控制流程以 RFC（Request for Changes，变更请求）开始，RFC 被提交给决策者（通常是高级管理层）。然后评估变更，如果批准，则实施。必须记录每个步骤。并非所有变更都应遵循此过程。事实上，这样做会否定预期效果，最终会对运营产生重大影响。应该有一个组织策略，清楚地描述变更控制流程适用的变更类型。此外，还需要一种机制来实施"紧急"变更。图 8-4 说明了 RFC 流程，这里有三个主要里程碑或阶段：评估、批准和验证。

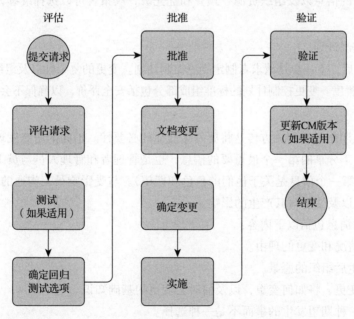

图 8-4　流程图格式

提交 RFC

变更控制流程的第一阶段是提交 RFC，RFC 应包括以下各项：

❑ 请求者姓名和联系信息。

❑ 拟变更的说明。

❑ 为何应实施拟变更的理由。

❑ 不实施拟变更的影响。

- ❑ 实施拟变更的替代方案。
- ❑ 成本。
- ❑ 资源需求。
- ❑ 大体时间。

图 8-5 显示了上述 RFC 的模板。

REQUESTOR Name: ________ Email :________ Address:________ Phone: ________	DESCRIPTION OF THE PROPOSED CHANGE:	
JUSTIFICATION:	IMPACT IF NOT IMPLEMENTED:	COST:
ALTERNATIVES TO IMPLEMENTING THE PROPOSED CHANGE:	RESOURCE REQUIREMENTS:	TIMEFRAME:

图 8-5　RFC 模板

考虑到前面的信息以及组织资源、预算和优先级，决策者可以选择继续评估、批准、拒绝或推迟变更。

制定变更控制计划

在批准更改后，下一步是请求者制定变更控制计划。变更的复杂性以及组织的风险将影响计划所需的详细程度。变更控制计划的标准组成部分包括安全评价，以确保不会引入新的漏洞。

沟通变更

不能过分强调向所有相关方传达将要发生变化的必要性。不同的研究发现，沟通变更的原因被视为与员工分享的第一个最重要的信息，也是管理者和管理人员与员工沟通的第二个最重要的信息（第一个信息是关于他们的角色和期望）。与受影响员工沟通的信息分为两类：有关变更的信息以及变更对其产生的影响。

有关变更的消息包括以下内容：

- ❑ 目前的情况和变更的理由。
- ❑ 变更发生后组织的愿景。
- ❑ 什么是变更、将如何变更，以及何时会变更的基础知识。
- ❑ 变更是一种期望发生的事而不是一种选择。
- ❑ 有关变更实施的状态更新，包括成功案例。

变更将如何影响员工的消息包括以下内容：

- ❑ 变更对员工日常活动的影响。
- ❑ 变更对工作安全性的影响。
- ❑ 员工期望的具体行为和活动，包括对变更的支持。
- ❑ 在变更期间获得帮助和协助的程序。

未沟通成功的项目注定要失败。

实施和监测变更

在提交、计划和沟通变更之后，是时候实施了。变更可能无法预测。如果可能，应首先将变更应用于测试环境并监控其影响。即使是微小的变更也可能造成严重破坏。例如，共享数据库文件名的简单更改可能导致使用它的所有应用程序都失败。对于大多数环境，主要实施目标是尽量减少利益相关者的影响。这包括计划回滚或从失败的实施中恢复。

在整个实施过程中，应记录所有操作。这包括在应用变更之前、期间和之后采取的操作。不应该"设置和忘记"变更，即使是一个看似完美无缺的变更也应该受到监控，因为它可能会造成意想不到的影响。

某些紧急情况要求组织绕过某些变更控制以从中断、故障或计划外事件中恢复。特别是在这些情况下，完整记录变更、尽快传达变更，并在批准后实施很重要。

实践中：运营变更控制策略

概要：最大限度地减少伤害并最大限度地提高与信息系统或流程相关的成功率。

策略声明：

❑ 信息技术办公室负责维护一个记录在案的变更控制流程，该流程提供了一种有序的方法，在这种方法中，要先请求对信息系统和流程的变更并获得批准，才能进行安装和实施。对信息系统的变更包括但不限于：

　　○ 提供商发布的操作系统、软件应用程序以及固件补丁、更新和升级。

　　○ 对内部开发的软件应用程序的更新和更改。

　　○ 硬件组件的维修/更换。

❑ 只要遵循批准的补丁管理流程，安全补丁的实现就可以免于此过程。

❑ 变更控制流程必须考虑系统的关键性和与变更相关的风险。

❑ 对公司运营至关重要的信息系统和流程的变更必须进行预生产测试。

❑ 对公司运营至关重要的信息系统和流程的变更必须有经批准的回滚或恢复计划。

❑ 对公司运营至关重要的信息系统和流程的变更必须得到变更管理委员会的批准。其他变更可能需要信息系统主管、CTO 或 CIO 的批准。

❑ 必须将变更传达给所有受影响的利益相关方。

❑ 在紧急情况（业务系统中断、服务器故障等）下，可能会立即对生产环境进行变更。这些变更将由变更时监督受影响地区的经理口头批准。实施变更后，必须以书面形式记录变更并提交给 CTO。

为什么补丁处理不同

补丁是旨在解决问题而设计的软件或代码。应用安全补丁是修复软件中安全漏洞的主要方法。这些漏洞通常由研究人员或道德黑客识别，然后他们会通知软件公司，以便他们可以开发和分发补丁。作为变更管理的一项功能，不同补丁的应用频率和速度截然不同。在发布补丁的那一刻，攻击者会齐心协力对补丁进行快速逆向工作（以天甚至数小时计算），识别漏洞，开发和发布漏洞利用代码。由于在获取、测试和部署补丁方面存在时间差，因此对于大多数组织而言，补丁在刚发布的那段时间是特别脆弱的。

仅供参考：星期二补丁和星期三漏洞利用

微软在每个月的第二个星期二上午 10 点左右发布新的安全更新及其附带的公告，因此称为星期二补丁。第二天被称为星期三漏洞利用，表示开始疯狂出现漏洞利用。在某些情况下，在披露后的几个小时内，许多安全研究人员和威胁参与者对修复（补丁）进行反向工程以创建漏洞利用。

思科在每年 3 月和 9 月的第四个星期三格林尼治标准时间 1600 时发布捆绑的 Cisco IOS 和 IOS XE 软件安全建议。有关其他信息，请访问思科安全漏洞策略：https://www.cisco.com/c/en/us/about/security-center/security-vulnerability-policy.html。

了解补丁管理

通常认为及时用补丁解决安全问题对于维护信息系统的可操作 CIA 至关重要。补丁管理是安排、测试、批准和应用安全补丁的过程。应该要求在公司网络中维护信息系统的提供商遵守组织补丁管理流程。

补丁流程可能无法预测且具有破坏性。应通知用户可能由于安装补丁而导致的停机。应尽可能在企业部署之前测试补丁。但是，根据已识别漏洞的严重性和适用性，可能存在谨慎放弃测试的情况。如果无法及时应用关键补丁，则应向高级管理层通知组织的风险。

如今的网络安全环境和补丁依赖性要求在漏洞协调领域进行重大改进。像 Heartbleed 这样的开源软件漏洞，WPA KRACK 攻击等协议漏洞以及其他漏洞突出了软件和硬件提供商之间的协调挑战。

互联网安全促进产业联盟（ICASI）向第一届董事会提议，在脆弱性披露方面考虑特殊利益集团（SIG），以评价和更新漏洞协调指南。后来，国家电信和信息协会（NTIA）召集了一个多利益相关方流程来调查网络安全漏洞。NTIA 多方努力加入了 FIRST 漏洞协调 SIG 中正在进行的类似工作。利益相关者创建了一份文档，该文档根据共同的协调方案和差异推导出多方披露指南及实践。该文件可在网址 https://first.org/global/sigs/vulnerability-coordination/multiparty/guidelines-v1.0 找到。

图 8-6 显示了 FIRST 漏洞协调的利益相关者角色和沟通路径。

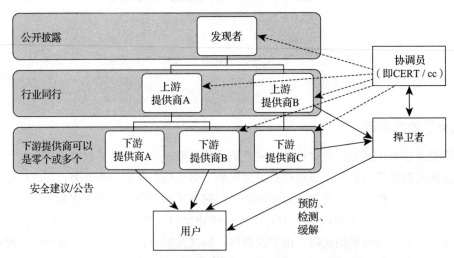

图 8-6 FIRST 漏洞协调利益相关者角色和沟通路径

FIRST "多方漏洞协调和披露指南及实践"文件中使用的不同利益相关方的定义参考了 ISO / IEC 29147:2014 中提供的定义，并做了最小修改。

NIST 特别出版物 800-40 修订版 3 "企业补丁管理技术指南"于 2013 年 7 月出版，旨在帮助组织了解企业补丁管理技术的基础知识。它解释了补丁管理的重要性，并探讨了执行补丁管理面对的固有挑战。该出版物还提供了企业补丁管理技术的概述，并讨论了衡量技术有效性和比较补丁相对重要性的指标。

实践中：安全补丁管理策略

概要：及时部署安全补丁将减少或消除潜在的漏洞。

策略声明：

- ❑ 只要遵循批准的补丁管理流程，安全补丁的实施就可以免于组织变更管理流程。
- ❑ 信息安全办公室负责维护文档化的补丁管理流程。
- ❑ 信息技术办公室负责部署所有操作系统、应用程序和设备安全补丁。
- ❑ 根据安全漏洞的适用性，和（或）与补丁、热修复补丁相关的已识别风险来评价和部署安全补丁。
- ❑ 在将安全补丁部署至生产环境之前对其进行测试。CIO 和 CTO 有权根据已识别漏洞的严重性和适用性放弃测试。
- ❑ 维护公司系统的提供商必须遵守公司补丁管理流程。
- ❑ 如果无法成功应用安全补丁，则必须通知 COO。通知必须详细说明组织面临的风险。

恶意软件防护

恶意软件是破坏计算机操作、收集敏感信息或未经授权访问计算机系统和移动设备的软件（脚本或代码）。恶意软件与操作系统无关。恶意软件可以通过与其他程序捆绑或自我复制来感染系统；但是，绝大多数恶意软件需要与用户交互，例如单击电子邮件附件或从 Internet 下载文件。至关重要的是，安全意识计划明确表达了打击恶意软件的个人责任。

恶意软件已成为网络犯罪分子、黑客和黑客行为主义者的首选工具。攻击者可通过获取恶意软件工具包（例如 Zeus、Shadow Brokers 泄露的漏洞利用程序等）来创建自己的恶意软件，然后自定义这些工具包生成的恶意软件以满足他们的个性化需求。例如勒索软件，如 WannaCry、Nyetya、Bad Rabbit 等。其中许多工具包可供购买，而其他工具包是开源的，大多数都具有用户友好的界面，使不熟练的攻击者可以轻松创建定制的、高性能的恶意软件。与几年前的大多数恶意软件不同，这些恶意软件往往很容易被注意到，今天的大部分恶意软件专门设计用于安静地慢慢传播到其他主机，在很长一段时间内收集信息并最终导致敏感数据的泄漏和其他负面影响。术语高级持续性威胁（APT）通常用于指代这种方法。

2012 年 7 月发布的 NIST 特别出版物 800-83 修订版 1（"台式机和笔记本电脑的恶意软件事件预防和处理指南"），为改进组织的恶意软件事件预防措施提供了建议。它还为增强组织现有的事件响应能力提供了广泛的建议，以便更好地准备处理恶意软件事件，特别是传播广泛的事件。

是否存在不同类型的恶意软件

恶意软件分类基于感染和传播特征。恶意软件的类别包括病毒、蠕虫、特洛伊木马、僵尸程序、勒索软件、rootkit 和间谍软件 / 广告软件。混合恶意软件是将多个类别的特征组合在一起的代码，例如，将病毒改变程序代码的能力与蠕虫驻留在实时内存中的能力相结合，并在无须用户进行任何操作的情况下进行传播。

病毒是附加到另一个程序并成为其他程序一部分的恶意代码。通常，病毒具有破坏性。几乎所有病毒都将自己附加到可执行文件中。然后，它们与主机文件一起执行。当附加的软件或文档使用网络、磁盘、文件共享或受感染的电子邮件附件从一台计算机传输到另一台计算机时，病毒就会随之传播。

蠕虫是一种恶意代码，可以从一台计算机传播到另一台计算机而无须感染主机文件。蠕虫专门用于利用已知漏洞，并通过利用网络和 Internet 连接进行传播。蠕虫的早期例子是 W32 / SQL Slammer（又名 Slammer 和 Sapphire），它是历史上传播最快的蠕虫之一。它通过利用未修补的缓冲区溢出来感染 Microsoft SQL Server 2000 和 Microsoft SQL Desktop Engine（MSDE）的进程空间。蠕虫一旦运行，就会尝试将自己发送给尽可能多的其他可通过 Internet 访问的 SQL 主机。微软在 Slammer 爆发前六个月发布了补丁。另一个"可疑"恶意软件的例子是 WannaCry 勒索软件，本章稍后将对此进行讨论。

特洛伊木马是伪装成合法的良性应用程序的恶意代码。例如，当用户下载游戏时，他可能获得比他预期的更多。该游戏可以作为诸如键盘记录器或屏幕抓取器之类的恶意实用程序的通道。键盘记录器用于捕获和记录击键、鼠标移动、Internet 活动以及内存中的进程（如打印作业）。屏幕抓取器可以复制你在屏幕上看到的内容。归因于特洛伊木马的典型活动是打开与命令和控制服务器（称为 C&C）的连接。

一旦建立连接，该机器就被称为"拥有"（owned）。攻击者控制受感染的机器。实际上，网络犯罪分析会告诉你，在他们成功地在目标计算机上安装了特洛伊木马后，他们实际上对该计算机的控制程度要高于坐在计算机前面并与之交互的人。一旦"拥有"，对受感染设备的访问可能会被出售给其他罪犯。特洛伊木马不会通过感染其他文件来重现，也不会自我复制。特洛伊木马必须通过用户交互进行传播，例如打开电子邮件附件或从 Internet 下载和运行文件。特洛伊木马的例子包括 Zeus 和 SpyEye。两种特洛伊木马都旨在捕获金融网站登录凭据和其他个人信息。

网上机器人（也称为机器人）是代码片段，旨在自动执行任务并响应指令。机器人可以自我复制（如蠕虫）或通过用户操作（如特洛伊木马）进行复制。未经用户许可或知情，系统中会安装恶意僵尸程序。机器人连接回中央服务器或命令中心。整个被攻陷设备网络称为僵尸网络。僵尸网络最常见的用途之一是发起分布式拒绝服务（DDoS）攻击。过去导致重大中断的僵尸网络的一个例子是 Mirai 僵尸网络，它通常被称为 IoT 僵尸网络。攻击者能够成功地破坏物联网设备，包括安全摄像头和消费级路由设备，创建了历史上最具破坏性的僵尸网络之一，针对非常引人注目的目标发起大量 DDoS 攻击。

勒索软件是一种恶意软件，它将计算机或其数据作为人质，以便向受害者勒索钱财。有两种类型的勒索软件：Lockscreen 勒索软件显示全屏图像或网页，阻止你访问计算机中的任何内容。加密勒索软件使用密码加密你的文件，阻止你打开它们。最常见的勒索软件方案是通知当局检测到你计算机上的非法活动，你必须支付"罚款"以免被起诉并重新获得对你系统的访问权限。流行的勒索软件的例子包括 WannaCry、Nyetya、Bad Rabbit 等。勒索软件通常通过恶意电子邮件、恶意广告以及其他偷渡式下载进行传播或传播。然而，WannaCry 勒索软件是第一个以与蠕虫类似的方式传播的软件（如本章前面所定义的）。具体来说，它使用了 EternalBlue 漏洞。

EternalBlue 是一个 SMB 漏洞，影响从 XP 到 Windows 7 各种版本的操作系统以及 Windows Server 2003 和 2008。漏洞利用技术称为 HeapSpraying，用于将代码注入易受攻击的系统，允许利用系统。该代码能够通过 IP 地址定位易受攻击的计算机，并通过 SMB 端口 445 尝试利用。EternalBlue 代码与 DoublePulsar 后门密切相关，甚至可以在安装过程中检查是否存在恶意软件。

思科 Talos 创建了大量文章，涵盖了多种类型勒索软件的深入技术细节 http://blog.talosintelligence.com/search/label/ransomware。

rootkit 是一组软件工具，它隐藏在操作系统应用程序层、操作系统内核的低层或具有特权访问权限的设备基本输入 / 输出系统（BIOS）中。Root 是 UNIX / Linux 术语，表示管理员级别或特权访问权限。"套件"（kit）一词表示允许某人通过执行套件中的程序获得对计算机的 root / admin 级访问的程序——所有这些都是在未经用户同意或知晓的情况下完成的。意图通常是远程 C&C。rootkit 不能自我繁殖或复制；它们必须安装在设备上。由于它们的操作位置，很难检测到它们，甚至更难以去除。

间谍软件是一种通用术语，用于描述未经用户同意或知晓跟踪互联网活动（如搜索和网上冲浪），收集个人习惯数据和显示广告的软件。间谍软件有时会通过更改默认浏览器，更改浏览器主页或安装"附加组件"来影响设备配置。应用程序或在线服务许可协议包含允许安装间谍软件的条款并不罕见。

逻辑炸弹是一种注入合法应用程序的恶意代码。攻击者可以对逻辑炸弹进行编程，以便在系统上执行恶意任务后将其自身从磁盘中删除。这些恶意任务的示例包括删除或损坏文件或数据库，以及在满足某些系统条件后执行特定指令。

下载程序是一种恶意软件，可以从 Internet 下载并安装其他恶意内容，以便在受影响的系统上执行其他攻击。

垃圾邮件发送者是一种恶意软件，它通过电子邮件、即时消息、新闻组或任何其他类型的计算机或移动设备通信发送垃圾邮件或未经请求的邮件。垃圾邮件发送者发送这些未经请求的邮件的主要目的是欺骗用户点击恶意链接，回复包含敏感信息的电子邮件或其他邮件，或执行不同类型的诈骗。攻击者的主要目的是赚钱。

如何控制恶意软件

IT 部门通常负责采用强大的反恶意软件纵深防御战略。在这种情况下，纵深防御意味着实施预防、检测和响应控制，以及安全意识活动。

使用预防控制

预防控制的目标是攻击开始之前阻止攻击。这可以通过多种方式完成：

- ❏ 通过培训用户不要打开电子邮件中嵌入的链接及附件，不要不负责任地浏览网页，下载游戏或音乐，不要参与点对点（P2P）网络或允许陌生人远程访问其桌面。
- ❏ 配置防火墙以限制访问。
- ❏ 不允许用户在公司提供的设备上安装软件。
- ❏ 不允许用户更改配置设置。
- ❏ 不允许用户拥有其工作站的管理员权限。恶意软件在登录用户的安全上下文中运行。
- ❏ 不允许用户禁用（甚至是暂时禁用）反恶意软件和控件。
- ❏ 禁用远程桌面连接。
- ❏ 方便地应用操作系统和应用程序安全补丁。
- ❏ 启用基于浏览器的控件，包括弹出窗口阻止、下载筛选和自动更新。
- ❏ 实施企业级防病毒/反恶意软件应用程序。将反恶意软件解决方案配置为尽可能频繁地更新非常重要，因为每天都会发布许多新的恶意代码。

你还应该利用基于沙箱的解决方案为客户程序提供一组受控资源。在沙箱网络中，通常会拒绝访问以避免基于网络的感染。

使用检测控制

检测控制应识别恶意软件的存在，提醒用户（或网络管理员），并在最佳情况下阻止恶意软件执行其任务。检测应在多个级别进行——在网络的入口点，所有主机和设备以及文件级别。检测控制包括以下内容：

- ❏ 可疑文件下载的实时防火墙检测。
- ❏ 实时防火墙检测可疑网络连接。
- ❏ 主机和基于网络的入侵检测系统（IDS）或入侵防御系统（IPS）。
- ❏ 检查和分析防火墙、IDS、操作系统和应用程序日志以获取危害指标。
- ❏ 用户意识到识别和报告可疑活动。
- ❏ 反恶意软件和防病毒日志。
- ❏ 帮助台（或同等）培训，以响应恶意软件事件。

什么是防病毒软件

防病毒（Antivirus，AV）软件用于检测，包含并在某些情况下消除恶意软件。大多数AV软件采用两种技术——基于签名的识别和基于行为（启发式）的识别。一个常见的误解是AV软件100%有效抵御恶意软件侵入。不幸的是，事实并非如此。尽管AV应用是必不可少的控制，但它们的有效性越来越受限。这是由于三个因素——新恶意软件的数量庞大、"单一实例"恶意软件现象，以及混合威胁的复杂程度。

AV软件的核心被称为"引擎"，它是基本程序。该程序依赖于病毒定义文件（称为DAT文件）来识别恶意软件。定义文件必须由软件发布者不断更新，然后分发给每个用户。当恶意软件的数量和类型有限时，这是一项合理的任务。新版本的恶意软件呈指数级增长，从而使研究、发布和及时分发成为下一个不可能完成的任务。使这个问题复杂化的是单实例恶意软件的现象，也就是说，变体只使用一次。这里的挑战是 DAT 文件是使用历史知识开发的，并且不可能为以前从未见过的单个实例开发相应的 DAT 文件。第三个挑战是恶意软件的复杂性，特别是混合威胁。当多种恶意软件变种（如蠕虫、病毒、僵尸程序等）协同使用以利用系统漏洞时，就会出现混合威胁。混合威胁专门用于规避 AV 和基于行为的防御。

市场上的众多防病毒和反恶意软件解决方案旨在检测、分析和防范已知和新出现的终端威胁。以下是最常见的防病毒和反恶意软件类型：

- ❑ ZoneAlarm PRO Antivirus +、ZoneAlarm PRO 防火墙和 ZoneAlarm Extreme Security
- ❑ F-Secure Anti-Virus
- ❑ Kaspersky Anti-Virus
- ❑ McAfee AntiVirus
- ❑ Panda Antivirus
- ❑ SophosAntivirus
- ❑ Norton AntiVirus
- ❑ ClamAV
- ❑ Immunet AntiVirus

还有许多其他防病毒软件公司和产品。

ClamAV 是由思科和非思科工程师赞助和维护的开源防病毒引擎。你可以从 www.clamav.net 下载 ClamAV。Immunet 是由 Cisco Sourcefire 维护的免费的基于社区的防病毒软件。你可以从 www.immunet.com 下载 Immunet。

个人防火墙和主机入侵防御系统（HIPS）是可以安装在最终用户计算机或服务器上的软件应用程序，以保护它们免受外部安全威胁和入侵。术语个人防火墙通常适用于可以控制对客户端计算机的第 3 层和第 4 层访问的基本软件。HIPS 提供了几种功能，可提供比传统个人防火墙更强大的安全性，例如主机入侵防御和针对间谍软件、病毒、蠕虫、特洛伊木马和其他类型恶意软件的防御。

仅供参考：OSI 和 TCP/IP 模型

目前有两种主要模型用于解释基于 IP 的网络的操作。它们是 TCP / IP 模型和开放系统互连（OSI）模型。TCP / IP 模型是大多数现代通信网络的基础。每天，我们每个人都使用一些基于 TCP / IP 模型的应用程序进行通信。例如，考虑一下简单的任务：浏览网页。没有 TCP / IP 模型，这种简单的行为是不可能完成的。

TCP / IP 模型的名称包括我们在本章中讨论的两个主要协议：传输控制协议（TCP）和 Internet 协议（IP）。但是，该模型超越了这两个协议，并定义了一种分层方法，可以映射当今通信中使用的几乎任何协议。

在其原始定义中，TCP / IP 模型包括四层，即链路层、互联网层、传输层和应用层，其中每层将为其上方的级别提供传输和其他服务。

在其最现代的定义中，链路层被分成两个附加层，以清楚地标记该层中包括的服务和协议的物理和数据链路类型。互联网层有时也称为网络层，它基于另一个众所周知的模型，即开放系统互连（OSI）模型。

OSI 参考模型是另一种使用抽象层来表示通信系统操作的模型。设计 OSI 模型背后的想法是足够全面，以考虑网络通信的进步，并且足够通用以允许通信系统的若干现有模型转换到 OSI 模型。

OSI 模型与上述 TCP / IP 模型呈现出几种相似之处。最重要的相似之处是使用抽象层。与 TCP / IP 一样，每个层在同一计算设备内为其上方的层提供服务，同时它与其他计算设备在同一层上进行交互。OSI 模型包括七个抽象层，每个抽象层代表通信网络中不同的功能和服务：

- 物理层——第 1 层（L1）：提供通过数据链路传输比特的服务。
- 数据链路层——第 2 层（L2）：包括通过两个连接设备之间的链路传输信息的协议和功能。例如，它提供流量控制和 L1 错误检测。
- 网络层——第 3 层（L3）：包括通过网络传输信息所需的功能，并提供对基础连接方式的抽象。它定义了 L3 寻址，路由和数据包转发。
- 传输层——第 4 层（L4）：包括用于端到端连接建立和信息传递的服务。例如，它包括错误检测、重传功能和多路复用。
- 会话层——第 5 层（L5）：为表示层提供服务以建立会话和交换表示层数据。
- 表示层——第 6 层（L6）：为应用层提供服务以处理特定语法，即将数据呈现给最终用户的方式。
- 应用层——第 7 层（L7）：（取决于你的看法）这是 OSI 模型的最后一层（或第一层）。它包括用户应用程序的所有服务，包括与最终用户的交互。

图 8-7 说明了 OSI 模型的每一层如何映射到相应的 TCP / IP 层。

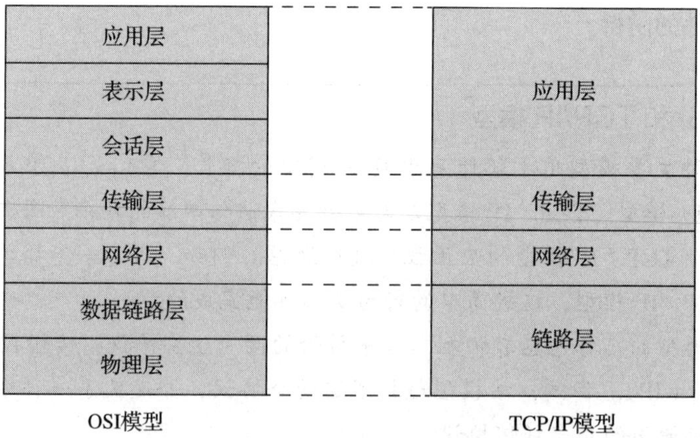

OSI模型	TCP/IP模型
应用层	应用层
表示层	
会话层	
传输层	传输层
网络层	网络层
数据链路层	链路层
物理层	

图 8-7　OSI 和 TCP/IP 模型

攻击变得非常复杂，可以逃避对传统系统和端点保护的检测。现在，攻击者拥有资源、知识和持久性来击败时间点检测。这些解决方案提供超越时间点检测的缓解功能。它使用威胁情报进行回顾性分析和保护。这些恶意软件防护解决方案还提供设备和文件轨迹功能，以允许安全管理员分析攻击的全部范围。

仅供参考：CCleaner 防病毒供应链后门

思科 Talos 的安全研究人员发现了 CCleaner 防病毒应用程序 5.33 版附带的后门程序。在调查期间以及分析命令和控制服务器传递的代码时，他们发现了对几个知名组织的引用，包括思科、英特尔、VMWare、索尼、三星、HTC、Linksys、微软和谷歌 Gmail 等。通过传递的第二阶段加载程序来实现目标。根据对命令和控制跟踪数据库的审查，他们确认至少有 20 名受害者获得了专门的二级有效载荷。有趣的是，指定的列表包含高知名度技术公司的不同领域。这表明，在拥有宝贵的知识产权后，这是一个非常专注的潜在供应链攻击。

另一个例子是针对卡巴斯基反病毒等安全产品的指控。美国国土安全部（DHS）发布了一项约束性操作指令 17-01，严格要求所有美国政府部门和机构确定卡巴斯基产品在其信息系统中的使用或存在，并制订详细的计划以删除和终止现有以及这些产品的未来使用。该指令可在 https://www.dhs.gov/news/2017/09/13/dhs-statement-issuance-binding-operational-directive-17-01 找到。

实践中：恶意软件策略

概要：确保在全公司范围内努力预防和检测恶意软件。

策略声明：

- ❑ 信息技术办公室负责推荐和实施预防，检测和控制措施。至少，所有计算机工作站和服务器上都将安装反恶意软件，以预防和检测恶意软件。
- ❑ 发现提供商提供的病毒定义或检测引擎过时的系统，必须立即记录和修复，或者断开网络连接，直到可以更新为止。
- ❑ 人力资源办公室负责制定和实施恶意软件意识和事件报告培训。
- ❑ 必须向信息安全办公室报告所有与恶意软件相关的事件。
- ❑ 信息安全办公室负责事件管理。

数据复制

通过有效的数据备份或复制过程减少恶意软件、计算机硬件故障、用户意外删除数据，以及其他可能性的影响，包括定期测试以确保数据的完整性以及在生产环境中恢复程序数据的效率。拥有多个数据副本对于数据完整性和可用性至关重要。数据复制是将数据复制到可立即或近时使用的第二个位置的过程。数据备份是复制和存储可以恢复到其原始位置的数据的过程。没有经过测试的备份和恢复或数据复制解决方案的公司就像一个没有保护的飞行杂技演员。

执行数据复制时，先复制然后在不同站点之间移动数据。数据复制通常按如下方式评估：

- ❑ 恢复时间目标（RTO）：在中断或灾难发生后必须恢复业务流程的目标时间范围。
- ❑ 恢复点目标（RPO）：由于重大事故而可能从组织中丢失数据的最长时间。

是否有推荐的备份或复制策略

做出备份或复制的决定以及频率应该基于无法临时或永久访问数据的影响。必须考虑战略、运营、财务、交易和监管要求。在设计复制或数据备份策略时，你应该考虑几个因素。可靠性至关重要；速度和效率也非常重要；当然还要考虑简单性、易用性和成本。这些因素都将定义过程类型和频率的标准。

数据备份策略主要关注合规性和粒度恢复，例如，恢复几个月前创建的文档或几年前用户的电子邮件。

数据复制和恢复侧重于业务连续性，以及灾难或损坏后能否快速或轻松恢复操作。数据复制的一个主要优点是最小化恢复时间目标（RTO）。此外，数据备份通常用于组织中的所有内容，从关键生产服务器到桌面和移动设备。另一方面，数据复制通常用于必须始终可用且完全可操作的任务关键型应用程序。

备份或复制的数据应存储在场外位置，并注意防盗，以及避免自然灾害（如洪水和火灾）。必须记录备份策略和相关过程。

图 8-8 显示了两个地理位置之间的数据复制示例。在该示例中，存储在纽约州纽约办事处的数据被复制到北卡罗来纳州罗利的一个站点。

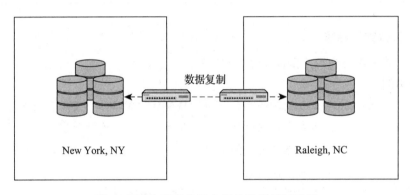

图 8-8　两个地理位置之间的数据复制示例

组织还可以使用云进行数据备份或复制。云存储是指使用基于 Internet 的资源来存储数据。许多基于云的提供商（如 Google、亚马逊、Microsoft Azure、Box、Dropbox 等）提供可扩展且价格合理的存储选项，可用于替代（或补充）本地备份。

图 8-9 显示了一个组织的示例，该组织在波多黎各圣胡安设有办事处，在云中备份其数据。

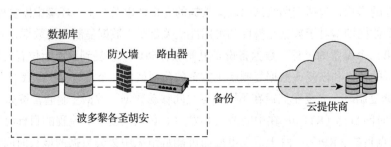

图 8-9　基于云的数据备份示例

不同的数据备份恢复类型可分类为：

❑ 传统恢复

❑ 增强恢复

❑ 快速恢复

❑ 持续可用

图 8-10 列出了每种数据备份恢复类型的优点和要素。

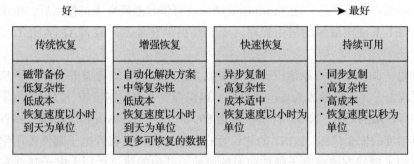

图 8-10 数据备份类型

了解测试的重要性

复制或备份数据的重点是，如果数据丢失或被篡改，可以访问或恢复数据。换句话说，备份或复制的价值在于确保运行还原操作能取得成功，并且数据将再次可用于生产和关键业务应用程序系统。

正如必须适当注意设计和测试复制或备份解决方案一样，在获得批准之前，还必须仔细设计和测试可访问性或恢复策略。必须记录可访问性或恢复过程。了解复制或备份操作是否成功并且可以依赖的唯一方法是测试它。建议至少每月对随机文件的访问或恢复进行测试。

实践中：数据复制策略

概要：在出现错误、危害、故障或灾难的情况下，保持数据的可用性和完整性。

策略声明：

❑ 信息安全办公室负责设计和监督企业复制和备份策略。要考虑的因素包括但不限于影响，成本和监管要求。

❑ 复制或备份媒体上包含的数据将受到与原始系统上的数据相同的访问控制级别的保护。

❑ 信息技术办公室负责复制和备份/恢复策略的实施、维护和持续监控。

❑ 必须记录该过程。

❑ 必须按计划对程序进行测试。

❑ 由于任何原因不再轮换的备份介质将被物理破坏，因此无论如何都无法读取数据。

安全消息传递

1971 年，国防部（DoD）研究员 Ray Tomlinson 向自己发送了第一封 ARPANET 电子邮件。ARPANET 是互联网的前身，是美国高级研究计划局（ARPA）项目，旨在开发一套通信协议，以透明地连接不同地理位置的计算资源。

消息应用程序可在 ARPANET 系统上使用；但是，它们只能用于向具有本地系统账户的用户发送消息。Tomlinson 修改了现有的消息传递系统，以便用户可以在其他 ARPANET 连接的系统上向用户发送消息。在 Tomlinson 的修改可供其他研究人员使用后，电子邮件很快成为 ARPANET 上使用最多的应用程序。安全性很少被考虑，因为 ARPANET 被视为一个受信任的社区。

当前的电子邮件架构与原始设计非常相似。因此，电子邮件服务器、电子邮件客户端和用户易受攻击，并且经常成为攻击的目标。组织需要实施控制措施，以保护电子邮件主机和电子邮件客户端的 CIA。NIST 特别出版物 800-177，"Trustworthy Email"推荐用于提高电子邮件可信度的安全措施。NIST 的建议旨在帮助你降低欺骗性电子邮件被用作攻击媒介的风险以及向未授权方披露电子邮件内容的风险，其中的建议适用于电子邮件发件人和收件人。

是什么使电子邮件成为安全风险

当你发送电子邮件时，其传输路线很复杂，在到达最终目的地之前，会在多个中间位置进行处理和排序。在其原生形式中，电子邮件使用明文协议传输。几乎不可能知道是否有人在传输过程中阅读或操纵过你的电子邮件。转发、复制、存储和检索电子邮件很容易（并且很常见）；保留内容和元数据的机密性很困难。此外，电子邮件可用于分发恶意软件和泄露公司数据。

了解明文传输

简单邮件传输协议（SMTP）是用于发送电子邮件的事实上的邮件传输标准。南加州大学的 Jon Postel 于 1982 年 8 月开发了 SMTP。在最基本的层面上，SMTP 是一种定义用于传递电子邮件消息的通信协议的最小语言。邮件传递后，用户需要访问邮件服务器以检索邮件。两种最广泛支持的邮箱访问协议是 1984 年开发的邮局协议（现为 POP3）和 1988 年开发的互联网消息访问协议（IMAP）。设计人员从未设想有一天电子邮件将无处不在，与原始 ARPANET 通信一样，可靠的消息传递（而不是安全性）是焦点。SMTP、POP 和 IMAP 都是明文协议。这意味着交付指令（包括访问密码）和电子邮件内容以人类可读的形式传输。以明文形式发送的信息可能被第三方捕获和读取，从而导致违反保密规定。以明文形式发送的信息可能会被第三方捕获和操纵，从而导致违反完整性。

加密协议可用于保护身份验证和内容。加密通过将消息从（可读）纯文本转换为（加扰的）密文来保护消息的隐私。POP 和 IMAP 的后期实施支持加密。RFC 2595，"将 TLS 与 IMAP、POP3 和 ACAP 结合使用"介绍了在这些流行的电子邮件标准中使用加密。

第 10 章将深入研究加密协议。加密电子邮件通常被称为"安全电子邮件"。正如第 5 章所讨论的那样，"电子邮件处理标准应指定每个数据分类的电子邮件加密要求。大多数电子邮件加密实用程序可以配置为根据预设标准自动加密，包括内容、收件人和电子邮件域。

了解元数据

作为电子邮件附件或通过任何其他通信或协作工具发送的文档可能包含比发件人要共享的信息更多的信息。许多办公程序创建的文件包含有关文档创建者的隐藏信息，甚至可能包含一些已重新格式化，删除或隐藏的内容。此信息称为元数据。

在以下情况下请记住这一点：

❑ 如果通过进行更改并将其发送给新收件人（即使用样板合同或销售提案）来回收文档。

❑ 如果你使用由他人创建的文档。在 Microsoft Office 等程序中，该文档可能会将原始人员列为作者。

❑ 如果你使用跟踪更改功能。请务必接受或拒绝更改，而不仅仅是隐藏修订。

了解嵌入式恶意软件

电子邮件是攻击并最终渗透到组织的有效方法。常见的机制包括在附件中嵌入恶意软件并指示收件人单击连接到恶意软件分发站点的超链接（用户不知情）。攻击者越来越多地使用电子邮件向目标组织提供零日攻击。零日攻击是指在漏洞公开或众所周知的同一天利用安全漏洞的攻击。

恶意软件可以轻松嵌入到常见附件中，例如 PDF、Word 和 Excel 文件，甚至是图片。不允许任何附件可以简化电子邮件安全；但是，它会大大降低电子邮件的实用性。确定允许哪些类型的附件以及过滤掉哪些附件必须是组织决策。过滤是一种邮件服务器功能，它基于文件类型。过滤的有效性是有限的，因为攻击者可以修改文件扩展名。为了与深度防御方法保持一致，应在邮件网关、电子邮件服务器和电子邮件客户端扫描允许的附件以查找恶意软件。

超链接是以编程方式配置为连接到其他文档，书签或位置的单词、短语或图像。超链接有两个组件——要显示的文本（例如 www.goodplace.com）和连接说明。具有真实外观的超链接用于欺骗电子邮件收件人连接到恶意软件分发站点。大多数电子邮件客户端应用程序可以选择禁用活动超链接。这里的挑战是超链接通常被合法地用于引导接收者获得附加信息。在这两种情况下，都需要教会用户不要点击链接或打开与未经请求的、意外的，甚至是轻微可疑的电子邮件相关的任何附件。

控制对个人电子邮件应用程序的访问

不允许从公司网络访问个人电子邮件账户。通过 Gmail 等个人电子邮件应用程序提供的电子邮件会绕过公司配置的所有控制权，例如电子邮件过滤和扫描。一个差不多的比喻是你在家门前安装了锁、灯和报警系统，后门实际上只是偶尔给朋友和家人用，但选择让后门一直敞开着。

除了外部威胁之外，还需要考虑恶意和无意的内部威胁。如果员工决定通过个人电子邮件与客户通信，或者员工选择泄露信息并通过个人电子邮件发送，则不会记录活动。从人力资源和法律角度来看，这都会妨碍调查和随后的反应。

了解骗局

由于通过电子邮件发送恶作剧，每年都会以支持费用和设备工作量的形式损失大量资金。骗局是故意捏造的谎言。电子邮件骗局可能是假病毒警告或政治或法律性质的虚假信息，并且通常与犯罪骗局有关。一些骗局要求收件人采取行动（结果证明是有害的），例如，从他们的本地计算机删除所谓的恶意文件，发送未经邀请的邮件，随意抵制组织的伪造原因，或通过转发邮件来诽谤个人或团体。

了解用户错误引入的风险

影响电子邮件机密性的三个最常见的用户错误是向错误的人发送电子邮件，选择"全部答复"而不是"回复"，并且不恰当地使用"转发"。

很容易错误地将电子邮件发送到错误的地址。对于根据输入的前三个或四个字符自动完成地址的电子邮件客户端尤其如此。必须让所有用户都知道这一点，并且必须严格关注在"收件人"字段中输入的电子邮件地址，以及使用时的 CC 和 BCC 字段。

选择"全部答复"而不是"回复"的后果可能非常严重。最好的情况是尴尬；最糟糕的情况是由于向"不需要知道"的人分发信息而侵犯机密性。在医疗保健和银行业等受监管部门，侵犯患者或客户的隐私是违法的。

转发具有类似的含义。假设有两个人使用回复功能来回发送电子邮件。他们的整个对话都可以在网上找到。现在假设其中一个人决定上一封电子邮件中的某些内容对第三方感兴趣并转发该电子邮件。实际上，那个人刚刚做的是转发两人之间交换过的电子邮件的整个帖子。这可能不是该人的意图，可能会侵犯其他原收 / 发件人的隐私。

电子邮件服务器是否存在风险

电子邮件服务器是提供发送、转发和存储电子邮件的主机。电子邮件服务器是有吸引力的目标，因为它们是 Internet 和内部网络之间的通道。保护电子邮件服务器免受攻击涉及加强底层操作系统、电子邮件服务器应用程序和网络，以防止恶意实体直接攻击邮件服务器。电子邮件服务器应该是单用途主机，并且应禁用或删除所有其他服务。电子邮件服务器威胁包括中继滥用和 DoS 攻击。

了解中继滥用和黑名单

电子邮件服务器的作用是处理和转发电子邮件。许多电子邮件服务器的默认状态是处理和中继发送到服务器的任何邮件。这称为开放邮件中继。通过服务器中继邮件的能力可以（并且经常）被非法使用资源的人利用。犯罪分子对配置为允许中继的电子邮件服务器进行 Internet 搜索。在找到一个开放的中继服务器后，他们使用它来分发垃圾邮件和恶意软件。该电子邮件似乎来自其电子邮件服务器被盗用的公司。犯罪分子使用这种技术隐藏自己的身份其行为不易被发现，而且还导致法律和生产力的影响。

为应对大量垃圾邮件和电子邮件恶意软件分发，黑名单已成为一种标准做法。黑名单是已知用于发送未经许可的商业电子邮件（垃圾邮件）或电子邮件嵌入式恶意软件的电子邮件地址、域名或 IP 地址的列表。使用黑名单作为电子邮件过滤器，接收电子邮件服务器根据黑名单检查传入的电子邮件，匹配时，电子邮件会被拒收。

了解拒绝服务攻击

SMTP 协议特别容易受到 DDoS 攻击，因为根据设计，它接受并对传入的电子邮件进行排队。为减轻电子邮件 DoS 攻击的影响，可以将邮件服务器配置为限制它可以使用的操作系统资源量。一些示例包括配置邮件服务器应用程序，以便它不会占用其硬盘驱动器或分区上的所有可用空间，限制允许的附件大小，并确保日志文件存储在适当大小的位置。

其他协作和通信工具

如今组织使用的不仅仅是电子邮件。许多组织使用 Slack、Cisco Spark、WebEx、Telepresence 和许多其他协作工具来提供内部通信方式。大多数服务或产品提供不同的加密功能。这包括数据传输期间的加密和静态数据的加密。其中大多数也是云服务。在确保并了解每种解决方案的风险时，你必须有一个好的策略，包括了解你可以控制的风险和你无法控制的风险。

协作和通信服务是否面临风险

绝对有风险！就像电子邮件一样，需要评估 WebEx、Slack 等协作工具。这就是美国联邦政府制定联邦风险和授权管理计划（FedRAMP）的原因。FedRAMP 是一个为云产品和服务指定安全评估、授权和持续监控的标准化方法的程序。这包括 Cisco WebEx 等云服务。

根据其网站（https://www.fedramp.gov），以下是 FedRAMP 的目标：

❑ 通过重用评估和授权，加速采用安全云解决方案。

❑ 增加对云解决方案安全性的信心。

❑ 使用一组商定的标准实现一致的安全授权，用于在 FedRAMP 内外进行云产品批准。

❑ 确保现有安全实践的一致应用。

❑ 增加对安全评估的信心。

❑ 增加自动化和近实时数据，以实现持续监控。

同样如其网站所定义，以下是 FedRAMP 的好处：

❑ 增加各机构对现有安全评估的重复使用。

❑ 节省大量成本、时间和资源，实现"做一次，多次使用"。

❑ 提高实时安全可见性。

❑ 为基于风险的管理提供统一的方法。

❑ 提高政府与云服务提供商（CSP）之间的透明度。

❑ 提高联邦安全授权流程的可信赖性、可靠性、一致性和质量。

实践中：电子邮件和电子邮件系统安全策略

概要： 认识到电子邮件和消息传递平台易受未经授权的泄露和攻击，并负责保护所述系统。

策略声明：

❑ 信息安全办公室负责评估与电子邮件和电子邮件系统相关的风险。风险评估必须至少每半年或在发生变化触发时进行。

❏ 信息安全办公室负责创建电子邮件安全标准，包括但不限于附件和内容过滤、加密、恶意软件检查和 DDoS 缓解。

❏ 分类为"受保护"或"机密"的数据的外部传输必须加密。

❏ 远程访问公司电子邮件必须符合企业远程访问标准。

❏ 不允许从公司网络访问基于 Web 的个人电子邮件。

❏ 信息技术办公室负责实施、维护和监测适当的控制措施。

❏ 人力资源办公室负责提供电子邮件安全用户培训。

活动监控和日志分析

NIST 将日志定义为组织系统和网络中发生的事件的记录。日志由日志条目组成；每个条目包含与系统或网络中发生的特定事件相关的信息。安全日志由许多来源生成，包括安全软件，如 AV 软件、防火墙和 IDS / IPS 系统；服务器、工作站和网络设备上的操作系统；以及应用程序。来自网络活动的"记录"的另一个例子是 NetFlow。NetFlow 最初是为网络流量的计费而创建的，用于衡量其他 IP 流量特征，例如带宽利用率和应用程序性能。NetFlow 还被用作网络容量规划工具并监控网络可用性。如今，NetFlow 被用作网络安全工具，因为它的报告功能提供了不可靠性，异常检测和调查功能。当网络流量穿过启用 NetFlow 的设备时，设备会收集流量信息，并向网络管理员或安全专业人员提供有关此类流量的详细信息。Internet 协议流信息导出（IPFIX）是由 Internet 工程任务组（IETF）领导的网络流标准。IPFIX 是从路由器、交换机、防火墙和其他基础设施设备创建流量信息的通用标准。IPFIX 定义了如何格式化流信息并将其从导出器传输到收集器。

日志是执行审计和取证分析，支持内部调查，建立基线以及确定运营趋势和长期问题的关键资源。常规日志分析有助于识别安全事件、策略违规、欺诈活动和操作问题。如果内部知识不充分，应聘请第三方安全专家进行日志分析。

大数据分析是研究各种类型和各种课程的大量数据的实践，以学习有趣的模式、未知的事实和其他有用的信息。大数据分析可以在网络安全中发挥至关重要的作用。许多业内人士正在改变他们的谈话基调，并表示不再是你的网络是否或何时受到损害，而是假设你的网络已被黑客入侵或受到攻击。他们建议重点关注最小化损害并提高可见度，以帮助识别下一次黑客攻击或妥协。

可以针对非常大的不同数据集运行高级分析，以找到妥协指标（IOC）。这些数据集可以包括以"流式"方式或批量处理的不同类型的结构化和非结构化数据。任何组织只是为了收集数据而收集数据；但是，此类数据的有用性取决于此类数据的可操作性如何做出决策（除了是否定期监测和分析数据）。

日志管理

日志管理活动涉及配置日志源，包括日志生成，存储和安全性，执行日志数据分析，启动对已识别事件的适当响应以及管理日志数据的长期存储。日志管理基础架构通常基于两种主要类别的日志管理软件之一：基于系统日志的集中式日志记录软件和安全信息以及事件管理软件（SIEM）。系统日志提供基于消息类型和严重性的开放框架。安全信息和事件管理（SIEM）软件包括商业应用程序，并且通常使用专有过程。NIST 特别出版物 SP 800-92 于 2006 年 9 月出版，为在整个企业中开发、实施和维护有效的日志管理实践提供实用的指导。SP 800-92 中的指南涵盖了几个主题，包括建立日志管理基础设施。

确定并选择要记录的数据的优先级

理想情况下，将从网络上的每个重要设备和应用程序收集数据。挑战在于网络设备和应用程序每分钟可以生成数百个事件。即使是少量设备的网络也可以每天产生数百万个事件。绝对的数量可以压倒日志管理程序。优先级和包含决策应基于系统或设备的关键性、数据保护要求、漏洞利用和法规要求。例如，作为公司公众面孔的网站和服务器特别容易受到来自因特网的访问。电子商务应用程序和数据库服务器可能会推动公司的收入，并且因为它们包含有价值的信息（如信用卡信息）而成为目标。内部设备是日常生产力所必需的；访问使它们容易受到内部攻击。除了识别可疑活动、攻击和妥协之外，还可以使用日志数据来更好地了解正常活动，提供操作监督，并提供活动的历史记录。决策过程应包括信息系统所有者，以及信息安全、合规、法律、人力资源和 IT 人员。

IT 基础架构内的系统通常配置为每次特定事件发生时生成和发送信息。如 NIST SP 800-61 修订版 2 "计算机安全事件处理指南" 中所述，事件是系统或网络中发生的任何可观察事件，而安全事件是违反组织安全策略的事件。安全运营中心分析师的一项重要任务是确定事件何时构成安全事件。事件日志（或简称日志）是事件的正式记录，包括有关事件本身的信息。例如，日志可能包含时间戳、IP 地址、错误代码等。

事件管理包括管理，物理和技术控制，允许正确收集，存储和分析事件。事件管理在信息安全中起着关键作用，因为它允许检测和调查实时攻击，实现事件响应，并允许统计和趋势报告。如果组织缺少有关过去事件和日志的信息，则可能会降低其调查事件和执行根本原因分析的能力。

监控和事件管理的另一个重要功能是合规性。许多合规性框架（例如，ISO 和 PCI DSS）要求日志管理控制和实践。事件管理的最基本任务之一是日志收集。事实上，IT 基础架构中的许多系统都能够生成日志并将其发送到用于存储日志的远程系统。日志存储是维护日志机密性和完整性的关键任务。由于日志可能包含敏感信息，因此需要保密。在某些情况下，日志可能需要在法庭上作为证据使用，或作为事件响应的一部分。日志的完整性是将其用作证据和归属的基础。

用于存储日志的工具需要受到保护以防止未经授权的访问，并且应保持日志的完整性。应该分配足够的存储空间，以便不会因为存储空间不足而丢失日志。

通过日志收集的信息通常包括但不限于以下内容：

- ❏ 用户的 ID
- ❏ 系统活动
- ❏ 时间戳
- ❏ 成功或不成功的访问尝试
- ❏ 配置更改

❑ 网络地址和协议

❑ 文件访问活动

不同的系统可以依此实现以各种格式发送其日志消息。

根据 NIST SP 800-92, 安全专业人员对三类日志感兴趣:

❑ 安全软件生成的日志, 包括以下软件和设备生成的日志和警报:

　○ 反病毒 / 反恶意软件

　○ IPS 和 IDS

　○ Web 代理

　○ 远程访问软件

　○ 漏洞管理软件

　○ 验证服务器

　○ 基础设施设备 (包括防火墙、路由器、交换机和无线接入点)

❑ 操作系统生成的日志, 包括以下内容:

　○ 系统事件

　○ 审计记录

❑ 应用程序生成的日志, 包括以下内容:

　○ 连接和会话信息

　○ 使用信息

　○ 重大的运营行动

收集后, 需要对日志进行分析和审核, 以检测安全事件并确保安全控制正常运行。这不是一项微不足道的任务, 因为分析师可能需要分析大量数据。安全专业人员必须了解哪些日志是相关的, 并且应该收集这些日志以用于安全管理以及事件和事件管理。

用于收集和存储日志的系统通常提供管理界面, 安全分析师可以通过该界面以有组织的方式查看日志, 过滤掉不必要的条目, 并生成历史报告。在某些时候, 可能不再需要日志。确定日志需要保留多长时间包含在日志保留策略中。日志可以从系统中删除或在单独的系统中存档。事件通知最常用的协议之一是 syslog, 它在 RFC 5424 中定义。

syslog 协议指定了三个主要实体:

❑ 发起者: 生成系统日志消息的实体 (例如, 路由器)。

❑ 收集者: 以 syslog 格式接收有关事件的信息的实体 (例如, syslog 服务器)。

❑ 中继: 可以从发起者接收消息并将其转发给其他中继或收集者的实体。

安全信息和事件管理器

安全信息和事件管理器 (SIEM) 是用于安全事件管理的专用设备或软件。它通常允许以下功能:

❑ 日志收集: 这包括从具有多种协议和格式的设备接收信息, 存储日志以及提供历史报告和日志过滤。

❑ 日志标准化: 此功能从以不同格式接收的日志中提取相关属性, 并将它们存储在公共数据模型或模板中。这样可以更快地进行事件分类和操作。非标准化日志通常用于存档，历史和取证目的。

- 日志聚合：此功能基于公共信息聚合信息并减少重复信息。
- 日志关联：这可能是 SIEM 最重要的功能之一。它指的是系统将各种系统收集的事件以不同格式和不同时间关联的能力，并为安全分析师或调查员创建单个可操作事件。SIEM 的质量通常与其关联引擎的质量有关。
- 报告：事件可见性也是 SIEM 的关键功能。报告功能通常包括实时监控和历史基础报告。

大多数现代 SIEM 还与其他信息系统集成，收集额外的上下文信息以提供关联引擎。例如，它们可以与身份管理系统集成，并获取有关用户或 NetFlow 收集器的上下文信息，并获取其他基于流的信息。

分析日志

正确一致地完成日志分析是发现潜在威胁，识别恶意活动和提供运营监督的可靠而准确的方法。日志分析技术包括相关性、排序、特征比较和趋势分析：

- 相关性根据相关信息将各个日志条目联系在一起。
- 排序根据模式检查活动。
- 特征比较将日志数据与"已知不好"的活动进行比较。
- 趋势分析可以确定一段时间内可能看起来正常的活动。

分析日志时常犯的错误是关注"拒绝"活动。虽然了解被拒绝的内容很重要，但重点关注可能使组织面临风险的被允许的活动更为重要。

仅供参考：日志评价监管要求和合同义务

监控事件和审计日志是遵守各种联邦法规（包括 Gramm-Leach-Bliley 法案）的重要组成部分。此外，截至 2013 年 7 月，至少有 48 个州和美国地区制定了安全漏洞通知法，要求企业监控和保护特定的消费者数据集：

- GLBA 要求金融机构保护其客户的信息免受安全威胁。日志管理可以帮助识别可能的安全违规并有效地解决它们。
- HIPAA 包括某些健康信息的安全标准，包括定期审核日志和访问报告的需要。第 4.22 节规定，行动和活动的文件需要保留至少六年。
- 2022 年 FISMA NIST SP 800-53 中的要求描述了与日志管理相关的若干控制，包括审计记录的生成、评价、保护和保留，以及因审计失败而采取的行动。
- PCI DSS 适用于存储、处理或传输支付卡持卡人数据的组织。第五个核心 PCI DSS 原则，即监管监控和测试网络，包括跟踪和监控对网络资源和持卡人数据的所有访问的要求。

防火墙日志可用于检测安全威胁，例如网络入侵、病毒攻击、DoS 攻击、异常行为、员工 Web 活动、Web 流量分析和恶意内部活动。查看日志数据可以监控防火墙管理活动和变更管理，包括防火墙配置更改的审计跟踪。带宽监控可以提供有关可能表示攻击的突然变化的信息。

Web 服务器日志是识别和阻止恶意活动的另一种丰富数据源。指示重定向、客户端错误，或服务器错误的 HTTP 状态代码可能表示恶意活动以及应用程序故障或 HTML 代码错误。检查 Null Referrers 的日志可以识别使用不遵循正确协议的自动化工具扫描网站的黑客。日志数据还可用于识别 Web 攻击，包括 SQL 注入、跨站脚本和目录遍历。与防火墙一样，查看 Web 服务器日志数据可以监控 Web 服务器 / 网站管理活动和变更管理，包括配置更改的审计跟踪。

身份验证服务器记录文档用户、组和管理账户活动。应该挖掘和分析的活动包括账户锁定、无效账户登录、无效密码、密码更改和用户管理更改（包括新账户和更改的账户），计算机管理事件（例如清除审核日志或更改计算机账户名称），组管理事件（例如创建或删除组以及向高安全级组添加用户）以及登录时间限制之外的用户活动。操作活动（例如新软件的安装，补丁管理的成功 / 失败，服务器重启以及策略更改）也应该受到关注。

实践中：安全日志管理策略

概要：要求设备、系统和应用程序支持日志记录并为日志管理分配责任。

策略声明：

❑ 公司实施的设备、系统和应用程序必须支持记录活动的能力，包括数据访问和配置修改。例外情况必须得到首席运营官的批准。

❑ 访问日志必须限于需要知道的个人。

❑ 日志必须保留 12 个月。

❑ 日志分析报告必须保留 36 个月。

❑ 信息安全办公室负责以下事项：
  ○ 制定日志管理标准、步骤和指南
  ○ 在整个组织中适当地优先考虑日志管理
  ○ 创建和维护安全的日志管理基础架构
  ○ 建立日志分析事件响应过程
  ○ 为所有具有日志管理职责的员工提供适当的培训

❑ 信息技术办公室负责以下事项：
  ○ 管理和监视日志管理基础结构
  ○ 主动分析日志数据，以识别正在进行的活动和即将发生的问题的迹象
  ○ 向信息安全办公室提供报告

服务提供商监督

许多公司将其运营的某些方面外包出去。这些关系无论多么有益，都有可能引入漏洞。从监管角度来看，你可以外包工作，但不能将法律责任外包。组织 CIA 要求必须扩展到存储、处理、传输或访问公司数据和信息系统的所有服务提供商和业务合作伙伴。必须要求第三方控制以满足或在某些情况下超出内部要求。在与服务提供商合作时，组织需要在选择提

供商时进行尽职调查，合同规定提供商实施适当的安全控制，并监控服务提供商是否持续遵守合同义务。

> **仅供参考：加强外包技术服务的复原力**
>
> 联邦金融机构检查委员会（FFIEC）信息技术检查手册（IT手册）业务连续性手册，附录J"加强外包技术服务的复原力"，提供指导和检查程序，以协助检查员和银行家评估财务机构的风险管理流程，用于建立、管理和监控IT外包和第三方关系。但是，该指南对各种类型和规模的组织都很有用。本节中的一些建议来自FFIEC指南。要从FFIEC网站下载小册子，请访问 https://ithandbook.ffiec.gov/it-booklets/business-continuity-planning/appendix-j-strengthening--resilience-of-outsourced-technology-services.aspx。

尽职调查

提供商尽职调查描述了用于评估服务提供商充足性的过程或方法。尽职调查的深度和形式可能因外包关系的风险而有所不同。尽职调查可能包括以下内容：

- 公司历史。
- 公司负责人的资格、背景和声誉。
- 财务状况，包括对经审计的财务报表的评价。
- 服务交付能力、状态和有效性。
- 技术和系统架构。
- 内部控制环境、安全历史记录和审计范围。
- 法律和法规合规性，包括任何投诉、诉讼或监管措施。
- 依赖并成功与第三方服务提供商打交道。
- 保险范围。
- 事件响应能力。
- 灾难恢复和业务连续性功能。

服务提供商要求的文档通常包括财务报表、安全相关政策、保险证明、分包商披露、灾难恢复、运营计划的连续性、事件通知和响应程序、安全测试结果和独立审计报告（比如SSAE16）。

了解独立审计报告

独立审计的目标是客观地评估运营、安全和合规控制的有效性。证明从事标准（SSAE）18，即SSAE18审计报告，已成为最广泛接受的尽职调查文件。SSAE18由美国注册会计师协会（AICPA）开发。SSAE定义服务组织（SOC）的控制。SOC报告专门针对以下五个关键系统属性中的一个或多个：

- **安全**：系统受到保护，以防止未经授权的访问（物理和逻辑）。
- **可行性**：该系统可以按照承诺或约定的方式进行操作和使用。

- ❑ **处理完整性**：系统处理完整、准确、及时且经过授权。
- ❑ **保密**：指定为机密的信息受到承诺或同意的保护。
- ❑ **隐私**：个人信息的收集、使用、保留、披露和处置符合实体隐私声明中的承诺，并符合 AICPA 和加拿大特许会计师协会颁布的"一般接受的隐私原则"（GAPP）中规定的标准。

SSAE 审核必须由注册会计师事务所（CPA）公司证明。在过去一年内具有 SOC 参与度的 SSAE 服务组织可以向 AICPA 注册以显示适用的徽标。

服务提供商合同中应该包含的内容

服务提供商合同应包括许多与信息安全相关的条款，包括性能标准、安全和隐私合规性要求、事件通知、业务连续性、灾难恢复承诺和审计选项。目的是确保服务提供商采取适当的谨慎态度，期望合理的努力将避免伤害并将风险降至最低。

性能标准定义了最低服务级别要求和未能满足合同标准的补救措施，例如，系统正常运行时间，完成批处理的截止日期以及处理错误的数量。MTTR（平均修复时间）可以是服务水平协议（SLA）中的子句条件，以及第一层、第二层和第三层性能因素的标准参考。所有支持服务请求都从第 1 层开始。这就是问题被识别、分类和最初文档化的地方。任何不能通过第 1 层支持解决的支持服务请求都会升级到第 2 层。高级支持人员负责更高级别的软件或硬件故障排除。类似地，任何不能通过第 2 层支持解决的支持服务请求都会升级到第 3 层。应该测量和分析你的员工在每个层级上的效率，以提高性能。

安全性和隐私遵从性要求解决服务提供商管理信息和信息系统以及组织过程、策略和计划。服务提供商控制环境应该与组织策略和标准一致。协议应禁止服务提供商及其代理使用或披露信息，除非提供合同服务或与提供合同服务一致，并防止未经授权的使用。如果服务提供商存储、处理、接收或访问非公共个人信息（NPPI），则合同应说明服务提供商将遵守所有适用的安全和隐私条例。

应清楚地说明事件通知要求。根据州违规通知法，除非执法部门另有指示，否则服务提供商必须披露经过验证的安全漏洞和可疑事件。后者往往是争论的焦点。合同应规定报告的时间范围，以及事故报告中必须包含的信息类型。

最后，合同应包括其有权接受的审计报告的类型（例如，财务、内部管理和安全评价）。合同应规定审计频率、获得审计的任何费用以及及时获得审计结果的权利。合同还可规定获得解决任何缺陷的文件和检查服务提供商的加工设施和操作规程的权利。对于与互联网有关的服务，合同应要求由具有足够专业知识的独立方定期进行控制评价。这些评价可以包括渗透测试、入侵检测、防火墙配置评价以及其他独立的控制评价。

管理持续的监控

尽职调查已经完成，合同已经签署，服务正在提供，但是现在还不是放松的时候。记住，你可以外包工作，但不能外包责任。持续的监控应该包括服务提供商的安全控制的有效性、财务实力、应对监管环境变化的能力，以及外部事件的影响。业务流程所有者应该建立并保持与关键服务提供商人员的专业关系。

実践中：服务提供商管理策略

概要： 为服务提供商关系建立与信息安全相关的标准。

策略声明：

❑ 服务提供商的定义是存储、处理、传输或访问公司信息或公司信息系统的提供商、承包商、业务合作伙伴或关联公司。

❑ 风险管理办公室负责监督服务提供商的选择、合同谈判和管理。

❑ 风险管理办公室将负责进行适用的服务提供商风险评估。

❑ 必须对所有服务提供商进行尽职调查研究。根据风险评估结果，尽职调查研究可能包括但不限于以下内容：

　○ 财务稳健性审查。

　○ 内部信息安全政策和控制环境审查。

　○ 审查任何行业标准审计或信息安全相关的控制测试。

❑ 服务提供商系统必须满足或超过内部安全要求。保障措施必须与数据的分类和固有风险水平相称。

❑ 与服务提供商签订的合同或协议将特别要求他们保护中央情报局所有受其控制的公司、客户和专有信息。

❑ 合同或协议必须包括涉嫌、实际妥协或系统违规的通知要求。

❑ 合同或协议必须包括服务提供商有义务遵守所有适用的州和联邦的法规。

❑ 在适用的情况下，合同或协议必须包括与不再使用或终止关系时正确销毁包含客户或专有信息的记录相关的条款。

❑ 合同或协议必须包括允许定期对服务提供商环境进行安全审查/审核的规定。

❑ 合同或协议必须包括要求服务提供商披露承包商的使用的规定。

❑ 在可能和实际可行的情况下，将监控和验证合同履行情况。监督是业务流程所有者的责任。

仅供参考：小企业说明

大多数小企业没有专门的 IT 或信息安全人员。他们依靠外部组织或承包商来执行各种任务，包括采购、网络管理、网页设计和非现场托管。"IT 人员"很少经过适当的审查。一位普通的小企业主说："我甚至不知道该问什么，我对技术一无所知。"小企业主和经理们不需要被吓倒，而是需要认识到他们有责任评估有权访问他们信息系统的人的资格。同行和行业团体都可以作为参考和建议的来源。与任何服务提供商一样，应当在合同中包括责任和期望。

威胁情报和信息共享

组织经常使用威胁情报来更好地了解威胁行为者如何实施攻击，并了解当前的威胁状况。威胁情报和网络安全是相对较新的概念，利用情报来了解敌情是一个非常古老的概念。

将情报运用到网络安全领域是很有意义的，这主要是因为现在威胁的范围非常广泛，而且对手也各不相同。

威胁情报可以用来理解哪个攻击配置文件最有可能以你的组织为目标。例如，如果你的组织支持某些社会或政治倾向，黑客组织可能会反对你。通过使用威胁情报，你还可以了解威胁参与者最希望你拥有的资产。你还可以利用威胁情报来根据攻击者调整数据范围。如果你完全理解了要保护的资产类型，那么它还可以帮助你识别应该警惕的威胁参与者。你从威胁情报中获得的信息可以归类为：

❑ 技术
❑ 战术
❑ 操作
❑ 战略

仅供参考：开源智能（OSINT）

各种商业威胁情报公司向客户提供威胁情报。然而，也有免费的开源提供和公共可用的来源。我已经在 https://github.com/The-Art-of-Hacking/art-of-hacking/tree/master/osint 上发布了一个 GitHub 存储库，其中包括几个开源智能（OSINT）资源。相同的 GitHub 存储库包括许多网络安全和道德黑客参考。

思科计算机安全事件响应小组（CSIRT）创建了一个开源工具，可用于收集、处理和导出称为 GOSINT 的高质量妥协指标（IOC）。GOSINT 允许安全分析师收集和标准化结构化和非结构化威胁情报。可以在 https://github.com/ciscocsirt/gosint 上找到该工具和其他文档。

如果无法共享网络威胁情报，该有多好

任何组织都无法拥有足够的信息来创建和保持对网络威胁环境的准确态势感知。在可信任的合作伙伴和社区之间共享相关的网络威胁信息是有效保护你的组织的必要条件。通过网络威胁情报共享，组织和业界同仁可以更全面地了解他们面临的威胁以及如何战胜它们。

信任是组织之间有效公开共享威胁情报的主要障碍。这就是创建信息共享和分析中心（ISAC）的原因。根据 ISAC 国家委员会的说法，每个 ISAC 将"收集、分析和向其成员传播可诉的威胁信息，并为其成员提供减轻风险和增强应变能力的工具。"

ISAC 是在 1998 年 5 月 22 日签署的总统决定第 63 号指令（PDD-63）之后建立的。美国联邦政府要求每个关键基础设施部门建立特定部门组织，以分享有关威胁和脆弱性的信息。大多数 ISAC 具有威胁警告和事件报告的能力。以下是现存的不同 ISAC 的例子，以及它们网站的链接：

❑ 汽车业 ISAC：www.automotiveisac.com
❑ 飞机制造业 ISAC：www.a-isac.com
❑ 通信业 ISAC：www.dhs.gov/national-coordinating-center-communications
❑ 工业基地防护 ISAC：www.dibisac.net

- 下游天然气 ISAC：www.dngisac.com
- 电力 ISAC：www.eisac.com
- 应急管理和响应 ISAC：www.usfa.dhs.gov/emr-isac
- 金融服务业 ISAC：www.fsisac.com
- 医疗保健准备：www.healthcareready.org
- 信息技术 ISAC：www.it-isac.org
- 海事 ISAC：www.maritimesecurity.org
- 多州 ISAC：www.ms-isac.org
- 国防部 ISAC：www.ndisac.org
- 国民健康 ISAC：www.nhisac.org
- 石油和天然气 ISAC：www.ongisac.org
- 房地产业 ISAC：www.reisac.org
- 研究和教育网络 ISAC：www.ren-isac.net
- 零售网络情报共享中心：www.r-cisc.org
- 地面交通、公共交通和公路巴士 ISAC：www.surfacetransportationisac.org
- 水 ISAC：www.waterisac.org

仅供参考：网络威胁情报共享的技术标准

有一些技术标准定义了一组信息表示和协议，用于建模、分析和共享网络威胁情报。已经创建了标准化的表示来交换关于网络活动、威胁参与者、事件、战术技术和程序（TTP）、指标、利用目标、可观察性和行动方案的信息。两个最流行的网络威胁情报信息交换标准是结构化威胁信息表达式（STIX）和可信自动指示符信息交换（TAXII）。有关 STIX 和 TAXII 的其他信息可以在 https://oasis-open.github.io/cti-documents 上获得。

另一个相关的标准是 OASIS 开放式命令和控制（OpenC2）。标准文档提供规范、词典和其他构件，以标准化的方式描述网络安全命令和控制（C2）。有关 OpenC2 的附加信息可以在 https://www.oasis-open.org/committees/tc_home.php?wg_abbrev=openc2 上获得。

总结

此安全域是关于日常运营活动的。我们通过了解 SOP 来开始本章。我们讨论了精心编写的 SOP 提供了方向、改善沟通、减少培训时间和提高工作一致性方面的知识。可以使用简单步骤格式编写简短且需要很少决策的例行程序。由十多个步骤组成的长程序，且几乎不需要做出决定，应以分层格式或图格式编写。需要做出许多决定的程序应以流程图的形式编写。

组织是动态的，变化是不可避免的。变更控制的目标是确保仅对软件、硬件、网络访问权限或业务流程进行授权更改。变更管理流程建立了有序有效的机制，包括了提交、评估、批准、优先排序、安排、沟通、实施、监控和组织接受变更。

变更管理过程的两个必要组件是 RFC（变更请求）文档和变更控制计划。只要具有预先批准的程序，计划的更改就可以免于该过程。一个很好的例子是补丁管理。补丁是旨在解决问题的软件或代码。应用安全补丁是修复软件中安全漏洞的主要方法。补丁管理是包括了安排、测试、批准和应用安全补丁的过程。

犯罪分子设计恶意软件（脚本或代码）来利用设备、操作系统、应用程序和用户漏洞，目的是破坏计算机操作、收集敏感信息或获得未经授权的访问。零日漏洞利用是在漏洞公开或普遍已知的同一天利用安全漏洞。恶意软件分类是基于感染和传播特性的。病毒是附加到另一个程序并成为其他程序的一部分的恶意代码。蠕虫是一种恶意代码，它可以从一台计算机传播到另一台计算机，而不需要感染主机文件。特洛伊木马是伪装成合法良性应用程序的恶意代码。网上机器人（也称为机器人）是用于自动化任务和响应指令的代码片段。整个受损设备的网络被称为僵尸网络。勒索软件是一种恶意软件，它把计算机或其数据作为人质，企图从受害者那里勒索金钱。rootkit 是一组软件工具，用于隐藏它在操作系统应用层、操作系统内核的下层中的存在，或者以特权访问权限隐藏在设备 BIOS 中。间谍软件是一个通用术语，用于描述在没有用户同意或知晓的情况下，跟踪诸如搜索和网络冲浪等互联网活动、收集关于个人习惯的数据并显示广告的软件。混合恶意软件是结合了多种类型的特征的代码。混合威胁是指多个恶意软件（蠕虫、病毒、机器人等）的变体被一致使用以利用系统漏洞。反恶意软件深入防御武器库包括预防和检测控制。其中最常见的是 AV 软件，它被设计用来检测、隔离和消除恶意软件。

恶意软件、用户错误和系统故障是导致数据不可用的众多威胁之一。拥有多个数据副本对于数据完整性和可用性都是必不可少的。数据复制是将数据复制到第二个位置以便立即或近距离使用的过程。数据备份是复制和存储可以恢复到原始位置的数据的过程。在这两种情况下，都必须具有用于复制/备份和复原/恢复的 SOP。应该测试复原和恢复过程以确保它们会按照预期工作。

电子邮件是主要的恶意软件分销渠道。罪犯在附件中嵌入恶意软件或者包括到恶意软件分发站点的超链接。电子邮件系统需要配置为扫描恶意软件和过滤附件。用户需要接受培训，不要单击电子邮件链接，也不要打开额外的附件。组织还应该限制对个人 Web 邮件应用程序的访问，因为它们绕过了内部电子邮件控制。罪犯会利用电子邮件通信系统固有的弱点。

现在许多组织都使用云服务，包括协作和统一通信解决方案。执行云服务的威胁建模并理解此类服务的风险对于任何组织都是至关重要的。加密通过将消息从（可读的）纯文本转换为（加扰的）加密文本来保护消息的隐私。许多电子邮件服务器的默认状态是处理并中继发送到服务器的任何邮件；该特性称为开放邮件中继。罪犯利用公开的邮件中继来分发恶意软件、垃圾邮件和色情等非法资料。黑名单是已知被泄露或有意用作分发平台的电子邮件地址、域名或 IP 地址的列表。列入黑名单的过程是使用黑名单作为电子邮件过滤器。由于电子邮件服务器是面向 Internet 的并且对接收分组开放，因此它们很容易成为分布式拒绝服务（DDoS）攻击的目标。DDoS 攻击的目的是使服务不可操作。

几乎网络上的每个设备和应用程序都可以记录活动。这种事件记录称为日志。可以使用标准 syslog 协议或 SIEM 应用程序处理日志。syslog 提供了一个基于消息类型和严重性的开放框架。安全信息和事件管理软件（SIEM）是商业应用程序，通常使用专有过程。分析技术包括相关性、排序、特征比较和趋势分析。相关性基于相关信息将各个日志条目关联在一起。排序分析根据模式检查活动。特征比较将日志数据与"已知不好的"活动进行比较。趋势分析识别出随着时间推移的活动，这些活动在单独情况下看起来可能是正常的。配置日志源（包括日志生成、存储和安全）、执行日志数据分析、发起对已标识事件的适当响应以及管理日志数据的长期存储的过程称为日志管理。

操作安全性扩展到服务提供商。服务提供商是存储、处理、传输或访问公司信息或公司信息系统的提供商、承包商、业务伙伴和联营商。服务提供商的内部控制应满足或超过合同组织的内部控制。传统观点（在某些情况下，是监管要求）是你可以将工作外包，但不能将责任外包。尽职调查描述了用于评估服务提供商的充足性的过程或方法。SSAE18 审计报告已成为最广泛接受的尽职调查文件。SSAE18 报告是由注册会计师事务所认证的独立审计报告。

服务提供商合同应包括许多与信息安全相关的条款，包括性能标准、安全和隐私遵从要求、事件通知、业务连续性和灾难恢复承诺，以及审计和持续监控选项。

威胁情报可用于了解哪种攻击配置文件最有可能针对你的组织。你还可以利用威胁情报来根据攻击者调整数据范围。如果你完全了解要保护的资产类型，它还可以帮助你识别应该警惕的威胁参与者。在可信赖的合作伙伴和社区之间共享相关的网络威胁信息是有效保护组织的必要条件。通过网络威胁情报信息共享，组织和行业同行可以更全面地了解他们所面临的威胁以及如何应对。

自测题

选择题

1. 关于 SOP 文档，以下哪项是正确的？
   - A. 它促进了业务连续性
   - B. 文件应在出版和发行前获得批准
   - C. A 和 B 都正确
   - D. A 和 B 都不正确

2. 以下哪项是 SOP 的替代名称？
   - A. 系统操作协议
   - B. 标准操作协议
   - C. 标准目标协议
   - D. 标准操作程序

3. 编辑程序后，它应该是_____。
   - A. 在发布之前评价、验证和授权
   - B. 在发布之前经过筛选、测试和验证
   - C. 在发布之前评价、授权和归档
   - D. 在发布之前评价、验证和删除

4. 变更控制过程从以下哪一项开始？
   - A. 预算
   - B. RFC 提交
   - C. 提供商招标
   - D. 主管授权

5. 与员工分享关于"变更"的最重要信息是什么？
   - A. 变更的原因
   - B. 变更的成本
   - C. 谁批准的变更
   - D. 管理层对变更的看法

6. 当保护 SOP 文档时，_____应该设置适当的位置来保护文档的完整性免受无意间的错误和蓄意的内部人员的影响。
   - A. 访问和版本控制
   - B. 访问和授权
   - C. 分类功能和执行控制
   - D. 访问、日志报告和解析

7. _____是对软件、硬件、网络访问权限或业务流程进行授权更改的内部过程。

　　A. 工程管理　　　　　　B. 工程控制　　　　　C. 变更管理　　　　　D. 更改控制

8. 以下哪个语句最能描述安全补丁？

　　A. 设计一个安全补丁来修复安全漏洞　　　　　B. 设计一个安全补丁来添加安全特性

　　C. 设计一个安全补丁来添加安全警告　　　　　D. 设计一个安全补丁来修复代码功能

9. 以下哪个是 AV 应用程序的组件？

　　A. 定义文件　　　　　　B. 处理程序　　　　　C. 补丁　　　　　　　D. 病毒

10. 下列哪个语句最能描述对安全补丁的测试？

　　A. 不应该测试安全补丁，因为等待部署是危险的

　　B. 如果可能，应该在部署之前测试安全补丁

　　C. 应该在部署一个月后测试安全补丁

　　D. 不应该测试安全补丁，因为它们是由提供商测试的

11. 下列哪个操作系统容易受到恶意软件的攻击？

　　A. 只有 Apple 操作系统　　　　　　　　　　　B. 只有 Android 操作系统

　　C. 只有 Microsoft Windows 操作系统　　　　　D. 恶意软件是操作系统不可知的

12. 以下哪个术语最适合描述专门设计用于隐藏在后台并在较长时间内收集信息的恶意软件？

　　A. 木马病毒　　　　　　B. APT　　　　　　　C. 勒索软件　　　　　D. 零日攻击

13. _____可以从一台计算机传播到另一台计算机而无须感染主机文件。

　　A. 病毒　　　　　　　　B. 木马病毒　　　　　C. 蠕虫　　　　　　　D. rootkit

14. _____等待远程指令，通常用于 DDoS 攻击。

　　A. APT　　　　　　　　B. Bot　　　　　　　　C. DAT　　　　　　　D. 命令和控制服务器

15. 下列哪种恶意软件将计算机或其数据劫持为抵押品，企图从受害者那里勒索金钱？

　　A. 病毒　　　　　　　　B. 木马　　　　　　　C. APT　　　　　　　D. 勒索软件

16. 以下哪一个 OSI 层为数据链路上的比特传输提供服务？

　　A. 第 1 层：物理层　　　　　　　　　　　　　B. 第 2 层：数据链路层

　　C. 第 3 层：网络层　　　　　　　　　　　　　D. 第 7 层：应用层

17. 以下哪一个 OSI 层包括用于端到端连接建立和信息传递的服务？例如，它包括错误检测、重传能力和多路复用。

　　A. 第 4 层：传输层　　　　　　　　　　　　　B. 第 2 层：数据链路层

　　C. 第 3 层：网络层　　　　　　　　　　　　　D. 第 7 层：应用层

18. 以下哪项是在中断或灾难后必须恢复业务流程的目标时间范围？

　　A. 恢复时间目标（RTO）　　　　　　　　　　B. 恢复点目标（RPO）

　　C. 恢复可信目标（RTO）　　　　　　　　　　D. 恢复中断目标（RDO）

19. 以下哪个术语最能说明国防部项目开发一套通信协议以透明地连接不同地理位置的计算资源？

　　A. DoDNet　　　　　　　B. ARPANET　　　　　C. EDUNET　　　　　D. USANET

20. 以下哪个术语最能说明用于发送电子邮件的邮件传输协议？

　　A. SMTP　　　　　　　　B. SMNP　　　　　　　C. POP3　　　　　　　D. MIME

21. 以其原生形式，电子邮件传输方式为_____。

　　A. 密文　　　　　　　　B. 明码电文　　　　　C. 超文本　　　　　　D. 元文本

22. 以下哪项陈述最能说明如何培训用户管理其电子邮件？

　　A. 用户应单击嵌入式电子邮件超链接

　　B. 用户应该打开意外的电子邮件附件

　　C. 用户应该访问办公室的个人电子邮件

　　D. 用户应该删除未经请求或未识别的电子邮件

23. 许多电子邮件服务器的默认状态是处理和中继发送到服务器的任何邮件。通过服务器中继邮件的能

力可以（并且经常）被非法使用资源的人利用。以下哪项对犯罪分子发送未经请求的电子邮件（垃圾邮件）有吸引力？

A. 打开邮件代理　　　　　　　　　　B. 打开邮件中继

C. 关闭邮件中继　　　　　　　　　　D. 把中继服务器放入黑名单

24. NetFlow 用作网络安全工具是因为_____。

A. 其报告功能提供不可否认性，异常检测和调查功能

B. 它优于 IPFIX

C. 它优于 SNMP

D. 它优于 IPSEC

25. 以下哪项陈述最能描述趋势分析？

A. 趋势分析用于根据相关信息将各个日志条目绑定在一起

B. 趋势分析用于检查隔离可能看起来正常的行为

C. 趋势分析用于将日志数据与已知的错误行为进行比较

D. 趋势分析仅用于识别恶意软件

26. 组织使用威胁情报来保持_____是很常见的。

A. 竞争优势

B. 将他们的抗病毒配置成侵袭性更小

C. 为他们的网络安全团队雇用新员工

D. 更好地了解威胁参与者如何进行攻击并获得有关当前威胁形势的见解

27. 以下哪项是用于网络威胁情报的标准？

A. STIX　　　　　　B. CSAF　　　　　　C. XIT　　　　　　D. TIX

28. SSAE18 审核必须经过一个_____来证明。

A. 认证信息系统审核员（CISA）　　　B. 注册会计师（CPA）

C. 认证信息系统经理（CISM）　　　　D. 认证信息系统安全专家（CISSP）

29. 为什么要创建信息共享和分析中心（ISAC）？

A. 向公众披露漏洞　　　　　　　　　B. 向安全研究人员披露漏洞

C. 打击勒索软件并执行逆向工程　　　D. 有效和公开地相互分享威胁情报

30. 以下哪个原因最能说明为什么建议进行独立安全测试？

A. 有赖于测试人员的客观性，建议进行独立的安全测试

B. 有赖于测试人员的专业知识，建议进行独立的安全测试

C. 有赖于测试人员的经验，建议进行独立的安全测试

D. 以上选项都正确

练习题

练习 8.1：记录操作过程

1. SOP 不限于在 IT 和信息安全中使用。引用三个非 IT 或者安全性示例，其中 SOP 文档很重要。

2. 选择一个你足够熟悉的过程，以便编写 SOP 文档。

3. 决定使用哪种格式创建 SOP 文档。

练习 8.2：电子邮件安全研究

1. 你当前使用的个人电子邮件应用程序是否具有"安全消息传递"选项？如果有，描述选项。如果没有，如何限制通过电子邮件发送的内容？

2. 你使用的电子邮件应用程序是否具有"安全身份验证"选项（又称为安全登录或多因素身份验证）？如果有，请描述该选项。如果没有，这是否与你有关？

3. 电子邮件应用程序是否扫描恶意软件或阻止附件？如果扫描，请描述该选项。如果不扫描，你能做些什么来最大限度地降低被恶意软件感染的风险？

练习 8.3：研究元数据

1. 大多数应用程序在文档属性中包含元数据。你当前使用的文字处理软件跟踪哪些元数据？
2. 有没有从文档中删除元数据的方法？
3. 为什么要在分发文档之前删除元数据？

练习 8.4：了解补丁管理

1. 你会在个人设备（如笔记本电脑、平板电脑和智能手机）上安装操作系统或应用程序安全补丁程序吗？如果安装，多久安装一次？如果不安装，为什么不呢？
2. 你使用什么方法更新（例如，Windows Update）？更新是自动的吗？更新时间表是什么？如果你没有安装安全补丁，请研究和描述你的选择。
3. 为什么有时需要在应用安全补丁后重启设备？

练习 8.5：了解恶意软件企业账户收购

1. 数百家小企业成为企业账户接管的受害者。要了解更多信息，请访问 Krebs on Security 博客，https://krebsonsecurity.com/category/silebizvictims。
2. 是否应该要求金融机构警告小企业客户与现金管理服务（如 ACH 和电汇）相关的危险？解释你的理解。
3. 教银行客户关于公司账户验收攻击的最有效的方法是什么？

项目题

项目 8.1：与数据复制和备份服务提供商一起执行尽职调查

1. 你把功课放在笔记本电脑上吗？如果没有，数据存储在哪里？写一份备忘录，解释丢失笔记本电脑的后果，或者如果备用位置或设备变得不可用的后果。包括为什么拥有第二份副本有助于你作为学生取得成功。在完成这个课题的步骤 2 之后，用你的建议完成备忘录。
2. 研究"基于云"的备份或复制选项。选择服务提供商并回答以下问题：

   你选择了哪些服务 / 服务提供商？

   你怎么确认他们可信？

   他们有什么控制措施来保护你的数据？

   他们会显示数据的存储位置吗？

   他们是否有可供评价的 SSAE18 或同等审计报告？

   他们是否有任何认证，例如 McAfee Secure？

   要花多少钱？

   你多久更新一次副本？

   你需要做什么来测试还原 / 恢复过程？你多久测试一次复原 / 恢复过程？

项目 8.2：开发电子邮件和恶意软件培训计划

　　你现在是 Best Regional Bank 的信息安全实习生，公司要求你开发一个 PowerPoint 培训模块，用于解释与电子邮件相关的风险（包括恶意软件）。它的目标受众是所有员工。

1. 创建培训大纲，提交给培训经理。
2. 培训经理喜欢你的大纲。她刚刚获悉，公司将监控电子邮件，以确保被归类为"受保护"的数据不会被不安全地发送，并且基于个人网络的电子邮件访问将受到限制。你需要将这些主题添加到大纲中。

3. 根据你的大纲，开发 PowerPoint 培训模块。一定要包括电子邮件"最佳实践"。准备好培训同行。

项目 8.3：开发变更控制和 SOP

ABC 大学的院长要求你的班级设计一个变更控制程序，专门针对学期中期教师要求修改课程所在的日期、时间或地点。你需要执行以下操作：

1. 创建一个 RFC 表单。
2. 开发一个授权工作流程，指定谁（例如，系主任）需要批准更改以及按什么顺序。
3. 开发一个 SOP 流程图供教职员工使用，包括提交 RFC、授权工作流程和通信（例如，学生、家政、校园安全、注册商）。

案例研究：使用日志数据识别妥协指标

日志数据提供了关于具有意外和可能有害后果的活动的线索。以下经过解析和标准化的防火墙日志条目表明可能存在恶意软件感染和数据外泄。这些条目显示工作站连接到因特网地址 93.177.168.141，并通过 TCP 端口 16115 接收和发送数据。

```
id=firewall sn=xxxxxxxxxxxx time="2018-04-02 11:53:12 UTC"
fw=255.255.255.1 pri=6 c=262144

m=98 msg="Connection Opened" n=404916 src=10.1.1.1 (workstation)
:49427:X0 dst=93.177.168.141 :16115:X1 proto=tcp/16115

id=firewall sn=xxxxxxxxxxxx time="2018-04-02 11:53:29 UTC"
fw=255.255.255.1 pri=6 c=1024

m=537 msg="Connection Closed" n=539640 src=10.1.1.1 (workstation)
:49427:X0 dst=93.177.168.141 :16115:X1 proto=tcp/16115 sent=735 rcvd=442

id=firewall sn=xxxxxxxxxxxx time="2018-04-02 11:53:42 UTC"
fw=255.255.255.1 pri=6 c=262144

m=98 msg="Connection Opened" n=404949 src=10.1.1.1 (workstation)
:49430:X0 dst=93.177.168.141 :16115:X1 proto=tcp/16115

id=firewall sn=xxxxxxxxxxxx time="2018-04-02 11:54:30 UTC"
fw=255.255.255.1 pri=6 c=1024

m=537 msg="Connection Closed" n=539720 src=10.1.1.1 (workstation)
:49430:X0 dst=93.177.168.141 :16115:X1 proto=tcp/16115 sent=9925
rcvd=639
```

1. 描述发生了什么。

2. 日志数据有用吗？为什么？

3. 研究用于通信的目标 IP 地址（dst）和协议 / 端口（proto）。

4. 你能找到任何可以证实恶意软件感染和数据泄露的信息吗？

5. 接下来该怎么做？

参考资料

引用的条例

"16 CFR Part 314: Standards for Safeguarding Customer Information; Final Rule, Federal Register," accessed 04/2018, https://ithandbook.ffiec.gov/it-workprograms.aspx.

"Federal Information Security Management Act (FISMA)," accessed 04/2018, https://csrc.nist.gov/topics/laws-and-regulations/laws/fisma.

"Gramm-Leach-Bliley Act," the official website of the Federal Trade Commission, Bureau of Consumer Protection Business Center, accessed 04/2018, https://www.ftc.gov/tips-advice/business-center/privacy-and-security/gramm-leach-bliley-act.

"DHS Statement on the Issuance of Binding Operational Directive 17-01," accessed 04/2018, https://www.dhs.gov/news/2017/09/13/dhs-statement-issuance-binding-operational-directive-17-01.

"HIPAA Security Rule," the official website of the Department of Health and Human Services, accessed 04/2018, https://www.hhs.gov/hipaa/for-professionals/security/index.html.

其他参考资料

NIST Cybersecurity Framework version 1.11, accessed 04/2018, https://www.nist.gov/sites/default/files/documents/draft-cybersecurity-framework-v1.11.pdf.

NIST article "A Framework for Protecting Our Critical Infrastructure," accessed 04/2018, https://www.nist.gov/blogs/taking-measure/framework-protecting-our-critical-infrastructure.

FFIEC IT Examination Handbook, accessed 04/2018, https://ithandbook.ffiec.gov/.

"ISO 5807:1985," ISO, accessed 04/2018, https://www.iso.org/standard/11955.html.

NIST Special Publication 800-115: Technical Guide to Information Security Testing and Assessment, accessed 04/2018, https://csrc.nist.gov/publications/detail/sp/800-115/final.

"Project Documentation Guidelines, Virginia Tech," accessed 04/2018, www.itplanning.org.vt.edu/pm/documentation.html.

"The State of Risk Oversight: An Overview of Enterprise Risk Management Practices," American Institute of CPAs and NC State University, accessed 04/2018, https://www.aicpa.org/content/dam/aicpa/interestareas/businessindustryandgovernment/resources/erm/downloadabledocuments/aicpa-erm-research-study-2017.pdf.

Cisco Talos Ransomware Blog Posts, accessed 04/2018, http://blog.talosintelligence.com/search/label/ransomware.

Skoudis, Ed. *Malware: Fighting Malicious Code*, Prentice Hall, 2003.

Still, Michael, and Eric Charles McCreath. "DDoS Protections for SMTP Servers." *International Journal of Computer Science and Security*, Volume 4, Issue 6, 2011.

"What Is the Difference: Viruses, Worms, Trojans, and Bots," accessed 04/2018, https://www.cisco.com/c/en/us/about/security-center/virus-differences.html.

Wieringa, Douglas, Christopher Moore, and Valerie Barnes. *Procedure Writing: Principles and Practices, Second Edition*, Columbus, Ohio: Battelle Press, 1988.

"Mirai IoT Botnet Co-Authors Plead Guilty", Krebs on Security, accessed 04/2018, https://krebsonsecurity.com/2017/12/mirai-iot-botnet-co-authors-plead-guilty/.

National Council of ISACs, accessed 04/2018, https://www.nationalisacs.org.

OASIS Cyber Threat Intelligence (CTI) Technical Committee, accessed 04/2018, https://www.oasis-open.org/committees/tc_home.php?wg_abbrev=cti.

第9章 访问控制管理

与管理对信息和信息系统的访问相比，什么对安全更重要？访问控制的主要目标是保护信息和信息系统免受未经授权的访问（机密性）、修改（完整性）或中断（可用性）。访问控制管理域包含信息安全中最基本的原则：默认拒绝、最小特权和需要知道。

我们从本章开始讨论访问控制概念和安全模型，重点是身份验证和授权。我们将研究认证的因素，重点是多因素认证的重要性。我们还将研究用于授予访问权限和许可的强制授权及自行决定的授权选项。我们考虑与管理和特权账户相关的风险。通过内部网络的边界，我们将这些概念应用于基础设施，包括边境安全、互联网访问、远程访问和远程工作环境。我们将注意到审计和监控进入和退出点的必要性，并准备好应对安全违规行为。在本章中，我们制定了旨在支持用户访问和生产力的策略，同时降低了未经授权访问的风险。

仅供参考：ISO / IEC 27002:2013 和 NIST 指南

ISO 27002:2013 的第 9 节专门讨论访问控制，目的是管理授权访问并防止未经授权访问信息系统。此领域可扩展到远程位置、家庭办公室和移动访问。

以下文件中提供了相应的 NIST 指南：

☐ SP 800-94："入侵检测和预防系统指南"

☐ SP 800-41，R1："防火墙和防火墙策略指南"

☐ SP 800-46，R1："企业远程办公和远程访问安全指南"

☐ SP 800-77："IPsec VPN 指南"

☐ SP 800-114："用于远程工作和远程访问的外部设备安全的用户指南"

☐ SP 800-113："SSL VPN 指南"

☐ SP 800-225："保护无线局域网（WLAN）的指南"

☐ SG 800-46，R2："企业远程办公、远程访

> 问和自带设备安全指南"
> ❑ SG 800-114: "远程工作用户指南和自带设备（BYOD）安全"

访问控制基础

访问控制是一种安全功能，用于管理用户和进程与系统和资源的通信和交互。访问控制的主要目标是保护信息和信息系统免受未经授权的访问（机密性）、修改（完整性）或中断（可用性）。当我们讨论访问控制时，请求访问资源或数据的活动实体（即用户或系统）被称为主体，被访问的被动实体被称为对象。

识别方案、认证方法和授权模型是所有访问控制的三个共同属性。识别方案用于识别集合中的唯一记录，例如用户名。标识是主体向对象提供标识符的过程。身份验证方法是指如何证明身份是真实的。身份验证是主体向对象提供可验证凭据的过程。授权模型定义了如何授予访问权限。授权是指定经过身份验证的主体执行特定操作的权限的过程。

用于识别、认证和授权用户或用户组以访问应用程序、系统或网络的过程被称为身份管理。这是通过将用户权限与已建立的身份相关联来完成的。这些托管身份也可以指系统和需要访问组织系统的应用程序。身份管理侧重于身份验证，而访问管理则针对授权。拥有良好的身份管理解决方案的目的是强制只有经过身份验证和授权的用户才能访问组织内的特定应用程序、系统或网络。身份管理无疑是网络安全的重要组成部分，它还为组织的整体生产力提供了便利。

组织的安全状态决定了访问控制的默认设置。访问控制可以是技术（例如防火墙或密码）、管理（例如职责分离或双重控制）或物理（例如锁、护柱或十字转门）。

安全状态

安全状态是组织基于对象［例如主机（终端系统）］或网络的信息访问控制方法。有一个称为网络访问控制（NAC）的概念，其中诸如交换机、防火墙、无线接入点等网络设备可以基于主体的安全状态来实施策略，在这种情况下，设备试图加入网络。NAC 可以提供以下内容：

❑ 身份和信任
❑ 可见性
❑ 相关性
❑ 设备和管理
❑ 隔离和分割
❑ 政策执行

两个基本的状态是开放和安全。开放（也称为默认允许）意味着允许未明确禁止的访问。安全（也称为默认拒绝）意味着禁止未明确允许的访问。在实际应用中，默认拒绝意味着在修改规则、访问控制列表（ACL）或设置为允许访问之前访问不可用。

采用安全状态的组织面临的挑战是，当今市场上的许多设备（包括平板电脑和智能手机以及软件应用程序）都具有默认允许的开箱即用设置。为什么？互操作性、易用性和生产率是三个主要原因。技术使用的爆炸式增长，加之对脆弱性的认识不断提高，正在引发行业的转变。组织已经变得更加注重安全性，并开始要求其提供商提供更安全的产品。微软是一家积极响应市场需求的公司，早期的 Windows 服务器操作系统被配置为默认允许，当前的 Windows 服务器操作系统配置为默认拒绝。

还有以威胁为中心的网络访问控制（TC-NAC）的概念，它使身份系统能够从许多第三方威胁和漏洞扫描程序及软件中收集威胁和漏洞数据。这使身份管理系统可以查看对其控制访问权限的主机的威胁和风险视图。通过 TC-NAC，你可以查看网络中任何易受攻击的主机，并在需要时采取动态网络隔离操作。身份管理系统可以根据漏洞属性创建授权策略，例如从第三方威胁和漏洞评估软件收到的通用漏洞评分系统（CVSS）评分。威胁严重性级别和漏洞评估结果可用于动态控制终端或用户的访问级别。

可以配置外部漏洞和威胁软件，以将高保真妥协指标 IoC、威胁检测事件和 CVSS 分数发送到中央身份管理系统。然后，可以在授权策略中使用此数据来相应地动态或手动更改端点的网络访问权限。以下是威胁软件和漏洞扫描程序的示例：

- ❑ 终端的思科高级恶意软件防护（AMP）
- ❑ 思科认知威胁分析（CTA）
- ❑ Qualys 公司
- ❑ Rapid7 Nexpose
- ❑ Tenable 安全中心

最小特权原则与职责分离

最小特权原则规定，所有用户（无论是个人贡献者、经理、董事，还是高管）都应该只被授予他们完成工作所需的特权级别。例如，销售客户经理不能通过网络拥有管理员权限，呼叫中心员工也不能查看企业关键财务数据。

最小特权原则的相同概念可以应用于软件。例如，在系统上运行的程序或进程应该具有完成工作所需的功能，但没有对系统的 root 访问权限。如果在以 root 身份运行所有内容的系统上利用漏洞，则可能会使系统瘫痪。这就是为什么应该始终限制用户、应用程序和进程访问及运行所需的最小特权。

与最小特权原则有些相关的是"需要知道"的概念，这意味着用户只能访问他们完成工作所需的数据和系统，而不能访问资源。

职责分离是一种行政控制，规定个人不应履行所有关键或特权级别的职责。此外，重要的职责必须在组织内的几个人之间分开，目标是防止个人执行过于严重或需要特权的行为，对整个系统或组织造成严重损害。例如，负责评价安全日志的安全审计员不一定拥有对系统的管理权限。另一个例子是网络管理员不应该能够改变系统上的日志。这是为了防止这些人进行未经授权的操作，然后从日志中删除此类行为的证据（换句话说，覆盖他们的行为轨迹）。

考虑同一组织中的两个软件开发人员最终致力于实现共同的目标，但其中一个负责开发关键应用程序的一部分，另一个任务是为其他关键应用程序创建应用程序编程接口（API）。每个开发人员具有相同的资历和工作等级，但是，他们不知道或无法访问彼此的工作或系统。

如何验证身份

识别是提供主体或用户身份的过程。这是身份验证、授权和记账过程的第一步。提供用户名、护照、IP 地址甚至发音都是一种身份证明。因为两个用户能够明确地识别自己，所以安全身份应该是唯一的。这在账户监控方面尤为重要。如果未连接身份验证系统，则可以复制身份。例如，用户可以将相同的 ID 用于其公司账户和个人电子邮件账户。安全身份也应该是非描述性的，因此无法推断出有关用户身份的信息。例如，通常不建议使用"Administrator"作为用户 ID。身份也应以安全的方式发布。这包括请求和批准身份请求的所有过程和步骤。此属性通常称为安全发布。

以下是识别过程中的关键概念。

❑ 身份应该是独一无二的。不允许两个用户具有相同的身份。

❑ 身份应该是非描述性的。不应从身份推断出用户的角色或功能。例如，名为"Admin"的用户表示描述性身份，而名为"o1337ms1"的用户表示非描述性身份。

❑ 应安全发布身份。需要建立用于向用户发布身份的安全过程。

❑ 身份可以基于位置。例如基于某人的身份验证过程的位置。

其中有三类因素：知识（用户知道的东西），占有（用户拥有的东西），内在性或特征（用户本身）。

知识认证

通过知识进行认证是指用户提供仅由他知道的秘密。知识认证的一个例子是用户提供密码、个人识别号码（PIN）或回答安全问题。

此方法的缺点是，一旦信息丢失或被盗（例如，如果用户的密码被盗），攻击者就能够成功地进行身份验证。如今，每天都会听到零售商、服务提供商、云服务和社交媒体公司的新漏洞。如果查看 VERIS 社区数据库，你将看到数千个用户密码暴露的漏洞案例（https://github.com/vz-risk/VCDB）。像"Have I been pwned"这样的网站（https://haveibeenpwned.com）包含一个数据库，其中包含数十亿个过去违规的用户名和密码，甚至允许你搜索自己的电子邮件地址，以查看账户或信息是否已被曝光。

你可能听说过基于知识的身份验证。它可以是一串字符，称为密码或 PIN，也可以是问题的答案。密码是最常用的单因素网络身份验证方法。密码的身份验证强度是其长度、复杂性和不可预测性的函数。如果容易猜测或解构，那么该密码很容易受到攻击。一旦被破解，便不再用作验证工具。挑战在于让用户创建、保密并记住安全密码。使用任意数量的公开密码破解程序或社交工程技巧，可以在几分钟甚至几秒内发现弱密码。最佳实践要求密码长度至少为八个字符（最好更长），包括至少三个大写或小写字母、标点符号、符号和数字（称为复杂性）的组合，应经常更改，且是独一无二的。使用相同的密码登录多个应用程序和站点会显著增加暴露的风险。

NIST 特别出版物 800-63B——"数字身份指南：身份验证和生命周期管理"——提供了关于身份验证和密码强度的指南。NIST 确认密码长度是表征密码强度的主要因素。密码越长越好。太短的密码非常容易受到使用单词和常用密码的强力攻击及字典攻击。

NIST 建议，"应该要求的最小密码长度在很大程度上取决于所处理的威胁模型。通过限制允许的登录尝试率，可以减轻攻击者通过猜测密码尝试登录的在线攻击。"

通常，当用户被授予对信息系统的初始访问权时，会得到一个临时密码。大多数系统都采用技术控制手段，迫使用户在首次登录时更改密码。如果怀疑密码被泄露，应立即更改密码。

任何服务台人员都会告诉你，用户会以惊人的规律忘记密码。如果用户忘记了密码，则需要重新发送密码的过程，其中包括验证请求者确实是他所说的人。通常认知密码用作二级验证。

认知密码是基于知识的认证的一种形式，其要求用户基于他们熟悉的事物来回答问题。常见的例子是母亲的姓名和喜欢的颜色。当然，问题在于这些信息通常是公开的。可以使用从订阅数据库（例如信用报告）派生的复杂问题来解决这个问题。这些问题通常被称为"钱包外挑战问题"。该术语表明除了用户之外的人不容易获得答案，并且用户不可能在钱包中携带这样的信息。钱包外问题系统通常要求用户正确回答多个问题，并且通常包括一个"红鲱鱼"问题，该问题旨在欺骗冒名顶替者，但合法用户将认为该问题是荒谬的。

当网站或应用程序允许记住用户登录证书或提供系统自动登录功能时，这似乎非常方便，但应严格禁止这种做法。如果用户允许网站或软件应用程序自动执行身份验证过程，则未经授权的人员可以使用无人参与的设备来访问信息资源。

仅供参考：十大常用密码

这里列出了按流行度排序的十大常用密码。有关更多信息，请访问 http://pastebin.com/2D6bHGTa。

1. 123456（38%）
2. password（18%）
3. welcome（10%）
4. ninja（8%）
5. abc123（6%）
6. 123456789（5%）
7. 12345678（5%）
8. sunshine（5%）
9. princess（5%）
10. qwerty（4%）

通过所有权或占有进行身份验证

通过这种类型的身份验证，要求用户提供他拥有特定内容的证明，例如，系统可能要求员工使用徽章来访问设施。所有权认证的另一个例子是使用令牌或智能卡。与之前的方法类似，如果攻击者能够窃取用于身份验证的对象，他将能够成功访问系统。

示例包括一次性密码、存储卡、智能卡和带外通信。这四种中最常见的是发送给用户拥有的设备的一次性密码。一次性密码（OTP）是一组特征，可用于一次且仅一次证明主体的身份。由于 OTP 仅对一次访问有效，因此如果被捕获，则会自动拒绝其他访问。OTP 通常通过硬件或软件令牌设备提供。令牌显示代码，然后必须在身份验证屏幕上输入代码。或者，OTP 可以通过电子邮件、短信或电话传送到预定的地址或电话号码。

存储卡是一种认证机制，其将用户信息保存在磁条内并依赖于读取器来处理信息。用户将卡插入阅读器并输入个人识别码（PIN）。通常，PIN 被散列并存储在磁条上。读取器对输入的 PIN 进行散列处理，并将其与卡本身的值进行比较。一个熟悉的例子是银行 ATM 卡。智能卡以类似的方式工作，它配有微处理器和集成电路，而不是磁条。用户将卡插入读卡器，该读卡器具有与卡接口并为处理器供电的电触点。用户输入解锁信息的 PIN。该卡可以保存用户的私钥，生成 OTP 或响应质询 – 响应。

带外认证需要通过不同于第一因素的信道进行通信。蜂窝网络通常用于带外认证。例如，用户在应用程序登录提示符下输入名称和密码（因子 1）。然后用户在移动电话上接听电话；用户回答并提供预定代码（因子 2）。要攻击身份验证过程，攻击者必须能够访问计算机和用户手机。

仅供参考：多因素验证

为了应对密码不安全性，许多组织（如 Google、Facebook、Twitter、Valve 和 Apple）已为其用户部署了多因素身份验证选项。通过多因素身份验证，账户受到密码和一次性验证码的双重保护。Google 提供了多种获取代码的方式，包括短信和电话，适用于 Android 和 iOS 设备的 Google 身份验证器应用，以及可打印的一次性代码列表。

甚至游戏玩家也一直在使用诸如 Steam Guard Mobile Authenticator 应用程序之类的服务和应用程序来保护自己的账户。数百万用户通过多因素验证使其账户更加安全。

按特征认证

使用特征认证的系统基于某些物理或行为特征来认证用户，有时称为生物特征属性。以下是最常用的物理或生理特征：

❑ 指纹
❑ 人脸识别
❑ 视网膜和虹膜
❑ 手掌和手掌几何形状
❑ 血液和血管信息
❑ 语音识别

以下是行为特征的示例：

❑ 签名动态
❑ 按键动态 / 模式

基于此类认证的系统的缺点是容易出现准确性错误。例如，基于签名动态的系统将通过请求用户写下签名然后将签名模式与系统中的记录进行比较来认证用户。鉴于每次签名的方式略有不同，系统的设计应确保即使签名和模式与系统中的签名和模式不完全相同，也可以进行身份验证。但是，也不应该太松散，这样验证有可能模仿该模式的未授权用户。

两种类型的错误与生物识别系统的准确性相关：

❑ 当系统拒绝已经过身份验证的有效用户时，会发生类型 I 错误，也称为错误拒绝。

❑ 当系统接受应该被拒绝的用户时（例如，攻击者试图冒充有效用户），就会发生类型 II 错误，也称为错误接受。

交叉错误率（CER）也称为等错误率（EER），是错误拒绝错误率（FRR）和错误接受错误率（FAR）相等的点。这通常被认为是表征生物识别系统的准确性（及质量）的指标。

多重身份验证

身份验证过程要求主体提供可验证的凭据。凭证通常被称为因素。

单因素身份验证是仅显示一个因素的情况。最常见的单因素身份验证方法是密码。在出现两个或更多同一类型的因素时使用多因素身份验证。多层认证是指出现两种或更多种相同类型的因素。在决定所需的身份验证级别时，应考虑数据分类、监管要求、未授权访问的影响以及威胁被执行的可能性。因素越多，身份验证过程就越健壮。

识别和认证通常一起进行，但是，重要的是要了解它们是两种不同的操作。识别确定你是谁，而认证证明你是你声称的实体。

授权

经过身份验证后，必须授权主体。授权是指定授权主体执行特定操作的权限的过程。授权模型定义了如何授予访问权限。三种主要授权模型是对象功能、安全标签和 ACL。对象功能以编程方式使用，并且基于不可伪造的引用和操作消息的组合。安全标签是嵌入在对象和主题属性中的强制访问控件。安全标签的示例（基于其分类）是"机密""秘密"和"绝密"。ACL 用于基于特定标准的某种组合（例如，用户 ID、组成员身份、分类、位置、地址和日期）来确定访问。

此外，在授予访问权限时，授权过程将检查与主体 / 对象对关联的权限，以便提供正确的访问权限。对象所有者和管理者通常决定（或提供输入）管理授权过程的权限和授权策略。

授权策略和规则应考虑各种属性，例如主体的身份、主体请求访问的位置、主体在组织中的角色等。访问控制模型（将在本章后面详细介绍）提供授权策略实施的框架。

授权策略应实现两个概念：

❑ 隐式拒绝：如果没有为主题 / 对象的事务指定规则，则授权策略应拒绝该事务。

❑ 需要知道：只有在需要访问权限才能执行主体的工作时，才应授予主体访问权限。

三类 ACL 分别是自由访问控制、基于角色的访问控制和基于规则的访问控制。

强制访问控制

强制访问控制（MAC）由策略定义，不能由信息所有者修改。MAC 主要用于需要高度机密性的军事和政府系统。在 MAC 环境中，为对象分配一个安全标签，指示资源的分类和类别。为受试者分配一个安全标签，该标签指示许可级别和指定的类别（基于需要知道）。操作系统将对象的安全标签与主体的安全标签进行比较。主体的许可必须等于或大于对象的分类。类别必须匹配，例如，对于用户访问被分类为"秘密"并被归类为"飞行计划"的文档，用户必须具有秘密或绝密许可并且已被标记为飞行计划类别。

自主访问控制

自主访问控制（DAC）由对象的所有者定义。DAC 用于商业操作系统。对象所有者构建 ACL，该 ACL 允许或拒绝基于用户的唯一标识访问对象。ACL 可以引用用户 ID 或用户所属的组。权限可以是累积的。例如，John 属于会计组。会计组被分配了对所得税文件夹和文件夹中文件的读取权限。John 的用户账户被分配了对所得税文件夹和文件夹中文件的写入权限。由于 DAC 权限是累积的，因此 John 可以访问、读取和写入税务文件夹中的文件。

基于角色的访问控制

基于角色的访问控制（RBAC）（也称为"非自由控制"）是基于特定角色或功能的访问权限。管理员授予角色访问权限。然后，用户与单个角色相关联。没有为用户或组账户分配权限的规定。

让我们看一下图 9-1 中的示例。Omar 与"工程师"的角色相关联，并继承了分配给工程师角色的所有权限。无法为 Omar 分配任何其他权限。Jeannette 与"销售"的角色相关联，并继承了分配给销售角色的所有权限，但无法访问工程资源。用户可以属于多个组。通过 RBAC，你可以控制用户在广泛和精细级别上可以执行的操作。

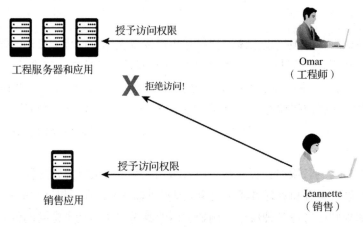

图 9-1   RBAC 示例

基于规则的访问控制

在基于规则的访问控制环境中，访问基于独立于用户或组账户的条件。规则由资源所有者确定。常用标准包括源或目标地址、地理位置以及时间。例如，应用程序上的 ACL 要求从特定工作站进行访问。基于规则的访问控制可以与 DAC 和 RBAC 结合使用。

实践中：访问控制授权策略

概要：说明组织的访问控制授权原则。

策略声明：

❑ 默认访问权限将设置为默认拒绝（拒绝全部）。

❑ 对信息和信息系统的访问必须限于需要知道的人员和流程，以有效履行其职责。

❑ 访问权限必须基于执行作业或程序功能所需的最低要求。

❑ 信息和信息系统所有者负责确定访问权限。

❑ 信息安全办公室负责执行授权过程。

❑ 在授权过程完成之前，不得授予权限。

基于属性的访问控制

基于属性的访问控制（ABAC）是一个逻辑访问控制模型，它根据对实体（主体和对象）、操作以及与请求相关的环境的属性评估规则来控制对对象的访问。

❑ ABAC 支持可以评估许多不同属性的复杂布尔规则集。

❑ 可以在 ABAC 模型中实现的策略仅限于计算语言强加的程度和可用属性的丰富程度。

❑ 与 ABAC 一致的访问控制框架示例是可扩展访问控制标记语言（XACML）。

审计

审计是监控用户在访问特定资源后所执行的操作的过程。这个过程有时会被忽视，但是，作为一名安全专业人员，重要的是了解审计并提倡实施审计，因为这一过程在检测和调查网络安全漏洞时提供了很大的帮助。

实施审计时会创建并存储审计跟踪日志，该日志记录用户访问资源时的详细信息、用户对该资源执行的操作以及用户何时停止使用该资源。鉴于审计日志中包含潜在的敏感信息，应特别注意保护它们免受未经授权的访问。

认证策略

概要：要求正确识别试图访问安全信息、信息系统或设备的人员或系统。

策略声明：

❑ 访问和使用信息技术（IT）系统必须要求个人唯一地识别和验证自己的资源。

❑ 只有在提供信息安全办公室批准的文档化且合理的理由时，才允许使用多用户或共享账户。

❑ 信息安全办公室负责管理网络账户、本地应用程序账户和 Web 应用程序账户的年度用户账户审计。

❑ 在决定所需的身份验证级别时，必须考虑数据分类、监管要求、未授权访问的影响以及威胁被执行的可能性。信息安全办公室将与信息系统所有者一起做出此决定。

❑ 操作系统和应用程序至少应配置为需要单因素复杂密码的身份验证：

　　○ 无法在技术上强制执行此标准并不否定该要求。

　　○ 密码长度、复杂性和到期时间将在公司密码标准中定义。

　　○ 密码标准将被发布，分发并包含在可接受的使用协议中。

> ❑ 传输、存储或处理"受保护"或"机密"信息的 Web 应用程序必须至少配置为需要单因素复杂密码验证：
>   ○ 无法在技术上强制执行此标准并不否定该要求。
>   ○ 密码长度、复杂性和到期时间将在公司密码标准中定义。
>   ○ 如果可用，则必须实施多因素身份验证。
>   ○ 密码和 PIN 必须是应用程序的唯一选择。
>   ○ 此政策的例外情况必须得到信息安全办公室的批准。
>   ○ 所有密码必须在传输和存储期间加密。不得使用不符合此要求的应用程序。
>   ○ 用于存储密码的任何机制必须得到信息安全办公室的批准。
>   ○ 如果任何认证机制已被泄露或怀疑被破坏，用户必须立即联系信息安全办公室并按照给出的说明进行操作。

基础设施访问控制

网络基础设施被定义为主机和设备的互连组。基础设施可以限制在一个位置，或者通常情况下广泛分布，包括分支机构和家庭办公室。对基础设施的访问允许对其资源的使用。基础设施访问控制包括物理和逻辑网络设计、边界设备、通信机制和主机安全设置。由于没有系统是万无一失的，因此必须持续监控访问，如果检测到可疑活动，则必须启动响应。

为什么要划分网络

网络分段是对网络资产、资源和应用程序进行逻辑分组的过程。分段提供了实现各种服务、身份验证要求和安全控制的灵活性。从内到外，网段包括以下类型：

❑ Enclave 网络：需要更高程度保护的内部网络的一部分。通过使用防火墙、VPN、VLAN 和网络访问控制（NAC）设备进一步限制了内部可访问性。

❑ 可信网络（有线或无线）：授权用户可访问的内部网络。通过使用防火墙、VPN 和 IDS / IPS 设备限制外部可访问性。可以通过使用 VLAN 和 NAC 设备来限制内部可访问性。

❑ 半可信网络、外围网络或 DMZ：用于实现 Internet 可访问性的网络。Web 服务器和电子邮件网关等主机通常位于 DMZ 中。通过使用防火墙、VPN 和 IDS / IPS 设备限制内部和外部可访问性。

❑ 访客网络（有线或无线）：专门供访问者连接到 Internet 的网络。访客网络无法访问内部可信网络。

❑ 不受信任的网络：安全控制之外的网络。互联网是一个不受信任的网络。

图 9-2 显示了尚未正确分段的网络拓扑。图 9-2 中的网络拓扑显示了一个拥有呼叫中心、分支机构、仓库和数据中心的企业。该分支机构是一个零售办公室，客户购买他们的商品，企业接受信用卡付款。呼叫中心和仓库中的用户可以访问分支机构中的资源，反之亦然。他们还可以访问数据中心的资源。如果任何设备受到攻击，攻击者可以在网络中转动（或横向移动）。

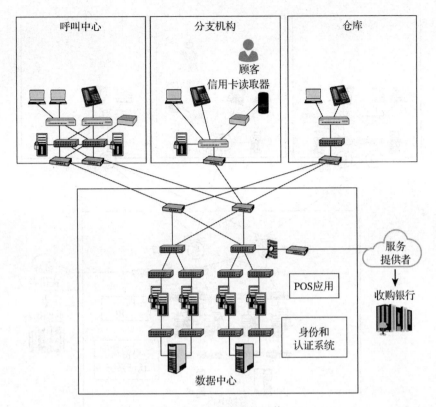

图 9-2　没有分段的网络

图 9-3 中的拓扑显示了相同的企业网络拓扑，但安装了防火墙以对网络进行分段并允许来自信用卡读卡器的流量仅与数据中心的特定服务器进行通信。

其他几种技术也可用于分割网络：

- 虚拟 LAN（VLAN）
- 安全组标记（SGT）
- VPN 路由和转发（VRF）
- 虚拟机级别的 vMicro 分段
- 容器的微分段

实践中：网络分段策略

概要：用于逻辑分组网络资产、资源和应用程序的指令，用于应用安全控制。

策略声明：

- 根据安全要求和服务功能，网络基础设施将被划分为不同的段。
- 信息安全办公室和信息技术办公室共同负责进行年度网络部门风险评估。评估结果将提供给首席运营官（COO）。
- 信息技术办公室将维护网络拓扑和体系结构的完整文档，包括显示所有内部（有线和无线）连接、外部连接和端点（包括 Internet）的最新网络图。

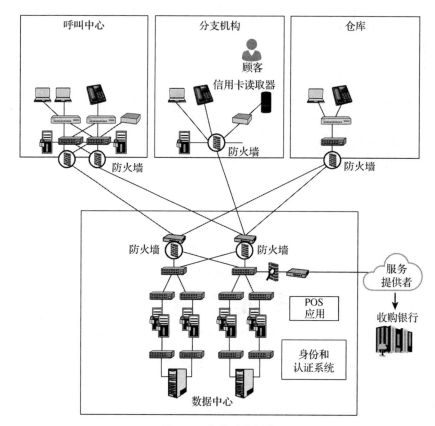

图 9-3　分段后的网络

什么是分层边界安全

　　分层安全性是指采用不同类型的安全措施,这些措施针对不同的单个焦点。分层边界安全的重点是保护内部网络免受外部威胁。分层边界安全访问控制包括防火墙设备、入侵检测系统(IDS)和入侵防御系统(IPS)。为了有效确保安全,必须正确配置和熟练管理这些设备。由于与维护和监控边界安全设备相关的复杂性和资源需求,许多组织已选择将该功能外包给托管安全服务提供商(称为 MSSP)。对内部管理或 MSSP 的监督是一项关键的风险管理保障。

防火墙

　　防火墙是控制网络之间流量的设备或软件,负责检查网络进入和退出请求以及执行组织策略。防火墙是连接到不受信任的网络(如 Internet)的任何网络的强制安全控制。如果没有正确配置的防火墙,网络就会完全暴露,并且可能会在几分钟(甚至几秒钟)内受到攻击。防火墙策略定义防火墙应如何处理特定 IP 地址及地址范围、协议、端口、应用程序和内容类型的入站和出站网络流量。该策略在规则集中编写。防火墙使用规则集来评估入口(入站)和出口(出站)网络流量。为了与访问控制最佳实践保持一致,规则集应该初始设置为默认拒绝(拒绝所有),然后实施严格的规则,以允许基于业务需求的连接。

　　NIST SP-41, R1,即防火墙和防火墙策略指南,提供了对防火墙技术的概述,并详细讨论了它们的安全功能和相对优缺点。它还提供了防火墙在网络中的放置示例,以及在特定位置部署防火墙的含义。该文档还提出了建立防火墙策略以及选择、配置、测试、部署和管理防火墙解决方案的建议。

仅供参考：简化的 IP 地址、端口和协议

IP 地址、端口和协议构成了 Internet 通信的基础：

❑ IP 地址是指定特定网络主机或设备的方式。

❑ 端口是识别应用程序或服务的方式。

❑ 协议是主机和网络设备交换信息的标准方法。

让我们将 IP 地址、端口和协议与生活中邮寄信件的过程做个类比。

如果你想邮寄信件，必须遵守邮政协议，包括如何处理收件人的信件、退货地址要求，以及邮寄信件的位置（如邮局或邮箱）。

地址必须包括城市（网络）、街道（网段）和门牌号（主机或设备）。

要交付给合适的人（应用程序或服务），地址必须包含唯一的名称（端口）。

基于网络的防火墙提供用于周边安全性的关键功能。网络防火墙的主要任务是根据明确的预先配置的策略和规则拒绝或允许尝试进入或离开网络的流量。防火墙通常部署在网络的其他几个部分，以在企业基础架构内和数据中心内提供网络分段。用于允许或阻止流量的过程可能包括以下内容：

❑ 简单的包过滤技术。

❑ 应用程序代理。

❑ 网络地址转换。

❑ 状态检查防火墙。

❑ 下一代上下文感知防火墙。

数据包过滤器的目的只是通过定义哪些流量可以通过它们来控制对特定网段的访问。它们通常检查开放系统互连（OSI）模型中传输层的传入流量。例如，数据包过滤器可以分析传输控制协议（TCP）或用户数据报协议（UDP）数据包，并根据一组称为访问控制列表（ACL）的预定规则进行判断。它们检查数据包中的以下元素：

❑ 源 IP 地址。

❑ 目标 IP 地址。

❑ 源端口。

❑ 目标端口。

❑ 协议。

数据包过滤器通常不会检查其他第 3 层和第 4 层字段，例如序列号、TCP 控制标志和 TCP 确认（ACK）字段。各种数据包过滤防火墙还可以检查数据包头信息，以确定数据包是来自新连接还是现有连接。简单的包过滤防火墙有几个局限和缺点：

❑ 它们的 ACL 或规则可能相对较大且难以管理。

❑ 它们可能被欺骗，允许未经授权访问欺骗性数据包。攻击者可以使用 ACL 授权的 IP 地址编排数据包。

❑ 许多应用程序可以在任意协商的端口上构建多个连接。这使得在连接完成之前很难确定选择和使用哪些端口。此类应用的示例是多媒体应用，例如流式音频和视频应用。数据包过滤器不了解此类应用程序使用的基础上层协议，并且难以为此类应用程序提供支持，因为需要在数据包过滤防火墙中手动配置 ACL。

应用程序代理或代理服务器是代表私有或受保护网络上的客户端作为中间代理运行的设备。受保护网络上的客户端向应用程序代理发送连接请求，以将数据传输到未受保护的网络或 Internet。因此，应用程序代理代表内部客户端发送请求。大多数代理防火墙都在 OSI 模型的应用层工作，并且都可以缓存信息以加速其处理。对于拥有众多服务器以满足高使用率的网络而言，这是一个很好的工具。此外，代理防火墙可以防止某些特定于 Web 服务器的攻击；但是，在大多数情况下，它们不会对 Web 应用程序本身提供任何保护。

多个第 3 层设备可以提供网络地址转换（NAT）服务。第 3 层设备将内部主机的专用（或实际）IP 地址转换为可公共路由（或映射）的地址。

NAT 经常被防火墙使用，但是，其他设备（如路由器和无线接入点）为 NAT 提供支持。通过使用 NAT，防火墙会从未受保护的网络中隐藏内部专用地址，并仅公开自己的地址或公共范围。这使网络专业人员可以使用任何 IP 地址空间作为内部网络。最佳做法是使用保留供私人使用的地址空间（请参阅 RFC 1918，"专用互联网的地址分配"）。

标题为"面向安全的 IP 寻址方法"的白皮书提供了有关规划和准备网络 IP 地址方案的大量提示。本白皮书发布在链接 www.cisco.com/web/about/security/intelligence/security-for-ip-addr.html。

通常，防火墙执行称为端口地址转换（PAT）的技术。此功能是 NAT 功能的一个子集，它允许内部受保护网络上的许多设备通过检查数据包上的第 4 层信息来共享一个 IP 地址。这个共享地址通常是防火墙的公共地址，但是，它可以配置为任何其他可用的公共 IP 地址。

入侵检测系统和入侵防御系统

恶意活动可能伪装成合法流量。入侵检测系统（IDS）是被动设备，旨在分析网络流量以检测未经授权的访问或恶意活动。大多数 IDS 使用多种方法来检测威胁，包括基于签名的检测、基于异常的检测和状态协议分析。如果检测到可疑活动，IDS 会生成屏幕、电子邮件和 / 或文本警报。入侵防御系统（IPS）是与流量一致的活动设备，可以通过禁用连接、丢弃数据包或删除恶意内容来响应已识别的威胁。

IDS / IPS 技术有四种类型：

❑ **基于网络的 IDS / IPS**：监控特定网段或设备的网络流量，并分析网络和应用程序协议活动以识别可疑活动。

❑ **无线 IDS / IPS**：监控无线网络流量并对其进行分析，以识别涉及无线网络协议本身的可疑活动。

❑ **网络行为分析 IDS / IPS**：检查网络流量，以识别产生异常流量的威胁，例如分布式拒绝服务（DDoS）攻击、某些形式的恶意软件和策略违规（例如，提供网络的客户端系统服务于其他系统）。

❑ **基于主机的 IDS / IPS**：监控单个主机的特征以及该主机中发生的可疑活动事件。

IDS / IPS 有四种决策状态。当 IDS / IPS 正确识别问题时，会发生真正的肯定。当 IDS / IPS 正确识别正常流量时，会发生真正的否定。当 IDS / IPS 错误地将正常活动识别为问题时，会发生误报。当 IDS / ISP 错误地将问题识别为正常活动时，会发生漏报。

基于网络的 IDS 和 IPS 使用多种检测方法，例如：

❑ 模式匹配和状态模式匹配识别

❑ 协议分析

❑ 基于启发式的分析

❑ 基于异常的分析

❑ 基于威胁情报的相关保护功能

NIST SP-94，即入侵检测和防御系统指南，描述了 IDS 和 IPS 技术的特性，并提供了有关设计、实施、配置、保护、监控和维护这些技术的建议。IDS / IPS 技术的主要区别在于它们监控的事件类型及其部署方式。

内容过滤和白名单 / 黑名单

需要进行控制以保护内部网络免受可能导致恶意软件分发、数据泄露、端到端（P2P）网络分享以及查看不适当或非法内容的内部请求的影响。内部人员请求可能来自经过身份验证的授权用户，也可能是对恶意命令或指令的响应。如前所述，边界设备出口过滤器可以并且应该用于限制源地址、目标地址、端口和协议的出站流量。过滤器可以通过自生成、开源或基于订阅的 IP 白名单 / 黑名单来补充。白名单是应允许访问的已知"好"站点的地址（IP/互联网域名）。相反，黑名单是应拒绝访问的已知"坏"站点的地址（IP/ 互联网域名）。通常的做法是阻止特定于地理区域的整个 IP 地址范围。内容过滤应用程序可用于限制内容类别（例如暴力、游戏、购物或色情内容）、时间因素、应用程序类型、带宽使用和媒体的访问。

边界设备管理

边界设备管理是 24/7/365 的责任。每天都需要对性能进行监控，以便在组件不堪重负之前识别和解决潜在的资源问题。必须监视和分析日志和警报，以识别成功和不成功的威胁。管理员需要密切关注安全补丁并及时应用补丁。必须备份或复制边界设备策略、配置和规则集。

当组织的要求发生变化或识别出新的威胁时，需要更新策略规则和规则集。应密切监控变更，因为对规则集的未经授权或不正确的修改可能会使组织面临风险。修改应遵守组织的变更管理流程。这包括分离批准和实施职责。应定期执行配置和规则集审核及测试，以确保持续遵守组织的策略。内部审核可以发现过时、冗余或有害的配置设置和规则。评价应包括对上次定期评价以来所有变更的详细评价，特别是谁进行了变更以及在何种情况下进行了变更。外部渗透测试可用于验证设备是否按预期运行。

仅供参考：蓝色、红色和紫色团队

公司网络的维护者通常被称为蓝队。蓝色团队包括安全运营中心（SOC）、计算机安全事件响应团队（CSIRT）和其他信息安全（InfoSec）团队的分析师。道德黑客或渗透测试人员等攻击性安全团队通常被称为红队。红队的目标是识别漏洞以及组织的攻击检测和响应能力。还有另一种称为紫色团队的概念。紫色团队是指红色和蓝色团队齐心协力保护组织。过去，大多数蓝队和红队都没有相互协作。

实践中：边界设备安全访问控制策略

概要：边界设备的安全设计、配置、管理和监督要求。

策略声明：

❏ 实施并安全地维护边界安全访问控制设备，以限制在不同程度上受信任的网络之间的访问。

❏ 处理入站和出站流量的默认策略应为默认拒绝（拒绝全部）。

❏ 如果任何情况导致面向 Internet 的边界安全设备无法运行，则必须禁用 Internet 服务。

❏ 信息安全办公室负责批准边界安全访问控制体系结构、配置和规则集。

❏ 信息技术办公室负责设计、维护和管理边界安全访问控制设备。

❏ 由首席运营官自行决定此功能或部分功能可以外包给 MSSP。

❏ 内部或 MSSP 边界安全设备管理员的监督被分配给信息安全办公室。

❏ 必须始终拒绝的网络流量类型将记录在边界设备安全标准中。

❏ 规则集必须尽可能具体和简单。规则集文档将包括允许流量的业务理由。

❏ 所有配置和规则集更改都受组织变更管理过程的约束。

❏ 所有规则集修改必须经过信息安全办公室的批准。

❏ 所有边界安全访问控制设备必须位于受控环境中，访问仅限于授权人员。

❏ 要支持故障或自然灾害后的恢复，必须按计划备份或复制边界安全设备配置、策略和规则，并在每次配置更改之前和之后进行操作。

❏ 必须将边界设备配置为记录成功和失败的活动以及记录配置更改。

❏ 必须每天由信息技术办公室或 MSSP 评价边界设备日志，并且必须将活动报告提交给信息安全办公室。

❏ 必须每年进行配置和规则集审核：

　❍ 由外部独立实体进行评价。

　❍ 选择提供商是审计委员会的责任。

　❍ 测试结果将提交给首席运营官。

❏ 外部渗透测试至少每半年必须进行一次：

　❍ 由外部独立实体进行测试。

　❍ 选择提供商是审计委员会的责任。

　❍ 测试结果将提交给首席运营官。

远程访问安全

从外部位置访问内部企业网络资源的需求变得越来越普遍。事实上，对于拥有远程或移动员工的公司来说，远程访问已成为常态。远程访问技术的本质（允许从外部网络和外部主机访问受保护资源）充满了风险。公司应首先假设外部设施、网络和设备包含敌对威胁，如果有机会，将尝试访问组织的数据和资源。必须根据网段的信息系统和可访问的信息分类，仔细评估和选择控制，包括身份验证。必须确保未授权方无法访问或读取远程访问通信和存储的用户数据（机密性），检测对传输中数据的有意或无意修改（完整性），并确保用户可以根据需要访问资源（可用性）。必须考虑的远程访问安全控制包括客户端设备的物理安全性、传输中对加密技术的使用、身份验证和授权方法以及与本地存储相关的风险。

NIST SP 800-46, R2，即企业远程办公、远程访问和自带设备安全指南，提供了有关多种远程访问解决方案的安全注意事项的信息，并提供了保护各种远程工作和远程访问技术的建议。该出版物还提供了有关创建远程工作相关策略以及为远程访问服务器和客户端选择、实施和维护必要安全控制的建议。

远程访问技术

两种最常见的远程访问技术是虚拟专用网络（VPN）和远程访问门户。VPN 通常用于将网络资源扩展到远程位置。门户通常用于提供对特定应用程序的访问。

虚拟专用网络提供安全隧道，用于通过不安全的网络（如 Internet）传输数据。这是通过组合使用隧道和加密来实现的，以提供远程访问高安全性，而不需要专用线路的高成本。IPsec（IP 安全的简称）是由 Internet 工程任务组（IETF）开发的一组协议，用于支持 IP 层的数据包安全交换。IPsec 常与 VPN 相关联，为物理站点之间或站点与远程用户之间的 VPN 连接提供隧道和加密协议。隧道可以被认为是互联网较大路径内的系统之间的虚拟路径。VPN 部署的普及是全球互联网低成本可访问性的结果，与昂贵的私有电路相比，VPN 需要长期合同，并且必须在特定位置之间实施。有关 IPsec VPN 的更多信息，请参见 NIST SP 800-77"IPsec VPN 指南"，有关 SSL 隧道 VPN 的更多信息，请参见 NIST SP 800-113"SSL VPN 指南"。

远程访问门户通过单个集中式界面提供对一个或多个应用程序的访问。门户服务器将数据作为呈现的桌面屏幕图像或网页传输到客户端设备，但是数据通常临时存储在客户端设备上。门户限制对特定基于门户的应用程序的远程访问。另一种类型的门户解决方案是终端服务器访问，它为每个远程用户提供对单独的标准化虚拟桌面的访问。终端服务器模拟桌面操作系统的外观并提供对应用程序的访问。终端服务器访问要求远程用户安装特殊的终端服务器客户端应用程序或使用基于 Web 的界面，通常使用浏览器插件或组织提供的其他附加软件。此外，Teamview 和 Joinme 等应用程序专门用于创建远程桌面会话。

远程访问身份验证和授权

在可行的情况下，组织应实施相互身份验证，以便远程访问用户在向其提供身份验证凭据之前可以验证远程访问服务器的合法性。呈现预先选择的图片是服务器端认证的示例。最佳实践要求远程访问身份验证采用多因素身份验证。对于攻击者未经授权的访问，必须提供两个身份验证因素之一，可能是用户拥有的东西，也可能是与用户相关的个人属性。显著增加验证因素是一种强大的威慑力！此外，应该要求用户在长时间远程访问会话期间或一段时间不活动后定期重新进行身份验证。

除了对用户进行身份验证之外，还应评估远程访问设备（如工作站和平板电脑），以确保它们符合内部系统所需的基准标准。在允许连接到基础设施之前，网络访问控制（NAC）系统可用于基于定义的标准（例如操作系统版本、安全补丁、防病毒软件版本，以及无线和防火墙配置）检查远程访问设备。如果设备不符合预定义标准，则拒绝访问设备。

实践中：远程访问安全性

概要： 分配职责并设置与内部网络的远程访问连接的要求。

策略声明：

- ❏ 信息安全办公室负责批准远程访问连接和安全控制。
- ❏ 信息技术办公室负责管理和监控远程访问连接。
- ❏ 远程访问连接必须使用 128 位或更高的加密来保护传输中的数据（例如 VPN、SSL 或 SSH）。
- ❏ 必须使用多因素身份验证进行远程访问。只要技术上可行，一个因素必须是带外的。
- ❏ 远程设备必须由公司拥有，并根据公司工作站安全标准进行配置。
- ❏ 希望获得远程访问计算资源批准的业务合作伙伴和提供商必须具有 COO 批准的访问权限。他们的公司赞助商必须提供有效的商业理由才能授权远程访问。
- ❏ 必须向被批准用于远程访问的员工、业务合作伙伴和提供商提供并签署远程访问协议，该协议在被授予访问权限之前确认其责任。
- ❏ 必须配置远程访问设备以记录成功和失败的活动以及配置更改。
- ❏ 必须每天由信息技术办公室或指定人员评价远程访问日志，并且必须将活动报告提交给信息安全办公室。
- ❏ 人力资源办公室必须每季度评价远程访问用户列表。
- ❏ 必须向信息安全办公室和信息技术办公室报告评价结果。
- ❏ 外部渗透测试必须至少每半年进行一次：
  - ○ 测试由外部独立实体进行。
  - ○ 选择提供商是审计委员会的责任。
  - ○ 测试结果将提交给首席运营官。

远程工作访问控制

2010 年远程工作增强法第 111-292 号公法将远程工作定义为："工作灵活性安排，在该安排下，员工履行职位的职责和责任，以及其他授权活动，来自该地点以外的批准工作场所的员工可以顺利工作。"简单来说，远程办公允许员工在家或在外工作，通常是在家里办公。Telework Coalition（TelCoa）远程办公福利清单包括："提高员工生产力和动力，减少车辆污染，减少交通，改善工作与生活平衡，减少对进口石油的依赖，为残疾人、农村居民、老年人，以及军队人员的配偶提供新的就业机会，并有效建立分散和分布的劳动力的手段，这是劳动力连续性和灾难恢复计划的关键组成部分。"[⊖]

必须将远程位置视为内部网络的逻辑和物理扩展，并进行适当的保护。确保信息资产和信息系统（包括监控）的机密性、完整性和可用性（CIA）的控制必须与内部部署环境相称。

NIST SP 800-114，即用户远程工作和自带设备（BYOD）安全性指南，为保护远程工作计算机操作系统和应用程序以及家庭网络提供了切实可行的实用建议。它提出了保护用于远

⊖ 我们的愿景和使命，©2011，远程工作联盟。

程工作的消费设备的基本建议。该文件还提供了有关保护远程工作计算机和可移动媒体上存储的信息的建议。此外，它还提供了在决定是否应将其用于远程工作之前考虑第三方拥有的设备的安全性的提示。

> **实践中：远程办公策略**
>
> **概要**：分配责任并设定远程办公的要求。
>
> **策略声明**：
>
> ❑ 远程办公时间表必须由管理层以书面形式提出并由人力资源办公室授权。
>
> ❑ 当用户被授予或被拒绝远程工作权限时，人力资源办公室负责通知信息安全办公室和信息技术办公室。
>
> ❑ 远程工作设备（包括连接设备）必须由公司拥有并根据公司安全标准进行配置。
>
> ❑ 信息技术办公室负责管理、维护和监控远程办公地点的配置和连接。
>
> ❑ 根据远程访问策略和标准授予远程访问权限。
>
> ❑ 远程办公人员负责远程办公地点的物理安全。
>
> ❑ 归类为"受保护"或"机密"的信息的本地存储必须由信息安全办公室授权。
>
> ❑ 监管远程工作人员是其直接主管的责任。

用户访问控制

用户访问控制的目的是确保授权用户能够访问信息和资源，同时防止未经授权的用户访问信息和资源。用户访问控制和管理是企业范围的安全任务。NIST 建议组织管理信息系统账户，包括以下内容：

❑ 识别账户类型（个人、组、系统、应用程序、访客和临时账户）。

❑ 为组成员资格建立条件。

❑ 识别信息系统的授权用户并指定访问权限。

❑ 要求对建立账户的请求进行适当的批准。

❑ 建立、激活、修改、禁用和删除账户。

❑ 专门授权和监控访客 / 匿名和临时账户的使用。

❑ 当不再需要临时账户，信息系统用户被终止、转移，信息系统的使用或需要知道 / 需要共享被更改时，通知客户经理。

❑ 停用不再需要的临时账户以及已终止或已转移用户的账户。

❑ 基于以下方式授予对系统的访问权限：

   ○ 有效的访问授权。

   ○ 预期的系统使用情况。

   ○ 组织或关联业务功能所需的其他属性。

   ○ 定期审核账户。

为什么要管理用户访问

必须管理用户访问以保持机密性和数据完整性。为了保持最小特权和需要知道的安全规则，应该为用户提供访问工作所需的信息和系统。在不受约束的访问权限下，我们将窥视明知不应该访问的内容。此外，用户账户是获得组织网络访问权限的黑客的首要目标。在设计创建账户和授予信息访问权限的程序时，必须谨慎使用。

如第 6 章所述，用户配置是创建用户账户和组成员身份，提供公司标识和身份验证机制以及分配访问权限的过程。无论负责用户供应流程的部门如何安排，信息所有者最终都要负责授权和监督访问。信息所有者或指定人应定期查看应用程序、文件夹或文件访问控制。影响审核频率的因素包括所访问信息的分类、监管要求、营业额或职责重组。评价应记录在案。应该能够方便地回答问题或不准确之处。

实践中：用户访问控制和授权策略

概要： 定义用户访问控制和授权参数及职责。

策略声明：

❑ 在根据角色或作业功能批准特定权限之前，默认将用户访问权限设置为默认拒绝（拒绝全部）。

❑ 只有执行其工作职能时需要知道的人员才能获得对公司信息和系统的访问权限。

❑ 访问权限将限制为执行访问的业务要求所需的最小数量。

❑ 必须维护授权过程。在授权过程完成之前，不得授予权限。

❑ 信息所有者负责每年审核并重新授权对"受保护"或"机密"数据的用户访问权限：

　　○ 信息安全办公室负责管理审核和重新授权流程。

　　○ 向审计委员会提供年度完成报告。

行政账户控制

必须实施、配置、管理和监控网络和信息系统，这些操作需要具有提升权限的账户来完成。常见特权账户包括网络管理员、系统管理员、数据库管理员、防火墙管理员和网站管理员。这种权力的集中可能是危险的。减轻控制措施包括职责分离和双重控制。职责分离要求将任务分配给多个人，使得任何人都无法从头到尾控制流程。双重控制要求两个人必须完成特定任务的一半。职责分离的一个示例是允许安全工程师修改防火墙配置文件，但不将配置上载到生产环境中。双控制的示例是需要两个单独的密钥来解锁。每个密钥都分配给单个用户。两种控制的理论是，为了恶意行事，两个或更多的人需要一起工作。应记录和审核所有管理或特权账户活动。

仅当正在执行的活动需要提升的权限时，才使用管理账户。无须使用此类账户执行常规活动，例如检查电子邮件、撰写报告、在 Internet 上进行研究，以及基本用户账户就可完成的其他活动。这很重要，因为病毒、蠕虫和其他恶意代码将在登录用户的安全上下文中运行。如果用户以系统管理员身份登录并且其计算机感染了恶意代码，则控制恶意软件的犯罪分子也具有管理权限。为了应对这一非常实际的风险，每个拥有特权账户的人员都应该拥有一个基本用户账户，用于执行不需要管理员权限的职责。

仅供参考：Windows、MAC OS X 和 Linux 中的用户账户控制

可以配置 Microsoft Windows 用户账户控制（UAC），以便应用程序和任务始终在非管理员账户的安全上下文中运行，除非管理员特别授权对系统进行管理员级别的访问。自 Windows 10 以来，Microsoft 将此提升到了一个新的水平。UAC 为特定应用程序权限提升提示颜色编码。这样做可以帮助你快速识别应用程序的潜在安全风险。有关 Windows UAC 的详细信息，请访问 https://docs.microsoft.com/en-us/windows/security/identity-protection/user-account-control/ how-user-account-control-works。

自 20 世纪 80 年代初以来，基于 Linux 的系统和 MAC OS X 已经实施了类似的方法。在 Linux 和 MAC OS X 中运行管理应用程序有两种方法。你可以使用 su 命令切换到超级用户（root），也可以利用 sudo 命令。例如，为了在 Debian 或 Ubuntu 中安装应用程序，你可以运行 sudo apt-get install 命令，然后运行你要安装的应用程序或软件包名称。如果你不熟悉 Linux，可以在 https://linode.com/docs/tools-reference/linux-users-and-groups/ 上了解有关 Linux 用户和组的其他详细信息。

实践中：行政和特权账户策略

概要：确保使用管理或提升权限正确分配、使用、管理和监督账户。

策略声明：

❑ 必须向信息安全办公室提交分配管理员级账户或特权组成员身份变更的请求并获得首席运营官批准。

❑ 信息安全办公室负责确定管理员职责分离和双重控制的适当使用。

❑ 仅在执行需要管理或特权访问的职责时才使用管理和特权用户账户。

❑ 所有管理员和特权账户持有者都将拥有第二个用户账户，用于执行不需要管理或特权访问的功能。

❑ 分配给需要管理或特权访问的承包商、顾问或服务提供商的用户账户将根据记录的时间表或正式请求启用，并在其他所有时间禁用。

❑ 管理和特权账户活动将每天记录并由信息安全办公室审核。

❑ 行政和特权账户分配将由信息安全办公室每季度评价一次。

应监控哪些类型的访问

监控访问和使用是信息安全的重要组成部分。不幸的是，许多组织部署了精心设计的系统来从多个来源收集数据，但从不查看数据。挖掘日志数据会产生大量可用于保护组织的信息。日志数据提供有关具有意外和可能有害后果的活动的线索，包括以下内容：

❑ 有风险的事件，例如未经授权的访问、恶意软件、数据泄露和可疑活动。

❑ 监督事件，例如管理活动、用户管理、策略更改、远程桌面会话、配置更改和意外访问的报告。

❑ 与安全相关的操作事件，例如补丁程序安装、软件安装、服务管理、系统重新启动、带宽利用率和 DNS / DHCP 流量。

至少应记录和分析三类用户访问：成功访问、失败访问和特权操作。成功访问是用户活动的记录。报告应包括日期、时间和操作（例如，身份验证、读取、删除或修改）。访问失败表示未经授权的尝试或授权的用户问题。首先，重要的是要知道入侵者是在"测试"系统还是发动了攻击。其次，从操作的角度来看，重要的是要知道用户是否在登录、访问信息或在完成工作时遇到问题。对行政或特权账户的监督至关重要。管理员掌握着"王国的钥匙"。在许多组织中，他们拥有自由的访问权限。妥协或滥用管理员账户可能会带来灾难性的后果。

监管合法吗

正如第 6 章所述，员工在公司时间或公司资源方面采取的行动不应涉及隐私。美国的司法制度有利于雇主拥有监督以保护其利益的权利。*Defense Counsel Journal* 中提出的理由如下：

❑ 工作在雇主的营业地点完成。

❑ 雇主拥有该设备。

❑ 雇主有兴趣监督员工活动，以确保工作质量。

❑ 雇主有权保护财产免遭盗窃和欺诈。

法院的裁决表明，合理性是适用于监督和监督活动的标准。有用于商业目的时，电子监控是合理的，存在设定员工隐私期望的政策，员工应了解有关网络活动的组织规则，并了解用于监控工作场所的方法。

可接受的使用协议应包括一条条款，告知用户公司将会并且确实在监控系统活动。一种普遍接受的做法是在身份验证过程中将此语句作为法律警告提供给系统用户。用户必须同意将公司监控作为登录的条件。

实践中：监控系统访问和使用策略

概要： 监控网络活动对于检测未经授权、可疑或有风险的活动是必要的。

策略声明：

❑ 信息技术办公室、信息安全办公室和人力资源办公室共同负责确定信息系统存储、处理、传输或提供访问所需的记录和分析范围。分类为"机密"或"受保护"的信息。必须至少记录下列内容：

　○ 成功和失败的网络身份验证。

　○ 对存储或处理"受保护"信息的任何应用程序的身份验证的成功和失败。

　○ 网络和应用程序管理或特权账户活动。

❑ 此列表的例外情况必须由首席运营官授权。

❑ 访问日志必须每天由信息技术办公室或指定人员评价，并且必须将活动报告提交给信息安全办公室。

仅供参考：小企业说明

　　小企业面临的最重要的信息安全挑战之一是没有专门的 IT 或信息安全人员。通常，组织中具有"IT 技能"的人员可以安装和支持关键设备，例如防火墙、无线接入点和网络组件。结果是这些设备通常处于默认模式并且未正确配置。特别值得关注的是若不更改管理账户密码，攻击者可以轻松获取默认密码并接管设备。密码可以在产品文档中找到，编译列表可以从链接 www.defaultpassword.com/ 和 www.routerpasswords.com/ 上获得。

总结

　　访问控制是一种安全功能，用于管理用户和进程与系统和资源的通信和交互。实施访问控制的目的是确保授权用户和进程能够访问信息和资源，同时防止未经授权的用户和进程访问它们。访问控制模型指的是请求访问作为主体的对象或数据的活动实体，以及被访问或作为对象被操作的被动实体。

　　组织的访问控制方法称为安全状态。有两种基本方法——开放和安全。开放（也称为默认允许）意味着允许未明确禁止的访问。安全（也称为默认拒绝）意味着禁止未明确允许的访问。访问决策应考虑需要知道和最小特权的安全原则。需要知道意味着具有被授权访问信息的证明和授权的理由。最小特权意味着授予用户执行其工作或职能所需的最低级别的访问权限。

　　获取访问权限分为三个步骤。第一步是让对象识别主体。标识是主体向对象提供诸如用户名之类的标识符的过程。下一步是证明用户是他们所说的人。身份验证是主体向对象提供可验证凭据的过程。最后一步是确定主体可以采取的行动。授权是为经过身份验证的主体分配执行特定操作所需的权限的过程。

　　身份验证凭据称为因素。有三类因素：知识（用户知道的东西）、占有（用户拥有的东西）和内在性或特性（用户本身）。单因素身份验证是仅显示一个因素的情况。多因素身份验证是指呈现两个或更多因素。多层认证是指呈现两种或更多相同类型的因素。带外认证需要通过不同于第一因素的信道进行通信。在决定所需的身份验证级别时，必须考虑数据分类、监管要求、未授权访问的影响以及威胁被执行的可能性。

　　身份验证完成后，授权模型将定义主体访问对象的方式。强制访问控制（MAC）由策略定义，不能由信息所有者修改。自由访问控制（DAC）由对象的所有者定义。基于角色的访问控制（RBAC）（也称为非自由控制）是基于特定角色或功能的访问权限。在基于规则的访问控制环境中，访问基于独立于用户或组账户的条件，例如一天中的某个时间或位置。

　　网络基础设施定义为主机和设备的互连组。基础设施可以局限于一个地方，或者通常情况下广泛分布，包括分支机构和家庭办公室。网络分段是对网络资产、资源和应用程序进行逻辑分组的过程，以分层身份验证要求和安全控制。细分包括飞地、可信网络、访客网络、外围网络（也称为 DMZ）和不受信任的网络（包括互联网）。

　　分层安全性是指采用不同类型的安全措施，这些措施针对不同的单个焦点。分层边界安全的重点是保护内部网络免受外部威胁。防火墙是使用入口和出口过滤器控制网络之间流量的设备或软件。出口过滤器可以通过自生成、开源或基于订阅的 IP 白名单或黑名单来补充。白名单是已知"好"网站的地址（IP 或互联网域名）。相反，黑名单是已知"坏"站点的地址（IP 或互联网域名）。内容过滤应用程序可用于限制内容类别（例如暴力、游戏、购物或色情内容）、时间因素、应用程序类型、带宽使用和媒体的访问。入侵检测系统（IDS）是被动设备，旨在分析网络流量以检测未经授权的访问或恶意活动。入侵防御系统（IPS）是与流量一致的活动设备，可以通过禁用连接、丢弃数据包或删除恶意内容来响应已识别的威胁。

从远程位置访问内部企业网络资源的需求变得越来越普遍。远程（通常在家中）按计划工作的用户称为远程工作者。VPN 和远程访问门户可用于为授权用户提供安全的远程访问。虚拟专用网络提供用于通过诸如互联网等不安全网络传输数据的安全隧道。IPsec 是由 Internet 工程任务组（IETF）开发的一组协议，用于支持 IP 层的数据包安全交换，并由 VPN 设备使用。

远程访问门户通过单个集中式界面提供对一个或多个应用程序的访问。两种机制都对主体进行身份验证和授权。最佳实践要求将多因素验证用于远程访问连接。网络访问控制（NAC）系统可用于在允许连接到基础设施之前，根据定义的标准检查远程访问设备，例如操作系统版本、安全补丁、防病毒软件和 DAT 文件，以及无线和防火墙配置。

组织是动态的。雇用新员工，有些人改变角色，有些人自愿离职，有些人则被非自愿终止合同。用户访问控制的目的是确保授权用户能够访问信息和资源，同时防止未经授权的用户访问信息和资源。信息所有者负责访问和持续监督的授权。访问控制评价应定期进行，与所访问信息的分类、监管要求以及更替率和职责重组相对应。

访问控制由具有管理或提升权限的用户配置和管理。虽然这是必要的，但是权力集中可能是危险的。减轻控制措施包括职责分离和双重控制。职责分离要求分配任务给多个人，任何人都无法从头到尾控制一个过程。双重控制要求两个人各完成特定任务的一半。

对用户和管理员访问的监督反映了最佳实践，并且在许多情况下反映了监管要求。至少应记录和分析三类用户访问：成功访问、失败访问和特权操作。组织有责任为风险或可疑活动建立日志评价流程和事件响应计划。

访问控制管理策略包括身份验证策略、访问控制授权策略、网络分段策略、边界设备安全策略、远程访问安全策略、远程工作策略、用户访问控制和授权策略、管理和特权账户策略以及监控系统访问和使用策略。

自测题

选择题

1. 以下哪个术语最能说明访问控制是控制用户和进程交互方式的安全功能？
   A. 对象　　　　　　　B. 资源　　　　　　　C. 流程　　　　　　　D. 以上所有
2. 以下哪个术语最能说明验证主体身份的过程？
   A. 问责制　　　　　　B. 授权　　　　　　　C. 访问模型　　　　　D. 认证
3. 以下哪个术语最能说明为经过认证的用户分配执行特定操作的过程？

A. 问责制　　　　　　　B. 授权　　　　　　　C. 访问模型　　　　　D. 认证

4. 以下哪个术语最能描述请求访问对象或数据的活动实体?

A. 主体　　　　　　　　B. 对象　　　　　　　C. 资源　　　　　　　D. 因素

5. 以下哪种安全原则最好被描述为为用户提供完成工作所需的最低访问权限?

A. 最少访问权限　　　　B. 最少协议　　　　　C. 最少特权　　　　　D. 最少过程

6. 以下哪种安全原则最好被描述为禁止访问某人工作不需要的信息?

A. 访问需要安全原则　　　　　　　　　　　B. 需要监控的安全原则

C. 需要知道的安全原则　　　　　　　　　　D. 需要信息处理安全原则

7. 默认拒绝的安全原则允许哪种类型的访问?

A. 允许基本访问　　　　　　　　　　　　　B. 允许未明确禁止的访问

C. 禁止未明确允许的访问　　　　　　　　　D. 以上都不是

8. 以下哪项陈述最能说明安全态势?

A. 基于对象信息(例如主机或网络)访问控制的组织方法

B. 基于网络交换机或路由器信息访问控制的组织方法

C. 基于路由器信息访问控制的组织方法

D. 基于防火墙信息访问控制的组织方法

9. 谁负责定义自主访问控制(DAC)?

A. 数据所有者　　　　　B. 数据管理员　　　　C. 数据保管人　　　　D. 数据用户

10. 以下哪个术语最能说明当用户配置SOP需要两个系统管理员的操作时使用的控件——一个创建和
删除账户,另一个分配访问权限?

A. 最小特权　　　　　　B. 职责分工　　　　　C. 需要知道　　　　　D. 默认拒绝

11. 以下哪种类型的网络,操作系统或应用程序访问控制是用户无关的,并且依赖于特定条件,例如源
IP地址、时间和地理位置?

A. 强制性　　　　　　　B. 基于角色　　　　　C. 基于规则　　　　　D. 任意的

12. 以下哪项不被视为认证因素?

A. 知识　　　　　　　　B. 遗产　　　　　　　C. 所有权　　　　　　D. 生物识别

13. 以下哪个术语最能说明需要两个或更多因素的身份验证?

A. 双重控制　　　　　　B. 多因素　　　　　　C. 多标签　　　　　　D. 多层

14. 以下哪些陈述是良好密码管理的示例?

A. 应改变密码以增加密码的复杂性和长度

B. 怀疑密码泄露时,应更改密码

C. 用户最初使用默认或基本密码登录系统后,应更改密码以创建唯一密码

D. 以上所有

15. 以下哪个术语最能说明这种密码:它是一种基于知识的身份验证,要求用户根据他们熟悉的内容回
答问题?

A. 明确的　　　　　　　B. 认知　　　　　　　C. 复杂　　　　　　　D. 凭据

16. 以下哪种类型的身份验证需要两个不同且独立的通道进行身份验证?

A. 带内认证　　　　　　B. 移动认证　　　　　C. 带外认证　　　　　D. 钱包外认证

17. 以下哪个术语最能说明授权用户可以访问的内部网络?

A. 值得信赖的网络　　　B. DMZ　　　　　　　C. 互联网　　　　　　D. 半信任网络

18. 使用与源和目标IP地址、端口以及协议相关的规则来确定访问_____。

A. 防火墙　　　　　　　B. IPS　　　　　　　C. IDS　　　　　　　D. VPN

19. 以下哪项陈述适用于入侵检测系统(IDS)?

A. IDS可以禁用连接

　　B. IDS 可以响应已识别的威胁

　　C. IDS 使用基于签名的检测或基于异常的检测技术

　　D. IDS 可以删除恶意内容

20. 以下哪个术语最能描述 VPN？

　　A. VPN 提供加密隧道，用于通过不受信任的网络传输数据

　　B. VPN 是一种经济高效的安全远程访问解决方案

　　C. A 和 B 都是

　　D. A 和 B 都不是

练习题

练习 9.1：了解访问控制概念

1. 定义以下访问控制管理术语：

	术语	定义
1.1	访问控制	
1.2	认证	
1.3	授权	
1.4	默认拒绝	
1.5	默认允许	
1.6	最小特权	
1.7	需要知道	
1.8	强制访问控制（MAC）	
1.9	访问控制（DAC）	
1.10	网络访问控制（NAC）	

2. 提供影响身份验证控件的示例。

3. 提供影响授权控制的示例。

练习 9.2：管理用户账户和密码

1. 你使用的电子邮件程序需要多少身份验证因素？

2. 你使用的电子邮件程序所需的密码特征是什么？包括长度、复杂性、到期时间以及禁止的单词或短语。

3. 你认为这些要求是否足够？

练习 9.3：了解多因素认证和相互认证

1. 查找占有或内在身份认证设备的图像或拍照。

2. 找到并描述一个相互身份认证的例子。

3. 选择上面提到的一个例子，解释它是如何工作的。

练习 9.4：分析防火墙规则集

防火墙规则集使用源 IP 地址、目标地址、端口和协议。

1. 描述它们各自的功能。

2. 以下规则的目的是什么？

```
Allow Src=10.1.23.54 dest=85.75.32.200 Proto=tcp 21
```

3. 以下规则的目的是什么?

```
Deny Src=ANY dest=ANY Proto=tcp 23
```

练习9.5: 授予管理访问权限

1. 你是否拥有笔记本电脑、工作站或平板电脑的管理权限?
2. 如果是,你是否可以选择使用普通用户账户? 如果不是,是谁呢?
3. 解释"当前登录用户的安全上下文"这个短语的含义。

项目题

项目9.1: 为渗透测试创建 RFP

你被要求发送红色团队渗透测试请求提案(RFP)文档。

1. 解释通常所说的"红队"。
2. 红队和蓝队之间的区别是什么?
3. 找三家公司发送 RFP。解释你选择它们的原因。
4. 所选提供商可能有权访问你的网络。提供商选择过程中应包括哪些尽职调查标准? 从上一步中选择一家公司,尽可能多地了解它们(例如,声誉、历史、资质)。

项目9.2: 查看用户访问权限

查看用户访问权限可能是一个耗时且资源密集的过程,通常保留给具有"受保护"或"机密"信息应用程序或系统。

1. 你学校的学生门户网站是否应接受年度用户访问权限审核? 如果是,为什么? 如果不是,为什么不接受?
2. 自动审核流程有助于提高效率和准确性。研究用于自动化用户访问审核流程并提出建议的选项。

项目9.3: 开发远程办公最佳实践

你的组织已决定允许员工选择在家工作。

1. 列出必须考虑的六个安全问题清单。
2. 针对每个问题注明你的建议,并详细说明任何相关的安全控制。
3. 假设你的建议已被接受。你现在的任务是培训远程工作者。创建一个演示文稿,解释"在家工作"安全最佳实践。

案例研究: 评估当前的安全漏洞

通常感觉每个星期都有重大漏洞。在 2018 年年初,Facebook 遭受了隐私泄露。研究此事件并回答以下问题:

1. Facebook 漏洞如何发生? 它是如何影响其声誉的?
2. 为什么攻击会成功? 公司缺少的可能阻止或检测到攻击的控制措施是什么?

参考资料

引用的条例

"Supplement to Authentication in an Internet Banking Environment," issued by the Federal Institutions Examination Council, 6/28/2011.

"The Telework Enhancement Act of 2010, Public Law 111-292," official website of the Government Printing Office, accessed 11/2017, https://www.gpo.gov/fdsys/pkg/BILLS-111hr1722enr/pdf/BILLS-111hr1722enr.pdf.

其他参考资料

Kampanakis, Panos, Omar Santos, and Aaron Woland, *Cisco Next-Generation Security Solutions: All-in-One Cisco ASA Firepower Services, NGIPS, and AMP*, Indianapolis: Cisco Press, 2016.

Santos, Omar, Joseph Muniz, and Stefano De Crescenzo, *CCNA Cyber Ops SECFND 210-250 Official Cert Guide*, First Edition, Indianapolis: Cisco Press, 2017.

"Statistics of 450,000 Leaked Yahoo Accounts," Pastebin, accessed 04/2018, http://pastebin.com/2D6bHGTa.

Larson, Selena, "Every Single Yahoo Account Was Hacked—3 Billion in All," *CNN,* October 4, 2017, accessed 04/2018, http://money.cnn.com/2017/10/03/technology/business/yahoo-breach-3-billion-accounts/index.html.

Saltzer, J. H., and M. D. Schroeder, "The Protection of Information in Computer Systems." Proceedings of the IEEE, vol. 63, no. 9 (Sept. 1975).

"The Telecommuter Infographic, An Analysis of the World's Remote Workforce," MySammy LLC, accessed 04/2018, https://www.mysammy.com/infographics-telecommuter.

"What Is Telecommuting?" Emory University WorkLife Resource Center, accessed 04/2018, www.worklife.emory.edu/workplaceflexibility/telecommuting/whatis.html.

第10章 信息系统的获取、开发和维护

ISO 27002:2013 的第 14 节［"信息系统的获取、开发和维护"（ISADM）］关注信息系统、应用和代码从概念到销毁阶段的安全要求。这个序列被称为系统开发生命周期（SDLC）。特别要强调用于确保完整性的漏洞管理，确保完整性和机密性的密码控制，以及确保机密性、完整性和可用性（CIA）的系统文件的安全性。领域构造适用于内部、外包和商业开发的系统、应用程序和代码。ISO 27002:2013 的第 10 节（"密码学"）关注正确和有效地使用加密来保护信息的机密性、真实性和完整性。由于密码保护机制与信息系统的开发和维护密切相关，因此本章也将介绍密码保护机制。

在我们迄今为止讨论的所有安全领域中，这一个具有最广泛的含义。大多数网络犯罪是机会主义的，意味着犯罪分子会利用系统漏洞。没有嵌入安全控制的信息系统、应用程序和代码都使组织面临不应有的风险。考虑一家依赖于链接到后端数据库的基于 Web 的应用程序的公司，如果用于创建基于 Web 的应用程序的代码没有经过彻底的诊断，那么它可能包含漏洞，这些漏洞将允许黑客利用拒绝服务（DoS）攻击关闭应用程序，在托管应用程序的服务器上运行代码，甚至假扮数据库发布机密信息。这些事件会损害组织的声誉，产生合规和法律问题，并显著影响底线。

> **仅供参考：ISO / IEC 27002:2013 和 NIST 指南**
>
> ISO 27002:2013 的第 10 节密码学领域侧重于正确有效地使用密码学来保护信息的机密性、真实性和完整性。ISO 27002:2013 的第 14 节 ISADM 领域侧重于信息系统、应用程序和代码的安全要求，从概念到消亡。
>
> 相应的 NIST 指南在下列文件中提供：
>
> ❑ SP 800-23："关于已测试 / 评估产品的安全性保障和获取 / 使用的联邦机构指南"

❑ SP 800-57："密钥管理建议——第 1 部分：总则（第 3 版）"
❑ SP 800-57："密钥管理建议——第 2 部分：密钥管理组织的最佳实践"
❑ SP 800-57："密钥管理建议——第 3 部分：专用密钥管理指南"
❑ SP 800-64："系统开发生命周期中的安全考虑"
❑ SP 800-111："终端用户设备的存储加密技术指南"

系统安全要求

在任何新的信息系统、应用程序或代码开发的设计和获取阶段，安全性应该是优先考虑的目标。试图改进安全性是昂贵的、资源密集型的，并且常常不起作用。生产率要求或急于上市常常妨碍了彻底的安全分析，这是很不幸的，因为已经一次又一次地证明，早期识别安全要求既具有成本效益，又有效率。利用结构化开发过程增加了实现安全目标的可能性。

SDLC

SDLC 为任何系统开发或获取工作的所有阶段提供标准化过程。图 10-1 显示了 NIST 在 SP 800-64 第 2 版（"系统开发生命周期中的安全考虑"）中定义的 SDLC 阶段。

图 10-1　SDLC 的五个阶段

❑ 在开始阶段，表达了对系统的需求，并记录了系统的目的。
❑ 在开发 / 采集阶段，系统被设计、购买、编程、开发或以其他方式构建。
❑ 实施 / 评估阶段包括系统测试，必要时进行修改，重新测试修改，最后验收。
❑ 在操作 / 维护阶段，系统投入生产。系统几乎总是通过添加硬件和软件以及许多其他事件来修改。监控、审计和测试应该持续进行。
❑ 在处置阶段进行的活动确保了系统的有序终止，保护了重要的系统信息，并将系统处理的数据迁移到新系统。

每个阶段包括有效将安全性纳入系统开发过程所需的最小任务集。在处理之前，阶段可以在系统的整个生命周期中不断重复。

开始阶段

在开始阶段，组织建立对系统的需求并记录其目的。安全规划必须在开始阶段开始。要处理、传输或存储的信息根据 CIA 安全要求以及信息系统的安全性和关键性要求进行评估。所有利益相关者必须对安全考虑事项有共同的理解。这种早期的参与将使开发人员或采购经理能够计划项目的安全要求和相关约束。它还提醒项目负责人，随着项目的继续，许多正在做出的决策都涉及安全问题，应该适当权衡。在开始阶段应该解决的其他任务包括角色和职责的分配、合规要求的识别、关于安全度量和测试的决策以及系统接受过程。

开发 / 采集阶段

在这个阶段，系统设计、购买、编程、开发或以其他方式构建。这个阶段的关键安全活动是进行风险评估。此外，组织应该分析安全需求，执行功能和安全测试，并设计安全体系结构。ISO 标准和 NIST 都强调了进行风险评估以评估新系统和升级的安全需求的重要性。目的是识别与项目相关的潜在风险，并使用这些信息来选择基线安全控制。风险评估过程是迭代的，并且每当引入新的功能需求时都需要重复进行。当它们被确定时，安全控制需求成为项目安全计划的一部分。必须测试安全控制以确保它们按预期执行。

实施 / 评估阶段

在实施阶段，组织配置和启用系统安全特性，测试这些特性的功能，安装或实现系统，并获得操作系统的正式授权。设计评审和系统测试应该在系统投入运行之前执行，以确保它满足所有需要的安全规范。在项目计划中嵌入足够的时间来解决任何发现，修改系统或软件并重新测试是很重要的。

这个阶段的最后一个任务是授权。系统所有者或设计者有责任批准实现并允许系统处于生产模式。在联邦政府，这个过程被称为鉴定和认证（C&A）。OMB 通告 A-130 要求信息系统具有处理、存储或传输信息的安全授权。授权官员主要依赖于完成的系统安全计划、由风险评估确定的固有风险以及安全测试结果。

操作 / 维护阶段

在这个阶段，系统和产品就位，对系统的操作、增强或修改进行开发和测试，并添加或替换硬件和软件组件。配置管理和更改控制过程对于确保维护所需的安全控制至关重要。组织应该持续地监视系统的性能，以确保其与预先建立的用户和安全要求一致，并且包含所需的系统修改。必须对信息系统中的安全控制进行定期测试和评估，以确保持续有效，并识别可能已经引入或最近发现的任何新漏洞。不能忽略安装启用之后标识的漏洞。根据发现的严重性，在开发修复程序时可能实现补偿控制。可能存在这样的情况，即要求系统离线直到能够减轻漏洞产生的影响。

处置阶段

通常，信息系统或代码没有最终的结束或退役。由于需求变化或技术进步，系统通常进化或过渡到下一代。系统安全计划应该随着系统不断演进。当组织为后续系统制定安全计划时，原始系统的许多环境、管理和操作信息应该仍然相关和有用。当确实需要丢弃系统信息、硬件和软件时，它必须不会导致未经授权泄露受保护的或机密的数据。处理活动、归档信息、媒介净化和处理硬件组件必须根据组织的销毁和处理要求和策略。

实践中：SDLC 策略

概要：确保系统开发 / 采集工作的所有阶段都有结构化和标准化的过程，包括安全考虑、必要条件和测试。

策略声明：

❑ 信息技术办公室负责采用、实施和要求遵守 SDLC 流程和工作流。SDLC 必须定义开始、开发 / 采集、实施、操作和处置的必要条件。

> ❑ 在每个阶段，必须评估安全需求，并酌情测试安全控制。
> ❑ 系统所有者与信息安全办公室一起负责定义系统安全需求。
> ❑ 系统所有者与信息安全办公室一起负责在实施之前授权生产系统。
> ❑ 如有必要，可聘请独立专家对项目或其任何组成部分进行评价。

商用或开源软件怎么样

SDLC 原则适用于商业上可用的软件［有时称为商业现货软件（COTS）］和开源软件。主要的区别在于开发不是内部完成的。商业软件应进行评估，以确保其满足或超过组织的安全要求。因为软件通常是分阶段发布的，所以了解和理解发布阶段是很重要的。只有在生产服务器上部署稳定且经过测试的软件版本才能保护数据可用性和数据完整性。操作系统和应用程序更新必须在实验室环境中经过彻底测试并宣布在生产环境中安全发布后才能部署。安装后，所有软件和应用程序都应该包括在内部漏洞测试中。内部应用程序或组织创建的任何产品中包含的开放源代码软件应当在中央数据库中注册，以便许可要求和披露，以及跟踪影响这种开放源代码组件或软件的任何漏洞。

软件发布

alpha 阶段是用于测试的软件的初始版本。alpha 软件可能不稳定，可能导致崩溃或数据丢失。在专有软件中，alpha 软件的外部可用性并不常见。然而，尤其是开源软件，通常具有公开可用的 alpha 版本，通常作为软件的原始源代码分发。测试阶段表明软件功能齐全，重点是可用性测试。发布候选（RC）是 beta 版和最终发布版本的混合体。除非发现重大问题，否则它有可能成为最终版本。通用可用性是指软件已经商业化并已普遍分发。alpha、beta 和 RC 具有不稳定和不可预测的倾向，并且不适合生产环境。这种不可预测性可能具有破坏性的后果，包括数据暴露、数据丢失、数据损坏以及计划外的停机。

软件更新

在其支持的生命周期中，软件有时会更新。更新与安全补丁不同。安全补丁被设计为解决特定的漏洞，并根据补丁管理策略来应用。更新通常包括功能增强和新特性。更新应该服从于组织的变更管理过程，并且应该在生产环境中实施之前进行彻底的测试。对于操作系统和应用程序都是如此。例如，新的系统实用程序可能与 99% 的应用程序完美配合，但是如果部署在同一服务器上的关键业务线应用程序落在剩下的 1% 中呢？这会对数据的可用性，以及可能对数据的完整性产生灾难性的影响。无论这种风险看起来多么小，都不能忽视。即使对更新进行了彻底的测试，组织仍然需要为不可预见的情况做好准备，并确保它们具有文档化的回滚策略，以便在出现问题时返回到以前的稳定状态。

如果更新需要重新引导系统，则应该延迟到重新启动对业务生产力的影响最小为止。一般来说，这意味着下班后或周末，但如果一家公司跨国经营，并且用户依赖于位于不同时区的数据，这可能会变得有点棘手。如果更新不需要重新启动系统，但是仍然会严重影响系统性能级别，则还应该延迟到对业务生产力影响最小为止。

商业软件和开放源码软件的安全漏洞修补是任何组织最重要的过程之一。组织可以使用以下技术和系统维护适当的漏洞管理程序：

- 漏洞管理软件和检测装置（如 Qualys、Nexpose、Nessus 等）
- 软件组成分析工具（如 BlackDuck Hub、Synopsys Protecode（以前称为 AppCheck）、FlexNet 代码透视（以前称为 Palamida）、SourceClear 等）
- 安全漏洞提要（如 NIST 的国家漏洞数据库（NVD）、VulnDB 等）

测试环境

测试环境的最坏情况是，公司没有生产服务器，并且愿意将生产服务器兼做测试服务器。最好的情况是测试环境被设置为生产环境的镜像，包括软件和硬件。测试环境越接近生产环境，测试结果就越可信。考虑停机时间、数据丢失和完整性丢失的概率和相关成本的成本/收益分析将确定应该在测试或登台环境中投入多少资金。

保护测试数据

考虑一个医疗实践，它使用充满患者信息的电子病历（EMR）数据库。设想一下，为了确保数据的 CIA 受到保护，已经采取了哪些安全措施。由于这个数据库几乎是这种做法的生命线，受法律保护，因此可以预期这些安全措施是广泛的。实际数据不应该在测试环境中使用，因为不太可能实现相同级别的数据保护，并且暴露受保护的数据将严重违反患者的保密和监管要求。相反，应该使用去标识的数据或虚拟数据。身份验证是删除标识数据源或主题的信息的过程。策略包括删除或屏蔽名称、社会保障号码、出生日期和人口统计信息。虚拟数据本质上是虚构的。例如，医疗实践将不使用实际患者数据来测试 EMR 数据库，而是将假患者数据输入到系统中。这样，就可以在不违反机密性的情况下测试应用程序。

实践中：系统实现和更新策略

概要：定义商业和开放源代码软件的实现和维护需求。

策略声明：

- 操作系统和应用程序（统称为"系统"）的实现和更新必须遵循公司的变更管理过程。
- 毫无例外，不能在生产系统上部署 alpha、beta 或预发布应用程序。
- 信息安全办公室和信息化技术办公室共同负责在生产环境中部署之前测试系统实施和更新。
- 信息技术办公室负责编制预算并维护代表生产环境的测试环境。
- 毫无例外，分类为"受保护"的数据除非已经被取消标识，否则不能在测试环境中使用。信息安全办公室有责任批准去识别方案。

仅供参考：开放软件保证成熟度模型

软件保证成熟度模型（SAMM）是一个开放的框架，用于帮助组织针对所面临的特定风险制定和实施软件安全策略。SAMM（www.opensamm.org/）提供的资源将有助于以下工作：

❑ 评估组织的现有软件安全实践
❑ 在定义良好的迭代中构建平衡的软件安全保证程序
❑ 演示安全保证程序的具体改进
❑ 定义和测量整个组织中与安全相关的活动

SAMM 的定义考虑到了灵活性，以便中小型和大型组织可以使用任何类型的开发。此外，该模型可以在整个组织范围、单个业务部门甚至单个项目中应用。除了这些特性之外，SAMM 还基于以下原则：

❑ 组织的行为随时间缓慢变化。成功的软件安全程序应该在小的迭代中指定，这些迭代让安全保证工作逐步朝着长期目标努力。

❑ 没有一种方案对所有组织都适用。软件安全框架必须是灵活的，并允许组织根据其风险容忍度以及构建和使用软件的方式进行调整。

❑ 与安全活动有关的指导必须是规定性的。构建和评估保证程序的所有步骤都应该简单、明确并且可以测量。该模型还提供了用于常见组织类型的路线图模板。

安全代码

代码分为不安全的代码（有时称为"草率代码"）和安全代码。不安全的代码有时是不专业造成的，但更经常的是，它反映了一个有缺陷的过程。然而，安全代码始终是精心设计的结果，从设计阶段开始就优先考虑安全性。重要的是要注意，软件开发人员和程序员都是人，他们总是会犯错误。对于任何组织来说，拥有一个好的安全代码程序以及验证和避免创建不安全代码的方法是至关重要的。缓和措施与检测机制的示例包括源代码和静态分析。

开放 Web 应用程序安全项目

部署安全代码是系统所有者的责任。系统所有者、项目经理、开发人员、程序员和信息安全专业人员可以使用许多安全编码资源。OWASP（owasp.org）是最受尊重和广泛使用的工具之一。开放 Web 应用程序安全项目（OWASP）是一个开放社区，致力于使组织能够开发、购买和维护可以信任的应用程序。每个人都可以自由地参与 OWASP，并且它的所有材料都可以在自由和开放的软件许可下获得。从 2004 年开始，OWASP 发布了 OWASP 的前十名，为期三年。OWASP 前十名（https://www.owasp.org/index.php/Category:OWASP_Top_Ten_Project）代表了关于什么是最关键的 Web 应用程序安全缺陷的广泛共识。这些信息适用于一系列非 Web 应用程序、操作系统和数据库。项目成员包括来自世界各地的各种安全专家，他们分享了他们的专业知识来制作这个列表。

OWASP 还创建了源代码分析工具（通常称为静态应用程序安全测试（SAST）工具）。这些工具被设计用于分析源代码或代码的编译版本，以帮助发现安全缺陷。以下是这些工具和项目的示例：

- ❏ OWASP SonarQube 项目：https://www.owasp.org/index.php/OWASP_SonarQube_Project
- ❏ OWASP Orizon 项目：https://www.owasp.org/index.php/Category:OWASP_Orizon_Project
- ❏ OWASP LAPSE 项目：https://www.owasp.org/index.php/OWASP_LAPSE_Project
- ❏ OWASP O2 平台：https://www.owasp.org/index.php/OWASP_O2_Platform
- ❏ OWASP WAP-Web 应用保护：https://www.owasp.org/index.php/OWASP_WAP-Web_Application_Protection

---

仅供参考：通用弱点枚举

MITRE 领导了通用弱点枚举（CWE）的创建，它是由社区驱动的通用安全弱点列表。它的主要目的是提供通用语言和弱点识别、减轻和预防工作的基线。许多组织使用 CWE 来度量和理解在其软件和硬件中引入的常见安全问题以及如何减轻这些问题。你可以在 https://cwe.mitre.org 获得关于 CWE 的更多信息。

这有多种类型的漏洞。

注入

最常见的 Web 应用程序安全缺陷是无法正确验证来自客户端或环境的输入。OWASP 将注入定义为作为命令或查询的一部分发送到解释器的不可信数据。攻击者的恶意数据可能诱使解释器执行意外命令或未经适当授权访问数据。攻击者可以是能够向系统发送数据的任何人，包括内部用户、外部用户和管理员。攻击仅仅是一个设计用来利用代码漏洞的数据字符串。注入缺陷在旧代码中特别常见。成功的攻击可能导致数据丢失、损坏、妥协或拒绝服务条件。防止注入需要将不信任的数据与命令和查询分开。以下是注入漏洞的示例：

- ❏ 代码注入
- ❏ 命令注入
- ❏ 注释注入攻击
- ❏ 内容欺骗
- ❏ 跨站脚本
- ❏ 自定义特殊字符注入
- ❏ 功能注入
- ❏ 资源注入
- ❏ 服务器端包括（SSI）注入
- ❏ 特殊元素注入
- ❏ SQL 注入
- ❏ XPATH 注入

输入验证

输入验证是在使用应用程序之前验证所有输入的过程，包括验证正确的语法、长度、字符和范围。考虑一个具有简单表单的网页，其中包含与你的物理地址信息相对应的字段，例如街道名、邮政编码等。单击 Submit（提交）按钮后，你在字段中输入的信息被发送到 Web 服务器，并输入到后端数据库中。输入验证的目的是评估输入的信息的格式，并在适当时拒绝输入。为了继续我们的示例，让我们关注邮政编码字段。邮政编码只包括数字，基本编码只包括五位数字。输入验证将查看字段中输入的字符数量和类型。在这种情况下，邮政编码字段的第一部分需要五个数字字符。此限制将防止用户输入多于或少于 5 个字符以及非数字字符。这种策略被称为白名单或肯定验证。

你可能会纳闷，为什么要费心去经历这一切？谁在乎用户是否发送了错误的邮政编码？谁在乎邮政编码字段中输入的信息是否包括字母或 ASCII 字符？黑客关心。黑客试图在这些字段中传递代码以查看数据库将如何反应。他们希望查看是否可以关闭应用程序（针对该应用程序的 DoS 攻击）、关闭它所驻留的服务器（针对该服务器的 DoS，因此针对驻留于该服务器上的所有应用程序），或在目标服务器上运行代码以操纵或发布敏感数据。因此，正确的输入验证是限制黑客滥用应用系统的能力的一种方法。

动态数据验证

许多应用系统设计成依赖于外部参数表来获得动态数据。动态数据定义为随着更新变得可用而变化的数据，例如，基于输入的邮政编码自动计算销售税的电子商务应用程序。检查输入的销售税率是否确实与客户输入的状态匹配的过程是另一种形式的输入验证。这比当数据输入明显错误时（如当在邮政编码字段中输入字母时）更难跟踪。

动态数据被许多应用系统使用。一个简单的例子就是特定货币的汇率。这些值不断变化，使用正确的值至关重要。如果交易金额很大，差额可以转化为相当数量的钱！数据验证扩展到验证业务规则是否正确。

输出验证

输出验证是在将进程的输出提供给接收方之前对其进行验证（在某些情况下，还进行屏蔽）的过程。一个例子是用星号代替信用卡收据上的数字。输出验证控制公开或提供什么信息。但是，你需要注意输出验证，尤其是与黑客发现技术相关的验证。黑客寻找线索，然后使用这些信息作为足迹过程的一部分。黑客首先要了解的目标应用程序是如何对系统性滥用接口做出反应。如果开发人员在部署之前没有运行输出验证测试，那么黑客将了解到应用程序如何对错误做出反应。例如，他们可能知道某个应用程序易受 SQL 注入攻击、缓冲区溢出攻击等。应用程序给出的关于错误的答案可能是导致漏洞的指针，黑客会试图让该应用程序"说话"以更好地定制攻击。

开发人员通过将错误数据馈送到接口中来测试应用程序，以查看其如何反应以及显示什么。这个反馈用于修改代码，目的是产生一个安全的应用。花在测试上的时间越多，黑客获得优势的可能性就越小。

运行时防御和地址随机化

现在存在几种运行时防御和地址随机化技术，以防止威胁参与者执行代码，即使发生缓冲区（栈或堆）溢出。最流行的技术是地址空间布局随机化（ASLR）。创建 ASRL 是为了通过随机安排进程的关键数据区域的地址空间位置来防止利用内存损坏漏洞。这种随机化包括可执行文件的基址以及栈、堆和各个库的位置。

另一个相关的技术是与位置无关的可执行文件（PIE）。PIE 为正在执行的主二进制文件提供随机基本地址。PIE 通常用于面向网络的守护进程。还有另一种实现称为内核地址空间布局随机化（KASLR）。KASLR 的主要目的是通过随机化在启动时放置内核代码的位置，为运行 Linux 内核映像提供地址空间随机化。

为什么破解身份验证和会话管理很重要

如果会话管理资产（如用户凭证和会话 ID）未得到适当保护，则该会话可能被恶意入侵者劫持或接管。当以明文存储或传输身份验证凭证时，或者当可以通过薄弱的账户管理功能（例如，账户创建、更改密码、恢复密码、薄弱的会话 ID）猜测或覆盖凭证时，可以模拟授权用户的身份。如果在 URL 中暴露了会话 ID，没有超时，或者在成功注销之后没有失效，则恶意入侵者有机会继续该需要身份验证的会话。关键的安全性设计要求必须是强大的身份验证和会话管理控制。用于保护身份验证凭据和会话 ID 的常用控件是加密。 第 9 章讨论了身份验证。我们将在下一节中讨论加密和密码学领域。

实践中：应用开发策略

概要：定义代码和应用程序开发安全要求。

策略声明：

❑ 系统所有者负责监督安全代码开发。

❑ 必须在应用程序开发启动阶段定义和记录安全要求。

❑ 代码开发将根据行业最佳实践进行。

❑ 将为开发人员提供充分的培训、资源和时间。

❑ 系统所有者可自行决定并经信息安全办公室批准，可以聘请第三方来设计、开发和测试内部应用程序。

❑ 所有开发或定制的代码必须在开发期间，发布之前以及实施更改时进行测试和验证。

❑ 信息安全办公室负责对测试和认证结果进行认证，以便进入下一阶段。

密码学

写秘密信息的艺术和科学被称为密码学（cryptography）。 该术语的起源涉及希腊语 kryptos，其意为"隐藏"，而"graphia"意为"写作"。以下是三个与密码学相关的目标。

❑ **机密性**：未授权方无法访问数据。 数据可以加密，从而提供机密性。

❑ **完整性**：保证数据未被修改。 可以对数据进行散列，从而提供完整性。

❑ **真实性 / 不可否认性**：验证数据来源。 数据可以进行数字签名，从而确保身份验证 / 不可否认性和完整性。

数据可以加密和数字签名，从而提供机密性、身份验证和完整性。

加密是使用称为密码的算法将纯文本转换为所谓的密文。密文是人或计算机无法读取的文本。可以使用数百种加密算法，并且可能还有许多加密算法专用于特殊用途，例如用于政府使用和国家安全。

密码使用的常用方法包括：

❑ **替换**：这种类型的密码将一个字符替换为另一个字符。

❑ **Polyalphabetic**：类似于替换，但它不是使用单个字母表，而是使用多个字母表，并通过编码消息中的某些触发字符在它们之间切换。

❑ **转置**：此方法使用许多不同的选项，包括字母的重新排列。例如，如果我们有消息"This issecret"，我们可以把它写出来（从上到下，从左到右），如图 10-2 所示。

T	S	S	R
H	I	E	E
I	S	C	T

图 10-2　转置例子

然后，我们将其加密为 RETCSIHTSSEI，它包括从右上角开始，像时钟一样旋转，向内螺旋。为了让某人知道如何正确地加密/解密，需要正确的密钥。

解密，与加密相反，是将加密文本转换回可读的纯文本的过程。加密和解密需要使用密钥。该密钥是一个值，它指定要应用算法的哪个部分、以什么顺序以及要输入什么变量。与身份验证密码类似，使用无法发现的强密钥以及保护密钥不受未经授权的访问是至关重要的。保护密钥通常称为密钥管理。我们将在本章的后面讨论对称密钥和非对称密钥的使用以及密钥管理。

确保消息在传输期间没有以任何方式更改称为消息完整性。散列是创建表示原始文本的数值的过程。散列函数（如 SHA 或 MD5）接受可变大小的输入并产生固定大小的输出。输出称为散列值、消息摘要或指纹。与加密不同，散列是单向过程，这意味着散列值永远不会返回到纯文本。如果原始数据没有改变，散列函数应该总是产生相同的值。比较这些值可以确认消息的完整性。散列仅用于提供消息完整性，而不提供机密性或身份验证。

数字签名是用发送者的私钥加密的散列值（消息摘要）。必须使用相应的密钥对散列进行解密。这证明了发送者的身份。然后比较散列值以证明消息完整性。数字签名提供真实性/不可否认性和消息完整性。不可否认性意味着发送方不能否认消息来自于他们。

为什么加密

加密保护静止和传输中的数据的机密性。有各种各样的加密算法、技术和产品。加密可以分粒度地应用，例如应用于单个文件；或者广泛地应用，例如加密所有存储的或传输的数据。根据 NIST，针对特定情况的适当加密解决方案主要取决于存储类型、需要保护的信息量、存储所在的环境以及需要减轻的威胁。三类存储（"静止"）加密技术是全盘加密、卷和虚拟盘加密，以及文件/文件夹加密。传输中加密协议和技术包括 TLS/SSL (HTTPS)、WPA2、VPN 和 IPsec。保护传输中的信息可以在数据穿越有线或无线网络时对其进行保护。当前用于加密电子数据的标准规范是高级加密标准（AES）。几乎所有针对 AES 底层算法的已知攻击在计算上是不可行的。

法规要求

除了作为最佳实践之外，许多联邦法规都提到了对加密的需求，包括 GLBA 和 HIPAA/HITECH。在州一级，多个州（包括马萨诸塞州、内华达州和华盛顿州）都有要求加密的法规。马萨诸塞州 201 CMR17 要求加密所有传输的记录和文件，这些记录和文件包含将穿越公共网络的个人信息，加密包含要无线传输的个人信息的所有数据，以及加密存储在笔记本电脑或其他便携式设备上的所有个人信息。内华达州 NRS 603A 要求对信用卡和借记卡数据的加密以及移动设备和媒体的加密。华盛顿 HB 2574 要求如果在互联网上传输或存储个人信息，包括姓名和社会保障号码、驾驶执照号码和财务账户信息，应结合在一起进行加密。

另一个例子是欧洲委员会的一般数据保护条例。GDPR 的主要目标之一是加强和统一对欧盟内部个人数据保护，同时处理在欧盟以外的个人数据出口。简而言之，GDPR 的首要目标是让公民重新控制他们的个人数据。

什么是密钥

密钥是由密码算法使用的秘密代码。它提供了用于输出的指令。密码算法本身是众所周知的。密钥的保密性提供了安全性。可以与算法一起使用的可能密钥的数目称为密钥空间，它是算法在需要生成密钥时从中选择的一大组随机值。密钥空间越大，采用不同密钥的可能性就越大。例如，如果一个算法使用的密钥是 10 位的字符串，那么它的密钥空间就是长度为 10 的所有二进制字符串的集合，这导致密钥空间大小为 2^{10}（即 1024）；40 位的密钥产生 2^{40} 个可能的值；256 位的密钥产生 2^{256} 个可能的值。较长的密钥较难中断，但需要更多的计算和处理能力。在决定密钥长度时，必须考虑两个因素：所需的保护水平和可用的资源量。

对称密钥

对称密钥算法使用单个密钥，该密钥必须预先共享，并且由发送方和接收方保持私有。对称密钥通常被称为共享密钥。因为密钥是共享的，所以对称算法不能用于提供不可否认性或真实性。AES 是近年来最流行的对称算法之一。对称密钥的优点在于它们具有计算效率。缺点是密钥管理本质上是不安全的，并且是不可升级的，因为必须使用唯一的密钥集来保护密钥的保密性。

非对称密钥

非对称密钥加密，也称为公钥加密，使用两个不同但数学上相关的密钥，称为公钥和私钥。可以将公钥和私钥看作同一个锁的两个密钥——一个用于锁定，另一个用于解锁。私钥永远归主人所有。公钥是免费发放的。公钥用于加密明文或验证数字签名，而私钥用于解密密文或创建数字签名。非对称密钥技术允许高效、可升级和安全的密钥分发。然而，它们在计算上是资源密集型的。

PKI

公钥基础设施（PKI）是用于创建、分发、管理和撤销公钥的框架和服务。PKI 由多个组件组成，包括认证机构（CA）、注册机构（RA）、客户端节点和数字证书本身。

❑ 认证机构发布并维护数字证书。

- 注册机构执行管理功能，包括验证请求数字证书的用户和组织的身份、更新证书和吊销证书。
- 客户端节点是用户、设备和应用程序访问 PKI 功能的接口，包括证书和其他密钥材料的请求。它们可以包括提供用户对 PKI 的访问所需的密码模块、软件和过程。
- 数字证书用于将公钥与身份相关联。证书包括证书持有人的公钥、证书的序列号、证书持有人的专有名称、证书有效期、证书发行人的唯一名称、发行人的数字签名和签名算法标识符。

仅供参考：查看数字证书

　　如果你使用的是苹果 Mac 操作系统，则证书存储在 Keychain Access 应用程序中。如果你使用的是 Microsoft Windows 操作系统，则数字证书存储在 Internet Browser 应用程序中。图 10-3 以 twitter.com 的数字证书为例。

图 10-3　数字证书的示例

为什么要保护加密密钥

　　正如本章前面提到的，密码系统的用途完全取决于密钥的保密性和管理。这是非常重要的，NIST 已经发布了一个由三部分组成的文档，专门用于加密密钥管理指导。SP 800-67：密钥管理的建议，第一部分：总则（第 3 版）提供了用于管理密码密钥材料的一般指导和最佳实践。第二部分：关键管理组织的最佳实践为美国政府机构提供政策和安全规划要求的指导。第三部分：当使用当前系统的密码图形特征时，应用程序专用密钥管理指南提供指导。在第一部分的概述中，NIST 将密钥管理的重要性描述为："对密码密钥的适当管理对于有效地使用密码学实现安全性至关重要。密钥类似于保险箱的组合。如果对手知道一种安全的组合，那么最强的安全措施不能提供防止渗透的安全。类似地，糟糕的密钥管理可能很容易损害强的算法。最终，由密码学保护的信息的安全性直接取决于密钥的强度、与密钥相关联的机制和协议的有效性以及对密钥提供的保护。需要保护所有密钥免受修改，并且需要保护秘密密钥和私有密钥免受未经授权的泄露。密钥管理为密钥的安全生成、存储、分发、使用和销毁提供了基础。

密钥管理的最佳实践包括以下步骤：

- 密钥的长度应该足够长，以提供必要的保护水平。
- 密钥应该通过安全的方式传输和存储。
- 密钥值应该是随机的，并且应该使用密钥空间的全部范围。
- 密钥的生命周期应与其保护的数据的敏感性相对应。
- 为应对紧急情况，应该留有副本。然而，密钥的多个副本增加了泄露和损害的机会。
- 密钥应在其生命周期结束时妥善销毁。
- 密钥永远不应以明文形式呈现。

密钥管理政策和标准应包括密钥管理的指定责任、要保护的信息的性质、威胁的类别、要使用的加密保护机制以及关键和相关过程的保护要求。

数字证书泄露

认证机构（CA）日益成为复杂网络攻击的目标。攻击者如果违反 CA 生成并获得欺诈证书，则可以使用欺诈证书来模拟个人或组织。2012 年 7 月，NIST 发布了一份名为"准备与应对认证泄露和欺诈性证书发行"的国际交易日志公告。然而，该公告确实包括了针对受欺诈影响的任何组织的指导。

针对欺诈性颁发的证书的内置防御是证书撤销。当识别出流氓或欺诈性证书时，CA 将发布并分发证书撤销列表。或者，浏览器可以配置为使用在线证书状态协议（OCSP）来获取撤销状态。

实践中：密钥管理策略

概要： 分配密钥管理和密码标准的责任。

策略声明：

- 信息安全办公室负责密钥管理，包括但不限于算法决策、密钥长度、密钥安全和弹性、请求和维护数字证书以及用户教育。信息安全办公室将公布密码标准。
- 信息技术办公室负责密码技术的实施和运行管理。
- 无一例外，只要外部传输受保护的或机密的信息，就需要加密。这包括电子邮件和文件传输。加密机制必须经过 NIST 批准。
- 无一例外，所有存储或可能存储受保护或机密信息的便携式媒体都必须加密。加密机制必须经过 NIST 批准。
- 当州或联邦法规或合同协议要求时，静止的数据必须被加密，而不管媒介如何。
- 在任何时候，密码和 PIN 都必须作为密文存储和传输。

仅供参考：小企业说明

　　加密可确保有价值的数据安全。如果存在或传输受法律保护或公司机密数据的可能性，每个组织，无论大小，都应加密以下内容：

- ❏ 移动设备，如笔记本电脑、平板电脑、智能手机等
- ❏ 可移动介质，例如 USB 驱动器和备份磁带
- ❏ 互联网流量，例如文件传输或电子邮件
- ❏ 远程访问公司网络
- ❏ 无线传输

　　创建安全密钥时，请确保使用长的随机数字、字母和特殊字符串。

总结

　　无论是内部开发、购买还是开源，公司都依赖于业务线应用程序。这种依赖意味着，必须保护这些解决方案的可用性，以避免收入的严重损失；必须保护完整性，以避免未经授权的修改；必须保护机密性，以尊重公众信任，并保持符合监管要求。

　　定制应用程序应该从一开始就考虑到安全性。采用集成安全考虑的 SDLC 方法学确保满足这个目标。SDLC 为任何系统开发工作的所有阶段提供了结构化和标准化的过程。在开始阶段，系统需求被表达，并且系统的目的被记录。在开发 / 采集阶段，系统设计、购买、编程、开发或以其他方式构建。在实现阶段，对系统进行测试，必要时进行修改，修改后进行重新测试，最后接受测试。在操作阶段，系统投入生产。监控、审计和测试应该持续进行。在处置阶段进行的活动确保了系统的有序终止，保护了重要的系统信息，并将系统处理的数据迁移到新系统。

　　SDLC 原则扩展到 COTS（商业现货）软件以及开源软件。识别软件发布的阶段是很重要的。alpha 阶段是用于测试的软件的初始版本。测试阶段表明软件功能齐全，重点是可用性测试。发布候选（RC）是 beta 版和最终发布版本的混合体。通用可用性或"现场直播"是指软件已经商业化并普遍发行。alpha、beta 和 RC 不应该在生产环境中实现。随着时间的推移，发布者可以发布更新和安全补丁。更新通常包括增强和新的特性。在将更新发布到生产环境之前，应该对其进行彻底的测试。即使经过测试的应用程序也应该具有回滚策略，以防意外发生。活动数据不应该在测试环境中使用；相反，应该使用去标识或虚拟数据。

　　开放 Web 应用程序安全项目（OWASP）是一个开放社区，致力于使组织能够开发、购买和维护可以信任的应用程序。

　　软件保证成熟度模型（SAMM）是一个开放的框架，用于帮助组织制定和实施针对组织面临的特定风险的软件安全策略。近年来，OWASP 将注入缺陷列为软件和数据库安全的头号问题。注入是指不可信的数据作为命令或查询的一部分发送到解释器。输入和输出验证使注入漏洞最小化。输入验证是在使用应用程序之前验证所有输入的过程。这包括正确的语法、长度、字符和范围。输出验证是在将进程的输出提供给接收方之前对其进行验证（在某些情况下，还进行屏蔽）的过程。

静止和正在传输的数据可能需要密码保护。密码学有三个不同的目标：可以对数据进行加密，从而提供机密性。数据可以散列，这提供了完整性。数据可以被数字签名，这提供了真实性/不可否认性，以及完整性。此外，可以对数据进行加密和数字签名，这提供了机密性、身份验证和完整性。加密是使用称为密码的算法将明文转换为密码文本。解密，与加密相反，是将密码文本转换回可读的纯文本的过程。散列是创建固定长度值的过程，称为表示原始文本的指纹。数字签名是用发送方的私钥加密的散列值（也称为消息摘要）。

密钥是一个值，它指定应用密码算法的哪个部分、以什么顺序以及输入什么变量。密钥空间是一大组随机值，算法在需要生成密钥时从中选择。对称密钥算法使用单个秘密密钥，发送方和接收方必须预先共享该密钥，并且保持其私有性。非对称密钥加密，也称为公钥加密，使用两种不同但数学上相关的密钥，称为公钥和私钥。数字证书用于将公钥与身份相关联。

公钥基础设施用于创建、分发、管理和撤销非对称密钥。认证机构发布并维护数字证书。注册机构执行管理功能，包括验证请求数字证书的用户和组织的身份、更新证书和吊销证书。客户端节点是用户、设备和应用程序访问 PKI 功能的界面，包括证书和其他密钥材料的请求。它们可以包括提供用户对 PKI 的访问所需的密码模块、软件和过程。

信息系统获取、开发和维护（ISADM）策略包括 SDLC、应用程序开发和密钥管理。

自测题

选择题

1. 在构建应用程序时，考虑安全性的最佳时间是什么时候？
   A. 首先构建应用程序时，然后添加一个安全层
   B. 从规划和设计阶段贯穿整个开发生命周期
   C. 开始应用程序开发阶段，当达到中间点时，你有足够的基础来查看，以决定在哪里以及如何设置安全元素
   D. 不需要在代码内部开发安全性，它将在操作系统级别处理

2. 下列哪个语句最能描述系统开发生命周期（SDLC）的目的？
   A. SDLC 的目的是为系统开发工作提供一个框架
   B. SDLC 的目的是为系统开发工作提供标准化的过程
   C. SDLC 的目的是分配责任
   D. 以上选项都正确

3. SDLC 的哪个阶段是表达对系统的需求和记录系统的目的？
   A. 开始阶段　　　　　　B. 实施阶段　　　　　　C. 操作阶段　　　　　　D. 处置阶段

4. SDLC 的哪个阶段应该进行设计评审和系统测试，以确保满足所有需要的安全规范？
   A. 开始阶段　　　　　　B. 实施阶段　　　　　　C. 操作阶段　　　　　　D. 处置阶段

5. 下列哪个陈述是正确的？
   A. 在实现之后将安全控件修改为应用程序系统是正常的；这时应该添加安全控件
   B. 在实现之后，有时需要根据测试和评估结果对应用程序系统进行安全控制
   C. 在实现后将安全控制改写为应用程序系统总是个坏主意
   D. 由于安全性是在操作系统级别处理的，所以在实现之后不需要将安全控制修改为应用程序系统

6. 软件发布的哪个阶段表明软件是功能完整的？

　　A. alpha　　　　　　　B. beta　　　　　　　C. 发布候选　　　　　D. 一般利用率

7. 软件发布的哪个阶段是用于测试的软件的初始版本？

　　A. alpha　　　　　　　B. beta　　　　　　　C. 发布候选　　　　　D. 一般利用率

8. 以下哪项陈述最能说明安全补丁和更新之间的区别？

　　A. 补丁提供增强功能；更新修复安全漏洞

　　B. 应该测试补丁；更新不需要测试

　　C. 补丁修复了安全漏洞；更新添加功能

　　D. 补丁需要花钱；更新是免费的

9. 回滚策略的目的是_____。

　　A. 使备份更容易　　　　B. 如果出现问题，则返回先前的稳定状态

　　C. 添加功能　　　　　　D. 保护数据

10. 下列哪项是正确的？

　　A. 测试环境应始终与实时环境完全相同

　　B. 无论如何，测试环境应该尽可能便宜

　　C. 测试环境应尽可能接近实时环境

　　D. 测试环境应包括实时数据，以真实模拟真实世界的设置

11. 当使用虚拟数据时，下列哪项是最准确的陈述？

　　A. 应在生产环境中使用虚拟数据

　　B. 应在测试环境中使用虚拟数据

　　C. 虚拟数据应该在测试和生产环境中使用

　　D. 虚拟数据不应在测试或生产环境中使用

12. 以下哪个术语最能说明删除可识别来源或主体的信息的过程？

　　A. 净化　　　　　　　　B. 自下而上　　　　　C. 发展　　　　　　　D. 去识别

13. 以下哪个术语最能描述设计用于帮助组织实现安全软件开发策略的开放框架？

　　A. OWASP　　　　　　B. SAMM　　　　　　C. NIST　　　　　　　D. ISO

14. 下列哪个陈述最能描述注入攻击？

　　A. 当不可信的数据作为命令的一部分发送到解释器时，就会发生注入攻击

　　B. 当可信数据作为查询的一部分发送到解释器时，就会发生注入攻击

　　C. 当不信任的电子邮件被发送到已知的第三方时，就会发生注入攻击

　　D. 当封装不可信数据时发生注入攻击

15. 输入验证是_____的过程。

　　A. 掩蔽数据　　　　　　B. 验证数据语法　　　C. 散列输入　　　　　D. 信任数据

16. 当更新变得可用时，下列哪种类型的数据更改？

　　A. 行动数据　　　　　　B. 移动数据　　　　　C. 动态数据　　　　　D. 增量数据

17. 限制可以输入 Web 表单的字符的行为称为_____。

　　A. 输出验证　　　　　　B. 输入验证　　　　　C. 输出测试　　　　　D. 输入测试

18. 哪个语句最能描述密文的一个显著特征？

　　A. 密码文本是人类无法读懂的　　　　　　　　B. 机器无法读取密文

　　C. A 和 B 都正确　　　　　　　　　　　　　D. A 和 B 都不正确

19. 哪个术语最能描述将明文转换为密文的过程？

　　A. 解密　　　　　　　　B. 散列法　　　　　　C. 验证　　　　　　　D. 加密

20. 下列哪个陈述是正确的？

　　A. 数字签名仅保证机密性　　　　　　　　　　B. 数字签名仅保证完整性

C. 数字签名保证完整性和不可否认性　　　　D. 数字签名仅保证不可否认性

21. 散列用于确保消息完整性靠_____。

    A. 比较散列值　　　　B. 加密数据　　　　C. 封装数据　　　　D. 比较算法和密钥

22. 当发生未经授权的数据修改时，下列哪个安全原则直接受到威胁？

    A. 机密性　　　　　　B. 完整性　　　　　C. 可用性　　　　　D. 认证

23. 关于加密，下列哪个陈述是正确的？

    A. 所有的加密方法都是相同的，只需选择一个并执行它

    B. 加密的安全性依赖于密钥

    C. 内部应用程序不需要加密

    D. 加密保证完整性和可用性，但不保证机密性

24. 关于散列函数，下列哪个语句是正确的？

    A. 散列函数接受可变长度的输入并将其转换为固定长度的输出

    B. 散列函数接受可变长度的输入并将其转换为可变长度的输出

    C. 散列函数接受固定长度的输入并将其转换为固定长度的输出

    D. 散列函数接受固定长度的输入并将其转换为可变长度的输出

25. 以下哪个值表示 256 位密钥空间中可用值的数量？

    A. 2×2^{256}　　　　B. 2×2^{56}　　　　C. 256^2　　　　D. 2^{256}

26. 关于对称密钥算法，下列哪个陈述是不正确的？

    A. 只使用一个密钥　　　　　　　　　　　B. 它在计算上是有效的

    C. 密钥必须是公开的　　　　　　　　　　D. AES 应用广泛

27. _____的内容包括发行人、主体、有效日期和公钥。

    A. 数字文件　　　　　B. 数字身份　　　　C. 数字指纹　　　　D. 数字证书

28. 两个不同但数学上相关的密钥称为_____。

    A. 公钥和私钥　　　　B. 秘密密钥　　　　C. 共享密钥　　　　D. 对称密钥

29. 在密码学中，下列哪一项不可公开使用？

    A. 算法　　　　　　　B. 公钥　　　　　　C. 数字证书　　　　D. 对称密钥

30. 用发送方的私钥加密的散列值称为_____。

    A. 消息摘要　　　　　B. 数字签名　　　　C. 数字证书　　　　D. 密文

练习题

练习 10.1：将安全性构建为应用程序

1. 解释为什么在开发项目的开始阶段应该考虑安全需求。

2. 谁负责确保定义安全需求？

3. SDLC 的哪些阶段应该评估安全性？

练习 10.2：了解输入验证

1. 定义输入验证。

2. 描述与输入验证不良相关的攻击类型。

3. 在以下场景中，输入验证参数应该是什么？

   课程注册网络表格要求学生输入当前年份。输入选项是 1 到 4 之间的数字，表示以下内容：
   freshmen = 1，sophomores = 2，juniors = 3，seniors = 4。

练习 10.3：研究软件发布

1. 找一个商业上可用的软件的例子，它既可以作为测试版，也可以作为发布候选。

2. 查找可用作 alpha、beta 或发行候选的开源软件的示例。

3. 对于每个人，发布者是否包含免责声明或警告？

练习 10.4：了解密码学

1. 访问国家安全局的 CryptoKids 网站。

2. 至少玩两场比赛。

3. 解释你学到了什么。

练习 10.5：了解更新和系统维护

1. Microsoft 捆绑功能和功能更新，并将它们称为"服务包"。找到最近发布的 Service Pack。

2. Service Pack 是否具有回滚选项？

3. 解释升级操作系统或应用程序时回滚策略的重要性。

项目题

项目 10.1：创建安全的应用程序

你已获得融资以设计与你学校的学生门户集成的移动设备应用程序，以便学生可以从任何地方轻松检查他们的成绩。

1. 创建安全问题列表。对于每个问题，请指出问题是否与保密性、完整性、可用性（CIA）或其任何组合相关。

2. 使用 SDLC 框架作为指南创建项目计划。描述你对每个阶段的期望。一定要包括角色和职责。

3. 研究并推荐一家独立的安全公司来测试你的申请。解释你选择它们的原因。

项目 10.2：研究开放式 Web 应用程序安全项目（OWASP）

OWASP 前十名已成为必读资源。转到 https://www.owasp.org 并访问当前的 OWASP 前十名 Web 应用程序报告。

1. 阅读整个报告。

2. 写一份给执行管理层的备忘录，说明他们为什么要阅读报告。在你的备忘录中包含 OWASP 的含义。

3. 写下第二份备忘录，告知开发人员和程序员他们应该阅读报告的原因。在你的备忘录中包含对其他有价值的 OWASP 资源的引用。

项目 10.3：研究数字证书

你的任务是获取在线购物门户的扩展验证 SSL 数字证书。

1. 研究并选择发行 CA。解释你选择特定 CA 的原因。

2. 描述获得数字证书的过程和要求。

3. 在组织中谁应该负责安装证书，为什么？

参考资料

引用的条例

"201 Cmr 17.00: Standards for the Protection of Personal Information of Residents of the Commonwealth," official website of the Office of Consumer Affairs & Business Regulation (OCABR), accessed 04/2017, www.mass.gov/ocabr/docs/idtheft/201cmr1700reg.pdf.

"HIPAA Security Rule," official website of the Department of Health and Human Services, accessed 04/2017, https://www.hhs.gov/hipaa/for-professionals/security/index.html.

State of Nevada, "Chapter 603A—Security of Personal Information," accessed 04/2017, https://www.leg.state.nv.us/NRS/NRS-603A.html.

State of Washington, "HB 2574, An Act Relating to Securing Personal Information Accessible Through the Internet," accessed 04/2017, http://apps.leg.wa.gov/documents/billdocs/2007-08/Pdf/ Bills/House%20Bills/2574.pdf.

其他参考资料

"Certificate," Microsoft Technet, accessed 04/2017, https://technet.microsoft.com/en-us/library/ cc700805.aspx.

Santos, Omar, Joseph Muniz, and Stefano De Crescenzo, *CCNA Cyber Ops SECFND 210-250 Official Cert Guide*, Cisco Press: Indianapolis, 2017.

Kak, Avi, "Lecture 15: Hashing for Message Authentication, Lecture Notes on Computer and Network Security," Purdue University, accessed 04/2017, https://engineering.purdue.edu/kak/ compsec/NewLectures/Lecture15.pdf.

"OpenSAMM: Software Assurance Maturity Model," accessed 04/2017, www.opensamm.org.

"RFC 6960, X.509 Internet Public Key Infrastructure Online Certificate Status Protocol—OCSP," June 2013, Internet Engineering Task Force, accessed 04/2017, https://tools.ietf.org/html/rfc6960.

"RFC 5280, Internet X.509 Public Key Infrastructure Certificate and Certificate Revocation List (CRL) Profile," May 2008, Internet Engineering Task Force, accessed 04/2017, https://tools.ietf.org/ html/rfc5280.

第11章 网络安全事件响应

事件总会发生。与安全相关的事件不仅数量越来越多，种类越来越多样化，而且更具破坏性。单个事件可能导致整个组织的毁灭。一般来说，事件管理被定义为对破坏性情况的可预测反应。至关重要的是，各组织必须具备迅速应对、尽量减少伤害、遵守与违约有关的州法律和联邦条例的能力，并在面对令人不安和不愉快的经历时保持镇定。

仅供参考：ISO / IEC 27002:2013 和 NIST 指南

"ISO 27002:2013 第 16 节：信息安全事件管理"侧重于确保信息安全事件管理方法的一致性和有效性，包括对安全事件和弱点的沟通。

以下文件中提供了相应的 NIST 指南：

❑ SP 800-61 修订版 2："计算机安全事件处理指南"

❑ SP 800-83："恶意软件事件预防和处理指南"

❑ SP 800-86："将取证技术整合到事件响应中的指南"

事件响应

事件会消耗资源，成本很高，并且会转移人们对业务的注意力。将事件数量保持在尽可能低的水平应成为组织的优先事项。这意味着在弱点和漏洞被利用之前，尽可能地查明和纠正弱点。正如我们在第 4 章中所讨论的，改善组织安全态势和防止事件发生的可靠方法是对系统和应用程序进行定期风险评估。这些评估应确定威胁、威胁来源和漏洞的组合构成了哪些风险。在达到合理的可接受风险总体水平之前，可以减轻、转移或规避风险。但是，重要的是要认识到，用户会犯错误，外部事件可能超出了组织的控制范围，恶意入侵者的动机也很大。不幸的是，即使是最好的预防策略也不够完美，这也是准备工作至关重要的原因。

事件准备包括策略、战略、计划和程序。组织应制定书面准则，准备辅助文件，培训人员，并进行模拟演习。实际的事件不是学习的时候。事件处理人员必须迅速采取行动并做出影响深远的决策——通常是在处理不确定性和不完整信息时。他们承受着巨大的压力。他们准备得越充分，做出正确决定的概率就越大。

这些计算机安全事件响应是信息技术程序的关键组成部分。事件响应过程和事件处理活动可能非常复杂。要建立成功的事件响应计划，你必须投入大量的规划和资源。多个行业资源被创建，以帮助组织建立计算机安全事件响应计划，并学习如何高效和有效地处理网络安全事件。可用的最佳资源之一是 NIST SP 800-61，可从以下 URL 获取：

http://nvlpubs.nist.gov/nistpubs/SpecialPublications/NIST.SP.800-61r2.pdf

NIST 根据 FISMA 公法 107-347，于 2002 年制定了 800-61 号特别出版物。

具有事件响应能力的好处包括：

❑ 镇静、有条不紊地做出反应

❑ 最大限度地减少损失

❑ 保护受影响的各方

❑ 遵守法律法规

❑ 保存证据

❑ 总结经验教训

❑ 降低未来风险和暴露

仅供参考：美国计算机应急准备小组（US-CERT）

US-CERT 是国土安全部国家网络安全和通信集成中心（NCCIC）的 24 小时运营部门。US-CERT 接受、分类并协作响应事件，为信息系统运营商提供技术援助，并及时传播有关当前和潜在安全威胁和漏洞的通知。

US-CERT 还通过其国家网络感知系统（NCAS）分发漏洞和威胁信息。有四个邮件列表，任何人都可以订阅：

❑ **警报**：及时提供有关当前安全问题、漏洞和漏洞利用的信息。

❑ **公告**：新漏洞的每周摘要，可用时提供补丁信息。

❑ **提示**：为一般公众提供有关常见安全问题的建议。

❑ **当前活动**：影响整个社区的高影响类型安全活动的最新信息。

要订阅，请访问 https://public.govdelivery.com/accounts/USDHSUSCERT/subscriber/new。

什么是事件

网络安全事件是威胁商业安全或扰乱服务的不利事件。有时与灾难混淆，信息安全事件与机密性、完整性或可用性（CIA）的丧失有关，而灾难则是导致广泛损害或破坏、生命损失或环境急剧变化的事件。事件的例子包括暴露或修改受法律保护的数据、未经授权获取知识产权，或者扰乱内部或外部服务。事件管理的起点是创建一个特定于组织的事件定义，以便明确事件的范围。事件的声明应触发强制性的反应过程。

并非所有安全事件都是相同的。例如，违反个人身份信息（PII）通常需要在许多情况下严格披露。OMB 备忘录 M-07-16"保护个人身份信息和应对违反个人身份信息的行为"，要求联邦机构制定和实施 PII 违规通知策略。另一个例子是 GDPR 第 33 条"向监督机构通报个人数据被泄露的情况"，其中规定任何受监管的组织都必须在 72 小时内报告数据泄露情况。NIST 对侵犯隐私行为的定义如下："纳税人、雇员、受益人等的敏感 PII 被访问或泄露。"NIST 还将专有违约定义为"访问或泄露非机密专有信息（如受保护的关键基础设施信息（PCII））"。完整性破坏是指敏感或专有信息被更改或删除。

在了解有关如何在组织中创建良好事件响应计划的详细信息之前，你必须了解安全事项（security event）和安全事件（security incident）之间的区别。以下内容来自 NIST SP 800-61：

"事项是系统或网络中任何可观察到的事情。事项包括连接到文件共享的用户、接收网页请求的服务器、发送电子邮件的用户以及阻止连接尝试的防火墙。不良事项是具有负面后果的事项，例如系统崩溃、数据包溢出、未经授权使用系统特权、未经授权访问敏感数据，以及破坏数据的恶意软件。"

根据同一文件，"计算机安全事件是违反计算机安全策略、可接受的使用策略或标准安全实践的违规或迫在眉睫的威胁。"

定义和标准应编入策略。事件管理扩展到第三方环境。正如第 8 章所讨论的那样，业务合作伙伴和提供商应有合同义务，如果发生实际或可疑事件，应通知组织。

表 11-1 列出了一些网络安全事件示例。

表 11-1　网络安全事件示例

事件编号	描　　述
1	攻击者将精心制作的数据包发送到路由器并导致拒绝服务的情况
2	攻击者破坏销售点（POS）系统并窃取信用卡信息
3	攻击者破坏医院数据库并窃取数千条健康记录
4	Ransomware 被安装在关键服务器中，所有文件都由攻击者加密

实践中：事件定义策略

概要：定义与信息安全事件有关的组织标准。

策略声明：

❑ 信息安全事件是可能对公司、客户、业务合作伙伴或公众产生负面影响的事件。

❑ 信息安全事件定义如下：

   ○ 未经授权访问、危害、获取或修改受保护客户或员工数据的实际或可疑事件，包括但不限于：

      ■ 个人识别号码，例如社会安全号码（SSN）、护照号码、驾驶证号码。

      ■ 金融账户或信用卡信息，包括账号、卡号、到期日期、持卡人姓名和服务代码。

> ■ 医疗保健 / 医疗信息。
>
> ○ 有能力破坏向客户提供的服务的实际或可疑事件。
>
> ○ 未经授权访问、损害、获取或修改公司知识产权的实际或可疑事件。
>
> ○ 有能力破坏公司提供的内部计算和网络服务的实际或可疑事件。
>
> ○ 违反法律或法定要求的实际或可疑事件。
>
> ○ 没有按照管理层的设计进行分类的实际或可疑事件。
>
> ❑ 所有员工、承包商、顾问、提供商和业务合作伙伴都必须报告已知或可疑的信息安全事件。
>
> ❑ 此策略同样适用于内部和第三方事件。

虽然任何数量的事项都可能导致安全事故，但是核心攻击是最常见的。每个组织都应该理解并准备响应有意的未经授权访问、分布式拒绝服务（DDoS）攻击、恶意代码（恶意软件）和不当使用。

有意的未经授权访问或使用

当内部人员或入侵者在无权访问网络、系统、应用程序、数据或其他资源的情况下获得逻辑或物理访问时，就会发生有意的未经授权访问事件。有意的未经授权访问通常是通过使用恶意软件利用操作系统或应用程序漏洞、获取用户名和密码、物理获取设备或社会工程来实现的。攻击者可以通过一个向量获取有限的访问权限，并使用该访问权限移动到下一级别。

拒绝服务攻击

拒绝服务（DoS）攻击是通过耗尽资源或以某种方式阻碍通信信道来成功地损害网络、系统或应用程序的正常授权功能。此攻击可能针对组织，也可能作为 DoS 攻击的未经授权的参与者消耗资源。DoS 攻击已成为一种日益严重的威胁，计算和网络服务的缺乏将导致严重的中断和重大财务损失。

仅供参考：米拉伊僵尸网络

米拉伊（Mirai）僵尸网络被称为物联网（IoT）僵尸网络，它对 KrebsOnSecurity 和其他几个受害者发起历史上大规模的分布式拒绝服务（DDoS）攻击。米拉伊实际上是恶意软件，它使用运行 Linux 的网络设备损害远程控制机器人，使之成为大规模 DDoS 攻击中僵尸网络的一部分。这种恶意软件主要针对在线消费设备，如 IP 摄像机和家庭路由器。你可以访问有关此僵尸网络和恶意软件的几篇文章，网址为 https://krebsonsecurity.com/tag/mirai-botnet。

仅供参考：误报、漏报、真阳性和真阴性

误报是一个广义术语，描述了安全设备触发警报但没有发生恶意活动或实际攻击的情况。误报也被称为"良性触发"。误报是有问题的，因为通过触发不合理的警报，会降低真实警报的价值和紧迫性。如果有太多的误报要查，它就会成为一个噩梦，你肯定会忽视真正的安全事件。

还存在漏报，这是用于描述网络入侵设备在某些情况下无法检测到真正安全事件的术语，换句话说，是安全设备未检测到恶意活动。

真阳性是成功地识别安全攻击或恶意事件。真阴性是入侵检测设备将活动识别为可接受的行为并且该活动实际上是可接受的。

传统的 IDS 和 IPS 设备需要调整以避免误报和漏报。与传统的 IPS 相比，下一代 IPS 不需要相同的调整水平。此外，还可以获得更深入的报告和功能，包括高级恶意软件保护和回顾分析，以查看攻击发生后发生了什么。

传统的 IDS 和 IPS 设备也存在许多规避攻击。以下是针对传统 IDS 和 IPS 设备的一些最常见的规避技术。

- ❑ 碎片：攻击者通过发送碎片数据包来躲避 IPS 盒。
- ❑ 使用低带宽攻击：攻击者使用低带宽或非常少量的数据包来躲避系统。
- ❑ 地址欺骗 / 代理：攻击者使用欺骗的 IP 地址或来源，并使用代理等中间系统来逃避检查。
- ❑ 模式变化规避：攻击者可以使用多态技术来创建独特的攻击模式。
- ❑ 加密：攻击者可以使用加密来隐藏其通信和信息。

恶意软件

恶意软件已成为网络犯罪分子、黑客和黑客主义者的首选工具。恶意软件（有敌意的软件）是指秘密插入另一个程序的代码，旨在获取未经授权的访问，获取机密信息，破坏操作，破坏数据，以某种方式损害受害者数据或系统的安全性或完整性。恶意软件在用户不知情的情况下运行。恶意软件有多种类型，包括病毒、蠕虫、特洛伊木马、僵尸程序、勒索软件、rootkit 和间谍软件 / 广告软件。被恶意软件感染应被视为事件。恶意软件已被防病毒软件成功隔离不应视为事件。

 注意 有关恶意软件的详细讨论，请参阅第 8 章。

不当使用

当授权用户做出违反内部策略、协议、法律或法规的行为时，就会发生不当使用事件。不当使用可能是面向内部的，例如在明显没有"需要知道"的情况下访问数据。例如，员工或承包商纯粹出于好奇心查看病人的医疗记录或银行客户的财务记录，然后与未经授权的用户共享信息。相反，侵权者是内部人员，受害者是第三方（例如，违反版权法下载音乐或视频）。

事件严重性级别

并非所有事件的严重程度都相同。事件定义中应包括基于对组织的运营、声誉和法律影响的严重性划分级别。对应级别应该是要求的响应时间以及内部通知的最低标准。表 11-2 说明了这个概念。

表 11-2　事件严重性级别矩阵

信息安全事件是指信息系统的某些方面或信息本身受到威胁的任何不利事项。事件按对组织产生的影响的严重程度进行分类。严重性级别通常由事件管理员或网络安全调查员分配。如何验证取决于组织结构和事件响应策略。每个级别都有最大响应时间和最低内部通知要求。	
严重性级别 =1	
解释	一级事件是指那些可能给企业、客户、公众造成重大损害或者违反公司法律、法规、合同义务的事件
要求响应时间	即刻
要求内部通知	首席执行官、首席运营官、法律顾问、首席信息安全官、指定的事件处理程序
例子	对受保护客户信息的损害
	窃取任何含有法律保护信息的设备
	拒绝服务攻击
	对任何公司网站或网络的损害
	直接违反地方、州、联邦法律或法规的行为
严重性级别 =2	
解释	二级事件被定义为对非关键系统或信息的损害或未经授权的访问，对集中攻击前兆的觉察，对即将到来的攻击的可信威胁，或者任何可能违反法律、法规或合同义务的行为
要求响应时间	4 小时之内
要求内部通知	首席运营官、法律顾问、首席信息安全官、指定的事件处理程序
例子	不当访问受法律保护的或专有的信息
	在多个系统上检测到恶意软件
	检测到与潜在漏洞利用相关的警告标志
	来自第三方的即将发生的攻击通知
严重性级别 =3	
解释	三级事件被定义为信息系统保管人、数据 / 流程所有者或人力资源人员可以遏制和解决的情况。没有证据表明客户或专有信息、流程或服务受到损害
要求响应时间	24 小时之内
要求内部通知	首席信息安全官、指定的事件处理程序
例子	在工作站或设备上检测到恶意软件，未识别出外部连接
	用户访问受策略限制的内容或网站
	用户过度使用带宽或资源

事件是如何被报告的

事件报告最好通过实施简单易用的机制来完成，所有员工都可以使用这些机制来报告发现的事件。应要求员工报告所有实际和可疑事件。不应指望他们确定严重性级别，因为发现事件的人可能没有相关技能或接受过相关培训来正确评估情况的影响。

人们经常不报告潜在的事件，因为他们害怕出错，他们不想被视为抱怨者或举报者，或者他们根本不在乎并且不愿意介入。这种报告意见必须得到管理层的鼓励。即使员工报告的事件最终是误报，也不应被嘲笑。相反，他们愿意为公司的利益着想正是公司需要的行为！应该鼓励他们，并使他们感到受到重视和赞赏，因为他们做了正确的事情。

数字取证证据是在各种终端、服务器和网络设备上找到的数字形式的信息——基本上是可以由计算设备处理或在其他媒体上存储的任何信息。在诸如刑事审判等法律案件中提出的证据被分类为证人证词或直接证据，或者作为对象形式的间接证据，例如实物文件、人拥有的财产等。

网络安全取证可以采取多种形式，具体取决于每个案件的条件和收集证据的设备。为了最大限度地减少对嫌疑人源设备的污染，你可以在特定设备上使用不同的工具（例如写保护器）来复制所有数据（或系统的映像）。

映像是指将所有数据块从计算设备复制到取证专业证据系统。这有时被称为所有数据的"物理复制"。而"逻辑复制"只复制用户通常看到的内容，不会捕获所有数据，并且该过程将更改某些文件元数据，使其取证值大大降低，从而导致可能面临来自对方法律团队的法律挑战。因此，完整的逐位复制是首选的取证过程。在目标设备上创建的文件称为取证映像文件。

监管链是从开始网络取证调查到证据呈到法庭上的时间记录和保存证据的方式。能够显示以下内容的清晰文档非常重要：

- 如何收集证据
- 何时收集
- 如何运输
- 如何跟踪
- 如何存储
- 谁有权访问证据以及如何访问证据

通常用于证据保存的方法是仅使用证据的副本——换句话说，你不希望直接使用证据本身。这涉及创建任何硬盘驱动器或存储设备的映像。此外，你必须防止电子静电或其他放电损坏或擦除证据数据。应使用抗静电的特殊证据袋来存放数字设备。非常重要的一点是，防止静电放电（ESD）和其他电子放电损坏你的证据。有些组织甚至拥有网络取证实验室，只面向对授权用户和调查人员的访问。经常使用的一种方法涉及构造所谓的法拉第笼。该笼通常由导电材料网构成，防止电磁能量进入或从笼中逸出。此外，这可以防止设备通过 Wi-Fi或蜂窝信号进行通信。

更重要的是，必须非常谨慎地将证据运送到取证实验室或任何其他地方，包括法院。在运输过程中遵从监管链至关重要。当你运输证据时，应该尽量将其放在可上锁的容器中。另外，建议负责人在运输过程中不离开证据。

实践中：信息安全事件分类策略

概要：按严重性以及指定的响应和通知要求对事件进行分类。

策略声明：

❑ 事件应根据其对组织的影响按严重程度进行分类。如果对哪个级别合适存在疑问，公司必须谨慎行事，并指定更高的严重性级别。

❑ 一级事件是指那些可能给企业、客户、公众造成重大损害或者违反公司法律、法规、合同义务的事件：

　○ 必须在报告后立即响应一级事件。

　○ 必须告知首席执行官、首席运营官、法律顾问和首席信息安全官一级事件。

❑ 二级事件被定义为对非关键系统或信息的损害或未经授权的访问，对集中攻击前兆的觉察，对即将到来的攻击的可信威胁，或者任何可能违反法律、法规或合同义务的行为：

　○ 必须在 4 小时内响应二级事件。

　○ 必须告知首席运营官、法律顾问和首席信息安全官二级事件。

❑ 三级事件被定义为信息系统负责人、数据/流程所有者或人力资源人员可以遏制和解决的情况。没有证据表明客户或专有信息、流程或服务受到损害：

　○ 必须在 24 小时内响应三级事件。

　○ 必须告知首席信息安全官三级事件。

事件响应计划

事件响应计划由策略、计划、程序和人员组成。事件响应策略编入管理指令。事件响应计划（IRP）为处理内部事件提供了定义明确、一致且有组织的方法，并在外部事件追溯到组织时采取适当的措施。事件响应计划是实施计划所需的详细步骤。

拥有良好的事件响应计划和事件响应流程将有助于最大限度地减少因事件导致的信息丢失或被盗以及服务中断。可通过使用在安全事件期间获得的经验教训和信息来增强事件响应计划。

NIST SP 800-61 修订版 2 第 2.3 节介绍了事件响应策略、计划和程序，包括如何协调事件以及与外部各方互动的信息。NIST SP 800-61 修订版 2 中描述的策略要素包括以下内容：

❑ 管理层承诺声明。

❑ 事件响应策略的目的和目标。

❑ 事件响应策略的范围。

❑ 计算机安全事件和相关术语的定义。

❑ 组织结构以及角色、职责和权限级别的定义。

❑ 事件的优先级或严重等级。

❑ 绩效衡量标准。

❑ 报告和联系表格。

NIST 的事件响应计划要素包括以下内容：

❑ 事件响应计划的使命。

❑ 事件响应计划的策略和目标。

❑ 高级管理层批准事件响应计划。

❑ 组织事件响应方法。

❑ 事件响应团队将如何与组织的其他人员以及与其他组织进行沟通。

❑ 用于衡量事件响应能力及其有效性的度量标准。

❑ 成熟的事件响应能力路线图。

❑ 程序如何融入整个组织。

NIST 还将 SOP 定义为"事件响应团队使用的特定技术过程、技术、检查表和表单的描述"。SOP 应该相当全面和详细，以确保组织的优先级反映在响应操作中。

实践中：网络安全事件响应计划策略

概要： 确保以一致有效的方式响应、管理和报告信息安全事件。

策略声明：

❑ 将维护事件响应计划（IRP），以确保以一致有效的方式响应、管理和报告信息安全事件。

❑ 信息安全办公室负责建立和维护 IRP。

❑ IRP 至少应包括与之相关的说明、流程和指南：

　　○ 准备

　　○ 检测和调查

　　○ 初步响应

　　○ 遏制

　　○ 根除和恢复

　　○ 通知

　　○ 关闭和事后活动

　　○ 文件和证据处理

❑ 根据信息安全事件人员策略，IRP 将进一步定义人员角色和职责，包括但不限于事件响应协调员、指定的事件处理程序和事件响应团队成员。

❑ 所有员工、承包商、顾问和提供商都将接受适合其角色的事件响应培训。

❑ IRP 必须每年由董事会授权。

事件响应流程

NIST SP 800-61 详细介绍了事件响应流程的主要阶段。你应该熟悉该发布，因为它提供了更多的信息，这将有助于你在安全操作中心（SOC）取得成功。这里总结了重要的关键点。

NIST 定义了事件响应流程的主要阶段，如图 11-1 所示。

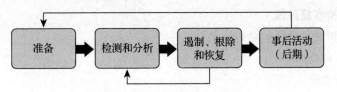

图 11-1　NIST 事件响应流程

准备阶段

准备阶段包括创建和培训事件响应团队，以及部署必要的工具和资源以成功调查和解决网络安全事件。在此阶段，事件响应团队根据风险评估结果创建一组控制。准备阶段还包括以下任务：

- 创建事件处理程序沟通流程和支持安全操作中心（SOC）和事件响应团队的设施。
- 确保组织具有适当的事件分析硬件和软件以及事件缓解软件。
- 在组织内创建风险评估能力。
- 确保组织已正确部署主机安全性、网络安全性和恶意软件防护解决方案。
- 开展用户意识培训。

检测和分析阶段

检测和分析阶段是最具挑战性的阶段之一。虽然一些事件很容易被发现（例如，拒绝服务攻击），但许多漏洞和攻击数周甚至数月时间内都未被发现。这就是为什么检测可能是事件响应中最困难的任务。典型的网络充满了无法检测到异常流量的盲点。实施分析和关联工具对于消除这些网络盲点至关重要。因此，事件响应团队必须迅速做出反应，以分析和验证每个事件。这是通过遵循预定义的过程来完成的，同时也记录分析师采取的每个步骤。NIST 提供了各种建议，使事件分析更容易、更有效：

- 配置文件网络和系统。
- 了解正常行为。
- 创建日志保留策略。
- 执行事件关联。
- 维护和使用信息知识库。
- 使用 Internet 搜索引擎进行研究。
- 运行数据包嗅探器以收集其他数据。
- 过滤数据。
- 寻求他人的帮助。
- 保持所有主机时钟同步。
- 了解不同类型的攻击和攻击媒介。
- 开发流程和程序，以识别事件的迹象。
- 了解初期形式和指标的来源。
- 创建适当的事件文档功能和流程。
- 创建流程以有效地确定安全事件的优先级。

❑ 创建流程以有效地传达事件信息（内部和外部通信）。

遏制、根除和恢复阶段

遏制、根除和恢复阶段包括以下活动：

❑ 证据收集和处理。

❑ 识别攻击主机。

❑ 选择遏制策略以有效地遏制和根除攻击，并成功从中进行恢复。

NIST SP 800-61 修订版 2 还定义了以下标准，用于确定适当的遏制、根除和恢复策略：

❑ 资源的潜在损坏和盗窃。

❑ 论证据保全的必要性。

❑ 服务可用性（例如，网络连接以及提供给外部各方的服务）。

❑ 实施战略所需的时间和资源。

❑ 战略的有效性（例如，部分遏制或完全遏制）。

❑ 解决方案的持续时间（例如，紧急解决方法将在四小时内删除，临时解决方案将在两周内删除，或永久解决方案）。

事后活动（后期）阶段

事后活动阶段包括经验教训，如何使用收集的事件数据以及保留证据。NIST SP 800-61 修订版 2 包括几个可在经验教训会议期间用作指南的问题：

❑ 究竟发生了什么，何时发生？

❑ 在处理事件时，员工和管理层的表现如何？

❑ 是否有文件化程序？数量足够吗？

❑ 需要哪些信息？

❑ 是否采取了可能阻碍恢复的任何步骤或行动？

❑ 下次发生类似事件时，员工和管理层会采取哪些不同的做法？

❑ 如何改进与其他组织的信息共享？

❑ 哪些纠正措施可以防止将来发生类似事件？

❑ 未来应该注意哪些前兆或指标可以探测类似事件？

❑ 需要哪些其他工具或资源来检测、分析和缓解未来事件？

桌面练习和剧本

许多组织利用桌面（模拟）练习来进一步测试其功能。这些桌面练习是练习和进行差距分析的机会。此外，这些练习可以用来为事件响应创建剧本。开发一个剧本框架使得未来的分析具有模块化和可扩展性。好的剧本通常包含以下信息：

❑ 报告标识。

❑ 客观声明。

❑ 结果分析。

❑ 数据查询 / 代码。

❑ 分析师评论 / 备注。

拥有相关和有效的剧本具有重要的长期优势。在开发剧本时，要注重自己框架内的组织和清晰度。拥有一个剧本和检测逻辑是不够的。该剧本只是一个积极主动的计划。你的练习必须实际运行以生成结果，必须分析这些结果，并且必须对恶意事件采取补救措施。这就是桌面练习非常重要的原因。

桌面练习既可以是技术性的，也可以是执行级别的。你可以为事件响应团队创建技术模拟，并为你的执行和管理人员创建基于风险的练习。事件响应桌面练习的简单方法包括以下步骤：

1. 准备：确定听众，你想模拟什么，以及练习将如何进行。
2. 执行：执行模拟并记录所有结果，以确定程序中的所有改进区域。
3. 报告：创建报告并将其分发给所有利益相关者。将你的评估范围缩小到事件响应的特定方面。你可以将结果与现有事件响应计划进行比较。你还应该衡量组织内部或组织外部的不同团队之间的协调。提供良好的技术分析并找出差距。

信息共享和协调

在调查和解决安全事件期间，你可能还需要与外部各方就事件进行沟通。包括但不限于联系执法部门，处理媒体的查询，寻找外部专业知识，以及与 Internet 服务提供商（ISP）、硬件和软件产品提供商、威胁情报提供商、协调中心和其他事件响应小组成员协同工作。你还可以与业界同行共享相关的妥协指标信息和其他可观察信息。信息共享社区的一个很好的例子包括金融服务信息共享和分析中心（FS-ISAC）。

你的事件响应计划应考虑这些类型与外部实体之间的相互作用。它还应包括有关如何与组织的公共关系（PR）部门、法律部门和高层管理人员进行交互的信息。在与外部各方共享信息时，你还应该获得他们的支持，以最大限度地降低信息泄露的风险。换句话说，避免泄露有关未授权方的安全事件的敏感信息。这些行为可能会导致额外的中断和经济损失。你还应该维护这些外部实体的所有联系人的列表，包括用于赔偿责任和证据目的的所有外部通信的详细列表。

计算机安全事件响应小组

有很多不同的事件响应团队。最受欢迎的是计算机安全事件响应小组（CSIRT）。其他包括：

❑ 产品安全事件响应小组（PSIRT）
❑ 国家 CSIRT 和计算机应急响应小组（CERT）
❑ 协调中心
❑ 安全提供商和托管安全服务提供商（MSSP）的事件响应团队

在本节中，你将了解 CSIRT。其他事件响应团队类型将在后续章节中介绍。

CSIRT 通常是与信息安全团队（通常称为 InfoSec）携手合作的团队。在较小的组织中，InfoSec 和 CSIRT 功能可以出同一个团队组合和提供。在大型组织中，CSIRT 专注于计算机安全事件的调查，而 InfoSec 团队的任务是在组织内实施安全配置、监控和策略。

建立 CSIRT 涉及以下步骤：

步骤 1：定义 CSIRT 选区。

步骤 2：确保管理和执行支持。

步骤 3：确保分配适当的预算。

步骤 4：确定 CSIRT 将驻留在组织层次结构中的位置。

步骤 5：确定团队是集中、分布还是虚拟。

步骤 6：制定 CSIRT 的流程和策略。

重要的是要认识到每个组织都是不同的，这些步骤可以并行或按顺序完成。但是，定义 CSIRT 的选区肯定是该过程的第一步。在定义 CSIRT 的选区时，应该回答以下问题：

❑ 谁将成为 CSIRT 的"客户"？

❑ 范围是什么？ CSIRT 是否仅涵盖组织或组织外部的实体？ 例如，在思科，所有内部基础架构和思科的网站（即 cisco.com）及工具都是思科 CSIRT 的责任，任何与思科产品或服务有关的事件或漏洞都是思科 PSIRT 的责任。

❑ CSIRT 是否会为整个组织提供支持，还是仅为特定区域或细分市场提供支持？ 例如，组织可能具有用于传统基础设施和 IT 能力的 CSIRT，以及专用于云安全的单独的 CSIRT。

❑ CSIRT 是否应对组织的一部分或全部负责？ 如果包含外部实体，它们将如何被选中？

确定 CSIRT 的价值可能具有挑战性。高管们会问的一个主要问题是，拥有 CSIRT 的投资回报是多少？ CSIRT 的主要目标是通过防止事件发生和发生事故来最大限度地降低风险，控制网络损害并节省资金，从而有效地减轻这些事故的发生。例如，损害的范围越小，你就可以花费更少的钱来从损失中恢复（包括品牌声誉）。过去的许多研究都涵盖了安全事件的成本和违规成本。此外，Ponemon 研究所定期发布涵盖这些成本的报告。查看和计算 CSIRT 的"增值"是一个好习惯。此计算可用于确定何时投入更多资金，不仅包括 CSIRT，还包括运营最佳实践。在某些情况下，当组织无法负担或保留安全人才时，甚至可能会将某些网络安全功能外包给托管服务提供商。

事故响应小组必须制定若干基本策略和程序，以便令人满意地运作，具体包括：

❑ 事故分类和处理

❑ 信息分类和保护

❑ 信息传播

❑ 记录保留和销毁

❑ 加密的可接受使用

❑ 与外部团体（其他 IRT、执法部门等）合作

此外，还可以定义以下策略或过程：

❑ 招聘策略

❑ 使用外包组织处理事故

❑ 跨多个法律管辖区工作

根据团队的具体情况，可以定义更多的策略。需要记住的重要一点是，并非所有策略都需要在第一天定义。

以下是国际标准化组织 / 国际电工委员会（ISO / IEC）的重要标准，你可以在构建策略和程序文件时利用：

❑ ISO / IEC 27001: 2005："信息技术 – 安全技术 – 信息安全管理系统 - 要求"

❑ ISO / IEC 27002: 2005："信息技术 – 安全技术 – 信息安全管理实践守则"

❑ ISO / IEC 27005: 2008："信息技术 – 安全技术 – 信息安全风险管理"

❑ ISO / PAS 22399: 2007："社会安全 – 事件准备和运营连续性管理指南"

❑ ISO / IEC 27033："信息技术 – 安全技术 – 信息安全事件管理"

CERT 在 网 站 https://www.cert.org/incident-management/csirt-development/csirt-faq.cfm。上对 CSIRT 的目标和职责进行了很好的概述。

产品安全事件响应团队

软件和硬件提供商可能有单独的团队来处理其产品和服务中的安全漏洞的调查、解决和披露。通常，这些团队称为产品安全事件响应团队（PSIRT）。在了解 PSIRT 如何运作之前，你必须了解什么构成安全漏洞。

美国 NIST 将安全漏洞定义为：

"系统安全程序、设计、实施或内部控制的缺陷或弱点，可能被执行（意外触发或故意利用），并导致安全漏洞或违反系统的安全策略。"

还有更多的定义，但它们往往是来自 NIST 给出的定义的变形。

安全漏洞及其严重性

为什么产品安全漏洞成为一个问题？ 因为每个漏洞都代表了威胁参与者可能用来危害你的系统和网络的潜在风险。每个漏洞都带有相关的风险。用于计算给定漏洞严重性的最广泛采用的标准之一是通用漏洞评分系统（CVSS），它由基本组、时间组和环境组三个部分组成。每组以 0 到 10 的分数表示。

CVSS 是 FIRST 维护的行业标准，许多 PSIRT 使用它来传达有关他们向客户披露的漏洞严重性的信息。

在 CVSS 中，对漏洞在三个方面进行评估，并为每个漏洞分配一个分数：

❑ 基本组表示漏洞的固有特征，该漏洞随时间不变并且不依赖于特定于用户的环境。
这是获取漏洞评分的最重要的信息，也是唯一必须获取漏洞评分的信息。

❑ 时间组在漏洞随时间变化时评估漏洞。

❑ 环境组代表了漏洞的特征，同时考虑了组织环境。

基本组的得分在 0 到 10 之间，其中 0 表示最不严重，10 表示高度严重的漏洞。 例如，一个高度关键的漏洞可能允许攻击者远程破坏系统并获得完全控制。 此外，分数以矢量字符串的形式出现，该字符串由三个组的分数构成。

用于获取分数的公式考虑了漏洞的各种特征以及攻击者如何利用这些特征。

CVSSv3 定义了基本组、时间组和环境组的几个特征。

基本组定义可利用性度量标准，用于衡量如何利用漏洞，另外还有一个衡量机密性、完整性和可用性影响的影响度量标准。 除了这两个度量标准，还有一个称为范围更改（S）的度量标准，它用于表达受漏洞干扰的系统的影响，但不包含易受攻击的代码。

可利用性的指标包括以下内容：

❑ 攻击向量（AV）表示攻击者利用漏洞所需的访问级别。 它可假定四个值：

　　　○ 网络（N）

　　　○ 相邻（A）

　　　○ 本地（L）

　　　○ 物理（P）

❏ 攻击复杂性（AC）代表除了攻击者的控制之外要利用此漏洞必需的条件。值可以为：

　　　○ 高（H）

　　　○ 低（L）

❏ 所需权限（PR）表示攻击者要利用漏洞必需的权限级别。数值如下：

　　　○ 无（N）

　　　○ 高（H）

　　　○ 低（L）

❏ 用户交互 (UI) 表示是否需要用户交互来执行攻击。数值如下：

　　　○ 请求（R）

　　　○ 无（N）

❏ 范围（S）表示对除被评分系统之外的系统的影响。数值如下：

　　　○ 变化（C）

　　　○ 无变化（U）

影响指标包括如下内容：

❏ 机密性（C）衡量对系统机密性的影响程度。它可以采用以下值：

　　　○ 高（H）

　　　○ 中（M）

　　　○ 低（L）

❏ 完整性（I）衡量对系统完整性的影响程度。它可以采用以下值：

　　　○ 高（H）

　　　○ 中（M）

　　　○ 低（L）

❏ 可用性（A）衡量对系统可用性的影响程度。它可以采用以下值：

　　　○ 高（H）

　　　○ 中（M）

　　　○ 低（L）

时间组包括三个度量指标：

❏ 利用代码成熟度（E）来衡量公共利用是否可用。

❏ 修复级别（RL），指示修复或变通方法是否可用。

❏ 报告置信度（RC），表示对漏洞存在的置信度。

环境组包括两个主要度量指标：

❏ 安全要求（CR、IR、AR），表明系统的机密性、完整性和可用性要求的重要性。

❏ 修改后的基本指标（MAV、MAC、MAPR、MUI、MS、MC、MI、MA），允许组织

根据环境的特定特征调整基本指标。

例如，一个可能允许远程攻击者通过发送精心设计的 IP 数据包来使系统崩溃的漏洞将具有以下基本指标值：

- ❏ 访问向量（AV）将会是"网络"，因为攻击者可以在任何地方并且可以远程发送数据包。
- ❏ 攻击复杂性（AC）将会是"低"，因为生成格式错误的 IP 数据包很简单（例如，通过 Scapy Python 工具）。
- ❏ 所需权限（PR）将为"无"，因为攻击者不需要在目标系统上拥有特权。
- ❏ 用户交互（UI）也将是"无"，因为攻击者不需要与系统的任何用户交互来执行攻击。
- ❏ 范围（S）将"不变"，如果攻击不会导致其他系统失败。
- ❏ 机密性影响（C）将为"无"，因为主要影响系统的可用性。
- ❏ 完整性影响（I）将为"无"，因为主要影响系统的可用性。
- ❏ 可用性影响（A）将为"高"，因为设备在崩溃和重新加载时可能变得完全不可用。

CVSSv3 评分的其他例子可以在 FIRST 网站（https://www.first.org/cvss）看到。

漏洞链定义在确定优先级方面的作用

在许多情况下，安全漏洞不会被单独利用。有威胁行为的人利用链中的多个漏洞来实施攻击并危害受害者。通过利用链中的不同漏洞，攻击者可以逐步渗透到系统或网络中，并获得更多的控制权。这是 PSIRT 团队必须注意的事情。开发人员、安全专业人员和用户必须意识到这一点，因为链可以更改受影响系统中需要修复或修补漏洞的顺序。例如，多个低严重性漏洞的组合可能会成为严重漏洞。

执行漏洞链分析不是一件简单的任务。尽管一些商业公司声称它们可以容易地执行链分析，但实际上可以包括为漏洞链分析的一部分的方法和过程几乎是无穷无尽的。PSIRT 团队应该利用一种适合他们的方法来达到最好的最终结果。

修正理论漏洞

没有漏洞，exploit 就不可能存在。但是，对于给定的漏洞并不总是有利可图。注意 exploit 的定义。exploit 不是漏洞。exploit 是一种具体的表现形式，可以是一个软件或一组可重现的步骤，利用给定的漏洞来破坏受影响的系统。

在某些情况下，用户将 exploit 称为"理论漏洞"，而"理论漏洞"的最大挑战之一是，有许多聪明的人能够利用它们。如果你今天不知道如何利用漏洞，这并不意味着其他人将来也找不到方法。事实上，其他人可能已经找到了利用漏洞的方法，甚至可能在没有公众知晓的情况下在暗市上出售漏洞的 exploit。

PSIRT 人员应该明白，不存在"完全理论"的漏洞。当然，利用有效的漏洞可以简化可再现的步骤，并帮助验证不同系统中是否存在相同的漏洞。但是，由于 exploit 可能不是漏洞的一部分，所以不应该完全破坏它。

内部与外部发现的漏洞

PSIRT 可以在内部测试期间或开发阶段了解产品或服务中的漏洞。但是，外部实体（如安全研究人员、客户和其他提供商）也可能会报告漏洞。

任何提供商的梦想是能够在设计和开发阶段找到并修补所有安全漏洞。但是，这几乎是不可能的。另一方面，这也是安全开发生命周期（SDL）对于任何生产软件和硬件的组织都非常重要的原因。思科有一个 SDL 程序，该程序记录于 URL：www.cisco.com/c/en/us/about/ security-center / security-programs / secure-development-lifecycle.html。

思科将其 SDL 定义为"一个可重复和可测量的过程，我们设计其用来提高产品的弹性和可信度。"思科的 SDL 是思科产品开发方法（PDM）和 ISO 9000 合规性要求的一部分。它包括但不限于以下内容：

- ❑ 基本产品安全要求
- ❑ 第三方软件 (TPS) 安全性
- ❑ 安全设计
- ❑ 安全编码
- ❑ 安全分析
- ❑ 漏洞测试

SDL 的目标是提供旨在通过开发安全、弹性和可信的系统来加速产品开发方法的工具和过程。TPS 安全是任何组织最重要的任务之一。当今的大多数组织都使用开源和第三方库。这种方法为产品安全团队提出了两个要求。第一是了解 TPS 库的使用、重用以及位置。第二种是修补影响此类库或 TPS 组件的任何漏洞。例如，如果公开了 OpenSSL 中的新漏洞，你必须做什么？你能否快速评估所有产品中这种漏洞的影响？

如果包括商业 TPS，那么此类软件的提供商是否透明地公开所有安全漏洞，包括其软件中的安全漏洞？目前，许多组织正在与第三方提供商的合同中包括安全漏洞泄露 SLA。这是非常重要的，因为许多 TPS 漏洞（无论是商业的还是开源的）在数月甚至数年内都没有得到修复。

TPS 软件安全对于任何规模的公司来说都是一项艰巨的任务。要了解 TPS 代码使用的规模，请访问思科在 https://tools.cisco.com/security/center/publicationListing.x?product=NonCisco#~Vulnerabilities 上发布的第三方安全公告。另一个好的资源是 CVE Details（www.cvedetails.com）。

如今市场上有许多工具可用于枚举产品中使用的所有开源组件。这些工具要么询问产品源代码，要么扫描二进制文件以获得 TPS。以下是一些例子：

- ❑ BlackDuck by Synopsys Software: https://www.blackducksoftware.com
- ❑ Synopsys Protecode（以前称为 AppCheck）：https://www.synopsys.com/ software-integrity/security-testing/software-composition-analysis.html
- ❑ Palamida: www.palamida.com
- ❑ SRC:CLR: https://www.sourceclear.com

国家 CSIRT 和计算机紧急响应小组 (CERTS)

许多国家都有自己的计算机紧急响应（或准备）小组。例如，US-CERT (https://www.us-cert.gov)、印度计算机紧急响应小组（http://www.cert-in.org.in）、CERT 澳大利亚（https://cert.gov.au）和澳大利亚计算机紧急响应小组（https://www.auscert.org.au/）。事故反应和安全小组论坛（FIRST）网站包括所有国家应急反应中心和其他事故反应小组的名单，地址为 https://www.first.org/members/teams。

这些国家 CERTS 和 CSIRT 旨在通过提供安全漏洞信息、安全意识培训、最佳做法和其他信息来保护其公民。例如，以下是在 https://www.us-cert.gov/about-us 上发布的 US-CERT 任务。

US-CERT 的关键任务活动包括：

❑ 通过入侵检测和预防功能为联邦民事行政部门机构提供网络安全保护。

❑ 制定及时和可操作的信息，以便分发给联邦部门和机构；州、地方、部落和地区（SLTT）政府；关键基础设施所有者和经营者；私人企业；以及国际组织。

❑ 响应事件并分析有关新兴网络威胁的数据。

❑ 与外国政府和国际实体合作，提升国家的网络安全态势。

协调中心

世界各地的一些组织也帮助协调提供商、硬件和软件提供商，以及安全研究人员的安全漏洞披露的工作。

其中一个最好的例子是软件工程研究所（SEI）的 CERT 部门。CERT 提供安全漏洞协调和研究。它是多提供商安全漏洞披露和协调的重要利益相关者。有关 CERT 的更多信息，请访问其网站 https://www.sei.cmu.edu/about/divisions/cert/index.cfm#cert-division-what-we-do。

事件响应提供程序和托管安全服务提供程序（MSSP）

思科与其他几家提供商一起为其客户提供事件响应和托管安全服务。这些事件响应团队和外包 CSIRT 的运作方式略有不同，因为他们的任务是为客户提供支持。但是，他们执行本章前面概述的事件响应和 CSIRT 的任务。

以下是这些团队及其服务的示例：

❑ 思科事件响应服务：为思科客户提供准备就绪或主动服务和违约后支持。主动服务包括基础设施违约准备评估、安全操作准备评估、违约通信评估、安全操作和事故应对培训。违约后（或反应性）服务包括攻击的评估和调查、对策开发和部署，以及对策有效性的验证。

❑ FireEye 事件响应服务。

❑ 群众游行事件响应服务。

❑ SecureWorks 托管安全服务。

❑ 思科的主动威胁分析（ATA）管理的安全服务。

管理服务，如 SecureWorks 托管安全服务、Cisco ATA 等，为客户提供 24 小时连续监控和高级分析功能，结合威胁情报以及安全分析师和调查人员来检测客户网络中的安全威胁。外包长期以来一直是许多公司的惯例，但网络安全复杂性的开始使其随着事件响应领域的发展而逐渐发展壮大。

主要事件管理人员

主要事件管理人员包括事件响应协调员，指定事件处理人员、事件响应团队成员和外部顾问。在各种组织中，它们可能具有不同的标题，但角色基本相同。

事故响应协调员（IRC）是所有事件的中心联络点。事故报告直接发送给 IRC。IRC 验证并记录事件。根据预定义的标准，IRC 通知适当的人员，包括指定的事件处理程序（DIH）。IRC 是事件响应团队（IRT）的成员，负责维护所有非基于证据的事件相关文档。

指定事件处理人员（DIH）是具有管理事件的危机管理和沟通技巧、经验、知识和耐力的高级人员。DIH负责三项关键任务：事件声明，与执行管理层的联络以及事件响应团队（IRT）的管理。

事件响应团队（IRT）是一个精心挑选和训练有素的专业团队，在整个事件生命周期中提供服务。根据组织的规模，可能只有一个团队或多个团队，每个团队都有自己的专长。IRT成员通常代表职能领域的横截面，包括高级管理、信息安全、信息技术（IT）、运营、法律、合规、人力资源、公共事务和媒体关系、客户服务和物理安全。一些成员可能会参与每一个响应工作，而其他成员（如合规）可能会限制参与相关事件。DIH指导的团队负责进一步分析，证据处理和文件记录，遏制、根除和恢复，通知（根据需要）和事后活动。

分配给IRT的任务包括但不限于以下内容：

❑ 事件的全面管理。

❑ 进行分类和影响分析以确定情况的严重程度。

❑ 制定和实施遏制及消除战略。

❑ 遵守政府或其他规章。

❑ 与受影响方或个人的沟通和后续行动。

❑ 根据需要与其他外部各方，包括董事会、商业伙伴、政府监管机构（包括联邦、州和其他行政人员）、执法部门、媒体代表等进行沟通和跟进。

❑ 分析根本原因和总结经验教训。

❑ 修订防止事件再次发生所必需的政策/程序。

图11-2说明了事件响应角色和职责。

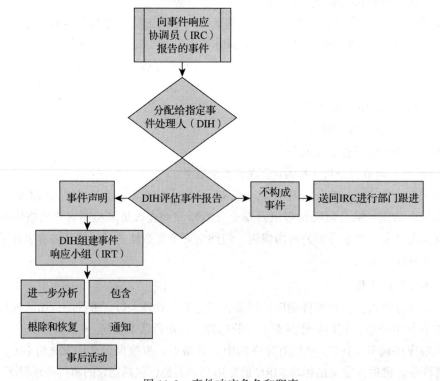

图 11-2   事件响应角色和职责

事件响应培训和练习

建立健全的响应能力确保组织准备好快速有效地响应事件。应答者应接受针对其个人和集体责任的培训。反复测试、演习和具有挑战性的事件响应练习可以极大地提高响应能力。知道预期的内容可以减少响应者的压力并减少错误。应该强调的是，事件响应执行者的目标不是获得"A"，而是诚实地评估计划和程序，识别缺少的资源，并学会作为一个团队协同工作。

实践中：事件响应授权策略

概要：授权负责应对和／或管理信息安全事件的人员。

策略声明：

❑ 首席信息安全官员有权任命 IRC、DIH 和 IRT 成员：

○ 所有应答者都必须接受与其作用和责任相称的培训。

○ 所有应答者都必须参加反复的训练和练习。

❑ 在安全事件以及演习期间，事件管理和事件应对相关职责取代了正常职责。

❑ 首席业务办公室或法律顾问有权通知执法或监管官员。

❑ 首席业务干事、董事会或法律顾问有权聘请外部人员，包括但不限于取证调查人员、相关领域的专家（例如安全、技术和合同）和专门法律顾问。

发生了什么事？调查和证据处理

收集证据的主要原因是要弄清楚发生了什么，以便尽快遏制和解决事件。作为事件响应者，现在很容易陷入困境。证据获取、处理和文档记录是至关重要的。思考一下工作站恶意软件感染的场景。第一印象可能是恶意软件下载是无意的。这可能是真的，也可能是恶意内部人员或粗心大意的商业提供商所为。直到你掌握了事实，你才知道真相。无论来源如何，如果恶意软件感染导致法律保护的信息的丢失，公司可能成为过失诉讼或监管行动的目标，在这种情况下，有关感染如何被遏制和消除的证据可以用来支持公司的立场。由于变量太多，默认情况下，数据处理程序应该把每次调查都当作是法庭案件来处理。

记录事件

初始文档应创建事件配置文件。该配置文件应包括以下内容：

❑ 事件是如何被发现的？

❑ 事件的情况如何？

❑ 这个事件什么时间发生？

❑ 谁报道了这一事件？

❑ 谁是相关人员的联系人？

❑ 事件的简要说明。

❑ 所有现场情况的快照。

所有正在进行的事件响应相关活动都应该被记录并加上时间戳。除了采取的措施之外，日志还应该包括决策、联系记录（内部和外部资源）和建议。

由于所执行和发现的内容的机密性，特定于计算机相关活动的文档应当与一般文档分开。所有文件都应按顺序并加盖时间戳/日期戳，并应包括输入系统的准确命令、命令的结果、采取的行动（例如，登录、禁用账户、应用路由器过滤）以及关于系统或事件的观察。文档应该在事件被处理时产生，而不是在处理之后生成。

没有 DIH 或执行管理层的明确许可，事件文档不应该与团队之外的任何人共享。如果预期网络已经受损，则不应该将文档保存在网络连接的设备上。

与执法部门合作

根据情况的性质，可能需要联系地方、州或联邦执法部门。这样的决定应该与法律顾问讨论。必须认识到，执法的首要任务是查明肇事者并立案。有时，执法机构在收集证据时要求事件或攻击继续进行。虽然这个目标似乎与组织控制事件的目标不一致，但有时它是最好的行动方案。在事件发生之前，IRT 应当熟悉合适的执法代表，以讨论应当向其报告的事件的类型、联系谁、应当收集什么证据以及应当如何收集证据。

如果做出与执法部门联系的决定，那么在跟踪仍然可行的时候进行联系，尽早在响应生命周期中联系是很重要的。在联邦层面，特勤局和联邦调查局（FBI）都调查网络事件。特勤局的调查责任延伸到涉及金融机构欺诈、计算机和电信欺诈、身份盗窃、接入设备欺诈（例如，ATM 或销售点系统）、电子资金转移、洗钱、公司间谍、计算机系统入侵，以及与互联网相关的儿童色情制品和剥削。联邦调查局的调查职责包括基于网络的恐怖主义、间谍活动、计算机入侵和重大网络欺诈。如果任务看起来重叠，那是因为它们确实重叠了。一般来说，最好是联系当地的特勤局或联邦调查局办公室，让他们确定管辖权。

仅供参考：Mirai 僵尸网络的作者认罪

2017 年年底，Mirai 恶意软件和僵尸网络的作者（来自新泽西州 Fanwood 的 21 岁的 Paras Jha 和来自宾夕法尼亚州华盛顿的 20 岁的 Josiah White）认罪。Mirai 是恶意软件，它危害了数十万个物联网设备，例如用于大规模攻击的安全摄像机、路由器和数字视频记录器。

KrebsOnSecurity 公布了为期四个月的调查结果，"Mirai 蠕虫的作者 Anna Senpai 是谁？" 这个故事无疑是这个网站历史上最长的故事，它引用了大量指向 Jha 和 White 的线索。更多细节参见链接：https://krebsonsecurity.com/2017/12/mirai-iot-botnet-co-authors-plead-guilty/。

了解取证分析

取证是将科学应用于数据的识别、收集、检查和分析，同时保持信息的完整性。取证工具和技术通常用于查找事件的根本原因或发现事实。除了重建安全事件外，数字取证技术还可用于调查犯罪和内部政策违规行为，解决操作问题以及从意外系统损坏中恢复。

如 NIST SP 800-87 所述，执行数字取证的过程包括收集、检查、分析和报告：

❑ 收集：流程的第一阶段是识别、标记、记录和从可能的相关数据源获取数据，同时遵循保持数据完整性的准则和程序。由于可能丢失动态数据（例如当前网络连接）以及丢失来自电池供电设备的数据，因此通常会及时执行收集。

- 检查：检查涉及使用自动和手动方法的组合来处理大量收集的数据，以评估和提取特别感兴趣的数据，同时保持数据的完整性。
- 分析：该过程的下一阶段是使用法律上合理的方法和技术分析检查的结果，以获得有用的信息，从而解决作为收集和检查的推动力的问题。
- 报告：最后阶段是报告分析结果，其中可能包括描述所使用的操作，解释如何选择工具和程序，确定需要执行的其他操作，以及提供改进策略的建议、指南、取证程序、程序、工具和其他方面。报告步骤的形式因情况而异。

执行取证任务的事故处理人员需要具备相当全面的取证原则、指南、程序、工具和技术知识，以及可能隐藏或破坏数据的反取证工具和技术。事件处理程序在信息安全和特定技术主题方面具有专业知识也是有益的，例如组织内最常用的操作系统、文件系统、应用程序和网络协议。拥有此类知识有助于更快、更有效地应对事件。事件处理程序还需要对系统和网络有一个普适而广泛的了解，以便能够快速确定哪些团队和个人非常适合为特定的取证工作提供技术专业知识，例如检查和分析不常见应用程序的数据。

仅供参考：CCFP 认证的网络取证专家

CCFP 认证由 ISC 提供。根据（ISC）^{2} 的说法，"认证的网络取证专业人员（CCFP）的证书证明了在取证技术和程序、实践标准以及法律和道德原则方面的专门知识，以确保准确、完整和可靠的数字证据被法院接受。它还表明了证书所有者具有将取证法应用于其他信息安全学科的能力，如电子发现、恶意软件分析和事件响应。"要了解更多信息，请访问 https://www.isc2.org/ccfp/。

所有的（ISC）^{2} 认证由美国国家标准协会（ANSI）认证，使其符合国际标准化组织和国际电子技术委员会（ISO/IEC）17024 标准。

理解监管链

监管链适用于实物、数字和取证证据。证据监管链是用来证明证据自在法庭上通过生产收集之日起未发生变化的。这意味着，在收集证据时，必须对证据在人与人之间的每次转移进行记录，并且必须能够证明没有人能够获取该证据。在法律诉讼的情况下，监管文件链将通过信息发现过程提供给对方律师，并可能成为公开文件。只有在绝对必要的情况下，机密信息才应该包含在文档中。

要维护证据链，应维护包含以下信息的详细日志：

- 何时何地（日期和时间）发现证据。
- 识别位置、序列号、型号、主机名、介质访问控制（MAC）地址或 IP 地址等信息。
- 发现、收集、处理或检查证据的每个人的姓名、职务和电话号码。
- 存储 / 保护证据的时间和时间段。
- 如果证据已更改保管，记录转移的方式和时间（包括运输编号等）。

相关人员应在记录中的每个条目上签名并注明日期。

证据的保留

在事件结束后几个月或几年内保留所有证据并不罕见。与事件相关的证据、日志和数据应放在防篡改的容器中，分组存放，并放在访问受限的位置。只有事件调查人员、行政管理人员和法律顾问才能进入存储设施。如果证据移交给执法机关，则应建立所有物品的分项清单，并由执法代表进行核实。执法代表应当在清单上签字并注明日期。

证据需要保留，直到所有法律行动完成。法律诉讼可以是民事、刑事、监管或与人事有关的。证据保留参数应记录在政策中。保留时间表应包括以下类别：内部、民事、刑事、管制、人事相关事件和待定（TBD）。当分类有疑问时，应咨询法律顾问。如果存在组织保留策略，那么应包括表示证据保留计划（如果更长）取代运营或监管保留要求的表示法。

实践中：证据处理和使用策略

概要： 确保根据法律要求处理证据。

策略声明：

❑ 与事件相关的所有证据、日志和数据必须按如下方式处理：

　　○ 必须标记与事件相关的所有证据、日志和数据。

　　○ 与事件相关的所有证据、日志和数据应放置在防篡改容器中，分组存放，并放在访问受限的位置。

❑ 所有证据处理必须记录在监管链上。

❑ 除非法律顾问或执法官员另有指示，否则所有内部数字证据均应按照美国国家司法部司法研究所（2008 年 4 月）出版的"电子犯罪现场调查：第一反应者指南，第 2 版"中所述的程序进行处理。如果不能遵守，则必须注意偏差。

❑ 除非法律顾问或执法官员另有指示，随后的内部取证调查和分析应遵循美国国家司法研究所美国司法部（2004 年 4 月）"数字证据的取证检查：执法指南"中规定的准则。如果不能遵守，必须注意偏差。

❑ 执行管理和 DIH 有权聘请外部专家进行取证证据处理调查和分析。

❑ 除此政策外，只能由法律顾问授权。

数据泄露通知要求

事故管理的一个组成部分是理解、评估和准备遵守通知受影响方的法律责任。大多数州都有某种形式的数据违反通知法。联邦法规，包括但不限于 GLBA、HITECH、FISMA 和 FERPA，都涉及对个人可识别信息的保护。（PII 也称为非公开个人信息，或 NPPI），并可能适用于事故的事件。

数据破坏被广泛定义为导致妥协、未经授权的泄露、未经授权的获取、未经授权的访问、未经授权的使用，或失去对受法律保护的 PI 的控制的事件，包括：

❑ 可用于区分或追踪个人身份的任何信息，例如姓名，社会安全号码，出生日期和地点，母亲的婚前姓名，或生物识别记录。

- 与个人链接或链接的任何其他信息，例如医疗、教育、财务和就业信息。
- 独立的信息通常不被认为是个人身份信息，因为许多人具有相同的特征，例如姓氏、国家、州、邮政编码、年龄（没有出生日期）、性别、种族或工作地点。然而，多条信息（其中没有一条可以被认为是个人可识别的）可以在聚集时特定地识别一个人。

犯罪分子可以利用这些信息制作假身份证件（包括驾照、护照和保险证书），进行欺诈性购买和保险索赔，获得贷款或建立信用额度，申请政府和军事利益。

正如我们将要讨论的，法律在个人被告知的权利、必须被告知的方式以及提供的信息方面的要求各不相同，有时甚至相互冲突。然而，一致的是，不管组织是直接存储和管理数据，还是通过第三方（如云服务提供商）来存储和管理数据，都适用通知要求。

仅供参考：Equifax 数据泄露事件

2017 年 Equifax 的一次大规模数据泄露事件增加了超过 1.45 亿位美国消费者身份被盗窃的风险。

如果你居住在美国并且有信用报告，那么你很可能是那些敏感个人信息暴露的 1.45 亿美国消费者中的一员。Equifax 是美国三大信用报告机构之一。

根据 Equifax 的说法，违规行为从 5 月中旬持续到 7 月。攻击者访问了消费者的姓名、社会安全号码、出生日期、地址以及在某些情况下的驾驶执照号码。他们还窃取了大约 209 000 人的信用卡号码，并为提供了大约 182 000 人的个人识别信息的争议文件。这一违规行为凸显了公开披露违规行为的必要性。

VERIS 社区数据库（VCDB）是一项旨在对公共领域的安全事件进行分类的倡议。VCDB 包含根据创造性公共许可证共享的数千个安全事件的原始数据。你可以下载最新的版本，跟踪最新的更改，甚至可以在 GitHub（http://github.com/v2-Tisk/VCDB）上协助编目和编写事件代码来完善数据库。

是否有联邦违约通知法

简而言之，答案是否定的。消费者信息违规通知要求历来是在州一级确定的。然而，有些联邦法规和条例要求某些受管制的部门（如医疗保健、金融和投资）保护某些类型的个人信息，执行信息安全程序，并提供安全违规通知。此外，联邦部门和机构有义务通过备忘录提供违约通知。退伍军人管理局是唯一有自己的法律管理信息安全和隐私侵犯的机构。

GLBA 金融机构客户信息

GLBA 和 FIL-27-2005 的第 501（b）节关于未经授权访问客户信息和客户通知的响应程序指南要求金融机构在发现未经授权访问客户的事件时向其客户发出通知信息，并在合理调查结束时，确定已发生信息滥用或可能发生的误用。

客户须以清晰明确的方式发出通知。通知应包括以下内容：

- 事件描述。
- 未经授权访问的信息类型。

❑ 机构采取措施保护客户免受未经授权的访问。

❑ 客户可致电寻求信息和协助的电话号码。

❑ 提醒客户在未来 12 至 24 个月内保持警惕并向机构报告可疑的身份盗窃事件。

该指南鼓励金融机构在向大量客户发送通知之前通知全国消费者报告机构，其中包括报告机构的联系信息。

客户通知必须以确保客户能够合理地预期接收客户通知的方式交付。例如，机构可以选择联系受电话、邮件或电子邮件影响的所有客户（那些拥有有效电子邮件地址且已同意以电子方式接收通信的客户）。

当机构发现涉及未经授权访问或使用非公开客户信息的事件时，金融机构必须尽快通知其主要联邦监管机构。根据机构的可疑活动报告（SAR）规定，机构必须及时提交 SAR。在涉及需要立即关注的联邦刑事犯罪的情况下，例如在可报告的违规行为持续时，机构必须立即通知适当的执法机关。有关金融机构相关安全事件的进一步讨论，请参阅第 12 章。

HIPAA / HITECH 个人医疗保健信息（PHI）

HITECH 法案要求被保护实体在发现其不安全的 PHI 已经被违反，或者被合理地认为已经被违反时，通知受影响的个人，即使该违反是通过或由业务伙伴触发的。违规行为被定义为"不允许获取、访问、使用或公开不安全的 PHI……除非被覆盖的实体或业务关联者证明 PHI 被破坏的概率很低"。

通知必须在发现违约后 60 天内采取措施，不得有不合理的延误。如果违反规定影响到一个州或辖区的 500 多人，受保护实体还必须向"知名媒体机构"发出通知。通知必须包括以下信息：

❑ 违约的描述，包括违约日期和发现日期。

❑ 涉及的 PHI 类型（例如全名、SSN、出生日期、家庭地址或账号）。

❑ 个人应采取措施保护自己免受违约行为造成的潜在损害。

❑ 被保险实体正在采取措施调查违约行为，减轻损失，并防止未来违约。

❑ 联系程序使个人提出问题或接收附加信息，包括免费电话号码、电子邮件地址、网站或邮政地址。

被保险单位必须向卫生与公众服务部（HHS）通报所有违规行为。对于涉及 500 多人的违约行为，必须立即向卫生与公众服务部发出通知，并且每年向所有其他违约行为发出通知。被保险实体有责任证明其在违约后履行了具体的通知义务，或者，如果在未经授权使用或披露之后没有发出通知，则该未经授权使用或披露不构成违约。第 13 章将进一步讨论与卫生保健有关的安全事件。

HITECH 法案第 13407 条指示联邦贸易委员会（FTC）发布有关个人健康记录（PHR）暴露或损害的违约通知规则。FTC 将个人健康记录定义为"关于个人的可识别健康信息的电子记录，该信息可以从多个源提取，并由个人管理、共享和控制，或者主要针对个人。"不要将 PHR 和 PHI 混淆。PHI 是由 HIPAA/HITECH 定义的受覆盖实体维护的信息。PHR 是消费者为了自身利益而提供的信息。例如，如果消费者在一个在线位置上上传并存储来自多个源的医疗信息，则聚合的数据将被视为 PHR。在线服务将被认为是 PHR 提供商。

FTC 规则既适用于 PHR 的提供商（提供人们可以用来跟踪其健康信息的在线存储库），

也适用于为 PHR 提供第三方应用程序的实体。关于范围、定时和内容的需求反映了对被覆盖实体施加的需求。执法是联邦贸易委员会的责任。根据法律，不遵守被视为"不公平和欺骗性的贸易行为"。

联邦机构

管理和预算办公室（OMB）备忘录 M-07-16：保护和应对违反个人身份信息的行为要求所有联邦机构实施违规通知政策，以保护纸质和数字 PII。附件 3"外部违规通知"确定了机构在确定何时应在机构外发出通知时应考虑的因素以及通知的性质。加密信息可能不需要通知。每个机构都被指示建立一个代理响应团队。代理商必须评估由违规行为和风险程度造成的可能的伤害风险。机构应在发现违规行为后发出通知而不会无理拖延，但允许延迟执法，国家安全目的或机构需求的通知。附件 3 还包括关于通知内容，确定通知方法的标准以及可能使用的通知类型的细节。附件 4"规则和后果政策"规定，监管人员在发现违规行为或未采取必要措施防止违规行为发生时未能采取适当行动可能会受到纪律处分。后果可能包括根据适用的法律和机构政策谴责、停职、撤职等。

退伍军人管理局

2006 年 5 月 3 日，退伍军人事务部的一位数据分析师带回家一台笔记本电脑和一块外部硬盘，硬盘上装有 2650 万人的未加密信息。这台计算机设备在马里兰州蒙哥马利县的一起分析师住宅被盗事件中被盗。这起入室盗窃案立即被报告给马里兰警方和他在退伍军人事务部的主管。这起盗窃案引发了对潜在大规模身份盗窃的担忧。6 月 29 日，被盗的笔记本电脑和硬盘被身份不明的人上交。这一事件导致国会对退伍军人管理局（VA）提出具体的回应、报告和违反通知要求。

退伍军人事务信息安全法案第 109-461 号第 9 章要求退伍军人管理局实施全机构的信息安全程序，以保护退伍军人的"敏感个人信息"和退伍军人信息系统的安全。P.L.109-461 还要求在 VA 处理或维护的 SPI"数据违反"的情况下，秘书必须确保在发现后，非 VA 实体或 VA 的检查长尽快对数据违反进行独立的风险分析，以确定与数据相关的风险水平，违反任何 SPI 的潜在滥用。基于风险分析，如果秘书确定存在合理风险的潜在误用 SPI，秘书必须提供信用保护服务。

P.L.109-461 还要求 VA 在与要求访问 SPI 的私营部门服务提供商的所有合同中包括数据安全要求。所有涉及使用 SPI 的合同都必须包括禁止披露此类信息，除非披露是合法的并且根据合同明确授权，以及承包商或分包商向秘书通知任何数据违反此类信息的条件。此外，每份合同都必须规定，如果任何 SPI 的数据被违反，承包商应向秘书支付违约金，并且该款项应专门用于提供信用保护服务。

国家违反通知法

50 个州、哥伦比亚特区、关岛、波多黎各和维尔京群岛都颁布了立法，要求私人或政府实体通知个人涉及个人身份信息的安全漏洞。

❑ 加州第一个采用安全漏洞通知法。加利福尼亚州安全违规信息法案（加利福尼亚州民法典第 1798.82 条）于 2003 年 7 月 1 日生效，要求加利福尼亚州的公司或加利福尼亚州的客户在其个人信息可能遭到入侵时通知他们。这项具有开创性的立法为全国各州树立了模范。

❑ MA 章节 93H 马萨诸塞州安全违反通知法，于 2007 年颁布，以及随后的 201 CMR 17，被广泛认为是最全面的国家信息安全立法。

❑ 2011 年对"得克萨斯州违反通知法"进行了修订，要求在该州开展业务的实体向尚未制定违反通知法的州的居民发出数据泄露通知。 2013 年，该条款被删除。此外，2013 年还增加了一项修正案，即向需要通知的州的消费者提供的通知可以遵守得克萨斯州法律或该个人所在州的法律。

国家安全违规法的基本前提是，消费者有权知道未加密的个人信息，如 SSN、驾驶执照号码、国家身份证号码、信用卡或借记卡号码、账户密码、PIN 或访问代码是否已被或被怀疑受到破坏。令人担忧的是，列出的信息可能被欺骗性地用来假设或试图假设一个人的身份。免于立法是公开可获得的信息，这些信息通过联邦、州或地方政府记录，或者通过广泛传播的媒体合法地向公众提供。

国家安全违规通知法一般遵循相同的框架，包括谁必须遵守，个人信息和违规行为的定义，必须发生的损害要素，通知的触发因素，例外情况以及与联邦法律、处罚和执行当局的关系。虽然这个框架是标准的，但是法律不是。这种分歧始于个人信息如何定义以及谁受法律保护的差异，最终导致总罚金从 50 000 美元至 500 000 美元不等。变化如此之多，以至于遵从性是令人困惑和繁重的。

强烈建议任何经历违反或涉嫌违反 PII 行为的组织与法律顾问协商，以解释和适用各种基于部门、联邦和州的事件应对和通知法。

仅供参考：国家安全违规通知法

50 个州、哥伦比亚特区、关岛、波多黎各和维尔京群岛都颁布了法律，要求私人或政府实体通知个人涉及个人身份信息的安全漏洞。

国家立法机构全国会议在 http://www.ncsl.org/research/telecommunications-and-infor-mation-technology/security-breach-notification-laws.aspx 上维护着一个关于国家安全违规通知法和相关立法的公共访问图书馆。

通知是否有效

在上一节中，我们讨论了基于部门、联邦和州的违规通知要求。通知可能是资源密集型的，它耗时且昂贵。需要提出的问题是，这些工作值得吗？ 隐私和安全倡导者、公共关系（PR）专家和消费者响亮地回答"是"。消费者信任那些收集他们个人信息的人来保护信息。当这种情况没有发生时，他们需要知道，这样他们才能采取措施保护自己免受身份盗窃、欺诈和隐私侵犯。

益百利公司委托 Ponemon 研究所对数据泄露通知进行消费者调研。 这些发现很有启发性。 当被问及"你最担心哪些个人数据丢失或被盗？"时，他们压倒性地回复了"密码"和"社会安全号码"。

❑ 85% 的人认为有关数据泄露以及个人信息丢失或被盗的通知与他们相关。

- ❑ 59% 的人认为数据泄露通知意味着他们很有可能成为身份盗窃受害者。
- ❑ 58% 的受访者表示该组织有义务提供身份保护服务，55% 的受访者表示他们应该提供信用监控服务。
- ❑ 72% 的人对通知的处理方式感到失望。令人失望的一个关键原因是受访者认为通知并未增加他们对数据泄露的理解。

仅供参考：安全违规通知网站

新罕布什尔州法律要求组织通知总检察长办公室任何影响新罕布什尔州居民的违规行为。所有通知的副本都发布于总检察长办公室的司法部司法部门网站 https://www.doj.nh.gov/consumer/security-breaches。

实践中：数据泄露报告和通知策略

概要：确保遵守所有适用的法律、法规和合同义务，及时与客户沟通，以及对流程的内部支持。

策略声明：

- ❑ 公司的意图是遵守所有与信息安全有关的法律、法规和合同义务。
- ❑ 行政管理层有权聘请外部专家担任法律顾问，从事危机管理、公关和沟通。
- ❑ 受影响的客户和业务合作伙伴将尽快收到有关个人信息涉嫌或已知泄露的通知。随着更多信息的公布，该公司将提供定期更新。
- ❑ 根据适用法律，法律顾问将与首席执行官合作，确定客户通知的范围和内容。
- ❑ 法律顾问和营销/公关部门将在所有内部和外部通知和沟通方面进行协作。所有出版物必须经行政管理层授权。
- ❑ 客户服务部必须配备适当的人员，以满足对附加信息的预期需求。
- ❑ 首席运营官（COO）是该组织的官方发言人。COO 缺席时法律顾问将担任官方发言人。

公众直面违约行为

保守数据泄露的秘密是很有诱惑力的，但这并不合理。消费者需要知道他们的信息何时处于危险之中，这样他们才能做出相应的反应。通知发出后，请放心，媒体会把这件事提出来。与其他技术相关的话题相比，违规行为吸引了更多的关注，因此记者更倾向于报道这些违规行为，从而为网站引流。如果新闻机构通过第三方渠道了解到这些攻击，而被破坏的组织仍然保持沉默，后果可能会非常严重。各组织必须积极主动地采取公关手段，利用公共信息来消除不准确之处，并从他们的角度讲述故事。这样做可以挽救一个组织的声誉，甚至在某些情况下，在客户和公众的眼中，增强对其品牌的认知。公关专业人士建议，在处理媒体和公众问题时，遵循这些直截了当但严格的规则：

- ❑ 完成它。

❑ 要谦虚。

❑ 别撒谎。

❑ 只说出需要说的内容。

不要等到违规发生时才制定公关准备计划。沟通应该是任何事件准备策略的一部分。安全专家应该与公关人员合作，以确定最坏的可能的破坏场景，以便他们可以针对它发送消息并确定受众目标，包括客户、合作伙伴、员工和媒体。在发生破坏之后，消息传递应该是防弹的和一致的。

培训用户使用强密码，不要点击电子邮件嵌入链接，不要打开未经请求的电子邮件附件，正确识别任何请求信息的人，并报告可疑活动可以显著减少小企业的暴露和危害。

总结

信息安全事件是威胁业务安全和扰乱运营的不利事件。示例包括故意未经授权的访问、DDoS 攻击、恶意软件和不当使用。信息安全风险管理计划的目标是尽量减少成功的尝试和攻击次数。事实上，即使在最有安全意识的组织中，也会发生安全事件。每个组织都应准备好迅速、自信地响应事件，并遵守适用的法律法规。

事件管理的目标是识别和响应与信息安全相关的事件的一致和有效的方法。实现这一目标需要态势感知、事件报告机制、有文件证明的 IRP 以及对法律偏差的理解。事件准备包括制定文件和证据处理，检测和调查（包括取证分析），遏制、根除和恢复，通知和关闭的策略及说明。应明确定义关键人员的角色和职责，包括执行管理人员、法律顾问、事件响应协调员（IRC）、指定的事件处理人员（DIH）、事件响应团队（IRT）以及辅助人员，以及执法和监管机构等外部实体，并进行交流。应持续实践和评估事件响应能力。

消费者有权知道他们的个人数据是否已被泄露。在大多数情况下，必须向有关当局报告数据违规行为，并通知相关方。数据泄露通常被定义为实际或可疑的泄露，未经授权的披露，未经授权的获取，未经授权的访问，未经授权的使用，或失去对受法律保护的 PII 的控制。50 个州、哥伦比亚特区、关岛、波多黎各和维尔京群岛都颁布了立法，要求私人或政府实体通知个人涉及个人身份信息的安全漏洞。除州法律外，还有与报告和通知相关的特定部门和机构的联邦法规。遇到违反或涉嫌违反 PII 的组织应咨询法律顾问，以解释和应用经常重叠且相互矛盾的规则和期望。

事件管理策略包括事件定义策略、事件分类策略、信息响应计划策略、事件响应权限策略、证据处理和使用策略，以及数据泄露报告和通知策略。NIST SP 800-61 详细介绍了事件响应流程的主要阶段。你应该熟悉该出版物，因为它提供了有助于你在安全操作中心（SOC）取得成功的其他信息。

许多组织利用桌面（模拟）练习来进一步测试其功能。这些桌面练习是练习和进行差距分析的机会。此外，这些练习还可以让他们为事件响应创建剧本。开发一个剧本框架使得未来的分析具有模块化性质和可扩展性。

在调查和解决安全事件期间，你可能还需要与外部各方就事件进行沟通。示例包括但不限于联系执法部门，处理媒体查询，寻求外部专业知识，以及与 Internet 服务提供商（ISP）、硬件和软件产品提供商、威胁情报提供商、协调中心及其他事件响应小组成员合作。你还可以与业界同行共享相关的妥协指标 IoC 信息和其他可观察信息。信息共享社区的一个很好的例子包括金融服务信息共享和分析中心（FS-ISAC）。

自测题

选择题

1. 以下哪项陈述最能定义事件管理？
   A. 事件管理是风险最小化　　　　　　　　B. 事件管理是回应和解决问题的一致方法
   C. 事件管理是问题解决　　　　　　　　　D. 事件管理是取证控制

2. 对于与安全相关的事件，下列哪一项陈述是正确的？
   A. 随着时间的推移，与安全相关的事件变得不那么普遍，损害也越来越小
   B. 随着时间的推移，与安全有关的事件变得更加普遍并且更具破坏性
   C. 随着时间的推移，与安全有关的事件变得不那么普遍，而且更具破坏性
   D. 随着时间的推移，与安全有关的事件变得越来越多，破坏性也越来越小

3. 以下哪个 CVSS 评分组表示脆弱性的内在特征，这些特征在一段时间内是不变的，并且不依赖于用户特定的环境？
   A. 时态　　　　　　　B. 基　　　　　　　C. 环境　　　　　　　D. 访问向量

4. 以下哪项旨在通过提供安全漏洞信息、安全意识培训、最佳实践和其他信息来保护其公民？
   A. 国家 CERT　　　　B. PSIRT　　　　　C. ATA　　　　　　　D. 全球 CERT

5. 以下哪一个团队负责处理提供商产品和服务中安全漏洞的调查、解决和披露？
   A. CSIRT　　　　　　B. ICASI　　　　　C. USIRP　　　　　　D. PSIRT

6. 以下哪一个是协调中心的例子？
   A. PSIRT　　　　　　　　　　　　　　　B. FIRST
   C. 软件工程协会（SEI）的 CERT / CC 部门　D. ICASI 的 USIRP

7. 以下哪项是最广泛采用的标准，用于计算给定安全漏洞的严重性？
   A. VSS　　　　　　　B. CVSS　　　　　C. VCSS　　　　　　D. CVSC

8. CVSS 基本分数定义了可衡量漏洞的度量标准，以及衡量对以下哪几个方面的影响的影响度量标准？（选择三项。）
   A. 排斥性　　　　　　B. 不可否认性　　　C. 机密性　　　　　　D. 完整性　　　E. 可用性

9. 关于网络安全事件，以下哪项是正确的？
   A. 削弱业务安全性　　B. 中断运营　　　　C. 影响客户信任　　　D. 以上所有

10. 当与网络安全相关的事件发生在托管或处理受法律保护的数据的业务合作伙伴或提供商时，以下哪项陈述是正确的？
    A. 组织不需要做任何事情　　　　　　　　B. 必须通知组织并做出相应的回应
    C. 组织不负责任　　　　　　　　　　　　D. 组织必须向当地执法部门报告此事件

11. 以下哪项对进一步测试事件响应能力有益？
    A. 网络钓鱼　　　　　B. 法律练习　　　　C. 桌面练习　　　　　D. 夺旗

12. 一位名人被送进医院。如果员工出于好奇而访问名人的病历，则该行为称为_____。
    A. 不恰当的用法　　　B. 未经授权的访问　C. 不可接受的行为　　D. 过度照顾

13. 当员工报告网络安全事件时，以下哪项是正确的？
    A. 准备回应事件　　　B. 赞扬他们的行为　C. 提供赔偿　　　　　D. 以上都不是

14. 事件响应计划中的以下哪一项陈述是正确的？
    A. 应每年更新和授权事件响应计划　　　　B. 应记录事件响应计划
    C. 应对事件响应计划进行压力测试　　　　D. 以上所有

15. 以下哪个术语最能说明将来可能发生事件的信号或警告？

A. 一个标志 　　　　　B. 前体 　　　　　C. 一个指标 　　　　　D. 取证证据

16. 以下哪个术语最能说明采取措施防止事件蔓延的过程?

A. 检测 　　　　　B. 遏制 　　　　　C. 消灭 　　　　　D. 恢复

17. 以下哪个术语最能说明与漏洞利用或妥协以及恢复正常运营相关的漏洞的解决方案?

A. 检测 　　　　　B. 遏制 　　　　　C. 测试 　　　　　D. 恢复

18. 以下哪个术语最能说明消除事件的组成部分?

A. 调查 　　　　　B. 遏制 　　　　　C. 消灭 　　　　　D. 恢复

19. 以下哪个术语最能说明事件可能已经发生或现在可能发生的实质性或确凿证据?

A. 妥协指标 　　　　　B. 取证证明 　　　　　C. 异端 　　　　　D. 勤奋

20. 以下哪项一般不是事件响应团队的责任?

A. 事件影响分析 　　　　　B. 事件通信 　　　　　C. 事件计划审计 　　　　　D. 事件管理

21. 证据移交的文件称为_____。

A. 证据链 　　　　　B. 监管链 　　　　　C. 指挥链 　　　　　D. 调查链

22. 数据泄露通知法涉及以下哪项?

A. 知识产权 　　　　　B. 专利 　　　　　C. PII 　　　　　D. 产品

23. HIPAA / HITECH 要求在发现违规行为后 60 天内_____。

A. 发送通知给受影响的各方 　　　　　B. 发送通知给执法部门

C. 发送通知至卫生和公共服务部 　　　　　D. 发送通知给所有员工

练习题

练习 11.1：评估事件报告

1. 在你的学校或工作场所，找到信息安全事件报告指南。

2. 评估过程。报告事件是否容易? 你是否被鼓励这样做?

3. 你将如何改进流程?

练习 11.2：评估事件响应策略

1. 在学校，工作场所或在线查找事件响应策略文档。该策略是否明确规定了事件的标准?

2. 策略是否定义了角色和责任? 如果是，请描述响应结构（例如，谁负责，谁应该调查事件，谁可以与媒体交谈）。如果没有，该策略缺少哪些信息?

3. 该策略是否包含通知要求? 如果是，引用了哪些法律以及为什么? 如果不是，应该引用哪些法律?

练习 11.3：研究遏制和根除

1. 研究并识别最新的恶意软件。

2. 选择一个。查找遏制和根除说明。

3. 传统的风险管理智慧是，更换硬盘驱动器比尝试移除恶意软件更好。你同意吗? 请说明原因。

练习 11.4：研究 DDoS 攻击

1. 查找有关 DDoS 攻击的最新新闻文章。

2. 谁是攻击者，他们的动机是什么?

3. 攻击的影响是什么? 受害者组织应采取哪些措施来减轻未来的损害?

练习 11.5：理解证据处理

1. 创建一个工作表，调查员可以使用该工作表来构建事件配置文件。

2. 创建可用于法律诉讼的证据监管链。

3. 创建记录取证或基于计算机的调查的日志。

项目题

项目 11.1：创建事件意识

培训和提高意识计划的关键信息之一是事件报告的重要性。教育用户识别和报告可疑行为是对潜在入侵者的有力威慑。你所工作的组织将以下事件归类为高优先级，需要立即报告：

- ❑ 存在风险或妥协风险的客户数据
- ❑ 出于任何目的未经授权使用系统
- ❑ DoS 攻击
- ❑ 未经授权下载软件、音乐或视频
- ❑ 缺少设备
- ❑ 设施中的可疑人员

你的任务是培训所有用户识别这些类型的事件。

1. 简要说明为什么每个列出的事件都被视为高优先级。每个事件至少包含一个示例。
2. 创建一个演示文稿，可用于培训员工识别这些事件以及如何报告这些事件。
3. 创建一个包含十个问题的测验，测试用户对知识的掌握情况。

项目 11.2：评估安全违规通知

访问新罕布什尔州、司法部、司法部长办公室安全漏洞通知网页。按年度对通知进行排序。

1. 阅读最近向司法部长提交的三封通知函以及将发送给消费者的相应通知（请务必滚动查看该文件）。写下每个事件的摘要和时间表。
2. 选择一个研究事件。查找相应的新闻文章、新闻稿等。
3. 将客户通知摘要和时间表与你的研究进行比较。在你看来，通知是否足够？它包含所有相关细节吗？公司应该采取哪些控制措施来防止这种情况再次发生？

项目 11.3：比较和对比法规要求

该项目的目标是比较和对比违规通知要求。

1. 创建一个表格，其中包括州、法规、个人信息的定义、违规的定义、报告违规的时间范围、报告机构、通知要求、豁免和不合格的处罚。使用来自五个州的信息填写表格。
2. 如果在所有五个州开展业务的公司都遭遇数据泄露，那么它是否能够为所有五个州的消费者使用相同的通知信？请说明原因。
3. 使用你认为是表格中包含的五项法律的最佳元素，创建单一的通知法。准备好捍卫自己的选择。

案例研究：网络犯罪事件响应中的练习

网络犯罪事件响应练习是提高组织意识的最有效方法之一。此网络犯罪事件响应练习旨在模仿多日事件。参与者面临的挑战是找到线索，找出要做的事情，并作为一个团队协同工作，以尽量减少影响。请记住以下几点：

- ❑ 虽然是虚构的，但练习中使用的场景基于实际事件。
- ❑ 与实际事件一样，可能存在"未知数"，可能需要做出一些假设。
- ❑ 该场景将以一系列情境小插图呈现。
- ❑ 每天结束时，系统会要求你回答一组问题。在继续之前应回答问题。
- ❑ 在第 2 天结束时，系统会要求你创建报告。

本案例研究旨在成为一个团队项目。你需要与班级中的至少一名成员一起完成练习。

背景

BestBank 自豪地庆祝其成立十周年，全年举办特别活动。去年，BestBank 开始实施一项为期五年的战略计划，以扩大其影响范围并向市政当局和武装服务人员提供服务。该计划的一部分是收购美国军方银行。合并后的实体将被称为 USBEST。新实体将主要由 BestBank 人员组成。

USBEST 正在维持美国军方银行与国防部的长期合同，为现役和退役军人提供金融和保险服务。主要交付渠道是通过品牌网站。现役和退役军人可以通过访问 www.bankformilitary.org 直接访问该站点。USBEST 还在其主页上添加了一个链接。bankformilitary.org 网站由位于中西部的私营公司 HostSecure 托管。

USBEST 的第一个营销活动是"我们感恩"促销，包括特殊的军事存款证（CD）费率以及折扣保险计划。

角色扮演：

❑ Sam Smith，市场营销副总裁

❑ Robyn White，存款业务和网上银行经理

❑ Sue Jones，IT 经理

❑ Cindy Hall，存款业务文员

❑ Joe Bench，首席运营官

第 1 天

星期三上午 7 点

营销活动从 Facebook 和 Twitter 上的帖子开始，以及向两家机构的所有现任成员发送电子邮件，宣布收购和"我们感恩"推广。所有通信都鼓励现役和退役军人访问 www.bankformilitary.org 网站。

星期三上午 10 点

IT 向市场营销副总裁 Sam Smith 发送电子邮件，报告他们已收到警告，表明 http://www.bankformilitary.org 有大量网络流量。Smith 很高兴。

周三上午 / 下午早些时候

到了上午晚些时侯，USBEST 接待员开始接到有关访问 bankformilitary.org 网站的问题的电话。午饭后，电话升级；呼叫者对网站上的某些内容感到愤怒。根据程序，她告知呼叫者，相关人员将尽快给他们回电，并将消息转发至 Sam Smith 的语音信箱。

周三下午 3 点 45 分

Sam Smith 回到他的办公室并检索他的语音信息。史密斯打开浏览器前往 bankformilitary.org。令他恐惧的是，他发现"我们很感恩"已被改为"我们很讨厌"，并且"USBEST 将向军人家庭收取所有服务的费用"。

Sam 立即前往 Robyn White 的办公室。Robyn 的部门负责在线服务，包括 bankformilitary.org 网站，她有行政访问权限。他被告知 Robyn 正在远程工作并且她有电子邮件访问权限。Sam 打电话给 Robyn，但却被转至语音信箱。Sam 给她发了一封电子邮件，要求她尽快回电！

　　然后 Sam 联系了该银行的 IT 经理 Sue Jones。Sue 致电 HostSecure 获取访问该网站的帮助。HostSecure 几乎没有提供帮助。他们声称他们所做的只是主持，而不是管理网站。Sue 坚持与"负责人"交谈。在多次转移和搁置后，她与 HostSecure 安全官交谈，后者告知她，经过适当的授权，他们可以关闭网站。Sue 询问谁在授权名单上。HostSecure 安全官告诉她，提供该信息会破坏安全性。

星期三下午 4 点 40 分

　　Sue Jones 找到了 Robyn White 的手机号码，并打电话给她讨论正在发生的事情。Robyn 因没有迅速回应 Sam 的邮件而道歉；她错过了儿子的足球比赛。Robyn 告诉 Sue 她今早从 HostSecure 收到一封电子邮件，告知她需要将她的管理密码更新为更安全的版本。该电子邮件中包含指向更改密码表单的链接。她很高兴得知他们正在更新他们的密码要求。Robyn 报告说她点击了链接，按照说明（包括验证她当前的密码），并将她的密码更改为安全、熟悉的密码。她还将电子邮件转发给存款业务文员 Cindy Hall，并要求她更新密码。Sue 要求 Robyn 登录 bankformilitary.org 编辑主页。Robyn 遵守并使用她的新凭据登录。登录屏幕返回"密码错误"报错。她用她的旧证书登录；它们也没有起作用。

星期三下午 4 点 55 分

　　Sue Jones 呼叫 HostSecure，但无人接听。等了五分钟后，她挂断电话再次拨打。这次她收到的消息是，正常营业时间是美东时间早上 8 点到下午 5 点。该消息表明，对于紧急服务，客户应拨打其服务合同上的号码。Sue 没有合同副本。她打电话给会计和财务部经理，看看他们是否有副本。但该部门都已下班离开了。

星期三下午 5 点 10 分

　　Sue 让 Smith 知道她直到早上才能做更多事情。Sam 决定更新 Facebook 和 USBEST 网站主页，宣布发生了什么事，让公众放心，银行正在尽一切努力并诚恳道歉。

第 1 天问题：

1. 你怀疑发生了什么或将要发生什么？
2. （如果有的话）应该采取什么行动？
3. 应该联系谁，应该告诉他们什么？
4. 从当天的活动中可以吸取哪些教训？

第 2 天

星期四上午 7 点 30 分

　　Cindy Hall 当天的首要任务是登录 bankformilitary.org 管理门户网站，检索前一晚交易活动的报告。看到如此多的 Bill Pay 交易，她感到很惊讶。经过仔细检查，资金似乎都将转到同一个账户，午夜刚过他们便开始操作。她假设零售商必须拥有午夜特价，并想知道它是什么。然后，她打开 Outlook，看到 Robyn 转发的有关更改密码的电子邮件。她继续这样做。

星期四上午 8 点

　　客户服务在上午 8 点开始。他们立即开始接听来自军人的电话，报告欺诈性的账单支付交易。CSR 经理致电存款业务部门的 Cindy Hall 报告问题。Cindy 访问 bankfor-military.org 管理门户网站以获取更多信息，但发现她无法登录。她认为她必须错误地记下她的新密码。当她进来时，她会要求 Robyn 重置密码。

周四上午 8 点 30 分

Robyn 来上班，并插上笔记本电脑。

星期四上午 9 点

Sam Smith 终于找到了 HostSecure 的某个人，他同意与他合作删除有问题的文本。他如释重负，并通知首席运营官 Joe Bench。

星期四上午 10 点 10 分

参加每周高级管理层会议时，Smith 迟到了 10 分钟。他明显动摇了。他将 iPad 连接到视频投影仪，并在屏幕上显示一个描述污损的匿名博客，列出了 bankformilitary.org 管理门户的 URL，管理账户的用户名和密码以及会员账户信息。他向下滚动到下一个博客条目，其中包括私人内部银行通信。

第 2 天问题：

1. 你怀疑发生了什么或将要发生什么？

2. 应该通知组织外部的哪些人？

3. 应采取哪些措施来控制事件并将影响降至最低？

4. 遏制之后应该做些什么？

5. 从当天的活动中可以吸取哪些教训？

第 2 天报告

现在是上午 11 点。董事会紧急会议已于下午 3 点 30 分召开。你的任务是为董事会准备一份书面报告，其中包括事件概要，详细说明会议开始前的响应工作，并建议下一步的时间表。

第 2 天：下午 3 点 30 分向董事会介绍

1. 向董事会提交书面报告。

2. 准备好讨论后续步骤。

3. 准备好讨论执法介入（如适用）。

4. 准备好讨论消费者通知义务（如适用）。

参考资料

引用的条例

"Data Breach Response: A Guide for Business," Federal Trade Commission, accessed 04/2018, https://www.ftc.gov/tips-advice/business-center/guidance/data-breach-response-guide-business.

"Appendix B to Part 364—Interagency Guidelines Establishing Information Security Standards," accessed 04/2018, https://www.fdic.gov/regulations/laws/rules/2000-8660.html.

"201 CMR 17.00: Standards for the Protection of Personal Information of Residents of the

Commonwealth," official website of the Office of Consumer Affairs & Business Regulation (OCABR), accessed 04/2018, www.mass.gov/ocabr/docs/idtheft/201cmr1700reg.pdf.

"Family Educational Rights and Privacy Act (FERPA)," official website of the U.S. Department of Education, accessed 04/2018, https://www2.ed.gov/policy/gen/guid/fpco/ferpa/index.html.

"Financial Institution Letter (FIL-27-2005), Final Guidance on Response Programs for Unauthorized Access to Customer Information and Customer Notice," accessed 04/2018, https://www.fdic.gov/news/news/financial/2005/fil2705.html.

"HIPAA Security Rule," official website of the Department of Health and Human Services, accessed 04/2018, https://www.hhs.gov/hipaa/for-professionals/security/index.html.

"Office of Management and Budget Memorandum M-07-16 Safeguarding Against and Responding to the Breach of Personally Identifiable Information," accessed 04/2018, https://www.whitehouse.gov/OMB/memoranda/fy2007/m07-16.pdf.

其他参考资料

"The Vocabulary for Event Recording and Incident Sharing (VERIS)", accessed 04/2018, http://veriscommunity.net/veris-overview.html.

"Chain of Custody and Evidentiary Issues," eLaw Exchange, accessed 04/2018, www.elawexchange.com.

"Complying with the FTC's Health Breach Notification Rule," FTC Bureau of Consumer Protection, accessed 04/2018, https://www.ftc.gov/tips-advice/business-center/guidance/complying-ftcs-health-breach-notification-rule.

"Student Privacy," U.S. Department of Education, accessed 04/2018, https://studentprivacy.ed.gov/.

"Forensic Examination of Digital Evidence: A Guide for Law Enforcement," U.S. Department of Justice, National Institute of Justice, accessed 04/2018, https://www.nij.gov/publications/pages/publication-detail.aspx?ncjnumber=199408.

"VERIS Community Database, accessed 04/2018, http://veriscommunity.net/vcdb.html.

Mandia, Kevin, and Chris Prosise, *Incident Response: Investigating Computer Crime*, Berkeley, California: Osborne/McGraw-Hill, 2001.

Nolan, Richard, "First Responders Guide to Computer Forensics," 2005, Carnegie Mellon University Software Engineering Institute.

"United States Computer Emergency Readiness Team," US-CERT, accessed 04/2018, https://www.us-cert.gov.

"CERT Division of the Software Engineering Institute (SEI)," accessed 04/2018, https://cert.org.

Forum of Incident Response and Security Teams (FIRST), accessed 04/2018, https://first.org.

"The Common Vulnerability Scoring System: Specification Document," accessed 04/2018, https://first.org/cvss/specification-document.

010101010101001101010010
010101010101001101010010
010101010101001101010010
010101010101001101010010

第12章 业务连续性管理

ISO 27002:2013 的第 17 节是"业务连续性管理"。业务连续性管理领域的目标是确保在正常运行环境损坏期间业务可以继续运行和可以安全提供基本服务。为了支持这一目标，需要评估威胁情景，确定基本服务和流程，并开发、测试和维护响应、应急、恢复和重建策略、计划和程序。业务连续性是组织风险管理的一个组成部分。

我们从 2001 年 9 月 11 日的事件、卡特里娜飓风、2013 年波士顿爆炸案以及飓风玛丽亚在波多黎各造成的灾难中吸取了宝贵的教训。做准备和制定商业连续性计划不仅仅是保护企业资产；从长远来看，还保护员工及其家人、投资者、商业伙伴和社区。业务连续性计划实质上是一项公民义务。

仅供参考：ISO / IEC 27002:2013 和 NIST 指南

ISO 27002:2013 的第 17 节侧重于在正常运行环境损坏期间的业务可用性和基本服务的安全提供。ISO 22301 提供了一个框架，用于规划、建立、实施、操作、监控、评价、维护和持续改进业务连续性管理系统（BCMS）。

以下文件中提供了相应的 NIST 指南：

❑ SP 800-34："信息技术系统应急计划指南，修订版 1"

❑ SP 800-53："联邦信息系统和组织的安全和隐私控制，修订版 5"

❑ SP 800-84："信息技术计划和能力的测试、培训和锻炼计划指南"

应急准备

灾难是导致环境受损或遭到破坏、造成生命损失或发生剧烈变化的事件。在业务环境中，灾难是一种无计划的事件，有可能会破坏任务关键型服务和功能的交付，危及员工、客户或业务合作伙伴的福利，或造成重大财务损失。从安全角度来看，灾难将自身视为对系统可用性、机密性或完整性控制的持续损坏。原因可能是环境事件、操作问题、事故或故意伤害，如图 12-1 所示。

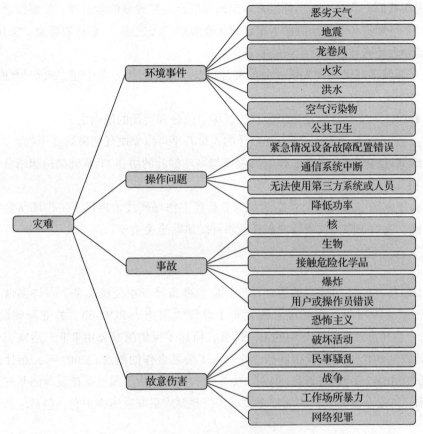

图 12-1　灾难及其原因

在世界范围内，几乎每天都发生重大灾难，据联邦紧急事务管理局（FEMA）称，过去 10 年来美国平均每周都发生一场灾难。DHS 已经确定了 15 个灾害情景的影响，这些情景造成的影响可能需要几天（爆炸物）、数周（食物污染）、数月（大流行病、强飓风），甚至数年（核爆炸、大地震）才能消失。

在灾难发生前做准备才可以在生与死、成功与失败之间做出选择，但大多数企业没有做好准备。广告委员会的一项调查发现，近三分之二（62%）的受访者没有为其业务制定应急计划。当灾难不可避免地发生时，如果没有计划，那成功应对和恢复的可能性就会很小。保险信息研究所报告称，受自然灾害或人为灾害影响的企业中，高达 40% 的企业从未重新开业。

应急准备的目标是保护生命和财产。灾难是无计划的但不应该是意料之外的。组织的准备程度取决于许多因素，包括风险承受能力、财务实力、监管要求和对利益相关者的影响。我们可以肯定的是，完全依赖保险和灾后政府援助是短视的，在某些情况下是疏忽大意的表现。

弹性组织

弹性组织能够快速适应已知或未知的环境变化并恢复。弹性不会自己产生，它需要管理层的支持、投资、规划和多层准备。Gartner 在 9·11 事件后的研究报告"组织弹性的五项原则"中提醒我们"自 9·11 事件以来，组织弹性已经呈现新的紧迫性。能够快速、果断和有效地应对不可预见和不可预测的力量已成为企业的当务之急。"它将领导力、文化、人员、系统和环境列为敏捷和适应性组织的基石。

- ❑ 在企业领导层确定优先级、分配资源以及承诺在整个企业中建立组织弹性后，弹性才会产生。
- ❑ 富有弹性的文化建立在组织授权、目标、信任和责任的原则之上。
- ❑ 经过适当选择、激励、装备和领导的人员几乎可以克服任何障碍或干扰。
- ❑ 组织通过将高度分散的工作场所模型与高度健壮的协作 IT 基础架构相结合实现敏捷性和灵活性。
- ❑ 办公室酒店、远程办公和桌面共享等替代工作场所技术提供了工作场所敏捷性和灵活性，这对于降低灾难性或破坏性事件的风险至关重要。

法规要求

业务中断具有经济和社会的连锁反应。应急准备是一项公民义务，在许多情况下，是一项监管要求。1998 年，克林顿总统发布了总统决策指令 PDD-63，关键基础设施保护。PDD-63 是一系列行政部门指导中的第一部分，概述了保护国家公用事业、运输、金融和其他重要基础设施的作用、责任和目标，并引入了公私合作的概念。2003 年，布什总统颁布了总统指令 HSPD-7 关键基础设施识别、优先级和保护，指定国家基础设施的某些部门对美国的国家和经济安全及其公民的福祉至关重要，并要求采取措施保护它，包括应急响应和连续性措施。

国会也认识到了这个问题，并在关键部门监管立法中纳入了应急准备。健康保险可携带性及责任性法案（HIPAA）应急计划标准 164.308(a)(7) 要求承保实体"建立（并根据需要实施）应对紧急情况或其他事件的策略和程序（例如，火灾、故意破坏、系统故障和自然灾害）。损害包含受电子保护的健康信息的系统。"该标准包括数据备份，灾难恢复和紧急模式操作计划的实施规范。Gramm-Leach-Bliley 保障法案要求金融机构"识别可合理预见的内部和外部威胁，这些威胁可能导致未经授权的披露、滥用、更改或破坏客户信息或客户信息系统"，并"采取措施保护反对由于潜在的环境危害（例如火灾和水灾或技术故障）导致的客户信息遭到破坏、丢失或损坏。"联邦能源管理委员会（FERC）已针对公用事业公司颁布了类似的法律，核能管理委员会（NERC）为核电站颁布了类似的法律，联邦通信委员会（FCC）为电信运营商颁布了类似法律，食品药品管理局（FDA）为制药公司颁布了类似法律。

2012 年 10 月，美国国土安全部发布了联邦连续性指令 1。该指令规定"联邦行政部门组织，无论其规模或地点如何，均应拥有可行的连续性能力，以确保其组织在所有条件下的基本功能的弹性和持续表现。"该指令中包括重述政府在创建公私合作中的作用，以创造和维持"连续性"。

2012 年 5 月，NIST 发布了特殊出版物 800-34，R1：联邦信息系统应急计划指南，为联邦机构提供指导。该指南适用于公共和私营部门的业务连续性计划。

> **实践中：应急准备策略**
>
> **概要：** 展示该组织对电子应急准备和业务连续性的承诺。
>
> **策略声明：**
>
> ❏ 确保员工和客户安全的电子应急准备和业务连续性策略，使公司能够在正常运行条件下执行基本功能，保护组织资产并满足法规要求，这是组织的优先事项。
> ❏ 该公司将指定必要的资源来开发和维护电子应急准备和业务连续性计划和程序。

业务连续性风险管理

连续性计划只是确保基本功能执行的良好业务实践。连续性计划是组织风险管理的一个组成部分。第 4 章将风险管理定义为识别、分析、评估和沟通风险，以及接受、避免、转移或控制风险到可接受水平的过程，同时考虑到相关的成本和收益所采取的任何行动。运营连续性的风险管理要求组织识别威胁（威胁评估），确定风险（风险评估），并评估关键任务或基本服务中断（业务影响评估）的内部和外部影响。预期的两个结果是：（1）识别和（如果可行的话）减轻重大威胁；（2）基本服务的记录。然后，此信息用于构建响应、连续性和恢复操作。

业务连续性威胁评估

业务连续性威胁最好被定义为对组织的潜在危险。威胁可以是针对特定业务的、本地的、区域的、国家的，甚至是全球性的。业务连续性的目标威胁评估是识别可行的威胁并预测发生的可能性。威胁建模考虑了历史和预测的地理位置、技术、物理、环境、第三方和行业因素，如下所示：

❏ 社区或此地点发生了哪些类型的灾难？
❏ 由于地理位置的原因会发生什么？
❏ 什么可能导致流程或信息系统失败？
❏ 哪些威胁与服务提供商依赖性有关？
❏ 设施或校园的设计或建设可能带来哪些灾难？
❏ 工业部门有哪些危害？

根据发生的可能性和无法控制的潜在影响对已识别的威胁进行评级。评级越高，威胁越大。这种方法面临的挑战是意外事件。可悲的是，正如我们在 9·11 事件中所看到的那样，威胁并不总是可预测的。表 12-1 列出了考虑历史事件的威胁评估。

表 12-1　历史事件威胁评估

威胁类别	威胁	描述	可能产生的影响等级1~5 [5= 最大]	影响等级1~5 [5= 最大]	影响描述	固有的风险 (L*I)
环境	大火	大火吞噬了 15 000 英亩土地，大约在总部西北 50 英里处	4	5	校园火灾	20 高
服务提供商的依赖	互联网连接中断	发生了多次 ISP 停机或极端延迟	4	5	外部邮件、VPN连接和基于云的应用程序中断	20 高
服务提供商的依赖	局部暂时限制用电	夏季气温和相应的空调使用始终导致短暂的低功率时段	3	5	功率波动有可能损坏设备	15 中
位置	洪水	16 号高速公路每年都会发生洪水泛滥	5	2	校园不受影响；然而，交付和人员可能受影响	10 低

业务连续性风险评估

业务连续性威胁评估确定了与组织最可能和重要的业务连续性相关的威胁。业务连续性风险评估评估控制的充分性，以防止威胁发生或最小化其影响。结果是与每种威胁相关的剩余风险。剩余风险等级为管理层提供了在当前条件下实施威胁时所发生情况的准确描述。

在最佳情况下，剩余风险在组织容忍范围内。如果剩余风险不在容忍范围内，组织必须决定采取措施降低风险等级，批准风险或分担风险。表 12-2 说明了野火特定威胁的风险评估考虑因素。所使用的实际过程和计算应反映组织风险评估方法。

表 12-2　野火风险评估示例

威胁	区域野火导致人员疏散和潜在破坏
固有风险	高（由威胁评估确定）
控制评估	
物理控制	校园周围的火灾护堤 与当地公司签订合同，每季度清除 1000 英尺范围内的易燃灌木、树叶、枯枝和树枝
建筑控制	防火结构 带消防部门（FD）通知的传感器警报 整个建筑内的火灾和烟雾传感器和洒水喷头 整个建筑内的消防安全地图 点燃的紧急出口 建筑物附近没有存放外部易燃物质
数据中心控制	通过 FD 通知传感器警报 清洁剂灭火系统 细水雾系统
人员控制	疏散计划 消防演习每季度进行一次

（续）

技术控制	辅助数据中心距离主校区 300 英里 近期数据复制 辅助数据中心可以支持 200 个并发远程用户
财务控制	火灾和危险保险政策 业务中断保险单
控制评估令人满意	令人满意
识别出漏洞	燃气发电机 气体燃烧是可燃的
剩余风险	提升
降低风险的建议	用柴油发电机代替燃气发电机

降低风险等级要求组织实施其他控制和保护措施或修改现有控制措施和安全措施。一般来说，阻止、检测和（或）减少破坏及影响的预防或减轻控制优于应急程序或恢复活动。随着新技术的出现，应重新评估预防性控制并修改恢复策略。虚拟化作为预防性控制的广泛采用是技术创新如何影响业务连续性计划的一个很好的例子。

批准风险意味着组织愿意承担风险等级，即使它不在可接受的范围内。正如第 4 章所述，批准高风险或严重风险等级是执行层面的决策。该决定可能基于成本、市场条件、外部压力，或发挥赔率的意愿。

风险分担是指风险（和后果）在两方或多方之间分配。例如外包和保险。

业务影响评估

业务影响评估（BIA）的目标是确定基本服务 / 流程和恢复时间框架。在业务连续性计划中，必要意味着服务 / 流程的缺失或中断会对组织、员工、业务合作伙伴、成员、社区或国家造成重大、不可恢复或不可挽回的损害。

BIA 过程中的参与者经常错误地将重要等同于必要。有许多非常重要的组织活动，例如营销、招聘和审计，可以在灾难情况下暂停，而不会影响组织的可行性，危及选民或违反法律。另一方面，有一些平凡的服务，例如维护 ATM 自动提款机，这可能对地区灾难至关重要。关键是要关注灾难发生后数小时和数天所需的服务。

业务影响分析是一个多步骤协作活动，应包括业务流程所有者、利益相关者和公司官员。这个多步骤协作活动如图 12-2 所示。

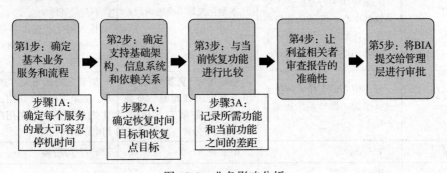

图 12-2　业务影响分析

如前面的步骤所述，BIA 流程包含三个指标：

❑ 最大容许停机时间（MTD）是基本业务功能不可用而不会对业务造成重大损害的总时间长度。

❑ 恢复时间目标（RTO）是在对其他系统资源或业务流程产生不可接受的影响之前系统资源不可用的最长时间。

❑ 恢复点目标（RPO）表示在中断或系统中断之前可以恢复数据的时间点（即可接受的数据丢失）。

在一个完美的世界中，每个基本系统都是冗余的，或者可以立即或接近恢复。实际上，没有任何组织拥有无限的财务资源。MTD、RTO 和 RPO 可用于确定最佳恢复投资和辅助计划。

业务影响分析的结果是优先级的服务矩阵，所需的基础架构，信息系统和每个服务的依赖关系，恢复目标，能力评估以及当前和期望状态之间的差异。然后，执行管理层使用此信息做出投资决策，并指导灾难恢复和业务应急计划和程序的开发。假设组织将"客户沟通"评为必要的业务流程或服务，表 12-3 说明了 BIA 的组件。

表 12-3　业务影响评估：客户沟通

基本业务流程或服务：客户沟通			
交付渠道	呼叫中心	网站	电子邮件
所需基础设施	语音电路 广域网功率	互联网接入	互联网接入 广域网功率
所需设备 / 信息系统	IP 电话系统 呼叫中心系统	外部托管	电子邮件系统，包括邮件应用服务器和网关过滤器 验证服务器
第三方依赖	电信语音电路	网络托管公司 互联网服务提供商（ISP）	DNS 传播
最大容忍停机时间（MTD）	1 分钟	需要在 60 分钟内更新网站	60 分钟
恢复时间目标（RTO）	即时	30 分钟	45 分钟
恢复点目标（RPO）	12 小时的历史数据	网站内容 24 小时	无可接受的数据丢失
当前能力	所有呼叫都将自动重新路由到辅助数据中心 冗余呼叫中心系统位于辅助数据中心。可以从备份中恢复统计数据。数据每 4 小时复制一次	本地化灾难不会影响网站	冗余完全复制的电子邮件基础架构位于辅助数据中心。假设访问辅助数据中心，外部电子邮件不会受到影响 传入的电子邮件将延迟大约 15 分钟，这是更新 MX 记录所需的时间
确定的问题 / 失败点	呼叫中心的工作人员位于主要位置。搬迁至少需要 8 小时	管理访问（更新所需）仅限于特定的 IP 地址。更新访问列表是第三方功能。SLA 是 30 分钟	如果主校区可用，则影响很小。如果主校区不可用，则只有具有远程访问功能的用户才能使用电子邮件
能力增量	755 分钟	0	超过 30 分钟
数据丢失增量	0	0	0

实践中：业务影响评估

　　概要：要求并分配年度 BIA 的责任。

　　策略声明：

- 首席运营官负责安排企业范围内的年度 BIA。系统所有者参与是必需的。
- BIA 将确定基本服务和流程。Essential 定义为满足以下一个或多个条件：
  - 法律，法规或合同义务要求。
  - 中断将对公共安全构成威胁。
  - 中断会对员工的健康和福利产生影响。
  - 中断会对客户或业务合作伙伴造成无法弥补的伤害。
  - 中断将导致重大或不可恢复的财务损失。
- 对于每个基本服务或流程，将记录最大容许停机时间（MTD）。MTD 是在不对业务造成重大损害的情况下，基本功能或流程无法使用的总时间长度。
- 对于每个基本服务或流程，将确定支持基础架构、设备／信息系统和依赖关系。
- 记录支持基础架构和设备／信息系统的恢复时间目标（RTO）和恢复点目标（RPO）。
- 确定当前的能力和能力 delta。必须向董事会报告使组织面临风险的偏差。
- 首席运营官、首席信息官和业务连续性团队共同负责将 BIA 结果与业务连续性计划保持一致。

业务连续性计划

　　业务连续性计划的目标是确保组织有能力响应灾难情况并从中恢复。响应计划侧重于初始和近期响应，包括权限、计划激活、通知、通信、撤离、重新安置、与公共机构的协调以及安全等要素。应急计划侧重于即时、近期和短期的替代劳动力和业务流程。恢复计划侧重于信息系统，基础设施和设施的即时、近期和短期恢复。重建计划指导组织恢复正常。总之，该计划被称为业务连续性计划（BCP）或运营计划的连续性（COOP）。该学科被称为业务连续性管理。

实践中：业务连续性计划策略

　　概要：要求组织制定业务连续性计划。

　　策略声明：

- 公司的业务连续性策略将记录在业务连续性计划中。该计划将包括与紧急准备、灾难准备、响应、应急操作、恢复、重建、培训、测试及计划维护相关的计划、程序和辅助文件。

角色和责任

如果我们认为业务连续性管理的目标是保持业务，则必须在整个组织中分配责任。业务连续性管理涉及整个组织，从批准策略的董事会成员到仔细遵循相关程序的员工。根据组织的规模和复杂程度以及灾害的性质，公共健康和安全人员、保险代表、法律顾问、服务提供商和政府机构等第三方都可以发挥作用。业务连续性职责可以分为治理、运营管理和战术活动。

治理

治理是一个持续的过程，在这个过程中，各种目标、竞争利益和一系列想法得到评估，最终制定并支持具有约束力的决策。董事会（或同等机构）有责任提供监督和指导，授权与业务连续性管理相关的政策，并对组织的行为负法律责任。

预计执行管理层将提供领导力，展示承诺，分配预算，并将资源用于 BCP 的开发和持续保养。在紧急情况下，他们宣布灾难，激活计划并支持业务连续性团队。

运营管理

灾难发生时，快速动员对于减轻损失至关重要。必须有指定、有权迅速采取行动的领导层。这是业务连续性团队（BCT）的主要角色，该团队由董事会授权，有权制定与灾难准备、响应和恢复相关的决策。BCT 成员应代表组织的一个横截面，包括高级管理、物理安全、IT、HR、营销/通信、信息安全和业务单位。总之，该团队负责所有相关计划的开发、维护、测试和更新。BCT 可以创建子团队并分配职责。由于 BCT 将在不可预测的情况下运行，因此应该训练副指挥人员并准备好担任其职务。在执行管理层宣布灾难并激活计划后，BCT 负责评估损害，管理响应、通信、连续性和恢复活动，并向执行管理层提供状态更新。它还负责提供恢复和响应工作的灾后评估。

战术活动

战术责任分布在整个企业中。根据组织的规模，这些职责中的一些可以合并。不幸的是，经常会遇到一些组织将 IT 部门视为业务连续性流程的所有者，并希望 IT 部门"处理好它"。尽管 IT 部门确实是一个重要的参与者，但正如下面的列表所示，业务连续性管理组织责任。

❑ IT 部门负责设计和支持弹性系统以及灾难情况下的信息和信息系统的恢复。

❑ 部门经理负责确定部门的运营需求，以及创建和维护职能部门的应急程序。

❑ 人力资源部门负责与人员的沟通和福利，并提供与紧急情况相关的服务和协助。

营销或沟通部门负责制作和发布官方声明，与媒体沟通以及管理内部沟通，包括更新。

❑ 采购部门负责方便地订购必要的物资和设备。

❑ 培训部门负责提供与业务连续性相关的培训和辅助材料。

❑ 内部审计部门审核 BCP 和程序，并将其调查结果报告给执行管理层。审计满足职责分离和监督的最佳实践要求。

实践中：业务连续性管理策略

概要： 分配业务连续性管理职责。

策略声明：

❑ 董事会负责授权业务连续性计划。对业务连续性计划的引用包括与灾难准备、响应、应急操作、恢复、重建、培训、测试及计划维护相关的计划、程序和辅助文档。必须及时向董事会通报业务连续性战略的任何重大变化。

❑ 首席运营官或指定人员负责业务连续性战略和计划的制定、维护和管理。

❑ 首席财务官将在年度运营预算中包括业务连续性费用。

❑ 信息技术办公室负责设计和支持弹性系统以及灾害情况下的信息和信息系统的恢复。

❑ 高级管理人员负责确定其部门的运营需求，以及创建和维护职能部门的应急程序。

❑ 首席运营官将任命业务连续性团队主席。主席将任命业务连续性团队的成员。该团队必须包括关键职能领域的代表，包括但不限于运营、通信、财务、IT、信息安全、物理安全和设施管理。团队成员负责指定备份以在缺席时提供服务。

❑ 业务连续性团队职责包括积极参与业务连续性准备、响应、恢复和重建活动。业务连续性团队可自行决定创建子团队并分配职责。

❑ 总裁 / 首席执行官有权宣布紧急情况，激活计划，并联系 / 组建业务连续性团队。在总裁 / 首席执行官缺席的情况下，首席运营官有权宣布紧急情况，激活计划，并联系 / 组建业务连续性团队。在 COO 缺席的情况下，CFO 有权宣布紧急情况，激活计划，并联系 / 组建业务连续性团队。如果以上都没有列出，业务连续性小组主席与董事会主席协商后，有权宣布紧急情况，激活计划，并联系 / 组建业务连续性团队。

❑ 业务连续性团队将成为应急响应和恢复期间的权威机构。除法规要求董事会特别批准或符合任何政府指令外，官员和员工将继续在团队领导的指导下开展公司事务。

仅供参考：业务连续性管理教育和认证

DRI 国际（最初叫作国际灾难恢复研究所）是一个非营利组织，其使命是让世界做好准备。作为业务连续性和灾难恢复计划的全球教育和认证机构，DRI 国际树立了专业标准。全球有超过 11 000 名活跃的认证专业人员。连续专业认证包括助理业务连续性专业人士（ABCP），认证的功能连续性专业人士（CFCP），认证业务连续性专业人士（CBCP）和主业务连续性专业人员（MBCP）。此外，专业人士可以选择专攻审计，公共部门或医疗保健。请访问 www.drii.org 了解更多信息。

灾难响应计划

灾难发生后的最初时刻会发生什么，既有直接影响，也有值得注意的涟漪效应。灾难响应可能是混乱的或有序的。这些方案之间的差异是既定的程序和责任。回想小学时代。希望你在学校里从没经历过火灾。但如果你经历过，很可能每个人都知道如何在火灾时安全疏散。为什么？教师和工作人员有具体的任务。制定了疏散路线。教导学生不要惊慌，排队跟随领队疏散，并聚集在特定的位置。通过定期安排的消防演习加强了所有程序和角色。同样，为灾难做好准备的组织也能够专注于三个即时响应目标：

1. 保护员工、客户、急救人员和广大公众的健康和安全。

2. 最大限度地减少对财产和环境的破坏。

3. 评估情况并确定后续步骤。

响应计划应定义组织结构，角色和职责，指定的命令和控制，通信和备用工作站点。与灾害响应计划相辅相成的是场所应急响应计划和紧急人员安全程序。该计划是单独保留的，因为它可能用于非灾难情况。

组织结构

有序的回应需要有纪律的领导和承认谁负责。首先，每个人都有义务遵循急救人员和公共安全官员的指示。董事会批准的政策应赋予公司官员或执行管理层权力，以宣布紧急情况并激活计划。在灾难情况下，组织结构和指挥系统可能受到伤害、死亡、旅行限制或个人情况的影响。重要的是要有一个明确定义的董事会批准的继任计划。

对于与响应、连续性和恢复工作相关的决策，BCT通常是权威机构。由于这偏离了正常的运营条件，因此执行管理层公开支持BCT的权威以及员工知道谁在负责至关重要的。

指挥和控制中心

在宣布灾难并激活BCP后，所有BCT成员都应向指定的指挥和控制中心报告。主要和备用指挥和控制中心（有时称为"作战室"）是配备用于支持BCT工作的预定位置。会议室、培训室，甚至大型办公室都可以迅速转变为指挥和控制中心。命令和控制中心最初用于指导操作，然后可以用作会议中心，直到恢复正常的业务操作。至少，指挥和控制中心应预先准备BCP手册、桌、椅、白板、电话、电涌条和移动设备电源线。如果可用（并且可操作），则配备语音和视频会议设备用于促进通信。所有BCT成员都应该有位置、密钥和访问代码的说明。

通信

灾难可能在几乎没有预警或根本没有预警的情况下发生。快速提醒员工、服务提供商和急救人员的能力的重要性不容小觑。每个组织都应制定一个场所应急响应计划（OEP），该计划描述了在人员健康和安全受到威胁或事故时的疏散和就地避难程序。此类事件包括火灾，炸弹威胁，化学品释放，工作场所的家庭暴力或医疗紧急情况。OEP与BCP不同，通常由人力资源部门或设施管理部门维护。

业务连续性响应计划必须为内部和外部通信分配责任，并包括使用各种通信渠道的说明。为防止误传，应指定一名通信联络员和发言人。所有公开声明都应由BCT授权。应指示员工将所有媒体请求和问题转发给指定的发言人，不得发表评论（公开或私下）。社交媒体的广泛使用是福也是祸。社交媒体可用于快速传播信息和错误信息。特别是在不断变化的情况下，员工可能没有掌握所有事实或可能无意中泄露了机密信息；我们强烈建议不要在个人社交媒体账户上发布有关该事件的任何信息。

搬迁策略

在自然、环境或物理灾难的情况下，可能需要重新部署关键的业务功能。搬迁策略需要考虑交付和运营业务功能。交付功能为客户提供服务或产品。一个例子是银行或客户呼叫中心的柜员机。运营业务功能提供组织的核心基础架构。它们包括会计、营销、人力资源、办公服务、安全和 IT。考虑重新安置所有员工可能不切实际。搬迁计划应考虑基本服务，空间，公用事业和环境需求，运输和物流的人员配备水平。电信静音（包括移动设备访问）可以最大限度地减少人员搬迁要求。备用运营地点的选项包括热站点、暖站点、冷站点和移动站点。替代站点可能是自有的，租赁的甚至借用的。具有多个操作站点的组织可能能够将工作负载重定向到未受灾难情况影响的位置。

❑ 热站点是一个完全可操作且准备进入的位置；它配置了冗余的硬件、软件和通信功能。数据已实时或接近时间复制到热门站点。图 12-3 显示了热站点的示例。

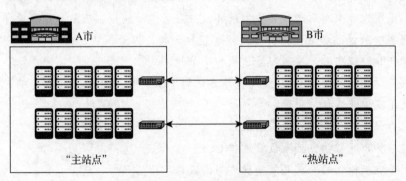

数据实时或接近时间复制到热站点

图 12-3 热站点示例

❑ 暖站点是一个环境友好的工作空间，部分配备了信息系统和电信设备，以支持重新安置的操作。位于暖站点的计算机和设备需要配置并联机。数据需要恢复。图 12-4 显示了一个暖站点的示例。

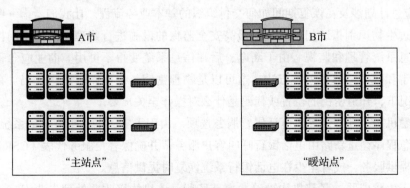

位于暖站点的计算机和设备需要配置并联机，数据需要恢复

图 12-4 暖站点示例

❑ 冷站点是具有电源，HVAC 和安全访问的备份设施。没有分级设备。

❑ 移动站点是独立单元。这些单元由第三方提供，通常配备所需的硬件、软件和外围设备。数据需要恢复。

❑ 镜像站点完全冗余，从生产站点进行实时复制。镜像站点可以假定处理几乎没有中断。

❑ 互惠站点基于协议，可以访问 / 使用其他组织的设施。

除了之前的选项之外，还可以将业务外包到服务机构或将业务外包给第三方。

实践中：紧急响应计划策略

概要： 确保组织准备好应对紧急情况。

策略声明：

❑ 首席运营官负责制定和维护应急响应计划。应急响应计划是企业业务连续性计划的一个组成部分。

❑ 应急响应计划的目标是保护员工、客户、急救人员和广大公众的健康和安全，最大限度地减少对财产和环境的破坏，并启动运动响应、应急和恢复操作。

❑ 应急响应计划必须至少处理组织警报和通知，灾难声明，内部和外部通信渠道，指挥和控制中心，重新安置选项和决策权。

❑ 响应计划的辅助是 OEP 和危机沟通计划（CCP）。两个计划可以与响应计划结合使用或由响应计划引用。

❑ 人力资源办公室负责维护 OEP。

❑ 通信和市场营销办公室负责维护 CCP。

❑ 负责响应操作的人员必须接受适当的培训。

❑ 响应计划和程序必须根据业务连续性团队制定的计划进行审核。

❑ 响应程序必须按照业务连续性团队制定的计划进行测试。

运营应急计划

运营应急计划涉及在恢复期间如何交付组织的基本业务流程。让我们考虑一些例子：

❑ 通过生物识别指纹门禁系统对最高安全监狱的设施进行物理访问。访问控制系统由信息系统管理和监视。由于断电，后端信息系统变得不可用。商业应急程序将解决锁定和解锁门的另一种方法。这可以是物理密钥，也可以是访问代码。在任何一种情况下，知道密钥的位置或代码是什么对操作至关重要。

❑ 金融机构为其客户提供电话银行服务选项。由于火灾，电话银行电话系统无法运行。应急程序会重新路由电话银行呼叫客户服务，并确保客户服务代表（CSR）可以为客户提供服务，或者至少在电话银行系统恢复时提供信息。

❑ 由于生化威胁，联邦机构被迫撤离其场所。该机构接收并处理失业索赔。其最关键的任务是根据索赔制作失业检查。失业的个人依赖于及时收到这些付款。业务应急程序解决了接受和处理索赔以及打印和分发支票的替代方法。程序可能包括通过电话通知收件人延迟付款，根据前一周的索赔估算付款，或与其他机构协调处理和邮政服务。

业务应急计划和程序是在部门一级制定的。它们是业务流程所有者的责任。

操作应急程序

操作应急文件应遵循与标准操作程序相同的形式。与标准操作程序一样，操作应急操作程序是可能需要使用每个人都能理解的指令。应该尽可能简单地编写它们。最好使用简明语言，以便读者能够轻松理解程序。第 8 章介绍了编写过程文档的四种格式：简单步骤、分层、图形和流程图。建议使用相同格式编写操作应急操作程序。

实践中：运营应急计划策略

概要：确保组织可以在恢复期间继续提供基本服务。

策略声明：

❏ 业务流程所有者负责制定和维护运营应急计划。运营应急计划是企业业务连续性计划的一个组成部分。

❏ 运营应急计划必须包括在恢复运营期间根据业务影响评估确定的提供基本服务的战略和程序。

❏ 所需的程序细节数量应足以使熟悉服务或流程的合格人员执行备用操作。

❏ 外部系统依赖性和相关合同协议必须反映在应急计划中。

❏ 负责应急工作的人员必须接受适当的培训。

❏ 必须根据业务连续性小组制定的时间表审核应急计划和程序。

❏ 必须根据业务连续性小组制定的时间表测试应急程序。

灾难恢复阶段

在灾难恢复阶段，组织开始恢复或更换受损的基础架构、信息系统和设施。恢复活动的范围从即时故障转移到冗余系统，再到采购设备、恢复数据和可能重建设施的更长的过程。无论采用何种策略，都必须对程序进行记录和测试。恢复操作的优先级应与业务影响分析的结果一致。

制定恢复计划和程序可能是一项艰巨的任务。经证实的成功方法是将计划分解为类别并在运营级别分配职责，例如主框架、网络、通信、基础设施和其他设施。

❏ 大型机恢复特定于恢复大型计算机（或等效功能）和相应的数据处理。

❏ 网络恢复特定于信息系统（服务器、工作站、移动设备、应用程序、数据存储和支持实用程序），并包括功能和数据的恢复。

❏ 通信恢复包括内部和外部传输系统，包括局域网（LAN）、广域网（WAN）、数据电路（T1、T3、MPLS）和 Internet 连接。此类别中包括连接设备，如交换机、路由器、防火墙和 IDS。

❑ 基础架构恢复包括提供一般操作环境的系统，包括环境和物理控制。

❑ 设施恢复解决了重建、翻新，或重新安置实体工厂的需求。

业务影响分析确定的关键性和优先级为选择适当的战略和投资水平提供了框架。

恢复程序

灾难不是解决如何恢复或恢复系统的时候，也不是确定库存或搜索提供商联系人的时候。所有这些项目都需要事先解决，并记录在恢复程序和辅助文件中。恢复过程可能非常技术性。这些程序应该以合乎逻辑的顺序解释需要完成的工作，需要在哪完成，以及如何完成。程序可以参考其他文件。表 12-4 说明了 Active Directory 领域控制器的恢复过程。

表 12-4　Active Directory 领域控制器恢复过程

Active Directory 领域控制器恢复	
支持电话号码	思科支持：800-553-2447 Microsoft 技术支持 　定期支持：888-888-9999 　关键业务：888-888-7777
普通信息	Active Directory 领域控制器提供身份验证、DNS 和 DHCP 服务。如果领域控制器出现故障，其余领域控制器将能够对用户账户进行身份验证，提供 DNS 解析并分配动态地址。注意：用户可能会注意到服务质量下降
配置信息	有四个 Windows Server 领域控制器： 　两个位于机架 7G 中的数据中心。 　一个位于 A 楼数据柜架。它是顶部的第二个设备。一个位于 B 楼数据柜架。它是顶级的第四个设备。 　有五个特定于服务器的 FSMO 角色：架构主机、领域命名主机、PDC 模拟器、RID 主机和基础架构主机。 　用于服务器分配的 Reference/recovery/server_roles.xls。 　有关 FMSO 角色的更多信息，请参阅 http://support.microsoft.com/kb/324801
恢复或重建指令	1. 如果领域控制器出现故障，则必须从 Active Directory 中删除其对象和属性，并且必须将其保留的任何 FSMO 角色转移到另一个领域控制器。按照 http://support 中的步骤操作。microsoft.com/kb/216498 删除数据。 2. 从 Active Directory 中删除失败的领域控制器后，可以构建替换。可以使用虚拟机（VM）来替换（物理）服务器。 从模板创建克隆的 VM。 为其分配失败的领域控制器的主机名和静态 IP 地址。 修补新服务器并安装防病毒软件。 从运行命令，键入 DCPROMO 以将成员服务器提升为 DC。 3. 接受默认设置并按照提示完成促销。 4. 为区域传输配置 DNS 并设置转发器。 DNS 配置指令参见 Reference/recovery:/DNS_recovery_procedures。 5. 配置 DHCP 范围信息并恢复分配。DHCP 配置指令参见 Reference/recovery:DHCP_recovery_procedures

灾难恢复的关键是能够使用经过验证、维护和测试的程序进行响应。应每年都评价所有恢复程序。规划恢复是系统开发生命周期（SDLC）过程的一个组成部分。

服务提供商依赖关系

恢复计划通常依赖于提供商提供服务、设备、设施和人员。这种依赖应反映在合同服务协议中。服务级别协议（SLA）应指定提供商必须响应的速度，保证可用的替换设备的类型和数量，人员和设施可用性以及在涉及多个提供商客户的重大灾难事件中组织的状态。应在程序中引用服务协议以及联系信息，协议编号和授权要求。服务提供商依赖性应包含在年度测试中。

实践中：灾难恢复计划策略

概要：确保组织可以恢复在灾难期间损坏的基础架构、系统和设施。

策略声明：

❑ 信息技术办公室和设施管理办公室负责各自的灾难恢复计划。灾难恢复计划是企业业务连续性计划的一个组成部分。

❑ 灾难恢复计划必须包括业务影响评估确定的系统和设施的恢复策略和过程。

❑ 恢复计划的修改必须得到首席运营官的批准。

❑ 所需的程序细节数量应足以使熟悉环境的合格人员能够执行恢复操作。

❑ 外部系统依赖性和相关合同协议必须反映在恢复计划中。

❑ 负责恢复操作的人员必须接受适当的培训。

❑ 必须根据业务连续性小组制定的时间表审核恢复计划和程序。

❑ 恢复程序必须按照业务连续性团队规定的时间表进行测试。

重建阶段

重建阶段的目标是过渡到正常运营。这一阶段有两个主要活动：成功恢复和停用 BCP 的验证。

验证是验证恢复的系统是否正常运行以及数据完整性是否已得到确认的过程。验证应该是每个恢复过程的最后一步。

停用是组织不再在紧急或灾难模式下运行的官方通知。此时，BCT 放弃权限，恢复正常的操作程序。在尘埃落定之后，BCT 应记录一份带有经验教训的行动后报告。应根据 BCT 的结果和建议对 BCP 进行评价和修订。

计划测试和维护

BCP 应保持准备状态，包括让受过培训的人员履行其在计划中的角色和职责，制定计划以验证其内容，并对系统和系统组件进行测试以确保其可操作性。NIST SP 800-84：信息技术计划和能力测试，培训和锻炼计划指南提供设计、开发、实施和评估测试，培训和锻炼（TT & E）事件的指南，以便组织可以提高它们的准备能力用于，响应、管理和从不良事件中恢复。

为什么测试很重要

很难夸大测试的重要性。在测试之前，计划和程序纯粹是理论上的。测试计划的目标是确保计划和程序在不利条件下准确、相关和可操作。与证明成功同样重要的是发现不足之处。发现你的计划不完整，过时或完全错误的最糟糕时刻正处于灾难之中。测试程序的范围和复杂性应与功能或系统的关键性相称。在测试之前，应制定测试计划，详细说明测试目标、测试类型、成功标准和参与者。

除了正在测试的程序外，还应审核 BCP。至少应每年进行一次测试练习和审核。两者的结果应提供给董事会。

测试方法

有三种测试方法：桌面练习、功能练习和全面测试。

桌面练习可以作为结构化评论或模拟进行：

- 结构化审核侧重于特定程序或一组程序。每个职能领域的代表参与系统的程序演练，目的是验证准确性和完整性。结构化评审也可以用作培训练习，目的是熟悉。
- 桌面模拟侧重于参与者准备情况。辅导员提出一个场景，并询问练习参与者与场景相关的问题，包括要做出的决定，使用的程序、角色、责任、时间范围和期望。桌面练习仅基于讨论，不涉及部署设备或其他资源。

功能练习允许人员验证计划、程序、资源可用性和参与准备情况。功能练习是由场景驱动的，范围有限，例如关键业务功能失败或特定危险场景。功能练习可以在并行或生产环境中进行。

全面测试以企业级的方式进行。根据一个特定的场景，业务的运行就像宣布了灾难一样。正常操作被暂停。实施恢复和应急计划和程序。全面的测试可能是昂贵和危险的。然而，这是对计划和程序最准确的检验。

审计

业务连续性计划审计是对如何管理整个业务连续性计划的评估。这包括策略、治理、评估、文档、测试和维护。审核由独立于响应，应急或恢复工作的人员进行。审核员将查看组织 BCP 流程的质量和有效性，并确定测试计划是否足够。至少，你可以预期他们会询问以下问题：

- 是否有书面的业务连续性策略和计划？
- 业务连续性策略和计划是否已获得董事会批准？
- 多久评价或重新授权？
- BIA 多久进行一次？通过谁？
- 谁在 BCT？
- 他们接受过哪些培训？
- 用户社区有哪些培训？
- 是否有书面测试计划？
- 计划多久测试一次？
- 结果是否记录在案？
- 如果涉及第三方，测试 / 验证其程序的过程是什么？
- 谁负责维护计划？

与所有考试和审核一样，必须保持独立性。检查员和审计员不得与相关策略、计划、程序、培训或测试的管理或维护相关联。

计划维护

BCP 必须与组织和人事变动保持同步。每年至少应重新审视角色和职责，包括 BCT 成员资格，进行 BIA，评估恢复和应急计划。除了年度审核之外，由于监管要求、技术和威胁形势的变化，BCP 可能需要更新。

仅供参考：监管期望

了解审计期望的最佳方式是了解审计工作文件。幸运的是，最好的工作文件之一是公共的。联邦金融机构检查委员会（FFIEC）负责制定和发布指南和审计工作文件，供金融机构监管机构的现场检查员使用。这些资源可在 FFIEC 的 IT 手册信息库中找到。这些手册可向公众开放，可从 FFIEC 网站 www.ffiec.gov 下载。

另一个例子是欧洲网络和信息安全局（ENISA）IT 连续性网站和底层资源。其主要目标是"促进风险评估和风险管理方法，以提高处理网络和信息安全威胁的能力"[ENISA 监管]。更多相关信息，请访问 ENISA 的网站 https://www.enisa.europa.eu/。

实践中：业务连续性测试和维护策略

概要：编纂测试和维护要求和责任。

策略声明：

- ❑ 对业务连续性计划的引用包括与灾难准备、响应、应急操作、恢复、重建、培训、测试和计划维护相关的计划、程序和辅助文档。
- ❑ 首席运营官或指定人员负责业务连续性计划的维护。
- ❑ 首席运营官或指定人员将对业务连续性计划进行年度评价。
- ❑ 业务连续性团队负责发布年度测试计划并管理测试计划。首席运营官将向董事会报告结果。
- ❑ 内部审计的任务是管理和选择一家独立公司，对业务连续性计划进行年度审计。独立审计公司将结果报告给董事会或指定委员会。

仅供参考：小企业说明

灾难对小型企业尤其具有破坏性，但很少有人为此做好准备。根据联邦紧急事务管理局（FEMA）前执行董事 David Paulison 的说法，"没有计划的小企业通常在灾难发生后无法生存，无论是洪水还是龙卷风。我们看到，那些受到打击的人中有 40%～60% 的人根本不会再做生意。"

为了应对缺乏准备，小企业管理局（SBA）提供了一些一般准备资源和具体的灾害信息，旨在帮助小企业界并支持经济复苏。

> 一般准备资源包括识别关键业务系统工作表，创建准备程序模板以及构建业务灾难准备工具包的说明。
>
> 具体的灾害信息包括飓风、冬季天气、地震、龙卷风、野火、洪水和网络安全。
>
> 可以在以下站点访问资源：https://www.sba.gov/business-guide/manage/prepare-emergencies-disaster-assistance。

总结

灾难是导致环境受损或遭到破坏、造成生命损失或发生剧烈变化的事件。在灾难发生前做准备才可以在生与死、成功与失败之间做出选择。准备是对被视为对国家安全至关重要的行业部门的监管要求。不投入面对破坏所需的时间和精力是疏忽的表现，后果严重。

弹性组织能够快速适应已知或未知的环境变化并恢复。业务连续性计划的目标是确保组织能够响应灾难情况并从中恢复。响应计划侧重于初始和近期响应，包括权限、计划激活、通知、通信、疏散、重新安置、与公共机构的协调以及安全等要素。持续性计划侧重于即时、近期和短期的替代劳动力和业务流程。恢复计划侧重于信息系统、基础设施和设施的即时、近期和短期恢复。重建计划指导组织恢复正常。总地来说，这被称为业务连续性计划（BCP）或作为运营计划的连续性（COOP）。该学科被称为业务连续性管理。

开发 BCP 的前提是评估威胁环境和组织风险，并确定基本业务服务和流程。业务连续性威胁评估可识别可行的威胁并预测威胁发生的可能性。威胁建模考虑了历史和预测的地理、技术、物理、环境、第三方和行业因素。

业务连续性风险评估评估控制的充分性，以防止威胁发生或最小化其影响。业务影响评估（BIA）确定基本服务 / 流程和恢复时间框架。在 BCP 中，必要意味着服务 / 流程的缺失或中断会对组织、员工、业务合作伙伴、成员、社区或国家造成重大、不可恢复或不可挽回的损害。BIA 流程使用三个优先级指标：最大容许停机时间（MTD）、恢复时间目标（RTO）和恢复点目标（RPO）。MTD 是在不对业务造成重大损害的情况下，基本业务功能不可用的总时间长度。RTO 是系统资源在对其他系统资源或业务流程产生不可接受的影响之前可用的最长时间。RPO 代表在中断或系统中断之前可以恢复数据的时间点；换句话说，可接受的数据丢失。

业务连续性管理是一种分散的责任。董事会或组织最终负责确保组织已做好准备。执行管理层有责任确保评估威胁，确认对业务流程的影响以及分配的资源。他们还负责宣布灾难并激活 BCP。由执行管理层任命的 BCT 预计将管理准备工作并成为宣布灾难的权威机构。

BCP 应保持在准备状态，包括让受过培训的人员履行其在计划中的角色和职责，制定计划以验证其内容，以及对系统和系统组件进行测试和审核，以确保其可操作性。整个计划应按计划进行评价。它应该每年由董事会或组织机构重新授权。

业务连续性管理政策包括应急准备，业务影响评估，业务连续性管理，应急响应计划，运营应急计划，灾难恢复计划以及业务连续性测试和维护。

自测题

选择题

1. 以下哪个术语最能说明业务连续性的主要目标?
   A. 保证　　　　　　　　B. 可用性　　　　　　　　C. 会计　　　　　　　　D. 认证

2. 以下哪项陈述最能说明灾难?
   A. 灾难是一项计划活动　　　　　　　　B. 灾难是一个孤立的事件
   C. 灾难是对正常业务功能的重大破坏　　D. 灾难是管理结构的变化

3. 洪水、火灾和风是哪种威胁的例子?
   A. 恶意行为　　　　　　B. 环境　　　　　　　　C. 后勤　　　　　　　　D. 技术

4. 以下哪个术语最能说明识别可行威胁和发生可能性的过程?
   A. 风险评估　　　　　　B. 威胁评估　　　　　　C. 可能性评估　　　　　D. 影响评估

5. 以下哪个术语最能说明评估控制措施是否充分的过程?
   A. 风险评估　　　　　　B. 威胁评估　　　　　　C. 可能性评估　　　　　D. 影响评估

6. 以下哪项陈述最能说明 BIA 的结果?
   A. BIA 生成 RTO
   B. BIA 就基本流程和服务达成组织协议
   C. BIA 确定了当前和期望的恢复能力之间的差距
   D. 以上所有

7. 业务功能或流程无法使用的可接受时间长度称为_____。
   A. 最大不可用性(MU)　　　　　　　　B. 总可接受时间(TAT)
   C. 最大容许停机时间(MTD)　　　　　　D. 恢复时间目标(RTO)

8. 恢复点目标(RPO)代表_____。
   A. 可接受的数据丢失　　　　　　　　　B. 可接受的处理时间损失
   C. 可接受的停机时间　　　　　　　　　D. 以上都不是

9. 恢复时间目标涉及以下哪项?
   A. 访客系统无法使用的最长时间　　　　B. 系统资源不可用的最长时间
   C. 系统资源不可用的最短时间　　　　　D. 以上都没有

10. 以下哪些计划包含在 BCP 中?
    A. 重建计划　　　　　　B. 响应计划　　　　　　C. 临时计划　　　　　　D. 以上所有

11. _____分配组织准备的法律和监管责任_____。
    A. BCT　　　　　　　　B. 监管机构　　　　　　C. 董事会或等效组织　　D. 服务提供商

12. 宣布紧急情况并启动计划的权力归属于_____。
    A. BCT　　　　　　　　B. 执行管理　　　　　　C. 董事会或等效组织　　D. 服务提供商

13. 以下哪些计划包括疏散和入境手续?
    A. 消防演习计划　　　　B. 乘员应急预案　　　　C. 业务应急计划　　　　D. FEMA 指令

14. _____站点是备用设施,具有电源、HVAC 和安全访问。
    A. 热　　　　　　　　　B. 冷　　　　　　　　　C. 互惠　　　　　　　　D. 镜像

15. _____是独立单位。这些单元由第三方提供,通常配备所需的硬件、软件和外围设备。需要恢复数据。
    A. 移动站点　　　　　　B. 热站点　　　　　　　C. 冷站点　　　　　　　D. 镜像站点

16. _____站点通过生产站点实时复制,站点完全冗余。
    A. 镜像　　　　　　　　B. 热　　　　　　　　　C. 冷　　　　　　　　　D. 互惠

17. _____站点基于协议，可以访问 / 使用其他组织的设施。

A. 镜像　　　　　　　　B. 热　　　　　　　　C. 冷　　　　　　　　D. 互惠

练习题

练习 12.1：评估威胁

1. 根据历史事件，确定校园或工作场所的三种环境或地点威胁。

2. 选择三种威胁中的一种并记录过去 20 年中威胁发生的频率。

3. 描述在预测未来五年内再次发生的可能性时要考虑的因素。

练习 12.2：分析场所应急响应计划

1. 为你的校园或工作场所定位一份场所应急响应计划（请注意，它可能采用不同的名称，例如疏散计划）。如果找不到，请使用 Internet 从其他学校或组织中找到一个。

2. 该计划最后一次更新的时间？

3. 总结该计划的关键组成部分。在你看来，该计划是否提供了充分的指示？

练习 12.3：评估场所应急响应计划的培训和测试

1. 为你的校园或工作场所制定一份场所应急响应计划（请注意，它可能采用不同的名称，例如疏散计划）。如果找不到，请使用 Internet 从其他学校或组织中找到一个。如果你已完成练习 12.2，则可以使用相同的计划。

2. 你会建议使用哪种类型的练习来测试场所应急响应计划？

3. 你建议进行哪种类型的培训来训练相关人员？

4. 如果你正在审核场所应急响应计划，你会问什么问题？

练习 12.4：研究替代处理站点

1. 许多公司专门提供热站点解决方案。找到至少三家提供此服务的公司。

2. 创建矩阵比较和对比选项，例如技术支持、可用带宽、流量重定向、托管安全性和数据中心功能（如电源和连接以及地理位置）。

3. 推荐其中一个网站。准备好解释你的建议。

练习 12.5：研究联邦紧急事务管理局

1. 描述企业在线提供的 FEMA 资源，以帮助他们为灾难做好准备。

2. 在线向家庭描述 FEMA 资源，帮助他们为灾害做好准备。

3. 什么是 FEMA 团队？

练习 12.6：研究欧洲，加拿大和任何其他国家的类似机构或计划

1. 描述和比较非美国的计划和资源，以帮助企业准备和应对灾难。

2. 它们与 FEMA 有何相似之处？

项目题

项目 12.1：评估业务连续性中断

金融机构的服务中断会影响其客户和内部运营。

1. 这里列出的是银行服务的各种中断。为每个事件分配 1～5 的评级（1 是最低，5 是最高），最能代表对你（作为客户）的影响，并提供解释。独立考虑每个事件。

A. ATM 系统不可用，分行开放。

B. 最近的当地分行关闭，其他分行开放。

C. 网络银行不可用，分行开放。

D. 核心处理系统不可用，存款已接受，提款少于 100 美元，其他账户信息不可用。

E. 分行之间的通信能力中断，柜员在离线模式下工作。

2. 这里列出的银行服务中断也是如此。为每个事件分配 1～5 的评级（1 是最低，5 是最高），最能代表从财务、运营、法律或监管角度对银行的影响，并提供解释。独立考虑每个事件。

A. ATM 系统不可用，分行开放。

B. 最近的当地分行关闭，其他分行开放。

C. 网络银行不可用，分行开放。

D. 核心处理系统不可用，存款已接受，提款少于 100 美元，其他账户信息不可用。

E. 分行之间的通信能力中断，柜员在离线模式下工作。

3. 描述业务连续性规划者应如何协调对业务及其客户的影响差异。

项目 12.2：评估业务连续性计划

该项目的目标是评估你的学校或雇主的 BCP。你需要获得学校或雇主的 BCP 副本（可称为灾难响应计划）。如果找不到副本，请使用网络从另一所学校或组织中找到一个副本。

1. 识别与准备、响应、应急操作、恢复、重建、测试和维护相关的部分。有什么遗漏？

2. 识别计划中引用的角色和职责。

3. 在清晰度和易用性方面批准该计划。

项目 12.3：评估云对业务连续性的影响

基础设施即服务（IaaS）和平台即服务（PaaS）正在改变组织设计其技术环境的方式。

1. IaaS 和 PaaS 如何影响业务连续性计划？

2. 任何云服务提供商（如 Google、亚马逊、Rackspace、Savvis）是否经历过任何可能影响其客户的重大中断？

3. 假设一个组织使用云提供商的服务来提供业务连续性服务，请解释他们可以 / 应该进行的响应、恢复和连续性测试的类型。

案例研究：社交媒体在灾难中的作用

飓风玛丽亚被认为是波多黎各有史以来最严重的自然灾害之一。社交媒体帮助家人和朋友团聚，组织捐赠活动等。

1. 记录在飓风玛丽亚之后社交媒体如何被用作紧急通信工具。

2. 企业在灾难情况下是否应将社交媒体用作通信工具？分析利弊。

3. 大学是否应该采用社交媒体来应对灾难？分析利弊。

参考资料

引用的条例

"16 CFR Part 314: Standards for Safeguarding Customer Information; Final Rule, Federal Register," accessed 06/2018, https://www.gpo.gov/fdsys/pkg/CFR-2016-title16-vol1/xml/CFR-2016-title16-vol1-part314.xml.

"HIPAA Security Rule," official website of the Department of Health and Human Services, accessed 06/2018, https://www.hhs.gov/hipaa/for-professionals/security/index.html.

引用的行政命令

"Federal Continuity Directives (FCD) 1 and 2," accessed 06/2018, https://www.fema.gov/guidance-directives.

"Presidential Decision Directive 63, Critical Infrastructure Protection," official website of the Government Printing Office, accessed 06/2018, https://www.gpo.gov/fdsys/granule/FR-1998-08-05/98-20865.

"Presidential Directive HSPD-7, Critical Infrastructure Identification, Prioritization, and Protection," official website of the Department of Homeland Security, accessed 06/2018, https://www.dhs.gov/homeland-security-presidential-directive-7.

其他参考资料

Bell, Michael, "The Five Principles of Organizational Resilience," Gartner Group, January 7, 2002, accessed 06/2018, https://www.gartner.com/id=351410.

"Hurricane Maria News, Graphics, and Social Media", accessed 06/2018, https://www.fema.gov/disaster/updates/hurricane-maria-news-graphics-and-social-media.

"Puerto Ricans Organize on Social Media to Send Aid Back Home," accessed 06/2018, www.nola.com/hurricane/index.ssf/2017/09/puerto_rico_help_new_orleans_m.html.

"Business Testimonials: Aeneas," FEMA Ready, accessed 06/2018, https://www.ready.gov/business/business-testimonials.

"Emergency Preparedness," official website of the SBA, accessed 06/2018, https://www.sba.gov/business-guide/manage/prepare-emergencies-disaster-assistance.

第13章 金融机构的监管合规性

银行、信用合作社和贷款机构等金融服务机构提供一系列解决方案和金融工具。你可能认为钱是它们最宝贵的资产，实则不然，客户和交易信息才是他们业务的核心。金融资产是物质的，可以被替换。保护客户信息对于建立和维护金融机构与其服务的社区之间的信任是必要的。更具体地说，机构有责任保护个人消费者的隐私并保护他们免受伤害，包括欺诈和身份盗用。更广义地看，金融行业负责维护国家的金融服务关键基础设施。

本章探讨适用于金融部门的不同法规示例，重点关注以下法规：

❑ Gramm-Leach-Bliley 法案（GLBA）第 5 篇第 501 (b) 节和相应的机构间指南

❑ 联邦金融机构检查委员会（FFIEC）

❑ 联邦贸易委员会（FTC）保障法案和金融机构信函（FIL）

❑ 纽约金融服务部网络安全法规（23 NYCRR Part 500）

必须遵守 NYCRR 和 GLBA 等法规。不合规会受到严厉处罚，包括被迫停止运营。在检查各种法规时，我们将研究检查员如何评估合规性。在本章结束时我们还将讨论最重要的财务安全问题——个人和企业身份盗窃，以及解决这一日益严重问题的法规。

Gramm-Leach-Bliley 法案

为应对大萧条时期的大规模银行倒闭，1933 年的银行法禁止国家和国有银行与证券公司建立联系。具体规定通常被称为 Glass-Steagall 法案。与 Glass-Steagall 法案类似，1956 年的银行控股公司法禁止银行控制非银行公司。该法案于 1982 年由国会修订，以进一步禁止银行开展一般保险承保或代理活动。

1999 年 11 月 11 日，Glass-Steagall 法案被废除，GLBA 由比尔·克林顿总统签署成为法律。GLBA 也被称为 1999 年的金融现代化法案，它有效地废除了前 60 年对银行的限制，这些限制阻止了银行、股票经纪公司和保险公司的合并。

金融机构

GLBA 将金融机构定义为"根据银行控股公司法第 4(k) 节（12U.S.C. § 1843(k)）所述，其业务主要涉及金融活动的任何机构。"GLBA 适用于所有金融服务机构，无论其规模大小。这个定义很重要，因为这些金融机构包括许多传统上不被视为金融机构的公司，例如：

- ❏ 检查兑现业务
- ❏ 发薪日贷款人
- ❏ 抵押贷款中间商
- ❏ 非银行贷款人（提供金融服务的汽车经销商）
- ❏ 向其客户提供贷款的技术提供商
- ❏ 提供经济援助的教育机构
- ❏ 收债人
- ❏ 房地产结算服务提供商
- ❏ 个人财产或房地产估价师
- ❏ 发行品牌信用卡的零售商
- ❏ 专业的税务编制者
- ❏ 快递服务

该法律也适用于接收其他金融机构客户信息的公司，包括信用报告机构和 ATM 运营商。

FTC 负责强制执行 GLBA，因为 GLBA 适用于联邦银行机构、美国证券交易委员会、商品期货交易委员会和州保险机构以外的金融公司，其中包括税务编制者、收债员、贷款经纪人、房地产估价师和非银行抵押贷款人。

在 GLBA 之前，保持健康记录的保险公司依法与资助抵押贷款的银行和交易股票的经纪公司无关。但是，它们变得相关后，公司就可以访问各个方面的个人信息，使用数据挖掘技术可以构建详细的客户和潜在客户配置文件。考虑到信息可能被滥用，GLBA 的第 5 篇专门针对的是保护非公开个人信息（NPPI）的隐私和安全性。

GLBA 的信息保护指令由图 13-1 中所示的三个主要部分组成。

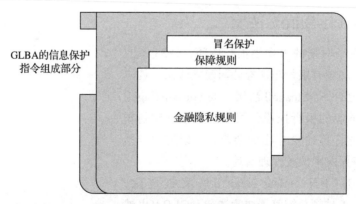

图 13-1   GLBA 的信息保护指令

以下介绍图 13-1 中所示的组成部分。

❑ 金融隐私规则限制金融机构向非附属第三方披露 NPPI，例如向非附属第三方出售信息。除特例外，金融隐私规则禁止向非附属第三方披露消费者的 NPPI，除非满足某些通知要求并且消费者不选择阻止或选择退出披露。金融隐私规则要求向客户和消费者提供的隐私声明应描述金融机构的策略和做法，以保护该信息的机密性和安全性。它不对组织施加保护客户或其信息方面的任何义务。

❑ 保障规则旨在保护客户 NPPI 的机密性和安全性，并确保妥善处置客户 NPPI。它旨在防止或响应对该信息的可预见的威胁或未经授权的访问与使用。

❑ 冒名也被称为社会工程，这是一种方法，即个人冒充他人从不知情的受害者那里提取敏感信息。GLBA 鼓励组织实施强有力的员工培训计划，以打击社会工程。网络安全漏洞的主要切入点之一是利用社会工程。威胁行动者经常冒充金融机构的合法客户来获取有关他们假装的客户的更多信息。

此外，NPPI 包括（但不限于）与银行卡和信用卡账号、收入和信用记录以及社会安全号码（SSN）相关联的姓名、地址和电话号码。法规语言可互换地使用敏感客户信息和 NPPI 这两个术语。

法规监督

所有在美国开展业务的金融机构均受 GLBA 约束，该法规授权各个机构管理和执行隐私及安全规定。表 13-1 列出了 GLBA 监管机构、它们的类型和适用的公法。根据法律，这些机构必须共同制定一致且可比较的规则，以实施该法案的隐私条款。相比之下，这些机构的任务是独立制定最低安全标准，以及确定处罚的类型和严重程度。图 13-2 列出了不同政府机构发布的若干标准和指南出版物。

表 13-1　GLBA 监管机构

监管机构	机构类型	GLBA 规则联邦登记册指定
联邦储备委员会（FRB）	银行控股公司和联邦储备系统（FRS）的成员银行	12 C.F.R. § 216
货币监察署办公室（OCC）	国家银行，联邦储蓄协会和外国银行的联邦分支机构	12 C.F.R. § 40
联邦存款保险公司（FDIC）	国营特许银行（非 FRS 成员）	12 C.F.R. § 332
国家信用社管理局（NCUA）	联邦特许信用合作社	NCUA: 12 C.F.R. § 716
证券交易委员会（SEC）	证券经纪人和交易商以及投资公司	17 C.F.R. § 248
商品期货交易委员会（CFTC）	期货和期权市场	CFTC: 17 C.F.R. § 160
联邦贸易委员会（FTC）	其他机构未涵盖的机构	16 C.F.R. § 313

仅供参考：联邦登记册

联邦登记册是由联邦登记处、国家档案和记录管理局（NARA）出版的关于联邦机构和组织的规则、拟议规则、通知，以及行政命令和其他总统文件的官方日刊。它每天早上 6 点更新，并在周一至周五公布，联邦节假日除外。联邦登记册的官方主页是 www.federalregister.gov。

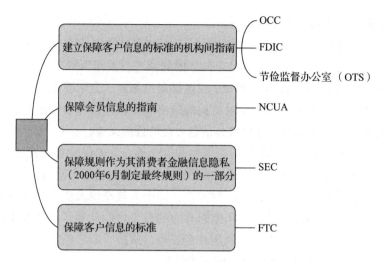

图 13-2 联邦机构围绕保护客户信息的出版物

FTC 保障法案

如前所述，各种公司都受 GLBA 法规的约束。银行、信用合作社、保险代理机构和投资公司受到包租或许可的机构的监管监督。FTC 对向消费者提供金融产品或服务并且不受监管监督的个人或组织拥有管辖权，其中许多组织是小企业。FTC 的实施政策被称为保障法案。总体而言，保障法案的要求并不像机构间指南那样严格，主要要求是所涵盖的实体必须执行以下操作。

- ❑ 指定员工或员工们以协调保障措施。
- ❑ 识别并评估公司运营中每个相关领域的客户信息风险，并评估当前保障措施对控制这些风险的有效性。
- ❑ 设计保障计划，并详细说明监控计划。
- ❑ 选择适当的服务提供商并要求他们（通过合同）实施保护措施。
- ❑ 评估计划并根据业务安排的变化或安全测试结果解释调整。

FTC 不进行监管合规性审计，执法是由投诉驱动的。消费者可以向 FTC 提出投诉。FTC 对投诉进行分析，如果发现了不法行为模式，它将在适当情况下进行调查和起诉。FTC 不解决个人消费者投诉。

FTC 通过以下方式为促进私营部门的网络安全做出了巨大努力：

- ❑ 民事执法。
- ❑ 商业拓展和消费者教育。
- ❑ 政策倡议。
- ❑ 建议国会立法。

FTC 保障法案第 5 节是用于防止欺骗性和不公平商业行为的主要执法工具。FTC 一直与 NIST 合作，并将其实践与 NIST 网络安全框架保持一致。FTC 官员在 https://www.ftc.gov/news-events/blogs/business-blog/2016/08/nist-cybersecurity-fra-mework-ftc 上发布的博客中解释了 NIST 网络安全框架如何与 FTC 的数据安全工作相关联。

正如 FTC 官员在他们的博客和网站上所描述的：

"框架要求组织评估的事物类型是 FTC 多年来在其第 5 节执行中评估的事物类型，以确定公司的数据安全性及其流程是否合理。通过识别不同的风险管理实践并定义不同的实施水平，NIST 框架采用了与 FTC 长期执行的第 5 节类似的方法。"

机构间指南

金融服务监督机构的任务是独立制定最低安全标准，并确定处罚的类型和严重程度。银行受"建立保障客户信息的标准的机构间指南"的约束，信用合作社受"保障会员信息的指南"的约束。在本节中，我们将它们统称为"机构间指南"。

机构间指南要求每个承保机构实施全面的书面信息安全计划，其中包括适合银行或信用合作社规模和复杂程度以及其活动性质和范围的行政、技术和物理保障措施。为了符合要求，信息安全计划必须包括要求机构执行图 13-3 中所示步骤的策略和流程。

每个机构都有责任制定一个能够实现这些目标的计划。ISO 27002:2013 标准为开发符合 GLBA 标准的信息安全计划提供了一个出色的框架。

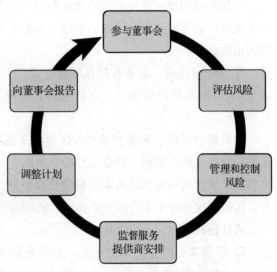

图 13-3　合规所需的策略和流程

实践中：法规语言定义

要了解信息安全法规的范围和任务，我们需要从术语开始。以下定义适用于所有版本的机构间指南。请注意，除信用合作社外，服务的用户被称为客户（在信用合作社的情况下，他们被称为成员）。

❑ **消费者信息**是指关于个人的任何记录，可以是纸质、电子或其他形式，包括消费者报告，或源自消费者报告，以及为了商业目的而由机构、代表机构维护或以其他方式拥有的记录。该术语不包括任何不可以识别个人身份的记录。

❑ **客户或会员信息**是指包含客户或会员 NPPI 的任何记录，可以是纸质、电子或其他形式，由金融机构或代表金融机构维护。

❑ **客户或会员信息系统**是指用于访问、收集、存储、使用、传输、保护或处置客户或会员信息的任何方法。

❑ **服务提供商**是指维护、处理客户信息或通过直接向金融机构提供服务来客户信息访问权的任何个人或实体。

❑ **行政保障措施**的定义是为了建立和维护安全的环境而设计和实施的治理、风险管

> 理、监督、策略、标准、流程、计划、监测和培训。
> ❑ **技术保障措施**定义为通过技术手段实施或执行的控制。
> ❑ **物理保护措施**被定义为旨在保护系统和物理设施免受自然威胁或人为入侵的控制。

参与董事会

机构间指南要求董事会或董事会的适当委员会批准银行的书面信息安全计划。董事会的任务还包括监督信息安全计划的制定、实施和维护，包括为其实施分配具体责任并评价管理层的报告。

作为公司官员，董事有信托和法律责任。例如，不遵守 GLBA 的金融机构将受到每次违规 10 万美元的民事处罚。该机构的官员和董事也可能要承担个人责任，每次违规罚款 1 万美元。

通常根据经验、商业头脑和社区地位来选择董事会成员。可以假设他们了解业务目标、流程和固有风险。然而，即使是经验丰富的专业人士也并不总是对信息安全问题有深入的自然理解。预计机构将为其董事会提供教育平台，使其成为该领域的专家并保持对该领域的精通。认识到这是一个专门的知识体系，机构间指南包括责任的授权和分配。

责任授权示例包括以下内容：

❑ 将董事会的监督权委托给一个小组委员会，其成员包括金融机构的董事和代表，如 CISO 或 CRO。

❑ 将信息安全管理计划监督和管理分配给 CISO 或 CRO。

❑ 为 ISO 分配管理控制的实施和维护。

❑ 将技术控制的实施和维护分配给 IT 总监。

❑ 将物理控制的实施和维护分配给设施总监。

❑ 为培训部门分配信息安全培训和意识计划的设计及交付。

❑ 将控制权的验证分配给内部审计部门。

❑ 将风险评估分配给风险管理委员会。

❑ 将技术举措的评估分配给技术指导委员会。

❑ 建立一个多学科信息安全咨询委员会，其中包括所有上述角色和部门的代表。

信息安全跨越许多边界并涉及多个领域。经验告诉我们，采用跨职能多学科方法（如图 13-4 所示）的机构，拥有更强大、更成功的信息安全计划。

实践中：GLBA 第 III-A 节：参与董事会

每个银行、信用合作社的董事会或董事会的适当委员会应：

❑ 批准书面信息安全计划。

❑ 监督信息安全计划的制定、实施和维护，包括为其实施分配具体责任并审查管理层的报告。

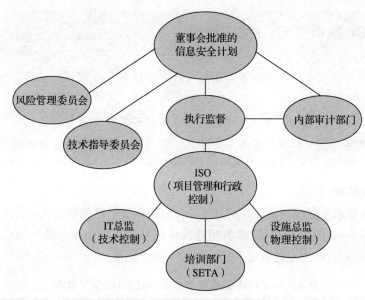

图 13-4　跨职能的多学科方法

评估风险

预计金融机构将采取基于风险的信息安全方法。该过程从识别威胁开始，威胁被定义为具有造成伤害能力的潜在危险。每个机构都有责任继续进行威胁评估，即识别可能影响机构状况和操作的，或者可能导致数据泄露，从而对客户造成重大伤害或不便的威胁与攻击类型。威胁评估必须考虑到许多因素，包括机构的规模和类型、提供的服务、地理位置、人员经验、基础设施设计、操作系统、应用程序的脆弱性以及文化态度和规范。要求金融机构至少要应对未经授权的访问、未经授权的数据修改、系统渗透、恶意软件、数据或系统破坏以及拒绝服务等威胁。

基于影响程度和无可能性控制的系统威胁评级用于确定固有风险。风险评估用于评估相应的保障措施以计算剩余风险，其定义为实施控制后的风险等级。FFIEC 建议使用特殊出版物 800-53 中描述的 NIST 风险管理框架和方法来计算剩余风险。FDIC 将多种风险定义为与金融机构相关的风险，包括战略、声誉、运营、交易和合规风险。

- ❑ 战略风险是指由于业务决策不利或未能以符合机构战略目标的方式实施适当的业务决策而产生的风险。
- ❑ 声誉风险是因负面舆论产生的风险。
- ❑ 运营风险是由内部流程、人员和系统不足或失败，或者由外部事件导致的损失风险。
- ❑ 交易风险是服务或产品交付问题引起的风险。
- ❑ 合规风险是指违反法律、规则或法规，不遵守内部策略或程序，不遵守机构业务标准而产生的风险。

风险评估和相应的风险管理决策必须记录在案并报告给董事会或指定人员。独立审计师和监管机构使用这些报告来评估机构风险管理计划的充分性。

实践中：GLBA 第 III-B 节：评估风险

每个银行、信用合作社应：

☐ 确定可合理预见的内部和外部威胁，这些威胁可能导致对客户信息或客户信息系统的未经授权的泄露、误用、更改或破坏。

☐ 考虑到客户信息的敏感性，评估这些威胁的可能性和潜在损害。

☐ 评估策略、过程、客户信息系统和其他安排的充分性，以控制风险。

管理和控制风险

机构间指南要求金融机构设计其信息安全计划，以控制已识别的风险，与信息的敏感性以及活动的复杂性和范围相称。这些机构建议使用 ISO 标准作为金融机构信息安全计划的框架。表 13-2 列出了 GLBA 信息安全目标和 ISO 安全领域。

表 13-2　GLBA 要求与 ISO 27002:2013 交叉参考

GLBA 要求	相应的 ISO 27002:2013 的领域
II. 保障客户信息的标准	
A. 信息安全计划要求	信息安全政策合规管理
III. 信息安全计划的制定与实施	
A. 参与董事会	信息安全组织
B. 评估风险	请参阅 ISO 27005：风险管理
C1. 管理和控制风险	资产管理
	人力资源安全
	物理和环境安全
	通信安全
	运营安全
	访问控制
	信息系统采购、开发和维护
	信息安全事件管理
	业务连续性
C2. 培训员工	人力资源安全
C3. 测试键控制	通信安全
	运营安全
	信息系统采购、开发和维护
	信息安全事件管理
	业务连续性
C4. 妥善处理信息	资产管理
D. 监督服务提供商安排	通信安全
	运营安全

（续）

GLBA 要求	相应的 ISO 27002:2013 的领域
E. 调整计划	信息安全政策合规管理
F. 向董事会报告	信息安全组织
第 364 部分附录 B 的补充 A，关于未经授权访问客户信息和客户通知的响应程序的机构间指南	信息安全事件管理

FFIEC IT 手册

必读的支持资源是 FFIEC IT 手册。FFIEC 是一个机构间机构，有权为 FRB、FDIC、NCUA、OCC 和 CFPB 制定统一的原则、标准和报告表格，并提出建议，以促进金融机构监管的统一。IT InfoBase 涵盖了许多主题，包括信息安全、IT 审计、业务连续性计划、开发和获取、管理、运营以及外包技术服务。

FFIEC InfoBase 是金融机构的事实指南，旨在确保其遵守 GLBA 标准的信息安全计划，以满足监管要求。资源包括解释性文本、指导、推荐的检查程序和工作文件、演示文稿和资源指针。可以从 FFIEC 主页（www.ffiec.gov）访问信息库。

FFIEC 网络安全评估工具

FFIEC 开发了网络安全评估工具，帮助金融机构识别风险并评估其网络安全成熟度。网络安全评估工具符合 FFIEC IT 手册和 NIST 网络安全框架的原则。

可以通过 https://www.ffiec.gov/cyberassessmenttool.htm 访问 FFIEC 网络安全评估工具。

FFIEC 网络安全评估工具涉及两个主要议题。

❑ 固有风险概况：在实施控制之前对机构的固有风险进行分类。

❑ 网络安全成熟度：包含五个成熟度级别的领域、评估因素、组件和个别声明性陈述，以识别现有的特定控制和实践。

为完成网络安全评估，执行团队首先根据图 13-5 中显示的五个类别评估组织的固有风险概况。该组织的管理人员评估图 13-6 中所示版图的整体网络安全成熟度级别。

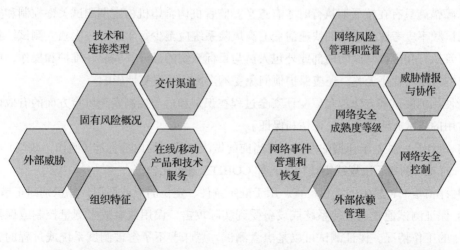

图 13-5　固有风险概况　　　　　图 13-6　评估整体网络安全成熟度

培训

机构间指南要求机构实施持续的信息安全意识计划、投资培训，并教育执行管理层和董事。

由 NIST 领导的国家网络安全教育计划（NICE）建立了一个描述网络安全工作和工人的分类法及通用词典。NICE 框架记录在 NIST SP 800-181 中，旨在应用于公共、私人和学术领域。许多组织（包括金融服务机构）使用 NICE 框架对其网络安全工作人员所需的技能和培训进行分类。

教育的目标是解释为什么，预期的结果是洞察力和理解力。培训的目标是解释怎么样，预期的结果是知识和技能。意识的目标是解释是什么，预期的结果是信息和意识。教育的影响是长期的，培训的影响是立竿见影的，意识的影响是短期的。

金融机构至少应组织并记录年度企业范围的培训。培训可以由讲师指导或在线进行。推荐的主题包括州和联邦监管要求的概述，针对以用户为中心的威胁的解释，例如恶意软件和社会工程，以及对可接受使用的最佳实践和信息资源的讨论。通过协调，给年度培训人员分发可接受的使用协议与让他们签署对金融机构而言是司空见惯的。

网络范围是一个流行的概念，允许你提供基于绩效的学习和评估。网络范围是组织的网络、系统和应用程序的交互式虚拟表示，以提供安全、合法的环境，还有获得实际的网络技能及安全的产品开发和安全状态测试环境。你可以使用物理硬件，也可以使用实际和虚拟组件的组合。

实践中：GLBA 第 IIIC-2 节：培训

培训员工以实施银行的信息安全计划。

注意：许多组织正在利用 NICE 框架为其员工开发安全培训。

测试

保障措施只有在按预期执行时才有意义。监管机构希望机构定期测试关键控制和安全措施，测试频率应考虑到威胁的快速演变。高风险系统应至少每年进行一次独立测试。独立测试意味着执行和报告测试的内部或外包人员与目标系统的设计、安装、维护和操作，或指导其操作的策略和程序无关。还应保护他们免受不当影响或报复性影响。

所使用的测试和方法应足以验证安全过程在识别和适当控制安全风险方面的有效性。三种最常用的测试方法是审计、评估和保证。

- ❑ 审计是一种基于证据的检查，将当前的做法与特定的内部标准（例如，政策）或外部标准（例如，法规或审计标准，如 COBIT）进行比较。
- ❑ 评估是一种集中的特权检查，用于确定条件、定位弱点或漏洞，并识别纠正措施。
- ❑ 保证测试通常通过使系统或设备受到实际攻击、误用或事故来测量控制或保护措施的工作情况。保证测试可以是黑盒测试，意味着不了解被测试系统或过程的先验知识；或者白盒测试，意味着对被测试的系统或过程有所了解。

由于测试可能会发现非公开的客户信息，因此必须采取适当的保障措施来保护这些信息。与提供测试服务的第三方签订的合同应要求第三方采取适当措施以实现机构间指南的目标，并立即报告任何 NPPI 暴露事件。

实践中：GLBA 第 IIIC-3 节：测试

定期测试信息安全计划的关键控制、系统和程序。此类测试的频率和性质应由银行的风险评估确定。测试应由独立的第三方或独立于开发或维护安全计划的人员进行或评价。

监督服务提供商安排

第三方服务提供商关系广义定义为监管机构，以包括与金融机构建立业务关系的所有实体。这包括代表金融机构执行功能、提供对产品和服务的访问，或执行营销、监控、审计功能的各方。

机构间指南要求金融机构确保服务提供商根据 GLBA 要求实施安全控制。2008 年 6 月，金融机构信函 FIL-44-2008 "管理第三方风险指南"明确指出，"机构可以外包任务；但不能外包责任。"这取决于金融机构，以确保由第三方设计、管理和维护的控制和保护措施等同于或超过内部策略和标准。

推荐的服务提供商监督程序包括以下内容：

❑ 进行风险评估以确保关系与整体业务战略保持一致，并确保管理层拥有可以提供适当监督的知识和专业知识。

❑ 在服务提供商的研究和选择中使用适当的尽职调查。

❑ 实施有关安全责任、控制和报告的合同保证。

❑ 要求有关机构系统和数据的保密协议（NDA）。

❑ 通过适当的审核和测试，提供服务提供商安全性的第三方审核。

❑ 协调事件响应策略和合同通知要求。

❑ 至少每年评价一次重要的第三方安排和表现。

银行服务公司法案（BSCA），12 USC 1861-1867，赋予联邦金融监管机构法定权力，以监管和检查技术服务提供商为 FDIC 承保金融机构提供的服务。根据 FFIEC 外包技术服务手册，如果金融机构直接开展活动，则技术服务提供商关系应遵循相同的风险管理、安全、隐私和其他内部控制和政策。为了维护准确的技术服务提供商数据库，BSCA 要求投保金融机构以书面形式通知其相应的联邦银行机构与向该机构提供某些服务的第三方签订合同或关系。选定的技术服务提供商在 24 个月、36 个月或 48 个月的周期内进行检查。监察结果的分发仅限于与技术服务提供商签订合同的金融机构。具有讽刺意味的是，这意味着在最初的尽职调查阶段无法获得调查结果。

实践中：GLBA 第 III-D 节：监督服务提供商关系

每家银行都应：

☐ 在选择服务提供商时进行适当的尽职调查。

☐ 通过合同要求其服务提供商实施旨在实现这些指南目标的适当措施。

☐ 如果银行的风险评估表明其服务提供商已经履行了 D.2 段要求的义务，则作为此监控的一部分，银行应评价其服务提供商的审计、测试结果总结或其他等效评估。

调整计划

静态信息安全程序提供了错误的安全感。其实威胁在不断增加，组织可能会发生变化。监控安全计划和人员的有效性对于维护安全的环境、保护客户信息以及遵守监管目标至关重要。应仔细分析评估结果，并酌情对实施的信息安全计划进行调整。至少应每年评价一次信息安全策略。必须将对策略的修改传达给董事会。董事会有责任每年重新授权信息安全策略，并进一步重新授权信息安全计划。

实践中：GLBA 第 III-E 节：调整计划

每个银行应根据技术的任何相关变化、客户信息的敏感性、信息的内部或外部威胁以及银行自身不断变化的业务安排，酌情监控、评估和调整信息安全计划，例如，兼并和收购、联盟和合资企业、外包安排以及客户信息系统的变更。

向董事会报告

全年，董事会或指定委员会应接收信息安全计划更新，并立即获悉任何重大问题。此外，机构间指南要求每个机构向董事会或指定委员会提供年度信息安全和 GLBA 合规报告。该报告应描述信息安全计划的总体状况以及银行对"机构间指南"的遵守情况。报告应详细说明以下内容。

☐ 监管检查结果和检查后随访。

☐ 在过去 12 个月内发生的安全事件，包括响应和影响的概要。

☐ 在过去 12 个月内完成的主要 IT 和安全计划，包括正在进行的和计划中的。

☐ 与信息安全计划相关的治理活动，包括角色、职责和重要决策的概要。

☐ 在过去 12 个月内进行的独立审计和测试。描述应包括测试类型、测试日期、测试人员、测试目标、测试结果、建议、跟进以及补救计划（如果适用）。

☐ 在过去 12 个月内进行的风险评估。描述应包括方法、重点领域、结果、后续行动以及补救计划（如果适用）。

☐ 服务提供商监督活动。描述应包括尽职调查，合同更新，监控以及（如果适用）已确定的问题和补救计划。

☐ 在过去 12 个月内进行的员工培训。描述应包括培训、行为、参与和评估的类型。

☐ 事件灾难恢复、突发公共卫生事件和业务连续性计划的更新和测试。

❑ 事件响应计划和过程的更新与测试。

❑ 对需要董事会批准、授权的信息安全计划或策略的建议更改。

报告的最后一部分应该是管理层对该机构遵守信息安全相关的州、联邦法规和指南的意见。相反，如果管理层认为该机构不遵守适用的法规或指南，则应充分记录问题并提出补救计划。

纽约金融服务部网络安全法规（23 NYCRR Part 500）

纽约金融服务部（DFS）制定了一项法规，于 2017 年 3 月 1 日生效。旨在促进对受监管实体的客户信息和信息技术系统的保护。本法规要求在纽约经营的任何个人或组织根据银行法、保险法或金融服务法的许可、章程、证书、认可或类似授权评估其网络安全风险状况，并设计一个可靠的计划来解决此类网络安全风险。纽约 DFS 网络安全条例可在 www.dfs.ny.gov/legal/regulations/adoptions/dfsrf500txt.pdf 上查阅，关键部分如下：

❑ 第 500.00 节是规则的介绍，第 500.01 节定义了整个规则中使用的术语。

❑ 第 500.02 节规定，"每个涵盖实体应保持一个网络安全计划，以保护涵盖实体信息系统的机密性、完整性和可用性。"

❑ 第 500.03 节规定"每个涵盖实体应实施和维护书面策略，由高级官员或涵盖实体的董事会（或其适当的委员会）或同等理事机构批准，阐明涵盖实体的策略以及保护存储在这些信息系统中的信息系统和非公开信息的程序。"

❑ NY DFS 网络安全法规在第 500.04 节中指出，"每个涵盖实体应指定一名合格人员负责监督和实施涵盖实体的网络安全计划并执行其网络安全策略（就本部分而言是指，"首席信息安全官"或"CISO"）。CISO 可由涵盖实体，其关联公司之一或第三方服务提供商使用。

❑ 第 500.05 节要求被保险实体持续进行安全渗透测试和漏洞评估。网络安全计划需要包括根据涵盖实体的风险评估制定的监控和测试，旨在评估涵盖实体的网络安全计划的有效性。该法规规定"监测和测试应包括持续监测或定期渗透测试和脆弱性评估。"组织必须进行年度安全检测和一年两次的脆弱性评估。

❑ 第 500.06 节规定每个被覆盖的实体应安全地保持支持系统的审计跟踪。

❑ 第 500.07 节规定"每个涵盖实体应限制用户访问提供非公开信息访问权限的信息系统的权限，并应定期评价此类访问权限。"

❑ 此外，第 500.08 条规定，机构的应用程序安全"过程、指南和标准应根据需要由涵盖实体的 CISO（或合格的指定人）进行定期评价、评估和更新。"因此，当涵盖实体正在收购或与新公司合并，涵盖实体将需要对这些监管要求如何适用于该特定收购进行事实分析。一些重要的考虑因素包括但不限于被收购公司从事什么业务，目标公司的网络安全风险，包括其 PII 的可用性，涵盖实体的安全性和健全性以及数据的整合系统。该部门强调，涵盖实体需要进行认真的尽职调查过程，在考虑任何新的收购时，网络安全应该是一个优先事项。

❑ 第 500.09 条规定，"风险评估应根据合理需要进行更新，以解决对涵盖实体的信息系统，非公开信息或业务运营的变更。"

❑ 与 GLBA 类似，NY DFS 网络安全条例规定（在第 500.10 节中）每个被覆盖的实体需要为网络安全人员提供"足够的网络安全更新和培训，以解决相关的网络安全风险；并确认关键的网络安全人员采取措施保持当前对网络安全威胁和对策不断变化的了解。"第 500.11 节介绍了第三方服务提供商的安全策略。

- 第 500.12 节规定每个被覆盖的实体应使用多因素认证。
- 第 500.13 节严格规定"每个涵盖实体应包括定期安全处置本部分 500.01(g)(2)-(3)中确定的任何非公开信息的策略和过程，这些信息不再是业务所必需的经营或为涵盖实体的其他合法商业目的，除非法律或法规要求保留此类信息，或由于信息的维护方式而无法合理地进行有针对性的处置。"
- 第 500.14 节涉及培训和监督。
- 第 500.15 节规定加密非公开信息。
- 第 500.16 条规定，每个涵盖实体"应制定书面的事件响应计划，旨在针对网络安全事件能迅速响应并恢复，这些网络安全事件严重影响涵盖实体信息系统的机密性、完整性或可用性或影响涵盖实体业务或运行等方面的持续功能。"
- 第 500.17 节要求每个涵盖实体每年在 2 月 15 日之前向总监提交一份涵盖上一年度的书面声明，证明涵盖实体符合法规规定的要求。此外，它还要求涵盖实体需要维护所有记录、时间表和支持证书的数据，为期五年。在确定影响涵盖实体的网络安全事件发生后 72 小时内，还需要通知总监。

关于 NY DFS 网络安全法规的一个重要因素是，它与已经符合 GLBA 或符合其 IT 手册中列出的 FFIEC 标准的实体的指导和要求重叠。根据 NY DFS 网络安全法规被视为承保实体的大多数金融机构已经满足了 GLBA 或 FFIEC IT 手册中列出的一些要求。但是，重要的是要知道虽然要求有重叠，但为了遵守 NY DFS 网络安全法规，还需要解决一些重大差异。了解这些差异将有助于利用现有的安全投资并制定行动计划以解决任何差距。

监管检查

监管机构负责金融机构的监督，包括确保金融机构妥善管理风险；遵守法律法规，包括 GLBA、NY DFS 网络安全法规等；并酌情采取纠正措施。监管机构的代表检查各自的银行和信用合作社。根据规模、范围和以前的检查结果，检查每 12～18 个月进行一次。检查中包括对策略、流程、人员、控制和结果的评估。

检查流程

GLBA 安全性包含在信息技术检查中。机构将在 30 至 90 天内通知检查安排。信息技术官员的问卷将发送给该机构，期望该机构在检查日期之前完成并返回问卷和支持文件（包括董事会报告、策略、风险评估、测试结果和培训材料）。检查的长度和现场检查员的数量取决于环境的复杂性，以前的发现和检查员的可用性。检查从与管理层的开场会议开始。开场会议的议程包括解释检查的范围，每位检查员的角色以及团队如何进行检查。在检查期间，检查员将要求提供信息，观察并提出问题。在检查结束时，将举行退出会议，讨论调查结果和潜在的解决方案。检查后，监管机构将发布一份报告草案，供管理层检查准确性。考虑到管理层的回应，该机构将向董事会发布书面报告，其中包括检查评级、已确定的任何问题、建议以及监督行动（如果需要）。

NY DFS 网络安全法规规定"每个涵盖实体应保留部门检查所有支持该证书的记录、时间表和数据，为期五年。"它还规定每个涵盖实体每年提交给主管，截至 2 月 15 日，上一年度的书面声明，证明涵盖实体符合法规规定的要求。此外，它还要求涵盖实体需要维护所有记录，时间表和支持证书的数据，为期五年。在确定影响涵盖实体的网络安全事件发生后 72 小时内，还需要通知总监。

检查评分

信息技术统一评级系统（URSIT）用于统一评估金融机构。评级基于 1 至 5 的等级，按监管关注的升序排列，1 代表最佳评级和最低关注度，5 代表最差评级和最高关注度。URSIT 是 FFIEC 的一部分。

根据 URSIT 标准：

❏ 被评为"1"的金融机构在各个方面都表现出色。IT 中的弱点本质上是次要的，在正常业务过程中很容易纠正。风险管理流程提供了一个全面的计划，以识别和监控与实体的规模、复杂性和风险状况相关的风险。

❏ 被评为"2"的金融机构表现出安全可靠的表现，但可能在运营绩效、监控、管理流程或系统开发方面表现出适度的弱点。一般而言，高级管理层会纠正正常业务过程中的弱点。风险管理流程可充分识别和监控与实体的规模、复杂性和风险状况相关的风险。因此，监督行动是非正式和有限的。

❏ 评级为"3"的金融机构和服务提供商表现出某种程度的监督关注，因为可能存在从中度到严重的弱点。如果缺陷持续存在，机构或服务提供商的状况和表现可能会进一步恶化。风险管理流程可能无法有效识别风险，可能不适合实体的规模、复杂性或风险状况。可能需要正式或非正式的监督行动来确保采取纠正措施。

❏ 评级为"4"的金融机构和服务提供商在不安全和不健全的环境中运营，这可能会损害该实体未来的可行性。经营弱点表明存在严重的管理缺陷。风险管理流程不能充分地识别和监控风险，并且考虑到实体的规模、复杂性和风险特征，实践并不合适。密切的监督关注是必要的，在大多数情况下，正式的执法行动是必要的。

❏ 评级为"5"的金融机构和服务提供商表现出严重不足的经营业绩，需要立即采取补救措施。整个组织可能存在运营问题和严重缺陷。风险管理流程严重不足，并且相对于实体的规模、复杂性和风险状况，管理层很少或根本没有风险感知。持续的监督关注是必要的。

作为评级的补充，如果发现违反任何法律或法规，该机构必须提供详细信息，包括法律数字引用和名称，违反法律或法规（或其中一部分）的简要说明，描述导致违规的原因，以及管理层采取或承诺采取的纠正措施。

个人和企业身份盗窃

个人和企业身份盗窃是全球发展最快的犯罪之一。当犯罪分子在未经同意实施犯罪的情况下欺诈性地使用姓名、地址、SSN，银行账户、信用卡账号或其他识别信息时，就会发生个人身份盗用。

当犯罪分子企图冒充授权员工时，通常是为了访问公司银行账户以窃取资金，企业身份盗窃就会发生。此类攻击称为企业账户接管。使用特制恶意软件，犯罪分子可以获取企业的在线银行凭证，或者破坏用于网上银行的工作站。然后，犯罪分子访问在线账户并创建欺诈性 ACH 或电汇。这些转账是针对"钱骡子"的，他们正在等待提取资金并将资金汇到海外。一旦资金离岸，执法部门很难追回资金。

机构间指南附录 A 要求的内容

附录 A "关于未经授权访问客户信息和客户通知的响应程序的机构间指南"，描述了金融机构应制定和实施的响应计划，包括客户通知程序，以解决未经授权访问或使用可能对客户造成重大伤害或不便的客户信息。该指南列举了一些安全措施，每个金融机构必须考虑并采用这些措施来控制机构客户信息可合理预见的内部和外部威胁所产生的风险。该指南强调，每个金融机构都必须制定和实施基于风险的响应计划，以解决未经授权访问客户信息的事件。响应计划应该是机构网络安全计划的关键部分。附录 A 强调机构的回应计划应包含以下程序：

- ❏ 评估事件的性质和范围，并确定访问或滥用了哪些客户信息系统和客户信息类型。
- ❏ 当机构发现涉及未经授权访问或使用敏感客户信息的事件时，请尽快通知其主要联邦监管机构。
- ❏ 与机构的可疑活动报告（SAR）规定保持一致，除了在涉及需要立即引起注意的联邦犯罪行为的情况下及时提交 SAR 时，通知适当的执法机构，例如当可报告的违规行为正在进行时。
- ❏ 采取适当措施来控制和控制事件，以防止进一步未经授权访问或使用客户信息（例如，通过监控，冻结或关闭受影响的账户），同时保留记录和其他证据。
- ❏ 要求其服务提供商通过合同实施适当的措施，以防止未经授权访问或使用可能对任何客户造成重大伤害或不便的客户信息。
- ❏ 在有保证的情况下通知客户。

该指南强调通知要求。当金融机构发现未经授权访问敏感客户信息的事件时，该机构必须进行合理调查，以便迅速确定信息已被滥用或将被滥用的可能性。如果机构确定已经或可能合理地滥用其有关客户的信息，则必须尽快通知其监管机构和受影响的客户。如果适当的执法机构确定通知会干扰刑事调查并向机构提供延迟的书面请求，则可能会延迟客户通知。在这种情况下，一旦通知不再干扰调查，机构应立即通知其客户。当客户通知得到保证时，机构可能不会放弃向客户通知事件，因为该机构认为这样做可能会带来尴尬或不便。

符合附录 A "关于未经授权访问客户信息和客户通知的响应程序的机构间指南"包含在 FFIEC 信息技术检查中。

身份盗窃数据交换机构

虽然联邦贸易委员会没有刑事管辖权，但它通过其身份盗窃数据交换机构支持身份盗窃犯罪的调查和起诉。商标信息交换机构是国家身份盗窃诉讼的官方存储库，也是 FTC 消费者哨兵投诉数据库的一部分。除了收集超过 100 万次身份证盗窃投诉外，Sentinel 还为参与执法机构提供各种工具，以便于调查和起诉身份盗窃。其中包括帮助机构协调有效联合行动的信息，样本起诉，通过程序化数据搜索刷新调查数据的工具，以及访问"热地址"数据库。

网上银行环境指南中的身份验证补充所要求的内容

为应对成功企业账户被成功接管攻击的惊人速度，金融机构和客户所遭受的财务损失，以及公众对网上银行系统信心的影响，监管机构于 2011 年 10 月发布了有关互联网银行保障的最新指南。FFIEC 在网上银行环境指南中发布了身份验证补充，强调需要进行风险评估，实施有效的策略以减轻已识别的风险，并提高客户对潜在风险的认识。与其他指南不同，补充文件的具体要求和各种认证机制的意见。

要求包括以下内容：

- 在实施新的电子金融服务之前，或者至少每 12 个月，金融机构需要在获得新信息时评价和更新现有的风险评估。
- 金融机构需要实施分层安全模型。分层安全性的特征在于在交易过程中不同位置使用不同的控件，使得一个控件中的弱点通常被不同控件的优点补偿。
- 金融机构必须为其商业现金管理（ACH 和电汇）客户提供多因素认证。由于这些交易的频率和金额通常高于消费者交易，因此它们对机构及其客户的风险水平相对较高。
- 金融机构必须实施身份验证和交易欺诈监控。
- 金融机构必须向其零售和商业账户持有人介绍与网上银行相关的风险。必须通知商业客户他们的资金不在条例 E 中，并且他们可能会遭受损失。强烈建议意识项目包括降低风险和缓解风险的建议。

符合网上银行环境中的身份验证补充指南已添加到信息技术检查中。轶事证据表明该指南产生了影响，因为与公司账户接管相关的损失正在减少。

仅供参考：企业账户接管欺诈咨询

美国特勤局、联邦调查局、互联网犯罪投诉中心（IC3）和金融服务信息共享与分析中心（FSISAC）联合发布了商业欺诈咨询：企业账户接管，旨在发出警告有关此类犯罪的业务。该通报指出，网络犯罪分子的目标是全国各地的非营利组织、中小型企业、市政当局和学校。通过使用恶意软件，网络犯罪分子试图捕获企业的在线银行凭证，接管网络会话，甚至远程控制工作站。如果犯罪分子获得在线银行账户登录凭证或可以接管网上银行会话，他可以发起和授权 ACH 或有线资金转账。一般来说，犯罪分子将创造许多较小的交易，并将其发送给国内"钱骡子"，他们正在等待提取资金并将资金汇往海外。一旦资金离岸，执法部门很难追回资金。更糟糕的是，金融机构无须偿还与商业账户持有人计算机或网络相关的欺诈相关损失。这些损失也不包括在 FDIC 保险中。

该通报中包含的信息旨在为企业提供基本指导和资源，以了解不断变化的威胁并建立特定于其需求的安全流程。有关咨询和相关资源，请访问 NACHA 企业账户接管资源中心网站 www.nacha.org/Corporate_Account_Takeover_Resource_Center。安全记者 Brian Krebs 多年来一直在报道企业账户收购对小企业的影响！有关当前和存档的报告，请访问他的博客 http://krebsonsecurity.com/category/smallbizvictims。

总结

联邦法律将金融机构定义为"其业务主要涉及金融活动的任何机构",这一广义定义包括银行、信用合作社、投资公司,以及汽车经销商、支票兑现公司、消费者报告机构、信用卡公司、提供金融援助的教育机构、理财规划师、保险公司、抵押贷款经纪人和贷款人,以及发行信用卡的零售店。

国会颁布立法,要求所有在美国开展业务的金融机构保护客户 NPPI 的隐私和安全。GLBA 要求制定和实施适当的隐私和安全标准,并将此任务分配给各个联邦机构。规范银行和信用合作社的机构合作并于 2001 年发布了"建立保障客户信息的标准的机构间指南"和"保障会员信息的指南"。FTC 负责制定提供金融服务的不受监管业务的标准,并于 2003 年发布了"保障客户信息的标准",也称为"保障法案"。由于法规适用的业务类型,保障法案的要求不像机构间指南那样严格。FTC 不进行合规性检查,消费者投诉后才开展调查和执法行动。

建立保障客户信息的标准的机构间指南和保障会员信息的指南(统称为机构间指南)定义了银行和信用合作社的网络安全计划目标和要求。每个被覆盖的实体都需要实施全面的书面网络安全计划,其中包括适用于机构规模和复杂性及其活动性质和范围的行政、技术和物理保障。为了遵守规定,网络安全计划必须包括要求机构执行以下操作的策略和流程:

- ❑ 参与董事会
- ❑ 评估风险
- ❑ 管理和控制风险
- ❑ 监督服务提供商安排
- ❑ 调整计划
- ❑ 向董事会报告

每个机构都有责任制定一个能够实现这些目标的计划。NIST 网络安全框架和 ISO 27002:2013 标准为符合法规的网络安全计划提供了良好的基础。

预计金融机构将采取基于风险的网络安全方法。该过程从识别威胁开始。威胁被定义为具有造成伤害能力的潜在危险。每个机构都有责任不断进行威胁评估。威胁评估是识别可能影响机构状况和操作的威胁和攻击类型,或者可能导致数据泄露,从而对客户造成重大伤害或不便的威胁。金融机构必须至少解决未经授权的访问,未经授权的数据修改,系统渗透,恶意软件,数据或系统破坏以及 DoS 等威胁。基于影响程度和可能性无控制的系统威胁评级用于确定固有风险。风险评估用于评估相应的保障措施,以计算剩余风险。剩余风险定义为实施控制和保护措施后的风险等级。FFIEC 建议使用特殊出版物 800-53 中描述的 NIST 风险管理框架和方法来计算剩余风险。FDIC 将多种风险定义为与金融机构相关的风险,包括战略、声誉、运营、交易和合规。

用户可以规避控制和保护措施。虽然这些行为可能是故意的或偶然的,但它们通常是故意恶意的。为了降低规避风险,用户必须了解威胁环境,学习最佳实践并同意可接受的信息和信息系统使用。为此,预计各机构将制定安全意识计划,并提供年度企业范围的培训。

控制和安全措施仅在它们按预期执行时才有用。定期测试应由独立于目标系统的人员进行。所使用的测试和方法应足以验证控制和安全措施的有效性。三种最常见的测试方法是审计、评估和保证。

机构间指南要求金融机构确保服务提供商根据 GLBA 要求实施安全控制。金融机构信函 FIL-44-2008 明确指出：机构可以外包任务，但不能外包责任。机构应确保第三方设计、管理和维护的控制和保障措施符合机构间指南，并且等同于或超过内部策略和标准。

金融机构的董事会最终负责监督网络安全计划并遵守所有适用的州和联邦法规。在整 6 年中，董事会成员应该接收网络安全计划更新，并立即了解所有重大安全问题。可能会严重影响机构风险状况的决策必须得到董事会的批准。机构间指南要求每个机构向董事会或指定委员会提供全面的年度网络安全和 GLBA 合规报告。

为应对个人和企业身份威胁问题，2005 年监管机构发布了附录 A，"关于未经授权访问客户信息和客户通知的响应计划的机构间指南"，以及 2011 年"网上银行环境指南"。这两个补充都集中在与未经授权访问或使用客户信息相关的威胁以及相应的控制，包括教育、事件响应计划和通知程序。

为确保符合 GLBA 机构间指南和补充指南，金融机构需要接受监管检查。根据规模、范围和以前的检查结果，检查每 12～18 个月进行一次。检查中包括对策略、流程、人员、控制和结果的评估。检查结果是一个基于 1～5 等级的评级，按监管问题的关注度（1 表示最佳评级和最低关注度，5 表示最差评级和最高关注度）、监督评论和建议升序排列。发现不符合监管要求且未在商定的时间范围内补救检查结果的金融机构可能会被关闭。

自测题

选择题

1. 以下哪项陈述最能确定受 GLBA 规定约束的组织类型？
   A. GLBA 仅适用于银行和信用合作社
   B. GLBA 仅适用于支票兑现业务
   C. GLBA 适用于从事金融服务的任何企业
   D. GLBA 仅适用于许可提供存款服务的机构

2. 1999 年金融现代化法_____。
   A. 阻止了银行、股票经纪公司和保险公司的合并
   B. 在所有分支机构中强制使用计算机
   C. 允许银行、股票经纪公司和保险公司合并
   D. 介绍了新的网络安全框架

3. 以下哪些机构负责执行 GLBA ？
   A. 美国商务部   B. NIST
   C. 联邦贸易委员会（FTC）   D. 以上都不是

4. 以下哪项不被视为 NPPI ？
   A. SSN   B. 公司或银行的实际地址
   C. 检查账号   D. 与金融账户或支付卡相关联的 PIN 或密码

5. 建立保护客户信息标准的机构间指南是由_____联合开发的。
   A. 联邦存款保险公司（FDIC）
   B. 货币审计长办公室（OCC）、联邦储备系统（FRS）和 FDIC

C. 证券交易委员会（SEC）和 FDIC

D. 国家信用合作社管理局（NCUA）和 FDIC

6. 以下哪项不是保障法的要求？

A. 指定员工或员工以协调保护措施

B. 设计保障计划，并详细说明监控计划

C. 选择适当的服务提供商并要求他们（通过合同）实施保护措施

D. 加强 NIST 网络安全框架的采用和改进

7. 关于 FTC 保障法案，以下哪项陈述是错误的？

A. FTC 不进行监管合规审计

B. 执法是由投诉驱动的

C. 消费者可以向 FTC 提出投诉

D. 消费者只能向相应的金融机构提出投诉

8. 什么是联邦登记册？

A. 一系列法律保障

B. 一系列物理保障

C. 关于规则、拟议规则和联邦机构通知的官方日报

D. 一系列技术保障

9. 机构间指南要求每个承保机构实施以下哪项？

A. 面向业务合作伙伴的网络安全框架

B. 全面的书面信息安全计划，包括适合组织规模和复杂性的管理，技术和物理保障

C. 全面的书面信息安全计划，包括适合业务合作伙伴规模和复杂性的管理，技术和物理保障

D. 全面的书面信息安全计划，不包括行政、技术和物理保障

10. 预计金融机构将采取_____的网络安全措施。

　　A. 基于威胁　　　　B. 基于风险　　　　C. 基于审计　　　　D. 基于管理

11. 以下哪个术语描述了可能造成伤害的潜在危险？

　　A. 风险　　　　　　B. 威胁　　　　　　C. 变量　　　　　　D. 漏洞

12. 以下哪项陈述最能说明威胁评估？

A. 威胁评估可识别可能影响机构或客户的威胁类型

B. 威胁评估是基于影响程度和可能性的系统威胁评级

C. 威胁评估是一种审计报告

D. 威胁评估是确定固有风险

13. 在实施控制和保护措施后，以下哪种风险类型被定义为风险等级？

　　A. 持续存在的风险　　B. 剩余风险　　　　C. 可接受的风险　　D. 固有风险

14. FFIEC 建议采用以下哪种风险管理框架？

　　A. FAIR 研究所　　　B. COBIT　　　　　C. NIST　　　　　　D. FDIC

15. 下列哪项正确？

A. 战略风险是由于内部流程，人员和系统不足或失败，或外部事件导致的损失风险

B. 声誉风险是由于内部流程，人员和系统不足或失败，或外部事件导致的损失风险

C. 交易风险是由内部流程，人员和系统不足或失败，或外部事件导致的损失风险

D. 操作风险是由内部流程，人员和系统不足或失败，或外部事件导致的损失风险

16. 服务或产品交付问题引起的风险被称为_____。

　　A. 战略风险　　　　B. 声誉风险　　　　C. 交易风险　　　　D. 操作风险

17. 以下哪项定义了战略风险？

A. 负面舆论的风险

B. 政府负面规定带来的风险

C. 不利的业务决策或未能以与机构的战略目标一致的方式实施适当的业务决策所产生的风险

D. 不合规业务合作伙伴产生的风险

18. 安全意识和培训计划被认为是哪种控制？

A. 行政控制　　　　　　B. 物理控制　　　　　　C. 技术控制　　　　　　D. 合同控制

19. 以下哪项陈述最能说明网络范围？

A. 企业范围的安全渗透测试计划，包括持续监控和漏洞管理

B. 组织的网络、系统和应用程序的交互式虚拟表示，以提供安全、合法的环境，从而获得实际的网络技能和安全的产品开发和安全状态测试环境

C. 企业范围的安全渗透测试计划，不包括持续监控和漏洞管理

D. 独立测试由经过认证的专业人员进行测试

20. 以下哪种测试方法是特权检查，以确定条件，找出弱点或漏洞，并确定纠正措施？

A. 审计　　　　　　　　B. 评估　　　　　　　　C. 白盒测试　　　　　　D. 黑盒测试

21. 关于黑盒测试，以下哪项是正确的？

A. 进行测试的人员具有系统的先验知识和应用程序的基础源代码

B. 进行测试的人员只具有先验知识并可以访问系统上运行的应用程序的基础源代码

C. 进行测试的人员没有事先了解系统和应用程序的基础源代码

D. 进行测试的人员也是在系统上运行的应用程序的开发人员

22. 根据机构间指导，以下哪些实体负责监督金融机构的网络安全计划？

A. 首席技术官 (CTO)　　　　　　　　　　B. 首席信息安全官 (CISO)

C. 董事会　　　　　　　　　　　　　　　D. 监管机构

23. 关于信息技术统一评级系统 (URSIT)，以下哪一项是正确的？

A. URSIT 是基于 1 至 5 的等级的评级，按监管关注的升序排列，1 代表最佳评级和最低关注度，5 代表最差评级和最高关注度

B. URSIT 是基于 1 到 10 的等级的评级，按照监管关注的升序排列，10 表示最佳评级和最低关注度，1 表示最差评级和最高关注度

C. URSIT 是基于 1 至 5 的等级的评级，按监管关注的升序排列，其中 5 表示最佳评级和最低关注度，1 表示最差评级和最高关注度

D. 以上都不是

24. 关于纽约金融服务部（DFS）网络安全监管，以下哪项陈述是正确的？

A. 纽约、新泽西和新英格兰的所有金融机构都要接受为期三年的检查时间表

B. 纽约和新泽西的所有金融机构都要接受为期三年的检查时间表

C. 要求在纽约开展业务的金融服务公司评估其网络安全风险状况，并设计一个可靠的计划来解决此类网络安全风险

D. 要求金融服务公司在纽约拥有 CISO，并且公司不能雇用关联公司或第三方服务提供商

25. 关于纽约 DFS 网络安全法规，以下哪项陈述不正确？

A. 组织必须进行年度安全渗透测试和一年两次的漏洞评估

B. 组织必须每两年进行一次安全渗透测试并进行年度漏洞评估

C. 必要时，CISO（或合格的指定人）应对所涵盖实体的网络安全程序、指南和标准进行定期评价、评估和更新

D. 金融机构需要为网络安全人员提供足以解决相关网络安全风险的网络安全更新和培训，并验证关键网络安全人员是否采取措施维护当前对网络安全威胁和对策变化的了解

26. 以下哪项不是多因素身份验证的示例？

A. 密码和智能令牌　　　　　　　　　　　B. 密码和用户名

  C. 密码和短信信息   D. 密码和带外通过移动设备应用程序

27. 关于控制和安全措施，以下哪项不正确？

  A. 控制和安全措施仅在它们按预期执行时才有用

  B. 用户可以规避控制和安全措施

  C. 所使用的测试和方法应足以验证控制和安全措施的有效性

  D. 用户无法规避控制和安全措施

28. 以下哪项是正确的？

  A. 当金融机构选择外包银行职能时，必须进行尽职调查

  B. 当金融机构选择外包银行职能时，它必须向其监管机构报告该关系

  C. 当金融机构选择外包银行职能时，必须要求服务提供商有适当的控制和保障措施

  D. 以上全正确

29. 在网上银行环境指南中，认证补充要求不是以下哪一项？

  A. 金融机构必须向其零售和商业账户持有人介绍与网上银行相关的风险

  B. 金融机构必须向零售和商业账户持有人介绍与网络范围相关的风险

  C. 金融机构必须实施分层安全模型。分层安全性的特征在于在交易过程中的不同位置使用不同的控件，使得一个控件中的弱点通常由不同控件的优点补偿

  D. 金融机构必须实施身份验证和交易欺诈监控

30. 联邦贸易委员会没有刑事管辖权；它支持身份盗窃刑事侦查和起诉通过以下哪项？

  A. FTC 消费者保护合作伙伴   B. FTC 身份盗窃数据交换中心

  C. NIST 身份盗窃数据信息交换机构   D. NIST 网络安全框架

练习题

练习 13.1：确定监管关系

1. 访问联邦储备委员会（FRB）、联邦存款保险公司（FDIC）、国家信用合作社管理局（NCUA）和货币监理署（OCC）的官方网站，并撰写简要说明每个机构的使命。

2. 对于每个机构，确定至少一个金融机构（在你所在地的半径 50 英里范围内）进行监管。

3. 在网络安全方面，管理他们使用的金融机构的消费者是否重要？请说明原因。

练习 13.2：研究 FTC

1. 访问 FTC 官方网站，并简要介绍其使命。

2. 为业务准备 FTC 网络安全资源的商业摘要。

3. 准备与 FTC GLBA 相关的执法行动的摘要。

练习 13.3：了解联邦登记册

1. 找到建立保护客户信息标准的机构间指南的联邦登记册副本。

2. 突出实际规定。

3. 准备其他部分的简要说明文档。

练习 13.4：评估 GLBA 培训

1. 上网并找到公开的 GLBA 相关网络安全培训。

2. 完成培训并列出关键点。

3. 你觉得培训有效吗？请说明原因。

练习 13.5：研究身份盗窃

1. 记录消费者如果曾经或怀疑他们是身份盗窃的受害者应采取的措施。

2. 记录消费者如何向当地或州警察报告身份盗用情况。

3. 记录消费者如何向 FTC 提交身份盗窃投诉。

项目题

项目 13.1：教育机构和 GLBA

收集、处理、存储和传输非公开个人学生信息（包括财务记录和 SSN）的教育机构必须遵守 GLBA 规定。

1. 查找学校发布的与 GLBA 合规性相关的文档。如果你不是学生，请选择当地的教育机构。GLBA 合规性文件通常在机构的网站上公布。
2. 评估文档是否清晰（例如，它是用简明语言编写的吗？它易于理解且与之相关吗？）并评估文档内容（它是否符合《保障法》的目标？）。提出改进建议。
3. 为新的教师和管理层准备培训课程，描述学校的 GLBA 合规策略和标准。包括对保护 NPPI 至关重要的原因的解释。

项目 13.2：探索 FFIEC 网络安全评估工具

FFIEC 开发了网络安全评估工具，帮助金融机构识别风险并评估其网络安全成熟度。网络安全评估工具符合 FFIEC 信息技术考试手册（IT 手册）和 NIST 网络安全框架的原则。

1. 在 https://www.ffiec.gov/cyberassessmenttool.htm 访问和审查 FFIEC 网络安全评估工具。
2. 解释金融机构如何证明其网络安全成熟度。
3. 解释并提供 FFIEC 网络安全评估工具如何映射到 NIST 网络安全框架的五个示例。

项目 13.3：风险管理评估

根据 FFIEC 网络安全信息基础手册（附录 A），监管信息技术审查的第一步是访问管理和审查检查信息，以确定技术基础设施，新产品和服务或组织结构的变化。

1. 解释网络拓扑，系统配置或业务流程的变化如何增加机构与网络安全相关的风险。提供示例。
2. 说明向内部或外部用户提供的新产品或服务如何增加机构与网络安全相关的风险。提供示例。
3. 解释关键人员，关键管理变更或内部重组的丢失或增加可能会增加机构与网络安全相关的风险。提供示例。

案例研究：Equifax 漏洞

Equifax 漏洞是近期历史上最具灾难性的网络安全漏洞之一。这是因为如果你是美国公民并且有信用报告，那么你很可能是那些敏感个人信息暴露的 1.43 亿美国消费者之一。Equifax 是美国三大信用报告机构之一。

1. 该漏洞持续时间为 2017 年 5 月中旬至 2017 年 7 月。

2. 威胁者利用 Apache Struts（CVE-2017-5638）漏洞，并在漏洞披露修复前几个月发动攻击。

3. 威胁者访问了人们的姓名、社会安全号码、出生日期、地址驾照号码。联邦贸易委员会（FTC）证实，威胁参与者还窃取了大约 20.9 万人的信用卡号码，并对大约 18.2 万人的带有个人识别信息的文件提出争议。英国和加拿大个人的非公开信息也被泄露。

4. Equifax 创建了一个网站来指导客户，并帮助他们评估其是否受到了影响，请访问 https://www.equifaxsecurity2017.com。

5. 本章所述法规的哪些指导和要求可以防止这种违规行为？

参考资料

引用的条例

"12 U.S.C. Chapter 18: Bank Service Companies, Section 1867 Regulation and Examination of Bank Service Companies," accessed 06/2018, https://www.gpo.gov/fdsys/pkg/USCODE-2010-title12/html/USCODE-2010-title12-chap18-sec1867.htm.

"Standards for Safeguarding Customer Information; Final Rule - 16 CFR Part 314" accessed 06/2018, https://www.ftc.gov/policy/federal-register-notices/standards-safeguarding-customer-information-final-rule-16-cfr-part.

"Appendix B to Part 364: Interagency Guidelines Establishing Information Security Standards," accessed 06/2018, https://www.fdic.gov/regulations/laws/rules/2000-8660.html.

"Financial Institution Letter (FIL-49-99), Bank Service Company Act," accessed 06/2018, https://www.fdic.gov/news/news/financial/1999/fil9949.html.

"Financial Institution Letter (FIL-44-2008), Third-Party Risk Guidance for Managing Third-Party Risk," accessed 06/2018, https://www.fdic.gov/news/news/financial/2008/fil08044.html.

"Supplemental Guidance on Internet Banking Authentication, June 28, 2011," official website of the FFIEC, accessed 06/2018, https://www.ffiec.gov/press/pr062811.htm.

其他参考资料

"Start with Security: A Guide for Business," The Federal Trade Commission, accessed 06/2018, https://www.ftc.gov/startwithsecurity.

Financial Services Information Sharing and Analysis Center (FS-ISAC), accessed 06/2018, https://www.fsisac.com.

"FFIEC Cybersecurity Assessment General Observations," accessed 06/2018, https://www.ffiec.gov/press/PDF/FFIEC_Cybersecurity_Assessment_Observations.pdf.

FFIEC IT Booklets and Handouts, accessed 06/2018, https://ithandbook.ffiec.gov/it-booklets.aspx.

FFIEC Cybersecurity Assessment Tool Frequently Asked Questions, accessed 06/2018, https://www.ffiec.gov/pdf/cybersecurity/FFIEC_CAT%20FAQs.pdf.

"Consumer Information—Identity Theft," official website of the Federal Trade Commission, accessed 06/2018, www.consumer.ftc.gov/features/feature-0014-identity-theft.

"FFIEC Information Technology Examination Handbook: Information Security," September 2016, Federal Financial Institutions Examination Council, accessed 06/2018, https://ithandbook.ffiec.gov/ITBooklets/FFIEC_ITBooklet_InformationSecurity.pdf.

"The NIST Cybersecurity Framework and the FTC", Federal Trade Commission video, accessed 06/2018, https://www.ftc.gov/news-events/blogs/business-blog/2016/08/nist-cybersecurity-framework-ftc.

"Fraud Advisory for Business: Corporate Account Takeover," U.S. Secret Service, FBI, IC3, and FS-ISAC, accessed 06/2018, https://www.nacha.org/content/current-fraud-threats-resource-center.

"Reporting Identity Theft," official website of the Federal Trade Commission, accessed 06/2018, https://www.identitytheft.gov.

Gross, Grant, "Banks Crack Down on Cyber-based Account Takeovers," IDG News Service, January 9, 2013, accessed 06/2018, www.networkworld.com/news/2013/010913-banks-crack-down-on-cyber-based-265685.html.

"Identity Theft Impacts," State of California Department of Justice, Office of the Attorney General, accessed 06/2018, https://oag.ca.gov/idtheft.

FTC Complaint Assistant, accessed 06/2018, https://www.ftccomplaintassistant.gov.

"Equifax Twice Missed Finding Apache Struts Vulnerability Allowing Breach to Happen," *SC Magazine*, accessed 06/2018, https://www.scmagazine.com/equifax-twice-missed-finding-apache-struts-vulnerability-allowing-breach-to-happen/article/697693.

"The Equifax Data Breach: What to Do," the Federal Trade Commission, accessed 06/2018, https://www.consumer.ftc.gov/blog/2017/09/equifax-data-breach-what-do.

"Equifax Says Hackers Stole More Than Previously Reported," CNN, accessed 06/2018, http://money.cnn.com/2018/03/01/technology/equifax-impact-more-customers/index.html.

第14章 卫生保健部门的监管合规性

卫生保健安全相关立法的起源是 1996 年的健康保险可携带性及责任性法案（HIPAA，公法 104-191）。HIPAA 条例的初衷是简化和标准化卫生保健管理程序。行政简化要求从纸质记录和交易过渡到电子记录和交易。卫生与公众服务部（HHS）被指示制定和公布标准以保护个人的电子健康信息，同时允许卫生保健提供者和其他实体适当地访问和使用该信息。图 14-1 显示了 HIPAA 和 HITECH 法案的历史。

如图 14-1 所示，在 HIPAA 最初发布之后，于 2002 年发布了个人可识别健康信息的隐私标准，称为 HIPAA 隐私规则。隐私规则对未经患者授权使用和披露患者信息对行为规定了限制和条件，并赋予患者对其健康信息的控制权，包括检查和获得其健康记录副本以及请求更正的权利。隐私规则适用于所有形式的受保护的健康信息（PHI），例如，书面、电子、口头的信息。

2003 年 2 月 20 日推出了"电子健康信息保护安全标准"，即 HIPAA 安全规则。安全规则要求采用技术和非技术保护措施来保护电子健康信息。相应的 HIPAA 安全执法最终规则于 2006 年 2 月 16 日发布。从那时起，以下法规修改并扩大了安全规则的范围和要求：

❏ 2009 年健康信息技术促进经济和临床健康法案（称为 HITECH 法案）

❏ 2009 年违规通知规则

❏ 2013 年 HITECH 法案和遗传信息非歧视法案对 HIPAA 隐私、安全、执法和违规通知规则的修改；对 HIPAA 规则的其他修改（称为 Omnibus 规则）

从那时起，卫生与公众服务部发布了额外的网络安全指南，以帮助卫生保健专业人员抵御安全漏洞、勒索软件和现代网络安全的威胁，请参阅 https://www.hhs.gov/hipaa/for-professionals/security/guidance/cybersecurity/index.html。

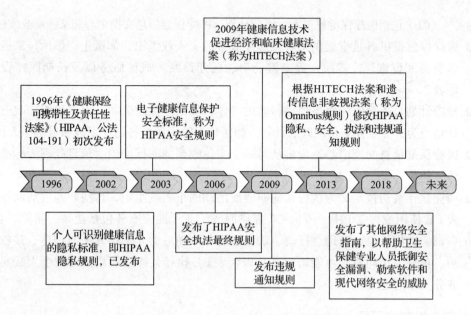

图 14-1 HIPAA 和 HITECH 法案的历史

在本章中，我们将研究原始 HIPAA 安全规则、HIPAA 法案和 Omnibus 规则的组成部分。我们讨论实体为遵从 HIPAA 而需要实施的策略、程序和实践。我们将以事件响应和违反通知要求作为本章的结尾。

仅供参考：ISO / IEC 27002:2013 和 NIST 指南

ISO 27002:2013 第 18 节致力于合规管理领域，其重点是遵守当地、国家和国际刑事及民事法律，监管或合同义务，知识产权（IPR）和版权。

以下文件中提供了相应的 NIST 指南：

❑ SP 800-122："保护个人身份信息（PII）机密性指南"

❑ SP 800-66："实施健康保险可携带性及责任性法案（HIPAA）安全的介绍性资源指南"

❑ SP 800-111："终端用户设备的存储加密技术指南"[*]

❑ SP 800-52："传输层安全性（TLS）实现的选择和使用指南"[*]

❑ SP 800-77："IPSec VPN 指南"[*]

❑ SP 800-113："SSL VPN 指南"[*]

[*]尽管许多其他的 NIST 出版物也适用，但卫生和公众服务部专门参考了 NIST 出版物，以获取与静止和动态数据加密相关的指导。

HIPAA 安全规则

HIPAA 安全规则的重点是保护受保护的电子健康信息（ePHI），即以电子方式存储、处理或传输的个人可识别健康信息（IIHI）。HIPAA 安全规则适用于被覆盖的实体和业务关联。被覆盖的实体（CE）包括医疗保健提供者、医疗计划、医疗保健信息交换中心和某些商业伙伴。

- 医疗保健提供者是指提供患者或医疗服务的个人或组织，如医生、诊所、医院、门诊服务和咨询、疗养院、养老院药房、医疗诊断和成像服务以及长期医疗设备提供者。
- 健康计划是指为医疗服务提供付款的实体，如医疗保险公司、保健组织、政府健康计划或为医疗服务支付的政府计划，如医疗保险、医疗补助、军事和退伍军人计划。
- 医疗保健信息交换中心是指将从另一个实体收到的非标准卫生信息处理为标准格式的实体。
- 商业伙伴最初被定义为执行某些职能或活动的个人或组织，这些职能或活动涉及代表 CE 使用或披露 PHI，或向 CE 提供服务。业务助理服务包括法律、精算、会计、咨询、数据汇总、管理、行政、认证和财务。随后的立法扩大了与创建、接收、维护、传输、访问或有可能访问 PHI 以代表 CE 执行某些功能或活动的个人或实体的业务关联的定义。

HIPAA 安全规则的目标

HIPAA 安全规则建立了国家标准，以保护由 CE 创建、接收、使用或以数字形式维护的患者记录。安全规则要求适当的行政、物理和技术保障，以确保 ePHI 的机密性、完整性和可用性（CIA），如图 14-2 所示。

第 3 章讨论了 CIA 三元组，并将其元素定义如下：

- 机密性是指保护信息不受未经授权的人员、资源和过程的影响。
- 完整性是指保护信息或过程免受故意或意外未经授权的修改。
- 可用性是指授权用户在需要时可以访问系统和信息的保证。

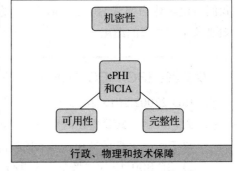

图 14-2　ePHI 和 CIA 三向图

规定的制定者是现实主义者。他们知道这些条例将适用于全国范围内各种规模和类型的组织。他们很小心，没有强制采取具体行动。事实上，卫生保健部门的许多人批评 DHHS 过于含糊，没有提供足够的指导。该规则表示，CE 可以使用任何安全措施，使其能够合理、适当地执行标准和实施规范，同时考虑以下因素：

- CE 的规模、复杂性和功能
- CE 的技术基础设施、硬件和软件功能
- 安全措施的成本
- 潜在风险的概率

这些标准旨在具有可扩展性，这意味着它们可以应用于单个医师诊所或拥有数千名员工的医院系统。这些标准是技术中立的，且没有指定的提供商。CE 将根据其独特的环境选择适当的技术和控制措施。

如何组织 HIPAA 安全规则

图 14-3 所示的五个安全规则类别是标准和实施规范。在这种情况下，标准定义了 CE 必须做什么，实施规范描述了必须如何做。

- 行政保障是管理员工日常运营、行为和访问 ePHI 的书面策略和程序，以及对安全控制的选择、开发和使用。

- 物理防护措施是用于保护设施、设备和媒体免受未经授权的访问、盗窃或破坏的控制措施。

- 技术保障的重点是使用技术安全措施来保护运行中、静止和使用中的 ePHI 数据。

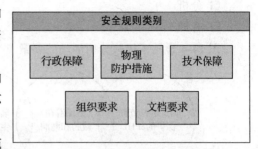

图 14-3　HIPAA 安全规则类别

- 组织要求包括商业伙伴合同和其他安排的标准。

- 文档要求涉及与支持文档相关的保留、可用性和更新要求，包括策略、过程、培训和审核。

实施规范

许多标准包含实施规范。实现规范是 CE 可用于满足特定标准的方法或对方法的更详细描述。实施规范是必需的或可落实的。如果没有为特定标准确定实施规范，则需要符合标准本身。

- 所需的实现规范类似于标准，因为 CE 必须遵守它。

- 对于可落实的实施规范，CE 必须执行评估以确定实施规范是否为在 CE 环境中实施的合理且适当的保护措施。

"可落实"并不意味着可选，也不意味着可以忽略规范。对于每个可落实的实现规范，CE 必须执行以下操作之一：

- 如果合理且适当，请实施规范。

- 如果主体确定实施规范不合理且不合适，则实体必须记录支持决策的理由，并实施可实现相同目的的等效措施或准备证明在不实施规范的情况下可以满足标准。

行政保障

安全规则将行政保障定义为："用于管理安全措施的选择、制定、实施和维护的行政行动、政策和程序，以保护受电子保护的健康信息，并管理 CE 工作人员的与保护受电子保护的健康信息有关的行为。""管理保障"部分包括九个标准，重点是保护患者健康信息的内部组织、政策、程序和安全措施的维护。

安全管理流程第 164.308(a)(1) 条

第一个标准是 HIPAA 顺应性的基础。该标准要求一个正式的安全管理流程，包括风险管理（包括风险分析）、制裁政策和持续监督。

风险管理是指实施安全措施，将风险降低到合理和适当的水平，以确保 ePHI 的 CIA，防止对 ePHI 的安全性或完整性造成任何合理预期的威胁或危害，并防止 ePHI 的任何合理预期的违反 HIPAA 安全规则的用途或披露。"合理和适当"的决定由 CE 确定。需要考虑的因素包括实体的规模、风险水平、缓解控制的成本以及实施和维护的复杂性。根据 DHHS 指南，风险管理过程包括以下活动：

❑ 分析

❑ 管理

图 14-4 显示了风险分析活动的要素。

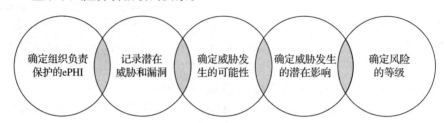

图 14-4　风险分析活动

图 14-5 显示了风险管理活动的要素。

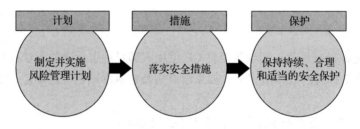

图 14-5　风险管理活动

安全规则没有规定具体的风险评估方法。然而，DHHS 实施和培训材料是指使用 NIST SP 800-30，即信息技术系统风险管理指南。

CE 必须对与 ePHI 有关的安全违规行为实施制裁政策。特别是，CE 必须制定书面策略，明确说明不遵守组织确定的安全规则的后果。

此要求中隐含的是识别和报告安全违规的正式过程。该策略需要适用于所有员工、承包商和提供商。制裁的范围可能从谴责到终止。同样，这由组织自行决定。这也意味着所有员工不仅了解制裁政策，而且接受过培训，了解他们在安全行为方面的期望。

风险管理的一个组成部分是持续监控、评价和评估。这里的期望是指 CE 通过一种机制来评价信息系统活动，并定期评价这些报告。系统活动包括网络、应用程序、人员和管理活动。在评价可以实施之前，必须解决三个基本问题：

1. 要监控哪些系统活动？简短的回答：审计日志、访问报告和安全事件跟踪报告是跟踪系统活动的常用方法。

2. 如何实现？通常，使用内置或第三方监视 / 审计工具来处理操作系统、应用程序和设备，以及事件报告日志。

3. 谁将对整个过程和结果负责？通常是安保人员。实际上，安全官可能不具备技术技能来解释报告，在这种情况下，需要信息技术（IT）人员（内部或外包）和安全官员相互合作。

分配的安全责任第 164.308(a)(2) 条

行政保障部分的第二个标准是分配安全责任。本标准没有单独的实施规范。安全规则明确规定，CE 必须指定一个人作为安全官员。安全官员负责监督政策和程序的制定，管理和监督使用安全措施保护数据，并监督人员访问数据。应制定正式的工作描述，准确反映分配的安全职责。这个角色应该传达给整个组织，包括承包商和提供商。

选择一个能够评估有效安全性的人，并且可以作为安全策略、实施和监控的联络点，这一点很重要。应当指出的是，合规责任并不完全由安全官员承担。管理层仍对 CE 的行动负责。整个组织都将参与与合规相关的活动。目标是创建一种安全和合规的文化。

劳动力安全第 164.308(a)(3) 条

第三个标准是劳动力安全。本标准主要关注人与 ePHI 之间的关系。本标准的目的是确保有适当的政策、程序和保障措施，供全体员工使用 ePHI。"劳动力"一词专门用来代替"人员"。一般来说，人员是指公司工资单上的人员。劳动力包括在公司工作或为公司工作的任何人。除员工和负责人外，还包括提供商、业务合作伙伴和承包商（如维护工人）。本标准有三个可落实的实施规范：实施劳动力授权和监督程序、建立劳动力清关程序和建立劳动力终止程序。

在第 3 章中，我们将授权定义为授予用户和系统预先确定的信息资源访问级别的过程。在这种情况下，规范涉及确定谁应该访问 ePHI 以及访问级别。本规范中隐含的含义是，组织为所有工作职能定义了角色和职责。预计更多的 CE 将记录劳动力准入，包括许可类型、在什么情况下以及出于什么目的。小型卫生保健部门可能会规定，所有内部员工都需要访问 ePHI 作为其工作的正常部分。

CE 需要解决是否所有获得 ePHI 授权访问权限的员工都获得了适当的许可。该规范的目标是组织建立招聘和分配任务的标准和程序。换句话说，确保工人具备履行特定角色所需的知识、技能和能力，并且这些要求是招聘流程的一部分。作为此过程的一部分，CE 需要确定该职位所需的筛选类型。这包括从就业和教育参考验证到刑事和信用检查。国会的目的不是要求进行背景调查，而是要求在访问 ePHI 之前进行合理和适当的筛选。

当员工的角色或承包商在组织中的角色发生变化或其工作结束时，组织必须确保他们对 ePHI 的访问权限终止。符合此规范包括应遵循一套标准程序来恢复访问控制设备（ID 徽章、密钥、令牌），恢复设备（笔记本电脑、PDA、寻呼机），以及停用本地和远程网络及 ePHI 访问账户。

信息访问管理第 164.308(a)(4) 条

"行政保障"部分的第四个标准是信息访问管理。信息访问管理标准的目标是要求 CE 有正式的政策和程序来授予对 ePHI 的访问权限。你可能在想，我们还没有这样做过吗？让我们回顾一下先前标准对 CE 的要求——确定哪些角色、工作或职位有权访问 ePHI，为那些可能被授予 ePHI 权限的人建立招聘实践，并建立终止流程以确保当劳动力成员被终止或不再需要访问时访问权限被禁用。该标准涉及授权和建立对 ePHI 的访问权限的过程。本节中有一个必需和两个可落实的实施规范：隔离医疗保健信息交换中心功能（必需但仅适用于有限的情况），实施授权访问的策略和程序，以及实施建立访问的策略和程序。

在组织确定了哪些角色需要访问以及谁将填充角色之后，下一步是决定如何授予 ePHI 访问权限。在本标准中，我们从策略角度处理这个问题。稍后我们将从技术角度重新审视这个问题。第一个决定是授予访问权限的级别。选项包括硬件级别、操作系统级别、应用程序级别和合约级别。许多组织将选择混合方法。第二个决定是授予访问权限的定义基础。此处的选项包括基于身份的访问（按名称）、基于角色的访问（按作业或功能）和基于组的访问（按成员身份）。较大的组织可能会倾向于基于角色的访问，因为这项工作可能非常明确。较小的实体倾向于使用基于身份或基于组的访问，因为一个人可能被赋予多个角色的任务。

假设组织已就访问授权做出决策，则下一步是制定策略和过程，以建立、记录、评价、修改，并在必要时终止用户对工作站、事务、程序或进程的访问权限。期望的是可以清楚地识别每个用户的权利。为此，每个用户必须具有唯一标识。必须记录分配的用户角色和组成员身份。正如第 6 章所述，在整个劳动力生命周期中，需要有一个定义的用户供应流程来传达状态、角色或责任的变化。

安全意识和培训第 164.308(a)(5) 条

用户是抵御攻击、入侵和错误的第一道防线。要想有效抵御攻击，用户必须接受培训，并且意识到紧急的危险。安全意识和培训标准要求组织针对特定主题实施安全意识和培训计划。本标准隐含的含义是组织提供有关总体安全计划、政策和程序的培训。提供的培训类型由组织决定。目标是提供适合受众的培训。培训计划应记录在案，并应有评估培训有效性的机制。在设计和实施培训计划时，实体需要处理图 14-6 所示的项目。

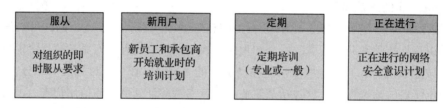

图 14-6　设计和实施培训计划

本标准有四个可落实的实现规范。这些规范如图 14-7 所示。

图 14-7　安全意识和培训规范

安全意识计划旨在提醒用户潜在的威胁及其在降低组织风险方面的作用。根据 NIST 的说法，提高认知度的目的只是将注意力集中在安全性上。意识演示旨在使个人能够识别 IT 安全问题并做出相应的响应。安全意识应该是一项持续的活动。建议的传播方式包括海报、屏幕保护程序、小饰品、小册子、视频、电子邮件和传单。该活动应扩展到与 CE 的 ePHI 交互的任何人，包括员工、承包商和业务合作伙伴。安全意识计划是维护安全环境的重要组成部分。当你走过一扇锁着的门时，即使是最具安全意识的联邦机构也会突出显示海报，提醒你检查有没有其他人和你一起进入，并确认门已关好！

实施规范包括三个培训主题：口令管理、登录程序和恶意软件。这些是重要的主题，因为用户行为可以减轻相关威胁。用户需要了解保护其身份验证凭据（密码、令牌或其他代码）的重要性以及报告可疑密码泄露的即时性。还应教会用户识别与身份验证相关的异常，包括异常缓慢的登录过程、间歇工作的凭据、意外锁定以及报告异常，即使它们看起来不重要。正如我们在前面的章节中所讨论的，恶意软件是所有互联网连接组织面临的最重要的威胁之一。用户需要接受关于如何破坏恶意软件交付渠道、如何应对可疑系统行为以及如何报告可疑事件的培训。

过去，网络钓鱼一直是一种获取组织敏感数据的方式，且没有显示出任何放缓的迹象。威胁参与者可以欺骗用户单击恶意链接或附件，并成功破坏其系统。这就是为什么网络钓鱼模拟活动对于组织来说是一种越来越流行的方式，以了解他们的人在这种社交工程攻击中有多脆弱。在一些公司中，他们将此作为培训机会，而其他公司则将这些虚假的网络钓鱼活动作为衡量其安全意识培训是否成功的方法。这是因为卫生保健提供者或任何组织的员工中的任何网络钓鱼弱点都可能是对网络安全最佳实践缺乏了解的一种表现。仅靠反网络钓鱼培训无法切实解决问题。点击钓鱼电子邮件链接或附件的同一个人也可能对密码安全、安全移动设备实践和其他网络安全最佳实践缺乏了解。

安全事故程序第 164.308(a)(6) 条

在第 11 章中，我们将安全事件定义为使信息系统或信息本身的某些方面受到威胁的任何不利事件，如数据机密性丢失、数据完整性中断或拒绝服务。该标准涉及网络安全事件的报告和响应。标准中隐含的是信息用户和托管人已经接受过适当的培训，并且认识到可能需要外部专业知识。制定相关实现规范是必需的。

安全事件报告是成功响应和恢复过程的基础。安全事件报告程序有三个组成部分：培训用户识别可疑事件，实施易于使用的报告系统，让员工跟进调查并向用户报告他们的发现。承保实体必须具备文件化程序，以支持安全事故报告计划。

事件响应计划解决事件报告应由谁、如何以及在什么时间范围内响应。程序应包括基于事件的危急程度和严重性的升级路径。这应包括何时联系执法和取证专家，以及何时与用户联系以解决安全漏洞。所有事件都应记录在案。然后，应将此信息纳入持续的风险管理流程。

应急计划第 164.308(a)(7) 条

应急计划标准更适合被称为业务连续性计划标准。在第 12 章中，我们讨论了业务连续性管理的组成部分，包括应急准备、响应、运营应急和灾难恢复。该标准与这些组成密切相关。应急计划标准的目标是建立（并根据需要实施）策略和程序，以应对损害 ePHI 或提供患者服务能力的系统的紧急情况。标准中未提及但暗含的是需要一个负责管理计划的业务连续性团队。本标准有三个必需和两个可落实的实施规范：需要进行应用和数据关键性分析，建立和实施数据备份计划，以及建立和实施灾难恢复计划。建立紧急模式运行计划以及测试和修订程序是可以解决的。

数据和关键性分析规范要求 CE 识别其软件应用程序（存储、维护或传输 ePHI 的数据应用程序）并确定每个应用程序对患者护理或业务需求的重要程度，以便确定数据备份、灾难恢复或紧急行动计划的优先级。例如，访问电子病历对提供护理至关重要。另一方面，索赔处理虽然对实体的财务健康很重要，但在短期内不会影响患者的护理。第 12 章将此流程称为业务影响分析。

数据备份规范要求 CE 建立并实现创建和维护可检索的 ePHI 精确副本的过程。这意味着所有 ePHI 都需要按计划备份。实施机制由组织负责。但是，必须记录备份（和恢复）数据的过程，并且必须分配运行和验证备份的责任。除了验证备份作业是否成功运行之外，还应定期进行测试还原。测试既可以验证媒介，也可以在低压力情况下提供培训机会。与在危机情况下学习如何恢复数据相比，几乎没有什么情况更令人头疼。备份媒介不应保留在现场。它应该安全地远离现场。需要根据组织的安全策略保护存储位置。

行业中有不同的备份类型或级别。不幸的是，每个人使用这些术语的方式并不相同。图 14-8 显示了备份类型和等级。

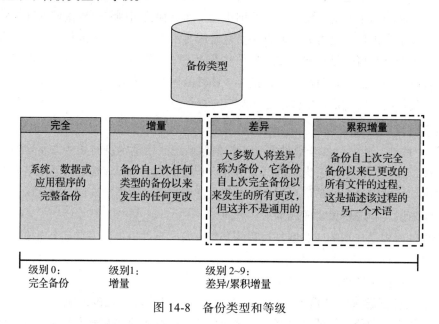

图 14-8   备份类型和等级

灾难恢复规范明确要求 CE 能够恢复丢失的任何数据。最初的解释是简单地恢复数据的能力。实际上，这个过程要复杂得多。组织必须考虑最坏情况。例如，请考虑以下问题：

❑ 如果建筑物无法进入怎么办？
❑ 如果设备被摧毁怎么办？
❑ 如果通信基础设施不可用怎么办？
❑ 如果有没有经过培训的人员怎么办？

应制定灾难恢复计划，以解决关键基础设施的恢复问题，包括信息系统和通信（电话、数据和互联网）以及数据恢复。

紧急模式操作规范要求在发生灾难或紧急状况的不利情况下保护 ePHI（以及扩展的网络）免受伤害。

测试和修订程序规范要求组织实施定期测试和修订应急计划的程序。正如第 12 章所讨论的，计划和程序在测试之前是纯理论的。测试计划的目标是确保计划和程序在不利条件下的准确性、相关性和可操作性。与证明成功同样重要的是发现不足之处。

评估第 184.308(a)(8) 条

评估标准侧重于制定标准和度量标准，以评价所有标准和实施规范的合规性。本标准作为唯一的实施规范是必需的。所有 CE 都需要评估其合规状态。这是一个持续的过程，应该在计划的基础上进行（建议进行年度评价，但不强制要求），并且无论何时变更驱动因素都需要重新评估。如果组织的员工接受了适当的培训，则可以在内部进行评估。或者，可以雇佣第三方进行评估并报告结果。在与第三方签订合同之前，应要求提供商记录符合 HIPAA 的证书和经验。评估应评价所有五类需求：管理、物理、技术、组织和文档需求。评估的预期结果是确认合规活动和改进建议。

HIPAA 合规性没有正式的认证或认证流程。没有任何组织或个人可以在合规计划上加上正式的批准印章。该过程是自我认证的过程之一。由组织确定其安全计划和合规活动是否可接受。如果受到质疑，则需要提供全面的文档来支持其决策。

商业合作伙伴合同和其他安排第 164.308(b)(1) 条

行政保障部分的最后一个标准是商业合作伙伴合同和其他安排。与本标准相关的组织要求在"规则"第 164.314 条（标题为"组织政策、程序和文件"）中进行了更详细的讨论。商业伙伴合规要求在高科技法案和"Omnibus 规则"中做了进一步的定义，这两个要求将在本章后面讨论。

CE 由于各种原因共享 ePHI。该标准规定，只有当 CE 获得令人满意的保证时，即业务伙伴将适当保护信息时，才允许业务伙伴代表 CE 创建、接收、维护或传输 ePHI。商业伙伴提供的服务包括：

- ☐ 索赔处理或结算
- ☐ 转录
- ☐ 数据分析
- ☐ 质量保证
- ☐ 实践管理
- ☐ 应用支持
- ☐ 硬件维护
- ☐ 行政服务

所需的实施规范要求 CE 通过书面合同或其他与业务伙伴达成的符合适用要求的安排，来记录所需的令人满意的保证。本标准暗示，CE 将建立衡量合同履行的标准和程序。程序包括从清晰的通信线路到现场安全评价等不同内容。特别重要的是报告与关系相关的安全事件的过程。如果没有达到标准，那么就需要有一个终止合同的过程。应在商业伙伴协议和履约合同中包含终止的条件。

实践中：HIPAA 行政标准概要

"行政保障"部分中的所有标准和实施规范都涉及行政职能，例如必须为管理和执行安全措施而制定的政策和程序。

标准	实施规范
安全管理流程	风险分析 风险管理制裁政策 信息系统活动评价
分配安全责任	分配安全责任
劳动力安全	授权或监督 劳动力清理程序 终止程序
信息访问管理	隔离医疗保健信息中心的职能 访问授权 访问建立和修改
安全意识和培训	安全提醒 防止恶意软件 登录监控 口令管理
安全事故程序	回应和报告
应急计划	数据备份计划 灾难恢复计划 紧急模式操作计划 测试和修订程序应用 程序和数据关键性分析
评估	评估
商业合作伙伴合同和其他安排	书面合同或其他安排

物理保障

安全规则将物理保障定义为："保护 CE 电子信息系统及相关建筑物和设备的物理措施、策略和程序，免受自然和环境危害以及未经授权的入侵。"存储、处理、访问或传输 ePHI 的所有地点都需要物理保障措施。这一要求延伸到远程办公或移动办公。

设施访问控制第 164.310(a)(1) 条

第一项物理保障是设施访问控制。设施被定义为建筑物的物理场所及其内部和外部。设施访问控制是限制对 ePHI 信息系统及其所在设施的物理访问的策略和程序，同时确保允许正确授权的访问。该标准有四种可落实的实施规范：创建设施安全计划，实施访问控制和验证程序，保存维护记录以及建立应急操作。这四种实现规范都是可落实的。

设施安全计划规范要求记录实体为保护厂房和设备免受未经授权的访问、篡改和盗窃而使用的安全措施。最基本的控制是门锁。本规范暗含需要进行风险分析以识别脆弱区域。风险分析将集中在建筑物周边、内部和计算机室 / 数据中心。将要检查的区域包括入口，如门、窗、装货码头、通风口、屋顶、地下室、栅栏。根据风险评估的结果，设施安全计划可能包括监控、环境设备监控、环境控制（空调、烟雾探测和灭火）和出入口控制（锁、保安、出入证）。

　　访问控制和验证程序规范着重用于确认访问设施的授权人员和访客，以及排除未授权人员的程序。设施访问控制通常基于其角色或功能。这些功能性或基于角色的访问控制和验证程序应与设施安全计划密切一致。

　　维护记录实施规范要求 CE 记录此类设施的安全维修和修改，如更换锁、日常维护检查和安装新的安全设备。租赁场地的组织应要求业主提供此类文件。

　　制定应急行动实施规范是行政保障部分应急计划要求的延伸。实体需要建立程序，以确保紧急情况下的授权物理访问。通常，这些程序是自动系统的手动覆盖。机房的门禁系统可能设计为刷卡识别或生物识别。如果没电，这些控制将是无用的。假设需要进入机房，则需要应急或备用计划。

工作站使用第 164.310(b) 条

　　工作站使用标准说明了使用和保护工作站的策略和过程。这通常通过建立设备类别（如有线工作站、无线工作站、移动设备和智能手机）和子类别（如位置）来完成，然后确定适当的保护措施。本标准是唯一的实施规范。

工作站安全第 164.310(c) 条

　　工作站安全标准规定了如何对工作站进行物理防护，以防未经授权的用户使用。应实施物理防护和其他安全措施，以尽量减少通过工作站访问 ePHI 的可能性。如有可能，工作站应位于限制区域。在不可能的情况下，例如检查室，工作站应该受到物理保护（锁定），并使用自动屏幕保护程序进行密码保护。此外，应禁用 USB 端口。肩窥在这里特别受关注。肩窥最基本的形式是一个过路人可以通过看显示器或用相机或手机拍照来查看另一个人的计算机屏幕上的信息。位于半公共区域（如接待台）的工作站需要远离观看者。如果这是不可能的，它们应该被封装在隐私屏幕中。本标准是唯一的实施规范。

设备和媒介控制第 164.310(d)(1) 条

　　设备和媒介控制标准要求 CE 实施政策和程序，以控制接收和移除包含 ePHI 在内的硬件和电子媒介，进出设施，以及设施内这些项目的移动。电子媒介的定义为"计算机（硬盘）中的存储设备和任何可移动 / 可传输的数字存储媒介，如磁带或磁盘、光盘、数字存储卡等"。

　　本标准要求正确处理电子媒介，包括：

- ❑ 收据
- ❑ 移除
- ❑ 备份（可落实）
- ❑ 存储
- ❑ 媒介重用（必需）
- ❑ 处置（必需）
- ❑ 责任（可落实）

本标准有两个要求的实施程序：

- ❑ 维护硬件和电子媒介的责任。
- ❑ 需要制定数据备份和存储程序。

实现重用策略和过程以及实现处置策略和过程是可落实的。

维护硬件和电子媒介实施规范的目标是能够随时考虑 ePHI 的情况，即所有容纳 ePHI 的系统和媒体都已被识别和清点。目标是确保 ePHI 不会被无意释放或被共享给任何未经授权的人。设想纸质医疗记录（图表），这很容易理解。在允许记录离开特定场所之前，必须验证该请求来自授权方。记录删除图表并保留删除记录。定期检查日志以确保已返回图表。该规范要求对以电子形式存储的信息使用相同类型的过程。

开发数据备份和存储过程规范要求在移动或重新定位包含 ePHI 的任何设备之前，创建数据的备份副本。目的是确保在损坏或丢失的情况下，提供准确、可检索的信息副本。与此操作同时发生的隐含要求是，备份媒介将存储在与原始媒介分开的安全位置。该规范保护了 ePHI 的可用性，类似于行政保护措施的应急计划标准的数据备份计划实施规范，该标准要求 CE 实施创建和维护可检索的 ePHI 精确副本的程序。

实施处置政策和程序规范要求有一个流程来确保包含 ePHI 的报废电子媒介在处置之前变得无法使用或不可用。正如第 7 章所讨论的，处理选项包括磁盘擦除、消磁和物理破坏。

实体可能希望重用它而不是处理电子媒介。实施重用策略和过程规范要求在重用或重新分配之前有一个过程来实现媒介净化。经常被忽视的是工作站或打印机中的硬盘驱动器，这些驱动器在组织内部或外部被回收。不要假设因为策略声明 ePHI 没有存储在本地工作站上而不需要清理驱动器。ePHI 位于最意想不到的位置，包括隐藏、临时、缓存、Internet 文件以及元数据。

实践中：HIPAA 物理标准概要

安全规则的物理保护措施是保护电子信息系统、建筑物和设备的物理措施、策略和程序。

标准	实施规范
设施访问控制	设施安全计划 访问控制和验证程序维护记录 应急措施
工作站使用	工作站使用
工作站安全	工作站安全
设备和媒体控制	数据备份和存储责任 媒介复用 媒介处理

技术保障

安全规则将技术保障定义为"保护电子健康信息并控制其访问的技术及其使用策略和程序"。安全规则与提供商无关，不需要特定的技术解决方案。CE 必须确定哪些安全措施和特定技术是合理的，并且适合在其组织中实施。这一决策的基础应该是风险分析。

技术保护措施包括访问控制、审计控制、完整性控制、身份验证控制和传输安全性。组织可以从广泛的技术解决方案中进行选择，以满足实施规范。45 CFR 第 164.306(b) 条，安全标准：一般规则，方法的灵活性，明确指出实体可以考虑与组织的规模、复杂性和能力相关的各种措施的成本。但是，不允许实体将成本作为不执行标准的唯一理由。

访问控制第 164.312(a)(1) 条

访问控制标准的目的是将 ePHI 的访问权限仅限于那些经过特别授权的用户和进程。本标准中隐含的是默认拒绝、最小特权和需要知道的基本安全概念。访问控制标准有两个必需和两个可落实的实施规范：需要唯一的用户识别和建立紧急访问程序，实现自动注销程序和加密 / 解密静态信息是可落实的。

所需的唯一用户标识实现规范要求为每个用户和进程分配唯一的标识符。这可以是名称或号码。命名约定由组织自行决定。本规范的目标是问责制。唯一的标识符可确保系统活动和对 ePHI 的访问可以跟踪到特定用户或进程。

建立紧急访问程序的目的是确保在正常访问程序被禁用或由于系统问题而变得不可用时操作的连续性。通常，这将是已分配覆盖权限且无法锁定的管理员或超级用户账户。

实现自动注销过程规范的目的是在预定的不活动时间之后终止会话。这里的假设是可能无人看管用户的工作站，在此期间他们的账户有权访问的任何信息都容易受到未经授权的查看。尽管实施标准包含术语"注销"，但其他机制也是可以接受的。其他控件的示例包括受密码保护的屏幕保护程序，工作站锁定功能和会话断开连接。基于风险分析，组织需要确定预定的不活动时间以及终止方法。

用于加密和解密静态数据的可落实规范旨在在分配的访问权限之上添加额外的保护层。NIST 将静态数据定义为驻留在数据库、文件系统、闪存驱动器、内存或任何其他结构化存储方法中的数据。图 14-9 说明了加密静态数据和动态数据之间的区别。

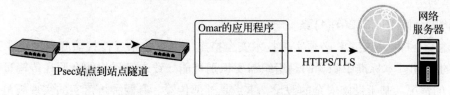

图 14-9　加密静态数据与动态数据

加密可能是资源密集型的且成本高昂。加密静态数据的决定应基于全面风险分析确定的风险等级。毫无疑问，移动设备和媒体应始终加密，因为丢失、被盗或未经授权的访问发生的可能性很高。HITECH 法案和 Omnibus 规则都将未加密的数据称为"不安全数据"，并要求披露违反或潜在违反不安全数据的行为。

审计控制第 164.312(b) 条

审计控制标准要求实施硬件、软件或程序机制，这些机制记录和检查包含 ePHI 的信息系统中的活动。该标准与要求信息系统评价和安全管理的行政标准密切相关。该标准作为唯一的实施规范。

组织必须具有可用于监视系统活动的方法，以确定是否发生了安全违规。审计控制可以是自动的或手动的，也可以是两者的组合。例如，系统日志可以在后台连续运行，而特定用户活动的审计可能要在需要时手动启动。大多数操作系统和应用程序至少应将最低级别的审核作为功能集的一部分。市场充满了第三方选择。安全规则不识别由审计控制必须收集的数据或审核审计报告的频率。实体有责任为包含或使用 ePHI 的信息系统确定合理和适当的审计控制。

完整性控制第 164.312(c)(1) 条

在本章的前面，我们将完整性定义为保护信息或流程免受故意或意外的未经授权的修改。在卫生保健环境中，这一点尤其重要，因为修改可能会危及患者护理。完整性控制标准要求组织实施技术控制，以保护 ePHI 免受不正当的更改或破坏。有一个可落实的实现规范：验证 ePHI 的机制。该规范涉及电子机制，证实 ePHI 没有以未经授权的方式被更改或销毁。用于验证的最常用的工具是文件完整性检查器、消息摘要和数字签名。

个人或实体认证第 164.312(d) 条

身份验证定义为识别个人的过程，通常基于用户名和密码。认证不同于授权，授权是根据个人身份授予个人访问权限的过程。身份验证只确保个人是其声称的那个人，但对个人的访问权却一无所知。个人或实体身份验证标准要求验证寻求访问 ePHI 的个人或流程是否是声明的人或流程。实体可以是流程或服务。本标准是唯一的实施规范。

早期的访问控制标准要求识别责任。认证标准要求标识以便验证。正如第 9 章所述，身份验证过程要求主体提供身份证明。

凭证被称为因素。有三类因素：知识（用户知道的东西）、占有（用户拥有的东西）和内在性（用户本身）。单因素认证是指只提供一个因素。最常见的单因素认证方法是密码。在出现两个或多个同一类型的因素时使用多因素身份验证。多层认证是指出现两个或多个相同类型的因素。由 CE 决定适当的方法。在所有情况下，用户都应该接受有关如何保护其身份验证凭据的培训。

传输安全第 164.312(e)(1) 条

传输安全标准规定 CE 必须实施技术安全措施，以防止未经授权访问通过电子通信网络传输的 ePHI。本标准中隐含的是组织需要识别可能导致未经授权的来源在传输过程中修改 ePHI 的情况。基于设施安全的假设，重点是外部传输。有两种可落实的实现规范：实现完整性控制和实现加密。正如在先前的完整性控制中一样，实现完整性控制规范的目的是保护 ePHI 免受有意或无意的未经授权的修改。在这种背景下看待完整性，重点是保护动态的 ePHI。NIST 将动态数据定义为通过网络传输的数据，包括通过电子邮件或结构化电子交换进行的无线传输。第二个实现标准要求 CE 考虑加密运动中的 ePHI 的合理性。传统观点要求，通过公共网络传输的所有 ePHI 都需要加密。安全措施可协同使用，以保护传输中数据的完整性和机密性。示例包括虚拟专用网络，安全电子邮件产品，以及 SSL、SSH 和 SFTP 等应用层协议。

实践中：HIPAA 技术标准概要

安全规则技术保障是保护 ePHI 并控制其访问的技术和相关策略和程序。

标准	实施规范
访问控制	唯一用户标识 紧急访问程序 自动注销 加密和解密
审计控制	审计控制
完整性控制	认证 ePHI 的机制
个人或实体认证	个人或实体认证
传输安全	完整性控制 加密

组织要求

接下来的两个标准被归类为组织需求，专门处理合同和其他安排。该标准规定了 CE 与商业伙伴之间的书面合同或其他安排的具体标准。本标准的目的是在合同上规定商业伙伴必须保护 ePHI。2013 年的 Omnibus 规则将 HIPAA/HITECH 合规性要求扩展到了商业伙伴。

商业伙伴合同第 164.314(a)(1) 条

根据卫生与公众服务部的定义，"商业伙伴"是指除了 CE 的劳动力成员之外的个人或实体，其代表 CE 执行职能或活动，或者向 CE 提供某些服务，也涉及商业伙伴对 PHI 的访问。商业伙伴也是一个分包商，代表另一个商业伙伴创建、接收、维护或传输 PHI。

HIPAA 规则通常要求所涵盖的实体与其商业伙伴签订合同，以确保商业伙伴能够适当地保护 PHI。承保实体与其商业伙伴之间的合同必须包括以下标准：

❑ 确定商业伙伴允许和要求的 PHI 使用和披露。

❑ 规定商业伙伴不得使用或进一步披露合同或法律要求以外的信息。

❑ 要求商业伙伴实施适当的安全措施，以防止未经授权的信息使用或披露，包括实施有关 ePHI 的 HIPAA 安全规则要求。

❑ 要求商业伙伴向 CE 报告其合同未提供的信息的任何使用或披露，包括违反无担保 PHI 的事件。

❑ 要求商业伙伴按照合同中的规定披露 PHI，以履行 CE 对个人要求其 PHI 副本的义务，并提供 PHI 以进行修订（并在必要时纳入任何修订）和核算。

❑ 如果商业伙伴根据隐私规则履行 CE 的义务，则要求商业伙伴遵守适用于该义务的要求。

❑ 要求商业伙伴向 DHHS 提供其内部实践、账簿和记录，这些实践、账簿和记录与使用和披露由业务伙伴代表 CE 创建或接收的 PHI 有关，以便 DHHS 确定 CE 是否符合 HIPAA 隐私规则。

❑ 在合同终止时，如果可行，要求商业伙伴归还或销毁从 CE 收到的，或由业务伙伴代表 CE 创建或接收的所有 PHI。

❑ 要求商业伙伴确保其可能代表所聘用的、有权接触 PHI 的任何分包商同意对商业伙伴适用于此类信息的相同限制和条件。

❑ 如果商业伙伴违反合同的重要条款，则 CE 授权终止合同。作为分包商的商业伙伴和商业伙伴之间的合同也受到这些要求的约束。

如果实体知道商业伙伴的活动或实践模式构成实质性违规或违反商业伙伴义务，则认为 CE 不符合规定，除非 CE 采取合理措施纠正或终止该违规行为。如果这些步骤不成功，CE 必须在可行的情况下终止合同或安排。如果不可行，必须将问题报告给国土安全部秘书。

其他安排实施规范是一个例外，当 CE 和商业伙伴都是政府机构时，提供合同义务要求的替代方案。条款包括谅解备忘录（MOU）和法定义务的承认。

实践中：HIPAA 组织要求概要

安全规则组织要求涉及商业伙伴按照 HIPAA 要求保护 ePHI 并向 CE 报告任何违规或安全事件的义务。

标准	实施规范
商业伙伴合同或其他安排	商业伙伴合同 其他安排

政策和程序标准

最后两个标准分为政策和程序要求。共有四个实现规范，所有这些都是必需的。

政策和程序第 164.316(a) 条

CE 需要实施合理且适当的政策和程序，以符合标准、实施规范或安全规则的其他要求。本标准是唯一的实施规范。

政策和程序必须足以满足标准和实施规范，并且必须准确反映 CE、员工、系统及商业伙伴的实际活动和实践。CE 可以随时更改政策和程序，前提是这些更改是按照文档标准进行记录和实施的。

文件第 164.316(b)(1) 号

文件标准要求以书面或电子形式维护与安全规则相关的所有政策、程序、行动、活动和评估。有三个必需的实施规范：时间限制、可用性和更新。

CE 必须将与安全规则相关的所有文件保留六年，从创建之日或最后生效之日算起，以较晚时间点为准。此要求与隐私规则中的保留要求相似。

所有负责执行文件相关程序的人员都必须能够轻松获取文件，包括安全专业人员、系统管理员、人力资源、合同、设施、法律、合规和培训。

必须定期评价文件，并根据需要更新，以响应影响 ePHI 安全的操作、人员、设施或环境变化。应特别注意版本控制。

实践中：政策、程序和文件要求概要

政策、程序和文件要求与 CE 的 HIPAA 相关安全计划、政策和程序的实施和维护有关。

标准	实施规范
文件	时间限制 可用性 更新

HIPAA 安全规则映射到 NIST 网络安全框架

美国卫生与公众服务部制作了一系列网络安全指导材料，可在其网站 https://www.hhs.gov/hipaa/for-professionals/index.html 上查阅。

他们创建了一个文档，用于识别 NIST 改进关键基础设施网络安全框架与 HIPAA 安全规则之间的映射。文档可以在 https://www.hhs.gov/sites/default/files/nist-csf-to-hipaa-security-rule-crosswalk-02-22-2016-final.pdf 上获得。

该文档将 HIPAA 安全规则中的每个管理、物理和技术安全标准和实施规范映射到相关的 NIST 网络安全框架子类别。值得注意的是，一些 HIPAA 安全规则要求可以映射到多个 NIST 网络安全框架子类别。

CE 应该能够评估和实施新的和不断发展的技术和最佳实践，它们认为这些技术和最佳实践是合理和适当的，以确保其创建、接收、维护或传输的 ePHI 的机密性、完整性和可用性。美国卫生与公众服务部在 NIST 网络安全框架子类别和 HIPAA 安全规则之间创建了这些映射，仅作为参考信息，并不暗示或保证遵守任何法律或法规。CE 需要完成自己的网络安全风险评估，以识别和减轻他们创建、接收、维护或传输的 ePHI 的漏洞和威胁。

HITECH 法案和 Omnibus 规则

健康信息技术促进经济和临床健康法案（称为 HITECH 法案）是 2009 年美国恢复和再投资法案（ARRA）的一部分。HITECH 法案修订了《公共卫生服务法》（PHSA），重点是通过促进健康信息技术来提高医疗质量、安全性和效率。HITECH 法案为卫生保健基础设施和电子健康记录（EHR）提供了超过 310 亿美元的资金，其中包括为有意义的激励计划提供资金。HITECH 法案还扩大了 HIPAA 下隐私和安全保护的范围。

根据 HITECH 法案和遗传信息非歧视法案对 HIPAA 隐私、安全、执法和违反通知规则的修改，对 HIPAA 规则的其他修改（称为 Omnibus 规则）于 2013 年 1 月 25 日发布，合规日期为 2013 年 9 月 23 日。Omnibus 规则最终确定了 HITECH 中引入的隐私、安全和执行规则，修改了违反通知规则，并扩大了"商业伙伴"的定义。

在 HITECH 和 Omnibus 规则之前，政府几乎没有权力执行 HIPAA 规定。使问题复杂化的是，存储、处理、传输和访问 ePHI 的整个行业细分未被法律明确涵盖。2013 年，Omnibus 规则通过以下方式在覆盖范围、执法和患者保护方面做出了重大改变：

- ❏ 扩大"商业伙伴"的定义。
- ❏ 将合规执行扩展到商业伙伴和商业伙伴的分包商。
- ❏ 增加违规罚款，可能会被罚款 25 000 美元至 150 万美元。
- ❏ 包括要求联邦政府更积极执法的条款，并要求 DHHS 进行强制性审计。
- ❏ 授予州检察长明确权限，以执行 HIPAA 规则并针对 HIPAA 的 CE、CE 员工或其商业伙伴提起 HIPAA 刑事和民事案件。
- ❏ 定义特定阈值、响应时间表以及安全漏洞受害者通知方法。

为商业伙伴改变了什么

原始安全规则将"商业伙伴"定义为代表 CE 执行某些功能或活动的个人或组织，这些功能或活动涉及使用或披露 PHI 或向 CE 提供服务。最终规则修改了"商业伙伴"的定义，即代表 CE 创建、接收、维护、传输或访问 PHI 以执行某些功能或活动的个人或实体。随附指南进一步定义了"访问"，并规定，如果提供商有权访问 PHI 以履行其职责和责任，无论提供商是否实际执行此访问，提供商都是商业伙伴。

分包商和责任

自 2013 年 9 月起，创建、接收、维护、传输或访问 PHI 的商业伙伴的分包商被视为商业伙伴。添加分包商意味着适用于 CE 的直接合同商业伙伴的所有 HIPAA 安全、隐私和违规通知要求也适用于所有下游服务提供商。CE 必须获得"令人满意的保证"，即 ePHI 将按照其商业伙伴的规则进行保护，并且商业伙伴必须从其分包商那里获得相同的信息。由于未按照 HIPAA 安全规则保护 ePHI，商业伙伴直接承担责任并受到民事处罚（在下一节中讨论）。

据 2013 年 1 月 23 日《联邦公报》报道，DHHS 估计在美国有 100 万～200 万商业伙伴和数量不明的分包商。扩大受 HIPAA 法规约束的企业数量如此之大，以至于它可能改变美国的安全形势。

实施改变了什么

DHHS OCR 的任务是执行原始的 HIPAA 隐私和安全规则。但是，执法是有限的。在 HITECH 法案颁布之前，OCR 被允许评估每次违反"隐私和安全规则"100 美元的民事处罚，在一年内违反每项要求最高可达 2.5 万美元。CE 还可以通过证明自己不知道违反了 HIPAA 规则来禁止实施民事罚款。HITECH 法案增加了可能被评估的民事处罚金额，并区分了违法行为的类型。此外，CE 不能再禁止对未知违规行为征收民事罚款，除非它在发现后 30 天内纠正违规行为。表 14-1 列出了截至 2013 年 9 月的违规类别、违规罚款和年度最高罚款。

表 14-1　HIPAA/HITECH 安全规则违规处罚

违规类别	每次违规	每年最大值
不知道	100～50 000 美元	1 500 000 美元
合理的原因	1 000～50 000 美元	1 500 000 美元
故意忽视——纠正	10 000～50 000 美元	1 500 000 美元
故意忽视——不纠正	50 000 美元	1 500 000 美元

HITECH 法案没有改变可能因违反"隐私和安全规则"而被评估的刑事处罚。因明知违法行为而遭到的处罚仍然是 5 万美元和 1 年监禁，因虚假借口而导致的违法行为将被判处罚款 10 万美元和 5 年监禁，因商业或个人利益而导致的违法行为将被判处罚款 25 万美元和 10 年监禁。根据 HITECH 法案，可能会对任何错误披露 PHI 的人提起刑事诉讼，而不仅仅是 CE 或其雇员。此外，该法案赋予 DHHS OCR（除司法部外）对这些人提起刑事诉讼的权力。

州检察长

HITECH 法案授权州检察长为违反 HIPAA 隐私和安全规则而代表州居民提起民事诉讼并获得损害赔偿，扩大了 HIPAA 的执行范围。该法案还允许起诉商业伙伴。

主动执法

在 HITECH 之前，DHHS OCR 将在收到投诉后调查隐私侵权的潜在安全性。HITECH 需要主动执法，包括定期审核 CE 和业务伙伴遵守 HIPAA 隐私、安全和违规通知规则的任务。

仅供参考：DHHS HIPAA 培训

DHHS 和州检察长创建了多种培训资源，包括可免费使用的视频和计算机培训，可通过网址 https://www.hhs.gov/hipaa/for-professionals/training/index.html 访问。

DHHS 还创建了"隐私和电子健康信息安全指南"，可通过网址 https://www.healthit.gov/sites/default/files/pdf/privacy/privacy-and-security-guide.pdf 访问。该指南的第 4 章涵盖"了解电子健康记录、HIPAA 安全规则和网络安全"。

DHHS 还为经历过网络攻击的组织创建了快速响应清单，可以访问 https://www.hhs.gov/sites/default/files/cyber-attack-checklist-06-2017.pdf? language=en。

违反通知规则概述

最初的安全规则不包括与事件响应和安全漏洞相关的标准。HITECH 法案为 CE 和商业伙伴制定了若干通知规则概述。2009 年，DHHS 发布了违反通知规则。Omnibus 规则对违反通知规则中"违反"的定义进行了重大修改，并就若干违反通知规则要求提供了指导。

安全港规定

出于违规通知的目的，如果 ePHI 符合以下标准，则被认为是安全的：

❑ 使用 NIST 认可的加密方法，ePHI 已无法使用、无法读取或无法识别。

❑ 解密工具存储在设备上或与用于加密或解密的数据分开存放。

如果 CE 或商业伙伴如上所述保护 ePHI，并且发现未经授权的使用或披露，则违反通知义务不适用。这个例外被称为安全港规定。"安全 ePHI"一词特定于安全港条款，并不以任何方式修改实体遵守 HIPAA 安全规则的义务。

违反定义

根据 DHHS，"不允许收购、访问、使用或披露不安全的 PHI 被推定为违反行为，除非被保险实体或商业伙伴证明 PHI 受到损害的概率很低"。为了证明违反行为对 ePHI、CE 或商业伙伴造成损害的概率很低，必须执行符合以下最低标准的风险评估：

❑ 涉及的 PHI 的性质和范围，包括标识符的类型和重新识别的可能性。

❑ 未经授权的人使用 PHI 或向其披露，无论 PHI 是否实际获得或被查看。

❑ PHI 风险降低的程度。

如果 CE 或商业伙伴通过书面风险评估得出 PHI 已被泄露的可能性很小，则不需要违反通知。风险评估需要经过联邦和州执法机构的评价。

违反通知规则

《美国联邦法规汇编》第 45 卷第 164.400-414 条 "HIPAA 违反通知规则"要求 CE 及其商业伙伴在违反不安全的受保护健康信息后提供通知。CE 必须通知未担保的 ePHI 已被违反的个人（除非风险评估另有规定）。即使违反行为是通过商业伙伴发生的，也是如此。通知必须在不合理延误的情况下发出，并且不得迟于发现违反行为后的 60 天。如果违反行为影响到一个州或管辖区的 500 多个人，CE 还必须向"知名媒体机构"发出通知。通知必须包括以下信息：

❑ 对违反行为的描述，包括违反日期和发现日期。

❑ 涉及的 PHI 类型（如全名、SSN、出生日期、居住地址或账号）。

❑ 个人应采取措施保护自己不受违反行为造成的潜在伤害。

❑ CE 正在采取措施调查违反行为，减轻损失，并对未来的违反行为进行防范。

❑ 个人能够通过免费电话号码、电子邮件地址、网站或邮寄等方式提出问题或接收附加信息。

CE 必须通知 DHH 所有违反行为。对于涉及超过 500 人的违反行为，必须立即通知国土安全部；对于所有其他违反行为，必须每年通知国土安全部。DHH 创建了一个在线工具（漏洞门户），使 CE 够快速通知 DHH 任何网络安全漏洞。该工具可以通过链接 https://ocrportal.hhs.gov/ocr/breach/wizard_breach.jsf? faces-redirect=true 访问，如图 4-10 所示。

CE 有责任证明其履行了违约后的特定通知义务，或者，如果在未经授权的使用或披露后未发出通知，则证明未经授权的使用或披露不构成违反行为。DHHS 有一个公共在线门户网站，列出了所有正在调查和存档的违反行为案例，网址为 https://ocrportal.hhs.gov/ocr/breach/breach_ report.jsf。

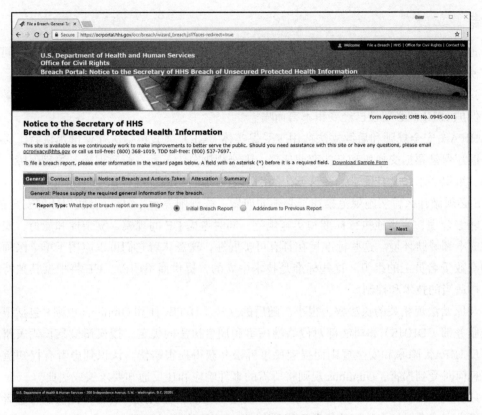

图 14-10　DHHS 网络安全漏洞报告工具

理解 HIPAA 合规执行流程

DHHS 民权办公室（OCR）负责调查违反行为并执行安全规则。HIPAA 执行规则在 45 CFR Part 160，Subparts C、D 和 E 中编纂。在原规则中，每次违反行为的民事处罚限制为 100 美元，违反每项规则的年最高罚款可达 2.5 万美元。正如我们在本章后面讨论的那样，2013 年的 Omnibus 规则显著提高了罚款，每次违反行为最高罚款可达 150 万美元，并赋予 OCR 审核 CE 的权力。

司法部有权对错误披露 ePHI 的 CE 提起刑事诉讼。

HIPAA 不要求或允许任何新政府访问医疗信息，但有一个例外。例外情况是，该规则确实赋予美国卫生与公众服务部 OCR 调查有关隐私权规则保护或权利被侵犯的投诉的权力，以及确保相关实体遵守该规则。

根据美国卫生与公众服务部的数据，OCR 可能需要了解受保实体是如何处理医疗记录和其他个人健康信息的，仅用于执法目的。这样做是为了确保独立评价消费者对隐私侵犯的担忧。即便如此，隐私规则也将向 OCR 披露的信息限制在"与确定合规性相关"的信息中。OCR 将保持严格的控制，以保护其收到的任何可识别的个人健康信息。如果相关实体可以避免或忽略执法请求，消费者将无法确保独立评价其对该规则下隐私侵权的担忧。

总结

最初的 HIPAA 安全规则和随后的立法旨在保护患者健康信息不受未经授权的访问、披露、使用、修改和破坏。

这项立法是开创性的，但许多人认为这是另一项没有资金支持的政府授权。自采用以来，保护 ePHI 的必要性已经变得不言而喻。

HIPAA 安全规则和后续立法适用于受保实体（CE）。CE 包括医疗保健提供者、医疗计划、医疗保健票据交换所和某些商业伙伴。安全规则分为五类：行政保障、物理保障、技术保障、组织要求和文件要求。在这五个类别中是标准和实施规范。在这种情况下，标准定义了 CE 必须做什么，实施规范描述了必须如何做。该规则表示，CE 可以使用任何安全措施，使其能够合理、适当地执行标准和实施规范，同时考虑 CE 的规模、复杂性和能力、安全措施的成本和威胁环境。这些标准旨在具有可扩展性，这意味着它们可以应用于单个医师诊所或拥有数千名员工的组织。这些标准是技术中立的，提供商不明确。CE 将根据其独特的环境选择适当的技术和控制。

与原始法规相关的执法权力很小。随后的立法（HITECH 和 Omnibus 规则）包括卫生与公众服务部（DHHS）和司法部对侵略性民事和刑事执法的规定。授权州检察长代表州居民因违反 HIPAA 隐私和安全规则而提起民事诉讼并获得损害赔偿。认识到患者有权知道他们的信息何时受到损害，Omnibus 规则将所需的事件响应和违反通知要求编成法典。

HIPAA / HITECH /Omnibus 规则反映了网络安全的最佳实践。实施对提供商和患者都有益。提供商正在保护有价值的信息和信息资产。患者可以放心，因为他们的信任得到了尊重。

自测题

选择题

1. 以下哪一项陈述最能说明 1996 年通过的初步 HIPAA 立法的意图？

　　A. 最初的 HIPAA 立法的目的是简化和标准化医疗保健行政程序

　　B. 最初的 HIPAA 立法的目的是降低医疗保健成本

　　C. 最初的 HIPAA 立法的目的是鼓励卫生保健提供者之间的电子记录共享

　　D. 最初的 HIPAA 立法的目的是促进继续使用纸质患者病例

2. 根据 HIPAA 安全规则，以下哪些被视为医疗服务提供者？

　　A. 诊所　　　　　　　　B. 门诊服务和咨询　　　　C. 疗养院　　　　　　　D. 以上选项都正常

3. 以下哪一个实体为医疗服务（如医疗保险公司、保健组织、政府医疗计划）或为医疗服务（如医疗保险、医疗补助、军队和退伍军人计划）付款？

　　A. 医疗保健提供者　　　　　　　　　　　B. 保健计划

　　C. 卫生保健票据交换所　　　　　　　　　D. 以上选项都正确

4. 以下哪项陈述不正确？

　　A. HIPAA 是技术中立的

　　B. HIPAA 安全规则建立了国家标准，以保护由 CE 创建、接收、使用或数字维护的患者记录

　　C. 商业伙伴最初被定义为执行某些职能或活动的个人或组织，这些职能或活动涉及代表 CE 使用或披露 PHI，或向 CE 提供服务

　　D. 在巴西和加拿大也采用了 HIPAA

5. 以下哪一个联邦机构负责 HIPAA/HITECH 管理、监督和执行？

A. 卫生与公众服务部　　　B. 能源部　　　　　　　C. 商务部　　　　　　　D. 教育部

6. 以下哪项不是 HIPAA/HITECH 安全规则类别？

A. 文档　　　　　　　　B. 承诺　　　　　　　C. 物理　　　　　　　D. 技术

7. 以下哪项陈述是正确的？

A. 所有实施规范都是必需的　　　　　　　B. 所有实现规范都是可选的

C. 实现规范是必需的或可落实的　　　　　　D. 可落实规范是可选的

8. 以下哪项陈述最好地定义了记录的政策和程序，用于管理日常运营、行为和访问 ePHI 的员工成员，以及安全控制的选择、开发和使用？

A. 物理保障　　　　　　B. 合规保障　　　　　　C. 行政保障　　　　　D. 技术保障

9. 在 HIPAA / HITECH 的背景下，在确定"合理和适当的"安全措施时，下列哪一项不是要考虑的因素？

A. CE 的规模　　　　　B. 风险等级　　　　　C. CE 的地理位置　　　D. 实施的复杂性

10. 根据 DHHS 指南，以下哪些活动包括在风险管理过程中（选两个）？

A. 分析　　　　　　　　B. 工程　　　　　　　C. 管理　　　　　　　D. 事后检讨

11. 以下哪项陈述是关于 HIPAA 安全官员角色的正确陈述？

A. HIPAA 安全官员的角色是可选的

B. HIPAA 安全官员的角色可由委员会每年执行

C. HIPAA 安全官员的角色应负责技术和非技术活动，包括网络安全、安全运营中心、治理和外部安全研究

D. HIPAA 安全官员负责监督政策和程序的制定，管理和监督使用安全措施保护数据，并监督人员访问数据

12. 以下哪项陈述最能定义授权？

A. 授权是积极识别用户或系统的过程

B. 授权是向用户或系统授予预定级别的信息资源访问权的过程

C. 授权是确定谁访问了特定记录的过程

D. 授权是记录信息资源访问和使用情况的过程

13. 以下哪项陈述是错误的？

A. 基于身份的访问由用户名授予　　　　　　B. 基于角色的访问由作业或函数授予

C. 基于组的访问由成员资格授予　　　　　　D. 根据患者姓名授予临床访问权限

14. 关于安全意识培训，以下哪项不正确？

A. 该活动应扩展到与 CE 的 ePHI 交互的任何人

B. 该活动不应扩展到与 CE 的 ePHI 交互的任何人

C. 该活动可以包括海报、小册子和视频

D. 该广告系列可以包含屏保和电子邮件广告系列

15. 用户应接受培训，以识别和_____潜在的安全事件。

A. 报告　　　　　　　　B. 包含　　　　　　　C. 从……恢复　　　　D. 根除

16. 安全事件程序标准解决了以下哪些问题？

A. 报告和响应网络安全事件　　　　　　　B. 仅识别网络安全事件

C. 仅响应网络安全事件　　　　　　　　　D. 仅报告网络安全事件

17. 对于商业伙伴 HIPAA / HITECH 合规要求，以下哪项陈述是正确的？

A. 商业伙伴的 HIPAA / HITECH 合规要求与医疗服务提供者的要求相同

B. 商业伙伴的 HIPAA / HITECH 合规要求仅限于 BA 协议中的内容

C. 商业伙伴的 HIPAA / HITECH 合规要求不像医疗保健提供者那样严格

D. 如果组织的年度总收入低于 50 万美元，则商业伙伴的 HIPAA / HITECH 合规要求可免除

18. 最终的 Omnibus 规则在覆盖范围，执法和患者保护方面做出了重大改变，其中有以下几种方式？

A. 扩大 "商业伙伴" 的定义

B. 将合规执行扩展到商业伙伴和商业伙伴的分包商

C. 增加违规罚款，可能会被罚款 2.5 万美元至 150 万美元

D. 以上选项都正确

19. 对于包含 ePHI 的媒体，以下哪项不是可接受的报废处理流程？

    A. 永久擦拭它   B. 撕碎它   C. 回收它   D. 粉碎它

20. 授予完成工作所需的最小特权反映了 _____ 的安全原则。

    A. 需要知道   B. 默认拒绝   C. 允许一些   D. 最小特权

21. HITECH 法案和 Omnibus 规则都涉及不安全数据，即数据 _____。

    A. 在运动中   B. 弱访问控制   C. 是未加密的   D. 存储在云端

22. 以下哪种协议 / 机制不能用于传输 ePHI？

    A. SSL   B. SFTP   C. 加密电子邮件   D. HTTP

23. 下列哪项是正确的？

A. 如果违规行为影响州或管辖区内的 500 多人，则 CE 不必向 "知名媒体" 发出通知

B. 如果违规行为影响州或管辖区内的 5 000 多人，则 CE 必须向 "知名媒体" 发出通知

C. 如果违规行为影响到一个州或管辖区内的 500 多人，则行政长官必须向 "知名媒体" 发出通知

D. 如果在一个州或管辖区内，违反行为影响的人数少于 1500 人，则行政长官不必向 "知名媒体" 发出通知

24. 以下哪些变化不是由 Omnibus 规则引入的？

    A.Omnibus 规则扩展了业务关联的定义   B.Omnibus 规则明确否定了对州检察长的强制执行权

    C.Omnibus 规则增加了违规处罚   D.Omnibus 规则定义了违反通知要求

25. 违反通知必须包括以下哪些信息？

A. 个人应采取措施保护自己不受违规行为造成的潜在伤害

B. 对违约行为的描述，包括违约日期和发现日期

C. PHI 的类型涉及（例如全名、SSN、出生日期、居住地址或账号）

D. 以上选项都正确

26. 为了证明违规行为损害 ePHI 的可能性很小，CE 或业务伙伴必须执行风险评估，以满足以下哪个最低标准？

A. 在 ePHI 服务器中运行的最新版操作系统

B. 涉及的 PHI 的性质和范围，包括标识符的类型和重新识别的可能性

C. 安全渗透测试报告和相应的漏洞

D. 以上选项都不正确

27. 安全港规定适用于 _____。

    A. 加密数据   B. 密码管理   C. 安全渗透测试报告   D. 安全渗透检测程序

28. 以下哪项不正确？

A. CE 必须通知 DHHC 所有违规行为

B. DHHS 从未公布正在调查和存档的违规案例，以维护医疗保健提供者的隐私

C. DHHS 创建了一个在线工具（漏洞门户），使 CE 能够快速通知 DHHS 任何网络安全漏洞

D. DHHS 有一个公开的在线门户网站，列出所有正在调查和存档的违规案例

29. HIPAA 标准定义了被覆盖实体必须做什么；实施规范 _____。

    A. 描述必须使用的技术   B. 描述必须如何完成或必须实现的目标

    C. 描述必须由谁来做   D. 描述必须使用的工具

30. 以下哪项定义了什么是违约？

A. 不允许收购、获取、使用或披露不安全的 PHI，除非受保实体或商业伙伴证明，PHI 被泄露的可

　能性很低

 B. 不允许收购、获取、使用或披露不安全的 PHI，即使受保实体或商业伙伴证明有一个很低的概率，PHI 已被泄露

 C. 不允许获取、访问、使用或披露受保护的 PHI，除非受保实体或商业伙伴证明 PHI 被泄露的可能性很低

 D. 即使受保实体或业务伙伴证明 PHI 被泄露的可能性很低，也不允许获取、访问、使用或披露加密的 PHI

练习题

练习 14.1：了解隐私和安全的区别

1. 解释 HIPAA 隐私意图和 HIPAA 安全规则之间的区别。
2. 隐私规则适用于哪些安全原则：机密性、完整性或可用性？
3. 安全规则适用于哪些安全原则：机密性、完整性或可用性？

练习 14.2：了解涵盖的实体

1. 在你的地理区域中，确定受 HIPAA 安全规则法规约束的医疗保健提供者组织。
2. 在你的地理区域中，确定受 HIPAA 安全规则法规约束的商业合作伙伴。
3. 在你的地理区域中，确定受 HIPAA 安全规则监管的卫生计划或卫生保健信息交换所。

练习 14.3：确定 HIPAA/HITECH 合规性的关键因素

1. 解释为什么维护 ePHI 清单很重要。
2. 解释为什么进行与 HIPAA 相关的风险评估很重要。
3. 解释为什么获得高级管理层支持很重要。

练习 14.4：发展安全教育培训和意识

1. 高级领导需要接受有关 HIPAA / HITECH 要求的教育。研究并推荐他们应该参加的会议。
2. HIPAA 安全官员需要随时了解合规性问题。研究并推荐一个可以加入的同行组织，一个可以订阅的出版物，或一个可参与的在线论坛。
3. 工作场所需要接受登录监控、密码管理、恶意软件和事件报告方面的培训。研究并推荐在线培训计划。

练习 14.5：创建文档保留和可用性过程

1. 所有与 HIPAA 相关的文件必须保留至少六年。这包括政策、程序、合同和网络文档。假设你将修改文档，请设计标准版本控制过程。
2. 推荐一种存储文档的方法。
3. 建议一种安全、有效且经济高效的方法，以便向适当的人员提供文档。

项目题

项目 14.1：创建 HIPAA 安全程序手册大纲

你的任务是设计 HIPAA 安全程序手册。

1. 为下列 CE 之一编写手册：

 ❑ 位于大都市的一家拥有 100 张床位的医院。

 ❑ 一个由三个疗养院组成的财团。疗养院共享行政和临床工作人员。它们都连接到同一网络。

 ❑ 由 29 名医生组成的多专科医疗实践。

2. 编写手册简介，解释 HIPAA 安全规则是什么以及为什么要求合规性。
3. 设计目录（TOC）。TOC 应符合规定。

4. 对于 TOC 中的每个条目，将相应策略或过程的开发分配给组织中的特定角色（例如，人力资源、建筑物维护）。

项目 14.2：评估商业伙伴

商业伙伴是创建、接收、维护、传输、访问或有可能访问 PHI 以代表 CE 执行某些功能或活动的个人或实体。

1. HITECH 和 Omnibus 规则如何影响商业伙伴？
2. 在线或本地识别商业伙伴组织。找到导致你认为他们承认其监管义务的任何政策或声明。行政长官应采取何种尽职调查来确定 HIPAA / HITECH 的合规性？
3. 查找由 FTC 或州检察长指控 HIPAA / HITECH 违规的商业伙伴组织的示例。

项目 14.3：制定 HIPAA 培训计划

HIPAA 要求所有员工都接受与保护 ePHI 相关的年度培训。你的任务是开发一个由讲师指导的培训模块。你的主题是"中断恶意软件分发渠道"。

1. 开发并提供有关该主题的培训演示（及培训后测验）。演示文稿应至少放映 10 分钟。它应该是互动的并且吸引与会者。
2. 让参与者完成测验。根据结果，评估培训的有效性。
3. 准备有关恶意软件和事件报告的安全意识信息图。信息图的目的是加强培训课程。

案例研究：印第安纳州医疗补助部门和 HealthNow 网络违规行为

印第安纳州医疗补助部门在发现从 2017 年 2 月开始的医疗记录被曝光后，向患者发送了违规通知。根据医疗信息技术新闻，"印第安纳州的医疗保险计划指出，病人数据通过一个 IHCP 报告的实时超链接保持开放，直到 5 月 10 日提供印第安纳医疗补助 IT 服务的 DXC 技术发现了这个链接。DXC 称，该报告包含了患者数据，包括姓名、医疗补助 ID 号、治疗患者的医生姓名和地址、患者编号、程序代码、服务日期以及医疗补助支付给医生或提供者的金额。"这一违规行为影响了印第安纳医疗补助和芯片项目的 110 万名注册患者。

另一个违规案例是 HealthNow 网络。近 100 万名患者的数据暴露在外。据《HIPAA 杂志》报道，"数据是由一个人在 Twitter 处理 Flash Gordon 之后发现的，他搜索了搜索引擎 Shodan 的无保护数据。数据已存储在 Amazon Web Service 安装的未受保护的根文件夹中，该安装由软件开发人员拥有，该软件开发人员之前曾为 HealthNow 网络的数据库工作过。虽然提供给开发人员的数据不安全，且可以在线访问，但该项目早就被放弃了。该数据库包含一系列高度敏感的数据，包括个人的姓名、地址、电子邮件地址、电话号码、出生日期、社会保险号码、医疗保险信息和医疗条件。这些数据由电话营销公司收集，并向个人推销打折医疗设备，以换取向公司提供数据。"

1. 根据 HIPAA / HITECH /Omnibus 规则，印第安纳州医疗补助部门或 HealthNow 网络是否需要通知患者？解释你的答案。
2. 印第安纳州医疗补助部门或 HealthNow 网络有公开声明吗？
3. 比较印第安纳医疗补助部门和 HealthNow 网络通知患者的方式。
4. 国家数据违规通知法是否适用于这些事件？
5. 印第安纳医疗补助部门和 HealthNow 网络可以分别采取哪些步骤来防止或最小化数据破坏的影响？
6. 对印第安纳州医疗补助部门或 HealthNow 网络是否采取了强制措施或处以罚款？

参考资料

引用的条例

Department of Health and Human Services, "45 CFR Parts 160, 162, and 164 Health Insurance Reform: Security Standards; Final Rule," *Federal Register*, vol. 68, no. 34, February 20, 2003.

Department of Health and Human Services, "45 CFR Parts 160 and 164 (19006-19010): Breach Notification Guidance," *Federal Register*, vol. 74, no. 79, April 27, 2009.

"Modifications to the HIPAA Privacy, Security, Enforcement, and Breach Notification Rules 45 CFR Parts 160 and 164 Under the Health Information Technology for Economic and Clinical Health Act and the Genetic Information Nondiscrimination Act; Other Modifications to the HIPAA Rules; Final Rule," *Federal Register*, vol. 78, no. 17, January 25, 2013.

其他参考资料

"Addressing Gaps in Cybersecurity: OCR Releases Crosswalk Between HIPAA Security Rule and NIST Cybersecurity Framework," accessed 06/2018, https://www.hhs.gov/hipaa/for-professionals/security/nist-security-hipaa-crosswalk/index.html.

"HIPAA for Professionals," accessed 06/2018, https://www.hhs.gov/hipaa/for-professionals/index.html.

"HIPAA Security Rule Crosswalk to NIST Cybersecurity Framework," accessed 06/2018, https://www.hhs.gov/sites/default/files/nist-csf-to-hipaa-security-rule-crosswalk-02-22-2016-final.pdf.

"Addressing Encryption of Data at Rest in the HIPAA Security Rule and EHR Incentive Program Stage 2 Core Measures," Healthcare Information and Management Systems Society, December 2012.

Alston & Bird, LLP, "Overview of HIPAA/HITECH Act Omnibus Final Rule Health Care Advisory," January 25, 2013, accessed 06/2018, www.alston.com/advisories/healthcare-hipaa/hitech-act-omnibus-finalrule.

"Certification and HER Incentives, HITECH ACT," accessed 06/2018, https://www.healthit.gov/policy-researchers-implementers/health-it-legislation.

"Guide to Privacy and Security of Health Information," Office of the National Coordinator for Health Information Technology, Version 2.0, accessed on 06/2018, https://www.healthit.gov/sites/default/files/pdf/privacy/privacy-and-security-guide.pdf.

"Fact Sheet: Ransomware and HIPAA", accessed 06/2018, https://www.hhs.gov/sites/default/files/RansomwareFactSheet.pdf.

"HIPAA Omnibus Final Rule Information," accessed 06/2018, https://www.hhs.gov/hipaa/for-professionals/privacy/laws-regulations/combined-regulation-text/omnibus-hipaa-rulemaking/index.html.

"HIPAA Omnibus Rule Summary," accessed 06/2018, http://www.hipaasurvivalguide.com/hipaa-omnibus-rule.php.

"HIPAA Security Rule: Frequently Asked Questions Regarding Encryption of Personal Health Information," American Medical Association, 2010, accessed 06/2018, https://www.nmms.org/sites/default/files/images/2013_9_10_hipaa-phi-encryption.pdf.

"HIPAA Timeline," accessed 06/2018, www.hipaaconsultant.com/hipaa-timeline.

McDermott Will & Emery, LLP. "OCR Issues Final Modifications to the HIPAA Privacy, Security, Breach Notification and Enforcement Rules to Implement the *HITECH* Act," February 20, 2013, accessed 06/2018, www.mwe.com/OCR-Issues-Final-Modifications-to-the-HIPAA-Privacy-Security-

Breach-Notification-and-Enforcement-Rules-to-Implement-the-HITECH-Act.

"The HITECH ACT," accessed 06/2018, https://www.hipaasurvivalguide.com/hitech-act-text.php.

"The Privacy Rule," U.S. Department of Health and Human Services, accessed 06/2018, www.hhs.gov/ocr/privacy/hipaa/administrative/privacyrule.

US DHHS Breach Portal, accessed 06/2018, https://ocrportal.hhs.gov/ocr/breach/breach_report.jsf.

"Indiana Medicaid Warns Patients of Health Data Breach," Healthcare IT News, accessed 06/2018, http://www.healthcareitnews.com/news/indiana-medicaid-warns-patients-health-data-breach.

"Nearly 1 Million Patient Records Leaked after Telemarketer Blunder," http://www.healthcareitnews.com/news/nearly-1-million-patient-records-leaked-after-telemarketer-blunder.

"918,000 Patients' Sensitive Information Exposed Online," *HIPAA Journal*, accessed 06/2018, https://www.hipaajournal.com/918000-patients-sensitive-information-exposed-online-8762/.

"A Huge Trove of Patient Data Leaks, Thanks to Telemarketers' Bad Security," ZDNet, accessed 06/2018, http://www.zdnet.com/article/thousands-of-patients-data-leaks-telemarketers-bad-security/.

第15章 商家的PCI合规性

不断增加的信用卡、借记卡和礼品卡交易量使得支付卡渠道成为一个吸引网络犯罪分子的目标。

> **仅供参考：消费者信用卡、借记卡和ATM卡的债务限额**
>
> 根据联邦贸易委员会的数据，过去几年里，消费者每年因欺诈而损失的金额超过9亿美元。预计该数额将继续上升。损失金额由商户、信用卡处理机构和开证行承担。
>
> 如果信用卡、借记卡和ATM卡丢失或被盗，则可用公平信用账单法案（FCBA）和电子资金转移法案（EFTA）管理这些卡的债务。
>
> 根据FCBA，未经授权使用信用卡的最大债务额度是50美元。但是，如果消费者在使用信用卡之前挂失了信用卡，则消费者不承担任何由未经授权使用引发的费用。如果信用卡号被盗而不是卡被偷了，那么消费者不承担责任。
>
> 根据EFTA，借记卡和ATM卡的债务取决于挂失卡报告卡被盗的速度。如果这些动作发生在未经授权的收费之前，则消费者对未经授权的收费不承担任何责任。如果在消费者得知卡丢失或被盗后的两天内做这些动作，则消费者的债务限额为50美元。如果消费者在得知卡丢失或被盗的两天后、六十天内做这些动作，则消费者的债务限额为500美元。如果在银行发送对账单的60天以后，消费者挂失卡或报告卡被盗，则消费者承担所有债务。

为防止持卡人滥用个人信息，减少支付卡渠道损失，五大支付卡品牌——Visa、MasterCard、Discover、JCB International和American Express成立了支付卡行业安全标准委员会（PCI SSC），制定了支付卡行业数据安全标准（PCI DSS）。2004年12月15日，委员会发布了

PCI DSS 1.0。撰写本书时的最新版本是 PCI DSS 3.2，于 2016 年 4 月发布。标准和附属文件可在 https://www.pcisecuritystandards.org 上获得。

任何传输、处理或存储支付卡数据，以及直接或间接影响持卡人数据安全的组织必须符合 PCI DSS。任何利用第三方管理持卡人数据的组织都有责任确保该第三方符合 PCI DSS。支付卡品牌可以对不符合要求的组织进行罚款和处罚，或撤销对其接受支付卡的授权。

在本章中，我们将研究 PCI DSS。虽然这些需求是为特定的选区设计的，但它们可以作为任何组织的安全蓝图。

保护持卡人数据

在继续详细介绍如何保护持卡人数据之前，我们有必要先定义几个将在本章中用到的关键术语，且 PCI SSC 在其术语表、缩写词和首字母缩略词中定义了这些术语，可在 https://www.pcisecuritystandards.org/documents/pci_glossary_v20.pdf 中查看。

- **收单机构**：也被称为"收单银行"或"收单金融机构"，是为接受支付卡而与商户建立并维持关系的实体。
- **ASV**："经批准的扫描提供商"（Approved Scanning Vendor）的首字母缩略词，是经 PCI SSC 批准进行外部漏洞扫描服务的组织。
- **商户**：就 PCI DSS 而言，商户是指接受用带有 PCI SSC 五个成员标志的支付卡为商品或服务付款的任何实体。请注意，如果销售的服务导致代表其他商户或服务提供商存储、处理或传输了持卡人数据，那么接受用支付卡为商品或服务付款的商户也可以是服务提供商。
- **PAN**：主账号（最多 19 位支付卡号）。
- **合格的安全评估员（QSA）**：接受过 PCI DSS 合规性评估培训并获得认证的个人。
- **服务提供商**：非支付品牌的商业实体，直接参与对持卡人数据的存储、处理或传输；提供控制或可能影响持卡人数据安全性的服务的公司。例如，提供托管防火墙、ID 和其他服务的托管服务提供商，以及托管提供商和其他实体。仅提供通信链路而不访问通信链路应用层的电信公司等实体不属于服务提供商。

为了避免可能产生的巨大损失，支付卡品牌以合同方式要求存储、处理或传输持卡人数据以及敏感身份验证数据的所有组织应符合 PCI DSS。PCI DSS 要求适用于存储、处理或传输账户数据的所有系统组件。

如表 15-1 所示，账户数据包括持卡人数据和敏感身份验证数据。系统组件定义为持卡人数据环境中包含的或与持卡人数据环境连接的任何网络组件、服务器或应用程序。持卡人数据环境定义为处理持卡人数据或敏感身份验证数据的人员、流程和技术。

表 15-1　账户数据元素

持卡人数据	敏感身份验证数据
PAN	全磁条数据或芯片上的等效数据
持卡人姓名	CAV2/CVC2/CVV2/CID
到期日期	PIN 块
服务代码	

PAN

PAN 是 PCI DSS 要求是否具有适用性的决定性因素。如果组织存储、处理或传输了 PAN，则其适用于 PCI DSS 要求，反之不适用。如果持卡人姓名、服务代码和到期日期与 PAN 一起被存储、处理或传输，或者存在于持卡人数据环境中，则它们也必须受到保护。

根据标准，PAN 必须以不可读（加密）的格式存储。对于敏感身份验证数据，即使加密后，也可能永远不会在授权后存储这些数据。

Luhn 算法

Luhn 算法或 Luhn 公式是用于验证不同标识号的行业算法，这里的标识号包括信用卡号、国际移动设备识别码（IMEI）、美国的国家提供商标识号、加拿大社会保险号等。Luhn 算法由 Hans Peter Luhn 于 1954 年创建，该算法现在是公开的。

大多数信用卡和许多政府识别码使用 Luhn 算法来验证有效数字。Luhn 算法基于模运算和数字根的原理而设计，它使用的是模 10 运算。

> **仅供参考：信用卡的元素**
>
> 图 15-1 显示了信用卡正面，它包含以下元素。
>
> ① 嵌入式微芯片：微芯片包含与磁条相同的信息。大多数非美国卡里没有微芯片而不是磁条。一些美国卡片既没了微芯片也没了磁条，以在国际上使用。
>
> ② PAN。
>
> ③ 到期日期。
>
> ④ 持卡人姓名。
>
> 图 15-2 显示了信用卡背面，它包含以下元素。
>
> ① 磁条：磁条包含验证、授权和处理事务所需的编码数据。
>
> ② CAV2 / CID / CVC2 / CVV2：全部参考不同支付品牌的卡安全代码。
>
>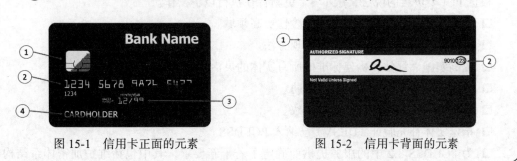
>
> 图 15-1　信用卡正面的元素　　　　图 15-2　信用卡背面的元素

消除对不必要数据的收集和存储，将持卡人数据限制在尽可能少的位置，并强烈建议将持卡人数据环境与公司网络的其他部分隔离。对持卡人数据环境进行物理或逻辑分段可以缩小 PCI 范围，从而降低成本、复杂性和风险。如果没有分段，则整个网络必须符合 PCI 标准。该操作可能是烦琐的，因为 PCI 所需的控件可能不适用于网络的其他部分。

利用第三方存储、处理和传输持卡人数据或管理系统组件并不能免除承保实体的 PCI 合规义务。除非第三方服务提供商能够证明或提供 PCI 合规性证据，否则将服务提供商环境视为对涵盖实体的持卡人数据环境的扩展，并且依然在 PCI 范围内。

PCI DSS 框架

PCI DSS 框架包括有关支付卡数据的存储、处理和传输的规定，六个核心原则，所需的技术和运营安全控制，以及测试要求和认证过程。实体需要验证其合规性。事务数量、业务类型和事务类型决定了特定的验证要求。

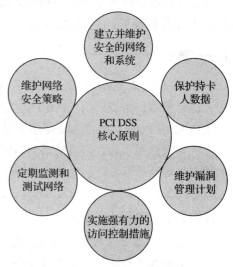

持卡人数据和各种技术有多种访问点。PCI DSS 旨在适应存储、处理或传输持卡人数据的各种环境，例如电子商务、移动验收或云计算环境。PCI DSS 还认识到安全是一项共同责任，并规定了交易链中每个业务合作伙伴的义务。

PCI DSS 由六个核心原则组成，并附有十二个要求。六个核心原则如图 15-3 所示。

图 15-3   PCI DSS 六个核心原则

照旧开展业务的方法

PCI DSS 3.2 版强调，合规性不是由时间点确定的过程，而是持续的过程。照旧开展业务被定义为将 PCI 控制作为整个基于风险的安全策略的一部分，该策略由组织管理和监控。根据 PCI 标准委员会的说法，照旧开展业务的方法"使实体能够持续监控其安全控制的有效性，并在两次 PCI DSS 评估之间维持其 PCI DSS 兼容环境"。这意味着组织必须监控所需的控制措施，以确保它们能够有效运行，快速响应控制故障，将 PCI 合规性影响评估纳入变更管理流程并定期进行评价以确认 PCI 要求仍然存在，并且人员遵循安全流程。

根据 PCI 委员会的说法，版本 3.2 更新旨在执行以下操作。

❏ 更加关注威胁环境中的一些风险性更高领域。

❏ 更好地理解需求的意图以及实现方法。

❏ 提高实施、评估和构建标准的所有实体的灵活性。

❏ 帮助管理不断变化的风险或威胁。

❏ 与行业最佳实践的变化保持一致。

❏ 指定实体补充验证（DESV）已纳入 PCI DSS。

❏ 为 PCI DSS 3.2 中的服务提供商确定了若干新要求，其中包括维护加密体系结构的文档化描述和报告关键安全控制系统的故障。此外，执行管理层必须负责保护持卡人数据和 PCI DSS 合规计划。

❏ 消除冗余子要求并合并策略文档。

这种方法反映了最佳实践，并反映了一个事实，即大多数重大卡数据泄露事件都发生在自我认证或独立认证为符合 PCI 标准的组织中。

PCI DSS 要求

有六项与六个核心原则相关的顶级 PCI DSS 要求，每个要求中都有子要求和控制，这些要求反映了网络安全最佳实践。通常，要求的标题具有误导性，因为它听起来很简单，但子要求和相关的控制期望实际上非常广泛。以下各节总结了这些要求的具体细节和在某些情况下的具体细节。当你阅读它们时，你会注意到它们与我们在本文中讨论的安全实践和原则相类似。

PCI DSS 包含 12 项要求。这些要求如图 15-4 所示。

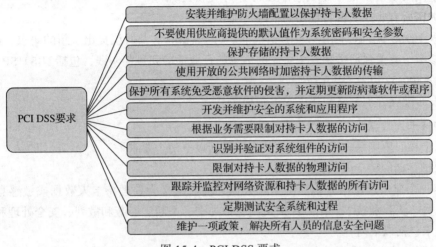

图 15-4　PCI DSS 要求

建立并维护安全的网络和系统

第一个核心原则——建立并维护安全的网络和系统，包括以下两个要求。

1. 安装并维护防火墙配置以保护持卡人数据

防火墙的基本目标是入口和出口过滤。防火墙通过检查流量并根据预定义的规则集允许或阻止传输来实现此目标。该要求超出了拥有防火墙的需求。该要求包括以下内容。

- 识别并记录所有连接。
- 设计保护持卡人数据的防火墙体系结构。
- 实施一致的配置标准。
- 记录防火墙配置和规则集。
- 拥有正式的变更管理流程。
- 需要规则集业务理由。
- 安排半年度防火墙规则集评价。
- 实施防火墙安全控制，例如反欺骗机制。
- 维护和监控移动设备或员工自有设备上的防火墙保护。
- 发布边界保护策略和相关的运营程序。

2. 不要使用提供商提供的默认值作为系统密码和安全参数

虽然这看起来很明显，但可能存在默认账户，尤其是服务账户，这些账户不显眼或易被忽视。另外，由第三方安装的系统或设备可以保留默认设置以便于使用。此要求也远远超出其标题，并进入配置管理领域。该要求包括以下内容。

❑ 维护系统和系统组件的清单。

❑ 在所有操作系统、应用程序、实用程序、设备和密钥上更改提供商提供的默认密码。

❑ 删除或禁用不必要的默认账户、服务、脚本、驱动程序和协议。

❑ 为符合行业认可的系统强化标准（如 ISO 和 NIST 网络安全框架）的所有系统组件制定一致的配置标准。

❑ 根据安全级别隔离系统功能。

❑ 使用安全技术（例如，使用 SFTP 而不是 FTP）。

❑ 加密所有非控制台管理访问权限。

❑ PCI DSS 3.2 版对组织使用现代和强大的加密算法及协议提出了新的要求。PCI SSC 参考了有关强加密和安全协议的信息的行业标准和最佳实践，包括 NIST SP 800-52、SP 800-57 以及 OWASP 建议。

❑ 发布配置管理策略和相关的运营程序。

保护持卡人数据

第二个核心原则——保护持卡人数据，包括以下两个要求。

1. 保护存储的持卡人数据

这是一个非常广泛的要求。持卡人数据环境被定义为处理持卡人数据或敏感身份验证数据的人员、流程和技术。站点保护机制包括加密、截断、屏蔽和散列、安全处理和安全破坏。该要求包括以下内容。

❑ 限制对持卡人数据的保留，并禁止在授权后存储敏感身份验证数据以及卡验证代码或值的数据保留策略和实践。

❑ 显示时屏蔽 PAN。

❑ 将存储在任何位置的 PAN 都设置为不可读的。

❑ 保护和管理加密密钥（包括生成、存储、访问、续订和替换）。

❑ 发布数据处置策略和相关运营程序。

❑ 发布数据处理标准，它清楚地描述了如何处理持卡人数据。

❑ 培训与持卡人数据相互作用或负责保护持卡人数据的所有人员。

2. 使用开放的公共网络时，加密持卡人数据的传输

这个要求的目标是确保不会泄露和利用通过公共网络传输的数据。开放的公共网络被定义为因特网及无线技术，包括蓝牙、蜂窝技术、无线电传输和卫星通信。该要求包括以下内容。

❑ 使用强大的加密和安全传输协议。

❑ 禁止通过终端用户消息传递技术（如电子邮件、聊天软件、即时消息和文本）传输未受保护的 PAN。

❑ 发布传输安全策略和相关运营程序。

维护漏洞管理计划

第三个核心原则——维护漏洞管理计划，包括以下两个要求。

1. 保护所有系统免受恶意软件的侵害，并定期更新防病毒软件或程序

恶意软件是一个通用术语，用于描述任何类型的软件或代码，这些软件或代码专门用于在未经同意的情况下利用或破坏系统、设备及它们包含的数据。恶意软件是网络犯罪库中最恶毒的工具之一。该要求包括以下内容。

❑ 选择与所需保护级别相称的防病毒 / 反恶意软件解决方案。

❑ 选择能够执行定期扫描并生成审核日志的防病毒 / 反恶意软件解决方案。

❑ 在所有适用的范围内的系统和设备上部署防病毒 / 反恶意软件解决方案。

❑ 确保防病毒 / 反恶意软件解决方案保持最新状态。

❑ 确保在没有管理授权的情况下无法禁用或修改防病毒 / 反恶意软件解决方案。

❑ 发布反恶意软件安全策略和相关操作过程。

❑ 为所有人员提供有关恶意软件影响、分发渠道中断和事件报告的培训。

2. 开发并维护安全的系统和架构

此要求反映了 ISO 27002:2013 的第 14 节中的最佳实践指南——信息系统获取、开发和维护，重点关注信息系统、应用程序和代码从创建概念到销毁阶段的安全要求。该要求包括以下内容。

❑ 及时了解新漏洞。

❑ 评估新漏洞的风险。

❑ 维护修补程序管理过程。

❑ 在整个系统开发生命周期（SDLC）中遵守安全原则和最佳实践。

❑ 维护全面的变更管理流程，包括退出和恢复程序。

❑ 将生产环境与开发、上线和测试平台隔离开来。

❑ 采用并内部发布业界公认的安全编码技术（例如，OWASP）。

❑ 实施代码测试程序。

❑ 培训开发人员进行安全编码和漏洞管理实践。

❑ 发布安全编码策略和相关运营程序。

仅供参考：关注恶意软件控制

恶意软件一直是重大数据卡泄露的事件的实现工具。

❑ 2018 年 1 月：OnePlus 宣布，多达 4 万名客户受到安全漏洞的影响，导致该公司关闭其在线商店的信用卡支付渠道。

❑ 2017 年 6 月：Buckle 公司披露其零售点受到恶意软件的攻击，该软件旨在窃取客户信用卡数据。

❑ 2016 年 4 月：Wendy 报告称，至少有 1025 家门店受到由恶意软件驱动的信用卡泄露带来的影响，这起事件始于 2015 年秋季。

❑ 2014 年 9 月：犯罪分子从家得宝盗窃了 5600 多万份信用卡、借记卡和礼品卡数据记录。

❑ 2013 年 11 月：犯罪分子利用恶意软件未经授权访问目标公司的销售点终端，造成 4000 万张信用卡和借记卡的泄露。

❑ 2012 年 1 月：犯罪分子使用 SQL 注入攻击，在 Global Payments 公司的计算机网络和处理系统上安装恶意软件，导致 150 万张信用卡和借记卡数据泄露。

❑ 从 2005 年到 2013 年，黑客组织瞄准了银行和公司，包括纳斯达克、7-11、捷蓝和 JC Penney。威胁行动者窃取了 1.6 亿个信用卡和借记卡号码，并盗用了 80 万个银行账户。

实施强有力的访问控制措施

第四个核心原则——实施强有力的访问控制措施，包括以下三个要求。

1. 根据业务需要限制对持卡人数据的访问

这个要求反映了默认拒绝、需要知道和最少特权三种对安全性的最佳实践，目标是确保只有授权用户、系统和流程才能访问持卡人数据。该要求包括以下内容。

- ❑ 将默认持卡人数据访问权限设置为默认拒绝。
- ❑ 识别需要访问持卡人数据的角色和系统流程。
- ❑ 确定所需的最低访问级别。
- ❑ 根据角色、工作分类或功能分配权限。
- ❑ 按计划评价权限。
- ❑ 发布访问控制策略和相关运营程序。

2. 识别并验证对系统组件的访问

这个要求有三个主要目标。第一个是确保每个用户、系统和流程都有唯一 ID，以便可以实现问责制并在整个生命周期内管理账户。第二个是确保身份验证凭据的强度与访问风险配置文件相称。第三个是保护会话免受未经授权的访问。它的独特之处在于设置了特定的实现标准，包括密码长度、密码复杂性和会话超时。该要求包括以下内容。

- ❑ 为每个账户（用户或系统）和流程分配并要求它们使用唯一 ID，其中流程包括访问持卡人数据的流程和（或）负责管理处理、传输或存储持卡人数据的系统的流程。
- ❑ 实施和维护跨越账户生命周期（从创建到终止）的供应流程。这包括访问评论以及至少 90 天删除 / 禁用一次非活动用户账户。
- ❑ 如果密码满足以下最低标准，则允许对内部访问进行单因素身份验证：七个字母数字字符、90 天到期，以及不重用密码后四位。账户锁定机制的设置：必须在六次无效登录尝试后才锁定用户 ID，并将账户锁定至少 30 分钟。
- ❑ 要求对所有远程网络访问会话进行双因素身份验证。认证机制必须对每个账户都是唯一的。
- ❑ 实现会话要求，包括强制性的最长 15 分钟不活动超时，超时后要求用户重新进行身份验证，并监视远程提供商会话。
- ❑ 按账户类型限制对持卡人数据库的访问。
- ❑ 发布身份验证和会话安全策略以及相关的运营程序。
- ❑ 培训用户使用与身份验证相关的最佳实践，包括如何创建和管理密码。

3. 限制对持卡人数据的物理访问

此要求的重点是限制对存储、处理或传输持卡人数据的介质（纸张和电子器件）、设备和传输线的物理访问。该要求包括以下内容。

- ❑ 实施行政性、技术性和物理性控制，限制对持卡人环境范围内的系统、设备、网络插孔和电信线路的物理访问。
- ❑ 视频监控对敏感区域的物理访问，与其他条目相关，并将证据保存至少三个月。敏感区域是指数据中心、服务器机房，或存放存储、处理或传输持卡人数据的系统的任何区域。这不包括只有销售点终端的面向公众的区域，例如零售店的收银区。

- ❑ 存在识别和给出访客账户的程序。
- ❑ 以物理方式保障和维护对存有持卡人数据的任何介质的分发和传输的控制。
- ❑ 当出于商业或法律原因不再需要存有持卡人数据的介质时，安全且不可恢复地破坏掉它。
- ❑ 保护采集卡数据的设备不被篡改、略读或替换。
- ❑ 培训销售点人员有关篡改技术以及如何报告可疑事件的知识。
- ❑ 发布物理安全策略和相关运营程序。

仅供参考：使用略读器窃取卡信息

　　据 Brian Krebs 称，"现在越来越多的 ATM 盗取事件涉及所谓的'插入略读器'，制造商将这种薄型欺诈设备紧贴在现金机的插卡槽中，人们很难发现。新的证据表明，至少有一些插入式略读器能够记录卡数据并将其存储在一个微型嵌入式闪存驱动器上，它们配备了一种技术，使得可通过红外线技术无线传输被盗卡数据（为电视遥控器提供动力的通信技术就是红外线）。"

　　略读是指通过修改刷卡设备，或将读卡设备（又称略读器）连接到终端、ATM 上来窃取持卡人信息。最有价值的目标是借记卡持卡人的数据和个人识别码，这些数据和个人识别码为犯罪分子提供了制作伪造借记卡和从 ATM 提取现金所需的信息。

　　略读是非常有利可图的。两名男子在被捕之前，在俄克拉荷马州进行了为期 9 个月的略读行动，获得了 40 万美元。根据他们的起诉书，被告人 Kevin Konstan-tinov 和 Elvin Alisuretove 在位于阿肯色州、俄克拉荷马州和得克萨斯州的沃尔玛零售店停车场的 Murphy 加油泵上安装了略读器。他们会将略读装置放置一到两个月，然后收集略读器并使用被盗数据制造假冒卡片，访问整个地区的多台 ATM 并取出大量现金。

　　数十家商店在线出售略读设备，价格低于 50 美元。这些设备通常以"读卡器"的名义出现，因为读卡器也可以用于合法目的。其中一些设备包括内置存储和无线连接，允许犯罪分子传输被盗数据。根据美国特勤局特工 Cynthia Wofford 的说法，"窃贼前往美国的目的是窃取信用卡和借记卡数据。到目前为止的逮捕使我们相信他们是有组织的团体。"

　　重要的是，商家应学习如何检查和识别略读装置。"All About Skimmers"是优秀的在线入门指南（包括图片），可在 Krebs 安全网站上公开获取：http://krebsonsecurity.com/all-about-skimmers/。

定期监测和测试网络

第五个核心原则——定期监测和测试网络，包括以下两个要求。

1. 跟踪并监控对网络资源和持卡人数据的所有访问

这一要求的核心是记录和分析卡数据相关活动的能力，它有两个目标，分别是识别先兆和妥协指标，以及如果有妥协的嫌疑，则可提供确凿数据。该要求包括以下内容。

- ❑ 以日志记录与持卡人数据、系统和支持基础设施有关的所有访问和活动。日志必须对用户、事件类型、日期、时间、状态（成功或失败）、来源以及受影响的数据或资源进行标识。

❑ 以日志记录用户、管理员和系统账户的创建、修改和删除。

❑ 确保日期和时间戳准确，并在所有审计日志中同步。

❑ 确保审计日志的安全，使其不能被删除或修改。

❑ 限制需要了解日志的个人对审计日志的访问。

❑ 分析审计日志以识别异常或可疑活动。

❑ 保留审计日志至少一年，且至少三个月内日志可立即用于分析。

❑ 发布审计日志和监测策略，以及相关运营程序。

2. 定期测试安全系统和流程

应每天都识别应用程序和配置漏洞。持续的漏洞扫描、渗透测试和入侵监控对于检测遗留系统中固有的漏洞和持卡人环境的变化所引入的漏洞是必要的。测试安全系统和过程的要求具体取决于测试的频率。该要求包括以下内容。

❑ 每季度检测和识别一次授权和未授权的无线接入点。

❑ 至少每季度运行一次内部和外部网络漏洞扫描，无论环境是否发生重大变化。外部扫描必须由经 PCI 批准的扫描提供商（ASV）执行。

❑ 解决漏洞扫描发现的所有高风险问题，通过重新扫描验证解决方案。

❑ 使用行业认可的测试方法（例如，NIST SP 800-115、OWASP）执行年度网络和应用层的外部与内部渗透测试。如果发现问题，那么必须纠正，并重新进行测试以验证纠正。

❑ 使用入侵检测（IDS）或入侵预防（IPS）技术检测并防止网络入侵行为。

❑ 部署变更检测机制，提醒人员注意对关键系统文件、配置文件和内容文件进行的未经授权的修改。

❑ 发布安全测试策略和相关运营程序。

维护网络安全策略

第六个核心原则——维持网络安全策略，包括最终要求。

1. 维护一项政策，解决所有人员的信息安全问题

在所有要求中，这可能是最不恰当的名称。更合适的名称是"维护一个全面的网络安全计划（包括我们在前 11 项要求中忘记的内容）"。这一要求包括以下内容。

❑ 制定、发布、维护和传播网络安全策略。策略应包括但不限于其他 11 个 PCI DSS 要求中注明的区域。该策略应由执行管理层或同等机构授权。

❑ 每年评价、更新和重新授权网络安全策略。

❑ 实施基于行业公认方法和方法（例如，NIST 800-30、ISO 27005）的风险评估过程。

❑ 将网络安全计划的责任分配给指定的个人或团队。

❑ 实行正式的安全意识计划。

❑ 对雇佣人员进行培训，至少每年一次。

❑ 要求用户每年确认他们已经阅读并理解了安全政策和程序。

❑ 在雇佣有权访问持卡人数据的人员之前，对其进行彻底的背景调查。

❑ 维护适用于与持卡人共享数据或可能影响持卡人数据安全性的服务提供商的提供商管理程序。

- 要求服务提供商以书面协议确认其负有保护持卡人数据的责任。
- 培养事故响应能力，并付诸实践。
- 培养灾难响应和恢复能力，并付诸实践。
- 培养业务连续性能力，并付诸实践。
- 每年测试事件响应、灾难恢复和业务连续性计划和程序。

DESV

DESV 是 QSA 用于对必须符合 PCI DSS 的组织进行验证的文档。PCI DSS 3.2 将 DESV 作为附录，主要用于合并要求并加强这些要求在建立和维护正在进行的网络安全过程中的重要性。DESV 是一系列资源和标准，旨在帮助服务提供商和商家解决关键的运营挑战，同时努力保护支付行为并保持合规性。

DESV 包括以下要求：

- 合规计划监督。
- 适当的环境范围。
- 确保使用适当的机制来检测和警告关键安全控制中的故障。

许多要求只是对现有 PCI DSS 要求的扩展，它们应该更频繁地进行示范性测试，或者用更多证据来证明控制已到位。

实践中：PCI 主题总结和章节交叉引用

要　　求	主　　题	章节交叉引用
安装并维护防火墙配置以保护持卡人数据	周边访问控制	第 9 章
不要使用提供商提供的默认值作为系统密码和安全参数	系统库存	第 5 章
保护存储的持卡人数据	系统配置	第 8 章
	数据处理标准	第 5 章
	数据保留标准	
	用户培训	第 6 章
	数据和系统处置	第 7 章
	密钥管理	第 10 章
使用开放的公共网络时加密持卡人数据的传输	加密	第 10 章
保护所有系统免受恶意软件的侵害，并定期更新防病毒软件或程序	安全传输协议	第 8 章
	恶意软件防护	第 8 章
	用户培训	第 6 章
开发并维护安全的系统和应用程序	标准操作程序	第 8 章
	补丁管理变更管理	
	系统开发生命周期（SDLC）	第 10 章
	安全的编码程序	
根据业务需要限制对持卡人数据的访问	安全原则	第 9 章
	基于作用的访问控制	
	访问评论	

（续）

要　　求	主　　题	章节交叉引用
识别并验证对系统组件的访问	身份认证	第 9 章
	用户设置	第 6 章
	会话控制	第 9 章
	用户培训	第 6 章
限制对持卡人数据的物理访问	物理访问控制	第 7 章
	数据中心监控	
	媒体安全	
	用户培训	第 6 章
跟踪并监控对网络资源和持卡人数据的所有访问	审核日志收集	第 8 章
	审计日志分析	
	审计日志管理	
定期测试安全系统和过程	漏洞扫描	第 9 章
	渗透测试	
	检测和警报	第 8 章
维护一项政策，解决所有人员的信息安全问题	安全策略管理	第 4 章
	风险评估	
	网络安全计划管理	
	安全意识计划	第 6 章
	背景调查	
	可接受的使用协议	
	提供商管理计划	第 8 章
	服务提供商合同	
	事件响应能力	第 11 章
	灾难响应和恢复能力	第 12 章

PCI DSS 合规性

遵守 PCI 标准是一项合同义务，适用于支付卡渠道涉及的所有实体，包括商家、加工商、处理机构和服务提供商，以及存储、处理或传输持卡人数据以及敏感身份验证数据的所有其他实体。

重要的是要强调 PCI 合规性不是政府法规或法律。支付卡品牌要求卡符合 PCI 标准，以便接受卡支付或使其成为支付系统的一部分。PCI 标准增加但不取代保护 PII 或其他数据元素的立法或监管要求。

谁需要遵守 PCI DSS

商户必须遵守 PCI DSS。传统上，商户被定义为卖家。值得注意的是，PCI DSS 定义与传统定义背道而驰。PCI DSS 将商户定义为接受用 American Express、Discover、JCB International、Master Card 或 Visa 支付卡为商品或服务（包括捐赠）付款的任何实体。该定义不使用商店、卖家和零售这些术语，并且重点是付款方而不是交易类型。实际上，任何接受用信用卡付款的公司、组织或个人都是商户。收集数据的机制多种多样，可以是与 iPhone 连接的读卡器、停车计时器、销售点结账系统，甚至离线系统。

合规性验证级别

PCI 合规性验证由四个级别组成，这四个级别的划分依据是每年处理的事务数以及这些事务是在某物理位置执行的还是通过 Internet 执行的。每个支付卡品牌都可以选择修改其 PCI 合规性验证级别的要求和定义。鉴于 Visa 品牌的主导地位，Visa 分类是最常适用的分类。以下列出了用于确定合规性验证级别的 Visa 品牌参数。任何遭受了导致账户数据陷入危险的泄露的实体都可能升级到更高级别。

- ❑ 一级商户符合以下标准之一。
  - ❍ 每年处理超过 600 万笔 Visa 支付卡交易（所有渠道）。
  - ❍ 被任何卡协会认定为一级商户。
  - ❍ Visa 国际组织自行决定的任何商户应满足一级要求，以尽量降低给 Visa 系统带来的风险。
- ❑ 二级商户为任何每年处理 100 万～600 万个 Visa 交易的商户（无论接受渠道如何）。
- ❑ 三级商户定义为每年处理 2 万～10 万笔 Visa 电子商务商品交易的任何商户。
- ❑ 四级商户是指每年处理少于 2 万笔 Visa 电子商务交易的任何商户，以及所有其他每年最多处理 100 万笔 Visa 交易的商户（无论接受渠道如何）。

一级商户需要进行年度现场合规性评估。二级和三级商户可提交自我评估问卷（SAQ）。四级商户的合规性验证要求由商户银行制定。提交 SAQ 是一般建议，但不强制提交。所有具有外部 IP 地址的实体必须聘请 ASV 执行季度外部漏洞扫描。

数据安全合规性评估

合规性评估是由 QSA 或 ISA 对 PCI DSS 合规性进行的年度现场评估。评估方法包括观察系统设置、过程，还有行动、文件评价、访谈和抽样。评估的最终结果是一份合规报告（ROC）。

评估过程

评估过程从记录 PCI DSS 持卡人环境和确认评估范围开始。一般来说，QSA/ISA 将首先进行 GAP（差距）评估，以确定不合规区域并提供补救建议。补救后，由 QSA/ISA 进行评估。要完成此过程，必须向收单金融机构或支付卡品牌提交以下文件：

- ❑ 由 QSA 或 ISA 完成的 ROC。
- ❑ ASV 通过漏洞扫描的证据。
- ❑ 被评估实体和 QSA 完成合规性认证。
- ❑ 支持性文件。

仅供参考：QSA、ISA 和 ASV

PCI SSC 运行许多计划来培训、测试和认证组织与个人，以评估及验证它们对 PCI 安全标准的遵守情况。这些计划包括 QSA、ISA 和 ASV。

QSA 是经过 PCI SSC 认证的组织，其员工可以评估 PCI DSS 的合规性。这些组织的员工必须获得 PCI SSC 的认证，以验证实体是否遵守 PCI DSS。

ASV 是通过对商家和服务提供商面向 Internet 的环境执行漏洞扫描来验证对某些 DSS 要求的遵守情况的组织。

ISA 是经理事会认可的赞助公司。PCI SSC ISA 计划由赞助组织的内部安全审计专业人员组成，他们通过理事会的培训获得资格，以提高组织对 PCI DSS 的理解，促进组织与 QSA 的互动，提高内部 PCI DSS 自我评估的质量、可靠性和一致性，并支持 PCI DSS 措施和控制的一致与正确应用。

资料来源：PCI SSC（www.pcisecuritystandards.org/approved_companies_providers/）。

合规报告

根据 PCI DSS 要求和安全评估程序的定义，ROC 标准模板包括以下部分：

- ❑ 第 1 节："执行总结"
- ❑ 第 2 节："工作范围的描述和采取的方法"
- ❑ 第 3 节："有关已评价环境的详细信息"
- ❑ 第 4 节："联系信息和报告日期"
- ❑ 第 5 节："季度扫描结果"
- ❑ 第 6 节："调查结果和观察结果"
- ❑ 第 7 节："补偿控制工作表"（如适用）

第 1～5 节提供了所评估环境的详细概述，并为评估者的发现建立了框架。ROC 模板包括每个 PCI DSS 要求的特定测试程序。

第 6 节包含评估员针对 PCI DSS 的每个要求和测试程序的发现，以及用于支持和证明每个发现的信息，该节总结了测试程序的执行方式和得到的实现。本节包括所有 12 个 PCI DSS 要求。

PCI DSS 自我评估问卷

自我评估问卷（SAQ）是商家的验证工具，不要求提交现场数据安全评估。每个 PCI DSS SAQ 包括以下组成部分。

- ❑ 适用于不同环境的与 PCI DSS 要求相关的问题。
- ❑ 合规性证明，即你完成了适用 SAQ 的资格声明，以及 PCI DSS 自我评估的后续结果。

根据 2016 年 5 月的 PCI DSS SAQ 指令和指南，有八个 SAQ 类别。由于调查问卷旨在反映特定的支付卡渠道和持卡人环境的预期范围，因此问题的数量各不相同。

- ❑ SAQ A：适用于仅保留带有持卡人数据的纸质报告或收据，未以电子格式存储持卡人数据，也不在其系统或场所中处理及传输任何持卡人数据的商家。这绝不适用于面对面的商家。

- SAQ A-EP：仅适用于将所有支付处理外包给 PCI DSS 验证的第三方提供商的电子商务渠道。
- SAQ B：适用于仅通过压印机或独立的拨出终端处理持卡人数据的商家。这不适用于电子商务商家。
- SAQ B-IP：适用于仅使用与支付处理器具有 IP 连接且没有电子持卡人数据存储的独立支付终端的商家。这不适用于电子商务商家。
- SAQ C-VT：适用于仅通过连接到 Internet 的个人计算机上的隔离虚拟终端处理持卡人数据的商家。这不适用于电子商务商家。
- SAQ C：适用于支付应用程序系统连接到 Internet 的商家，因为支付应用程序系统位于连接到 Internet 的个人计算机上（例如，用于电子邮件或 Web 浏览），或因为支付应用程序系统连接到 Internet 以传输持卡人数据。
- SAQ P2PE：适用于仅通过经过验证的 PCI SSC 列出的点对点加密（P2PE）解决方案中包含的支付终端处理持卡人数据的商家。这不适用于电子商务商家。
- SAQ D：适用于未包含在 SAQ A～C 的描述中的所有其他商家，以及由支付品牌定义为有资格完成 SAQ 的所有服务提供商。

完成 SAQ

为了实现合规性，对每个问题的回答必须是"是"或对补偿控制的解释。

当组织无法实现合规性但已使用备用方法充分实现了这个意图时，允许进行补偿控制。如果实体无法提供肯定答复，则仍需要提交 SAQ。

为了完成验证过程，实体提交 SAQ 和附带的合规证明，表明它符合或不符合 PCI DSS。如果证明不合规，则需要提供合规的目标日期以及行动计划。证明必须由执行官签署。

不合规是否有处罚

根据 PCI 监管，有三种类型的罚款可以适用于所有组织：

- PCI 不合规。
- 受损国内发行卡的账户数据泄露恢复（ADCR）。
- 数据泄露恢复解决方案（DCRS），用于受损国际发行卡。

违规处罚是自行决定的，根据具体情况可能会有很大差异。对此没有公开的讨论或宣传。

仅供参考：两周内有两次重大信用卡数据泄露报告

如今，数据泄露几乎每天都会发生。例如，在 2018 年 3 月 20 日，CNN 报道威胁行动者从 Saks off 5th、Saks Fifth Avenue 和 Lord&Taglor 商店使用的超过 500 万张信用卡和借记卡中窃取信息。母公司 HudsonBay 补充说，这些卡用于店内购买，"没有迹象"表明网上购买受到了影响。

一家名为"双子座咨询"（Gemini Advisory）的网络安全公司是最初发现这一漏洞

的公司。据双子座咨询公司称，使 Saks Fifth Avenue、Saks off 5th 和 Lord & Taylor 商店陷入危险的威胁行动者同时也是导致数据泄露的幕后黑手，这些数据泄露影响了包括 Whole Foods、Chipotle、Omni Hotels Resorts 和 Trump 酒店在内的公司。

在本报告发布后的两周内，Orbitz 披露了一项数据泄露，影响了 88 万张信用卡的消费者。报告指出，威胁行动者几乎在他们被排除嫌疑后立即将从受害者身上获得的信用卡和借记卡信息放到黑网上出售。

罚款和处罚

比 PCI 不合规罚款更严重的财务影响是，数据泄露可能导致 ADCR 或 DCR 处罚。支付系统的结构使得如果存在商家受害，则支付品牌会对开户的银行进行处罚。银行将所有下游债务转移给实体。每次事故的罚款可能高达 50 万美元。此外，实体可能对以下费用负责：

- ❑ 使用与受害有关的账号所造成的所有欺诈损失（从受害之日起）。
- ❑ 重新发行与受害有关的卡的费用（每张卡约 50 美元）。
- ❑ 信用卡发行人因受害而产生的任何额外欺诈预防 / 检测成本（即对欺诈活动的系统进行额外监控）。
- ❑ 增加的交易费用。

品牌可自行决定将任何规模的受损商家指定为一级，这需要进行年度现场合规性评估。收购银行可以选择终止这种关系。

如果没有证据表明支付品牌不符合 PCI DSS 和品牌规则，则支付品牌可以在数据泄露的情况下免除罚款。根据 Visa 的说法，"为了防止罚款，商户必须始终保持完全合规，包括在取证调查期间被证明违反规定的时间。此外，商户必须证明，在受害之前，受害实体已经满足合规性验证要求，证明完全合规。"这是不可能达到的高标准。实际上，当有违规行为时，品牌已宣布商家不合规。

仅供参考：家得宝为银行提供 2500 万美元的数据结算服务

2017 年 3 月，家得宝同意在亚特兰大联邦法院达成和解协议，向银行支付 2500 万美元。和解协议还要求家得宝必须加强其网络安全实践和整体安全态势。根据《财富》杂志的报道，除了 2500 万美元的和解协议外，家得宝还向 Visa、Master Card 和各种银行组成的咨询公司支付了至少 1.345 亿美元的赔偿金。

总结

PCI DSS 适用于支付卡渠道涉及的所有实体，包括商家、处理机构、金融机构和服务提供商，以及存储、处理或传输持卡人数据以及敏感验证数据的所有其他实体。PCI DSS 框架包括有关支付卡数据的存储、传输和处理的规定，六个核心原则，十二类所需的技术和操作安全控制、测试要求以及验证和认证过程。实体需要验证其合规性。事务数量、业务类型和事务类型决定了特定的验证要求。

遵守 PCI DSS 是支付卡渠道合同规定的义务，这不是政府法规或法律规定的。支持卡品牌要求卡符合 PCI 标准，以便接受卡支付或使其成为支付系统的一部分。PCI 标准增加但不取代保护 PII 或其他数据元素的立法或监管要求。总体而言，PCI DSS 要求反映了网络安全最佳实践。

自测题

选择题

1. 绝大多数支付卡欺诈由＿＿＿＿＿＿＿承担。
   - A. 消费者
   - B. 开证行、商户和信用卡处理机构
   - C. Visa 和 Master Card
   - D. 以上全部

2. 以下哪项陈述最能描述收购方？
   - A. 收购其他银行和商家的实体
   - B. 发起并维护与消费者关系的实体
   - C. 发起并维护与商家关系以接受支付卡的实体
   - D. 每次获得服务和商品时保护消费者的实体

3. ＿＿＿＿＿＿＿可以使用略读器进行阅读。
   - A. 持卡人数据
   - B. 敏感身份验证数据
   - C. 相关的 PIN
   - D. 以上所有

4. 根据 PCI DSS，以下关于 PAN 的哪一项是正确的？
   - A. 绝不能存储
   - B. 它只能以不可读（加密）的格式存储
   - C. 应该编入索引
   - D. 它可以以纯文本格式存储

5. 根据 PCI DSS，下列哪一项描述了商家？
   - A. 任何接受支付卡的实体，其中包含 PCI SSC 五个成员中的任何一个的标志
   - B. 任何执行 PCI DSS 的实体
   - C. 销售有关 PCI DSS 培训的任何实体
   - D. 与银行和信用卡公司合作以增强 PCI DSS 的任何实体

6. PCI SSC 不负责以下哪项任务？
   - A. 创建标准框架
   - B. 认证 ASV 和 QSA
   - C. 提供培训和教育材料
   - D. 执行 PCI 合规性

7. 关于 Luhn 算法，以下哪项陈述不正确？
   - A. Luhn 算法是用于验证不同标识号的行业算法，这里的标识号包括信用卡号、国际移动设备识别码（IMEI）、美国的国家提供商标识号、加拿大社会保险号等
   - B. Luhn 算法现在属于公共领域
   - C. Luhn 算法现在已经过时了
   - D. 许多组织使用 Luhn 算法来验证有效数字，它使用模 10 运算

8. 关于"照旧开展业务"的方法，以下哪项陈述不正确？
   - A. PCI DSS 3.2 版强调合规性不是由时间点确定的过程，而是持续的过程
   - B. 照旧开展业务被定义为将 PCI 控制纳入由组织管理和监控的整体风险安全战略的一部分
   - C. 照旧开展业务规定组织必须监控所需的控制措施，以确保其有效运行，快速响应控制故障，将 PCI 合规性影响评估纳入变更管理流程，并定期进行评价以确认 PCI 要求持续到位，人员正在遵循安全流程
   - D. 照旧开展业务规定组织可以选择监控网络安全控制并定期对管理层进行评价，以确定他们是否拥有适当的工作人员来应对网络安全事件

9. 根据 PCI SSC 的说法，版本 3.2 更新旨在执行以下哪项操作？
   - A. 更加关注威胁环境中的一些风险较大的领域

B. 更好地理解需求的意图以及实现方法

C. 提高实施、评估和建立标准的所有实体的灵活性

D. 以上所有

10. 以下哪项陈述最能说明 PAN？

A. 如果未存储、处理或传输 PAN，则不适用 PCI DSS 要求

B. 如果未存储、处理或传输 PAN，则 PCI DSS 要求仅适用于电子商务商家

C. 如果未存储、处理或传输 PAN，则 PCI DSS 要求仅适用于一级商家

D. 以上都不是

11. 以下哪项陈述最能说明持卡人数据环境？

A. 处理持卡人数据或敏感身份验证数据的人员、流程和技术

B. 处理持卡人信息的银行

C. 处理持卡人信息的商家

D. 处理持卡人信息的零售商

12. 术语 CAV2、CID、CVC2 和 CVV2 都是指_____。

　　A. 认证数据　　　　　B. 安全代码　　　　　C. 到期日期　　　　　D. 账号

13. 有 12 类 PCI 标准。为了被视为合规，实体必须遵守或记录补偿控制_____。

　　A. 所有要求　　　　　B. 90% 的要求　　　　C. 80% 的要求　　　　D. 70% 的要求

14. 以下哪项不被视为基本防火墙功能？

　　A. Ingress 过滤　　　B. 分组加密　　　　　C. 出口过滤　　　　　D. 周界保护

15. 以下哪项被认为是安全传输技术？

　　A. FTP　　　　　　　B. HTTP　　　　　　　C. 远程登录　　　　　D. SFTP

16. 以下哪项陈述最能说明密钥管理？

A. 密钥管理是指加密密钥的生成、存储和保护

B. 密钥管理是指服务器机房密钥的生成、存储和保护

C. 密钥管理是指访问控制列表密钥的生成、存储和保护

D. 密钥管理是指卡制造密钥的生成、存储和保护

17. 以下哪种方法是商家可以传输 PAN 的可接受方式？

　　A. 使用手机短信　　　　　　　　　　　B. 使用 HTTPS / TLS 会话

　　C. 使用即时消息　　　　　　　　　　　D. 使用电子邮件

18. 以下哪项陈述不属于"保护存储卡数据"的要求？

A. 保护和管理加密密钥（包括生成、存储、访问、续订和替换）

B. 出版数据处理政策和相关业务程序

C. 发布数据处理标准，明确界定如何处理持卡人数据

D. 选择与所需保护级别相称的防病毒 / 反恶意软件解决方案

19. 以下哪些文档将注入漏洞、破坏的身份验证和跨站脚本列为前 10 个应用程序安全漏洞？

　　A. ISACA 前十　　　B. NIST 前十　　　　C. OWASP 前十　　　D. ISO 前十

20. 以下哪种安全原则最好描述为分配最低要求的权限？

　　A. 需要知道　　　　　B. 默认拒绝　　　　　C. 最低特权　　　　　D. 职责分离

21. 以下哪项是"开发和维护安全系统和架构"PCI DSS 要求的一部分？

　　A. 及时了解新漏洞　　B. 评估新漏洞的风险　　C. 维护补丁管理流程　　D. 以上所有

22. 用于读取输入的持卡人数据的略读器可以安装在_____。

　　A. 销售点系统　　　　B. 自动取款机　　　　　C. 燃气泵　　　　　　D. 以上所有

23. 以下哪项不属于"跟踪和监控所有网络资源和持卡人数据访问"PCI DSS 要求的一部分？

A. 使日志保持最新以识别新的安全漏洞补丁

  B. 确保日期和时间戳在所有审计日志中准确并同步

  C. 保护审计日志,以便不能删除或修改它们

  D. 限制对需要知道的个人的审计日志的访问

24. 季度外部网络扫描必须由_____执行。

  A. 托管服务提供商   B. PCI ASV

  C. 合格的安全评估员   D. 独立第三方

25. 为了与 PCI 标准规定的最佳实践保持一致,应该多久评价、更新和授权网络安全政策?

  A. 仅一次   B. 每半年   C. 每年   D. 一年两次

26. 对于 PCI 要求,以下哪项是正确的?

  A. PCI 标准增加但不取代保护 PII 或其他数据元素的立法或监管要求

  B. PCI 标准取代了保护 PII 或其他数据元素的立法或监管要求

  C. PCI 要求使监管要求无效

  D. 以上都不是

27. 关于一级商家,以下哪一项是正确的?

  A. 一级商家每年处理超过 600 万张支付卡交易

  B. 一级商家必须支付超过 600 万美元的费用

  C. 一级商家必须进行一年两次的外部渗透测试

  D. 一级商家必须填写自我评估问卷,否则将支付超过十万美元的罚款

28. PCI DSS 3.2 版将 DESV 作为附录,主要用于合并要求并加强这些要求在建立和维护正在进行的网络安全过程中的重要性。DESV 是一系列资源和标准,旨在帮助服务提供商和商家解决关键的运营挑战,同时努力保护付款并保持合规性。DESV 中不包含以下哪项?

  A. 合规计划监督

  B. 适当确定环境范围

  C. 保证使用适当的机制来检测和警告关键安全控制中的故障

  D. 制定公共安全漏洞披露政策

29. 以下哪项陈述最能说明不同版本的 SAQ 是否必要的原因?

  A. 问题数量因支付卡渠道和环境范围而异   B. 问题的数量因地理位置而异

  C. 问题数量因卡牌而异   D. 问题数量因交易的美元价值而异

30. 以下哪些 SAQ 不适用于电子商务商家?

  A. SAQ-C   B. SAQ-B   C. SAQ C-VT   D. 以上所有

练习题

练习 15.1:了解 PCI DSS 义务

1. 遵守 PCI DSS 是一项合同义务。解释这与监管义务的区别。

2. 监管要求优先还是合同义务优先?解释你的答案。

3. 谁执行 PCI 合规?它是如何实施的?

练习 15.2:了解持卡人责任

1. 如果消费者错误地使用借记卡,那消费者应该怎么做?为什么?

2. 登录银行的网站。查看其是否发布了如何挂失或报告被盗借记卡、信用卡的说明?如果已发布,请总结它们的指示。如果未发布,请致电银行并要求其将信息发送给你。(如果你没有银行账户,请选择当地的金融机构。)

3. 解释 FCBA 与 EFTA 之间的区别。

练习 15.3：选择授权的扫描提供商

1. 所有具有面向 Internet 的 IP 地址的商家和服务提供商都需要 PCI 安全扫描。上线并找到三个提供季度 PCI 安全扫描的 PCI 委员会 ASV。

2. 阅读它们的服务说明。有什么相同点和不同点？

3. 推荐其中一款 ASV，并说明理由。

练习 15.4：了解 PIN 和芯片技术

1. 美国发行的支付卡在磁条中存储敏感身份验证信息。与此配置相关的问题是什么？

2. 欧洲发行的支付卡将敏感身份验证信息存储在嵌入式微型计算机中。这种配置的优点是什么？

3. 某些美国金融机构将根据要求提供芯片嵌入式卡。确定至少一个将这样做的发卡机构。卡是否需要额外收费？

练习 15.5：识别商家合规性验证要求

完成下表：

商业等级	标准	验证要求
	每年处理的电子商务交易少于 2 万	
二级		
		需要现场年度审核

项目题

项目 15.1：应用加密标准

PCI DSS 中多次引用加密。对于下面列出的每个 PCI 要求，

- ❑ PCI DSS V3.2.3.4.1：如果使用磁盘加密（而不是文件级或列级数据库加密），则必须单独管理逻辑访问，并且独立于本机操作系统身份验证和访问控制机制（例如，不使用本地用户账户数据库或常规网络登录凭据）。解密密钥不得与用户账户相关联。
- ❑ PCI DSS V3.2.4.1.1：确保发送持卡人数据或连接到持卡人数据环境的无线网络正在使用强加密协议进行身份验证和传输，并使用行业最佳实践来实施强大的身份验证和传输加密。
- ❑ PCI DSS V3.2 6.1：建立识别安全漏洞的过程，使用外部源代表获取安全漏洞信息，并指定风险等级（例如，"高""中"或"低"）新发现的安全漏洞。

1. 解释要求的基本原理。

2. 确定可用于满足要求的加密技术。

3. 确定可用于满足要求的商业应用程序。

项目 15.2：完成 SAQ

所有主要的信用卡公司都有专门的在线门户网站来解释他们保持卡会员信息安全的方式。以下是几家主要信用卡公司的安全门户链接。

- ❑ American Express：https://merchant-channel.americanexpress.com//merchant/en_US/ data-security。
- ❑ Discover：https://www.discovernetwork.com/en-us/business-resources/fraud-security/pci-rules-regulations/。
- ❑ JCB International：www.global.jcb/en/products/security/pci-dss/。
- ❑ MasterCard：https://www.mastercard.us/en-us/merchants/safety-security/security- recommendations/ site-data-protection-PCI.html。
- ❑ Visa：https://usa.visa.com/support/small-business/security-compliance.html。

1. 这些信用卡公司提供的信息有何不同之处？描述它们如何记录和解决 PCI DSS 合规性问题。

2. 解释它们如何记录适用于商家和服务提供商的要求。

3. 每个公司是否清楚地列出了任何人如何报告安全事件？

项目 15.3：报告事件

假设你是二级商家，并且怀疑你的组织违反了 Visa 持卡人信息。

1. 访问 http://usa.visa.com/merchants/risk_management/cisp_if_compromised.html。记录你应该采取的步骤。

2. 你所在的州是否有违规通知法？如果是这样，你是否需要向州政府报告此类违规行为？你是否需要通知客户？如果你有一个住在邻国的顾客，你需要做什么？

3. 过去 12 个月内是否有任何重大卡违规影响了你所在州的居民？总结这样的事件。

案例研究：支付卡数据泄露

2017 年，超过 1.4 亿消费者受到 Equifax 公司数据泄露的影响。社会保障号码、出生日期、地址和驾驶执照号码等个人信息曝光。此外，还有超过 20.9 万个信用卡号码被盗。

2014 年早些时候，家得宝的威胁行动者窃取了超过 5600 万张信用卡和借记卡数据记录。销售点系统被恶意软件感染。

研究这两个事件并回答以下问题：

A. Equifax 公司

1. 事件何时发生？

2. 谁最先报告了违规行为？

3. 哪些信息受到了损害？

4. 有多少持卡人受到影响？

5. Equifax 如何通知持卡人？

6. 是否有任何关于如何获取数据的迹象？

7. 有没有证据表明犯罪分子使用了卡数据？

B. 家得宝

1. 谁最先报道了这一事件？

2. 与泄露相关的日期是什么？

3. 哪些信息受到了损害？

4. 有多少持卡人受到影响？

5. 是否有任何迹象表明数据是如何获得的？

6. 家得宝以外的任何组织是否遭受损失？

7. 需要什么类型的通知？

C. 在违规之前，这两个组织都是符合 PCI 标准的组织。卡数据泄露会导致取消认证吗？请说明原因。

参考资料

"The 17 Biggest Data Breaches of the 21st Century," *CSO Magazine*, accessed 04/2018, https://www.csoonline.com/article/2130877/data-breach/the-biggest-data-breaches-of-the-21st-century.html.

Verizon Data Breach Investigations Reports, accessed 04/2018, http://www.verizonenterprise.com/

verizon-insights-lab/dbir/.

"PCI Standards and Cardholder Data Security," Wells Fargo, accessed 04/2018, https://www.wellsfargo.com/biz/merchant/manage/standards.

Krebs, Brian. "All about Skimmers," accessed 04/2018, https://krebsonsecurity.com/all-about-skimmers.

"Genesco, Inc. v. VISA U.S.A., Inc., VISA Inc., and VISA International Service Association," United States District Court for the Middle District of Tennessee, Nashville Division, filed March 7, 2013, Case 3:13-cv-00202.

Credit Freeze FAQs, The Federal Trade Commission, accessed 04/2018, https://www.consumer.ftc.gov/articles/0497-credit-freeze-faqs.

"Merchant PCI DSS Compliance," Visa, accessed 04/2018, http://usa.visa.com/merchants/risk_management/cisp_merchants.html.

"Payment Card Industry Data Security Standard, Version 3.2," PCI Security Standards Council, LLC, accessed 04/2018, https://www.pcisecuritystandards.org/documents/PCI_DSS_v3-2.pdf.

"Payment Card Industry Data Security Standard, SAQ documents," PCI Security Standards Council LLC, accessed 04/2018, https://www.pcisecuritystandards.org/document_library?category=saqs#results.

"Payment Card Industry Data Security Standard, Training and Certification," PCI Security Standards Council, LLC, accessed 04/2018, https://www.pcisecuritystandards.org/program_training_and_qualification/.

"Payment Card Industry Data Security Standard, Glossary of Terms, Abbreviations, and Acronyms," accessed 04/2018, https://www.pcisecuritystandards.org/documents/PCI_DSS_Glossary_v3-2.pdf.

"PCI DSS Quick Reference Guide", PCI SSC, accessed 04/2018, https://www.pcisecuritystandards.org/documents/PCIDSS_QRGv3_2.pdf.

"Payment Card Industry Data Security Standard and Payment Application Data Security Standard, Version 3.2: Change Highlights," PCI Security Standards Council, LLC, August 2013.

"Credit Card Breach at Buckle Stores," Brian Krebs, accessed 04/2018, https://krebsonsecurity.com/2017/06/credit-card-breach-at-buckle-stores.

"Largest Hacking Fraud Case Launched After Credit Card Info Stolen from J.C. Penney, Visa Licensee," *The Huffington Post*, accessed 04/2018, https://www.huffingtonpost.com/2013/07/25/credit-card-stolen-visa_n_3653274.html.

"Home Depot to Pay Banks $25 Million in Data Breach Settlement," *Fortune Magazine*, accessed 04/2018, http://fortune.com/2017/03/09/home-depot-data-breach-banks.

"The Costs of Failing a PCI-DSS Audit," Hytrust, accessed 04/2018, https://www.hytrust.com/wp-content/uploads/2015/08/HyTrust_Cost_of_Failed_Audit.pdf.

OWASP Top 10 Project, accessed 04/2018, https://www.owasp.org/index.php/Category:OWASP_Top_Ten_Project.

"Payment Card Industry (PCI) Data Security Standard Self-Assessment Questionnaire, Instructions and Guidelines," PCI SSC, accessed 04/2018, https://www.pcisecuritystandards.org/documents/SAQ-InstrGuidelines-v3_2.pdf.

"Saks, Lord & Taylor Breach: Data Stolen on 5 Million Cards," CNN, accessed 04/2018, http://money.cnn.com/2018/04/01/technology/saks-hack-credit-debit-card/index.html.

"Orbitz Says a Possible Data Breach Has Affected 880,000 Credit Cards," The Verge, accessed 04/2018, https://www.theverge.com/2018/3/20/17144482/orbitz-data-breach-credit-cards.

第16章 NIST 网络安全框架

NIST 网络安全框架是一系列行业标准和最佳实践，旨在帮助组织管理网络安全风险。该框架由美国政府、公司和个人共同创建，是使用通用分类法开发的，其主要目标之一是以经济有效的方式解决和管理网络安全风险，以保护关键基础设施。虽然是针对特定选区而设计的，但这些要求可以作为任何组织的安全蓝图。

> **仅供参考：行政命令 13636，"改善关键基础设施网络安全"**
>
> 美国行政命令 13636，"改善关键基础设施网络安全"，于 2013 年 2 月创建，要求 NIST 开发一个以现有标准、指南和实践为中心的自愿框架。主要目标是为美国关键基础设施减少与网络安全相关的风险。2014 年的晚些时候，2014 年的网络安全增强法案加强了 NIST 开发此类框架的作用。
>
> 行政命令 13636 第 7 节 "减少关键基础设施的网络风险的基线框架" 规定 "网络安全框架应包括一系列使策略、业务和技术方法保持一致的标准、方法学、程序及流程，以解决网络风险。网络安全框架应尽可能纳入自愿共识标准和行业最佳实践。当此类国际标准推进本命令的目标时，网络安全框架应符合自愿性国际标准，并应符合经修订的国家标准和技术法案（15 USC 271 及以下）、国家标准的要求及经修订的 1995 年技术转让和晋升法（公法 104-113）及 OMB 通告 A-119。"
>
> 行政命令还规定，框架 "应提供优先、灵活、可重复、基于绩效和经济有效的方法，包括信息安全判断和控制，以帮助关键基础设施的所有者和运营者识别、评估和管理网络风险"。此外，该框架 "应侧重于识别适用于关键基础设施的跨部门安全标准和准则"，并识别今后应通过与特定部门和标

准开发组织的合作来进行改进的领域。

行政命令第 10 节包括有关在政府机构中采用该框架的指示。

私营部门组织通常有动力实施 NIST 网络安全框架，以加强其网络安全计划。这些组织通常遵循 NIST 网络安全框架指南来降低与网络安全相关的风险。

在本章中，我们将研究 NIST 网络安全框架，了解它如何作为任何试图创建安全计划的组织的安全蓝图，并分析其网络安全风险。

NIST 网络安全框架组件介绍

NIST 网络安全框架是通过行业和政府之间的合作创建的。它包括促进关键基础设施保护的标准、指南和实践。框架的优先、灵活、可重复且经济有效的方法可帮助关键基础架构的所有者和运营商管理与网络安全相关的风险。

正如第 3 章所述，NIST 网络安全框架的目标之一是不仅帮助美国政府，还要为任何组织提供指导，无论其规模、网络安全风险程度或成熟程度如何。

此外，还需要强调的是，NIST 的网络安全框架是一份活文件，随着参与者提供实施反馈，将继续进行更新和改进。

框架是根据标准、指南和实践构建的，为组织提供了能够执行以下操作的共同指导。

❑ 描述它们当前的网络安全态势。

❑ 描述它们的网络安全目标状态。

❑ 在连续和可重复的流程中识别并优先考虑改进机会。

❑ 评估进度（最终达到目标状态）。

❑ 在内部和外部利益相关者之间就网络安全风险进行沟通。

NIST 非常清楚，该框架旨在补充组织的现有风险管理流程和网络安全计划，而不会取代。你可以利用 NIST 网络安全框架，借助行业最佳实践来加强自己的策略和计划。如果你的组织没有现成的网络安全计划，则可以参考 NIST 网络安全框架开发此类计划。

 注意 尽管 NIST 网络安全框架是在美国创建的，但该框架在美国以外的地方也可以使用。

NIST 网络安全框架分为三个部分，如图 16-1 所示。

❑ 框架核心是"关键基础设施部门共同的网络安全活动、成果和参考信息的集合，为开发个人组织的框架配置文件提供详细指南"。

❑ 框架配置文件旨在帮助基层组织将其网络安全承诺与业务需求、风险容忍度和资源保持一致。

❑ 框架实现层旨在帮助组织查看和了解其管理网络安全风险的方法的特征。

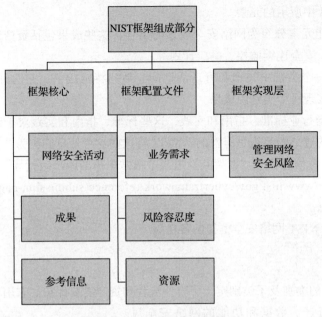

图 16-1　NIST 网络安全框架

框架核心

框架核心旨在构建一系列活动以实现某些网络安全成果，并包括实现此类成果的指导示例。

图 16-2 列出了 NIST 网络安全框架核心中定义的功能。

然后，进一步将框架核心分解为每个框架功能的类别、子类别和参考信息，如图 16-3 所示。

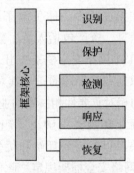

图 16-2　NIST 网络安全框架核心功能

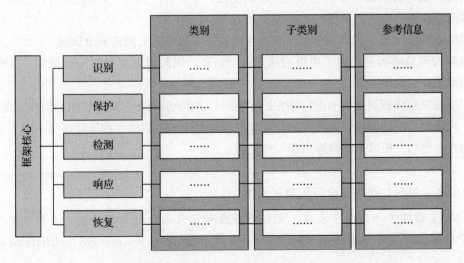

图 16-3　NIST 网络安全框架核心功能的类别、子类别和参考信息

以下是图 16-3 中所示的元素。

❑ 类别将功能元素分组为网络安全成果的集合，这些成果包括资产管理、身份管理和访问控制、安全连续监控、响应计划等。

❑ 子类别是每个类别中技术和管理活动的一系列特定成果。它们可被视为一组结果，能够帮助实现每个类别的成果。

❑ 参考信息指行业标准、指南和实践，这些标准、指南和实践对于试图实现与每个子类别相关的成果的组织是有益的。NIST 将这些参考信息归类为"说明性而非详尽无遗的"。参考信息基于"框架开发过程中最常引用的跨部门指导"。你甚至可以按照网站 https://www.nist.gov/cyberframework/reference-submission-page 中列出的说明提交参考信息。

以下分别讲解 NIST 网络安全框架的各功能。

识别

识别功能包括的类别及子类别定义了哪些流程和资产需要保护。它用于开发理解，以分析和管理系统、资产、数据和功能的网络安全风险。图 16-4 显示了识别功能的类别。

在第 5 章中，你了解了有关资产管理类别的详细信息，资产包括人员、数据、设备、系统和设施。NIST 网络安全框架指出，资产"使组织能够实现已识别和已管理的，与其对业务目标和组织风险策略的相对重要性相一致的业务目的"。

商业环境类别解决了组织的使命、目标、利益相关者以及需要理解和优先排序的活动的需求。

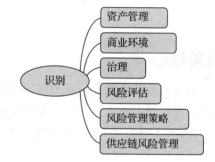

图 16-4　NIST 网络安全框架识别功能的类别

NIST 网络安全框架规定"此信息用于告知网络安全角色、责任和风险管理决策"。

治理类别的目的是确保管理和监控组织的法规、法律、风险、环境与运营要求的策略、过程和流程在组织内得到了很好的理解。

风险评估类别用于识别和分析组织的运营、资产与个人的网络安全风险。

风险管理策略类别规定了组织的优先级、约束、风险容忍度和假设的建立，以便做出适当的可操作的风险决策。

供应链风险管理类别在 NIST 网络安全框架 1.1 版中引入，它规定组织必须确定优先级、约束、风险容忍度和假设，以便做出与管理供应链风险相关的适当的风险决策。由于基于供应链的攻击增加，所以把此内容当作一种类别。

仅供参考：NIST 网络安全框架电子表格

NIST 创建了一个电子表格，允许你查看和记录每个框架的功能、类别、子类别和参考信息。电子表格如图 16-5 所示，可以从 https://www.nist.gov/cyberframework 下载。

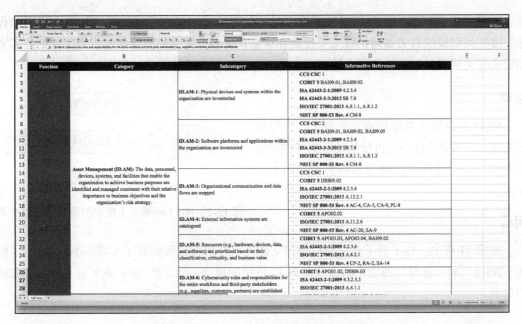

图 16-5　NIST 网络安全框架的电子表格

保护

保护功能要求开发和实施相关的安全措施，以确保关键基础设施服务受到保护。图 16-6 显示了保护功能的类别。

身份管理、身份验证和访问控制类别指定物理资产、逻辑资产及相关设施仅对授权用户、进程和设备可用，并且"对其的管理要求是要与对授权活动和事务的非授权访问的评估风险一致"。

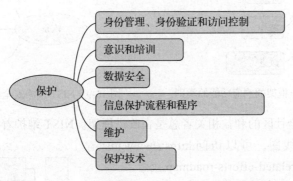

图 16-6　NIST 网络安全框架的保护功能的类别

在第 6 章中，你了解了网络安全意识和培训类别的重要性。意识和培训类别涉及网络安全意识教育，并要求你的员工接受充分培训，以履行与相关政策、程序和协议相一致的信息安全相关职责。以下 NIST 特别出版物就如何开展适当的网络安全意识培训提供了指导。

❑ SP 800-16——信息技术安全培训要求：基于角色和绩效的模型。

❑ SP 800-50——建立信息技术安全意识和培训计划。

数据安全类别围绕数据管理实践提供指导，以保护此类数据的机密性、完整性和可用性。信息保护流程和程序类别解决了管理保护信息系统与资产所需的适当策略、流程和程序。维护类别提供有关如何执行工业控制和信息系统组件的维护与维修的指导。保护技术类别提供有关用于保护系统和资产的技术实施的指导，与组织的策略、程序和协议一致。

检测

NIST 网络安全框架检测功能规定了开发和实施良好网络安全计划，以便能够检测任何网络安全事件的必要性。检测功能的类别如图 16-7 所示。

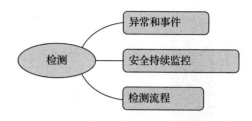

图 16-7　NIST 网络安全框架的检测功能的类别

响应

在第 11 章中，你了解了在组织内部建立良好事件响应流程和程序所需的不同步骤。"检测""响应"和"恢复"功能中的指导与第 11 章中的概念一致。图 16-8 显示了"响应"功能的类别。

恢复

恢复功能提供有关如何在网络安全事件发生后恢复正常操作的指导。图 16-9 显示了恢复功能的类别。

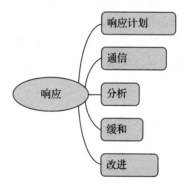

图 16-8　NIST 网络安全框架的响应功能的类别

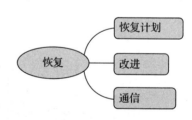

图 16-9　NIST 网络安全框架的恢复功能的类别

NIST 和网络安全社区的利益相关者总是在改进框架。NIST 维护着一个概述发展领域和未来框架特征的路线图，可以访问 https://www.nist.gov/cyberframework/related-efforts-roadmap 查看。

框架实现层

NIST 网络安全框架实现层为允许组织分析网络安全风险并增强其管理此类风险的流程提供了指导。这些层描述了风险管理实践如何与框架中定义的特征保持一致。图 16-10 列出了四个框架实现层。

然后，每个实现层进一步定义了四个类别。

□ 风险管理流程。

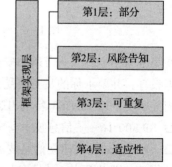

图 16-10　NIST 网络安全框架的实现层

- [ ] 完整风险管理计划。
- [ ] 外部参与。
- [ ] 网络供应链风险管理。

NIST 框架的实现层定义

以下是 NIST 对每个框架实现层的定义。

第 1 层：部分。

- [ ] **风险管理流程。**组织的网络安全风险管理实践没有形式化，风险有时以临时的，有时以被动的方式被管理。网络安全活动的优先级可能不会直接受到组织的风险目标、威胁环境或业务 / 任务要求的影响。

- [ ] **完整风险管理计划。**组织层面对网络安全风险的认识有限。由于从外部来源获得的经验或信息各种各样，因此组织在无规律的前提下逐情况实施网络安全风险管理。组织可能没有能够在组织内共享网络安全信息的流程。

- [ ] **外部参与。**组织可能没有流程来参与与其他实体的协调或协作。

- [ ] **网络供应链风险管理。**组织可能无法理解网络供应链风险的全部影响，或者有适当的流程来识别、评估和减轻其网络供应链风险。

第 2 层：风险告知。

- [ ] **风险管理流程。**风险管理实践由管理层批准，但可能不会被建立为组织范围内的策略。网络安全活动的优先顺序直接受组织的风险目标、威胁环境或业务 / 任务要求的影响。

- [ ] **完整风险管理计划。**组织层面具有网络安全风险意识，但尚未建立组织范围内的网络安全风险管理方法。网络安全信息在组织内以非形式化的方式共享。在任务 / 业务目标中考虑网络安全可能发生在组织的某些层面，但不会在所有层面。组织资产的网络空间风险评估通常不可重复或重现。

- [ ] **外部参与。**组织知道其在更大的生态系统中的作用，但尚未形式化其与外部交互和共享信息的能力。

- [ ] **网络空间供应链风险管理。**组织了解与产品和服务相关的网络供应链风险，这些产品和服务或者支持组织的业务 / 任务功能，或者是组织产品或服务使用的。该组织尚未形式化其内部或其与提供商和合作伙伴管理网络空间供应链风险的能力，并且不一致地执行这些活动。

第 3 层：可重复。

- [ ] **风险管理流程。**组织的风险管理实践形式化地获得批准并被作为策略。根据为改变业务 / 任务要求对风险管理流程的应用以及不断变化的威胁和技术前景，定期更新组织的网络安全实践。

- [ ] **完整风险管理计划。**有一种组织范围内的方法可用来管理网络安全风险，定义风险告知策略、流程和程序，并按预期进行实现和评价。采用一致的方法有效应对风险变化。人员拥有履行其指定角色和职责的知识与技能。该组织始终如一地准确监控组织资产的网络风险。高级网络安全和非网络安全管理人员定期就网络安全风险进行沟通。高级管理人员确保通过组织中的所有运营部门来考虑网络安全。

❑ **外部参与**。组织了解其依赖关系和合作伙伴，并从这些合作伙伴处接收信息，以便在组织内根据事件进行协作和基于风险的管理决策。

❑ **网络空间供应链风险管理**。通过企业风险管理策略、流程和程序制定管理网络供应链风险的组织范围内的方法。这可能包括治理结构（例如，风险委员会），其管理与其他企业风险平衡的网络供应链风险。策略、流程和程序按照预期一致地实施，并持续监控和评价。人员拥有履行其指定的网络供应链风险管理职责的知识和技能。该组织已签署正式协议，以向其提供商和合作伙伴传达基线要求。

第 4 层：适应性。

❑ **风险管理流程**。组织根据从以前和当前网络安全活动中获得的经验教训与预测指标调整其网络安全实践。通过不断改进的过程，结合先进的网络安全技术和实践，组织积极适应不断变化的网络安全格局，及时响应不断变化的复杂威胁。

❑ **完整风险管理计划**。采用组织范围的方法管理网络安全风险，使用风险信息策略、流程和程序来解决潜在的网络安全事件。在做出决策时，可以清楚地理解和考虑网络安全风险与任务／业务目标之间的关系。高级管理人员在与财务风险和其他组织风险相同的背景下监控网络安全风险。组织预算基于对当前和预测的风险环境以及未来风险偏好的理解。业务部门在组织风险偏好和容忍度的背景下实施执行愿景并分析系统级风险。网络安全风险管理是组织文化的一部分，并从对先前活动的认识、其他来源共享的信息，以及对其系统和网络活动的持续认识演变而来。在企业的所有阶层中都清楚地阐明和理解网络安全风险。组织可以快速有效地考虑业务／任务目标的变化以及风险如何传达和接近的威胁及技术前景。

❑ **外部参与**。组织管理风险并与合作伙伴积极共享信息，以确保在网络安全事件发生之前分发和使用准确、最新的信息以改善网络安全。

❑ **网络空间供应链风险管理**。组织可以使用实时或接近实时的信息快速有效地解决新兴的网络供应链风险，并在相关职能领域和组织的各个层面利用其外部提供商和合作伙伴以及内部的网络供应链风险管理的制度化知识。组织主动沟通并使用正式（例如协议）和非正式机制来发展和维护与提供商、合作伙伴、个人和组织买方的牢固关系。

谁应该协调框架实现

NIST 在组织内定义了三个级别，这三个级别用于协调框架实现和共同的信息流。图 16-11 展示了这些级别。

如图 16-11 所示，在执行和业务／流程之间存在反馈循环，在业务／流程与实现／运营之间存在另一个反馈循环。

❑ **执行**：将任务优先级、可用资源和总体风险承受能力传达给业务／流程级别。

图 16-11　NIST 网络安全框架的协调

❏ **业务 / 流程**：获得执行级别对风险管理流程的输入，然后与实现 / 运营级别协作。

❏ **实现 / 运营**：利益相关者，负责实现框架并将实现进度传达给业务 / 流程级别。

NIST 对建立或改进网络安全计划的建议步骤

以下是 NIST 网络安全框架建议的建立或改进网络安全计划的步骤。

第一步　优先级和范围：首先，识别你的业务目标和高级别的组织优先级。必须首先完成此操作，以便可以制定有关网络安全实现的战略决策，并建立支持所选业务线或流程的系统和资产的范围。实现层可用于设置波动的风险容忍度。

第二步　确定战略方向并咨询预定来源，以识别可能适用于你的系统及资产的威胁和漏洞。

第三步　通过定义目前正在实现框架核心的哪些类别或子类别成果，来创建当前配置文件。NIST 网络安全框架建议注意任何部分的成果，因为这将帮助你完成以下步骤。

第四步　进行风险评估，分析运营环境以识别任何风险，并使用来自内部和外部的网络空间威胁情报，以更好地了解任何网络安全事件的潜在影响。

第五步　为组织创建一个目标配置文件，重点关注框架类别和子类别的评估，并确保描述组织的网络安全目标和成果。你可以在自己的环境中根据需要开发其他的类别和子类别。

第六步　比较当前配置文件和目标配置文件，确定、分析环境中的任何差距并给这些差距定优先级。进行此分析后，创建优先行动计划以消除所有这些差距。

第七步　实现行动计划以缩小前面步骤中概述的差距，然后针对目标配置文件监控你当前的实践。NIST 网络安全框架概述了有关类别和子类别的示例信息参考。你应确定哪些标准、准则和实践（包括特定于行业的标准、准则和实践）最适合你的组织和环境。

你可以根据需要重复上述步骤，以持续监控和改善网络安全状况。

与利益相关者的沟通及供应链关系

在第 8 章中，你了解了沟通对于网络安全计划是至关重要的。NIST 网络安全框架提供了一种通用语言，可以满足与组织内外的所有利益相关者沟通的需求，这些利益相关者负责提供关键的基础设施服务。以下是 NIST 网络安全框架提供的示例：

❏ 组织可以利用目标配置文件向外部服务提供商（例如，正在向其导出数据的云提供商）表达网络安全风险管理要求。

❏ 组织可以通过当前配置文件表达其网络安全状态，以报告成果或与获取要求进行比较。

❏ 关键基础设施所有者 / 运营商在确定了该基础设施所依赖的外部合作伙伴后，可以使用目标配置文件来传达所需的类别和子类别。

❏ 关键基础设施部门可以建立目标配置文件，在其组成部分中用作初始基线配置文件，以构建其定制的目标配置文件。

图 16-12 展示了 NIST 网络安全框架的网络空间供应链关系。其中包括与提供商、买家、非信息技术（IT）或非运营技术（OT）合作伙伴的沟通。

购买决策甚至可能受到你的网络安全态势（来自你的买家，如果适用）或提供商的态度（当你购买他们的商品或服务时）的影响。框架的目标配置文件可用于做出这些购买决策，因为这些是组织网络安全要求的优先级列表。该配置文件还允许你和你的组织通过持续的评估和测试方法确保你购买的所有商品或服务或你销售的商品或服务符合网络安全成果。

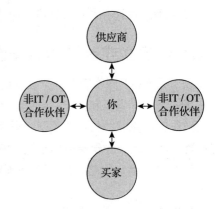

图 16-12　NIST 网络安全框架的网络空间供应链关系

NIST 网络安全框架参考工具

NIST 创建了一个名为 NIST Cybersecurity Framework（CSF）的参考工具，它允许你浏览框架组件和参考。该工具可以从 https://www.nist.gov/cyberframework/csf-reference-tool 中下载。

该工具可以在 Microsoft Windows 和 Apple Mac OS-X 中运行。图 16-13 显示了 CSF 工具的主界面。

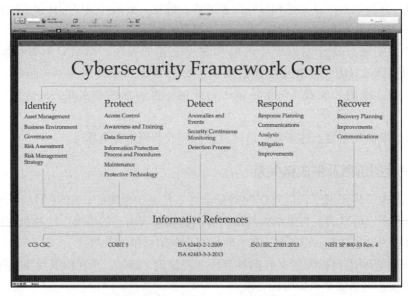

图 16-13　NIST CSF 工具主界面

NIST CSF 参考工具为你提供了一种浏览 Framework Core（框架核心）的方法：
- ❑ 功能
- ❑ 分类
- ❑ 子类
- ❑ 参考信息

图 16-14 显示了你可以在该工具中探索的不同视图或类别。

图 16-14　NIST CSF 工具的 Views 下拉菜单

图 16-15 提供了 NIST CSF 参考工具视图（网络安全框架核心）的示例。

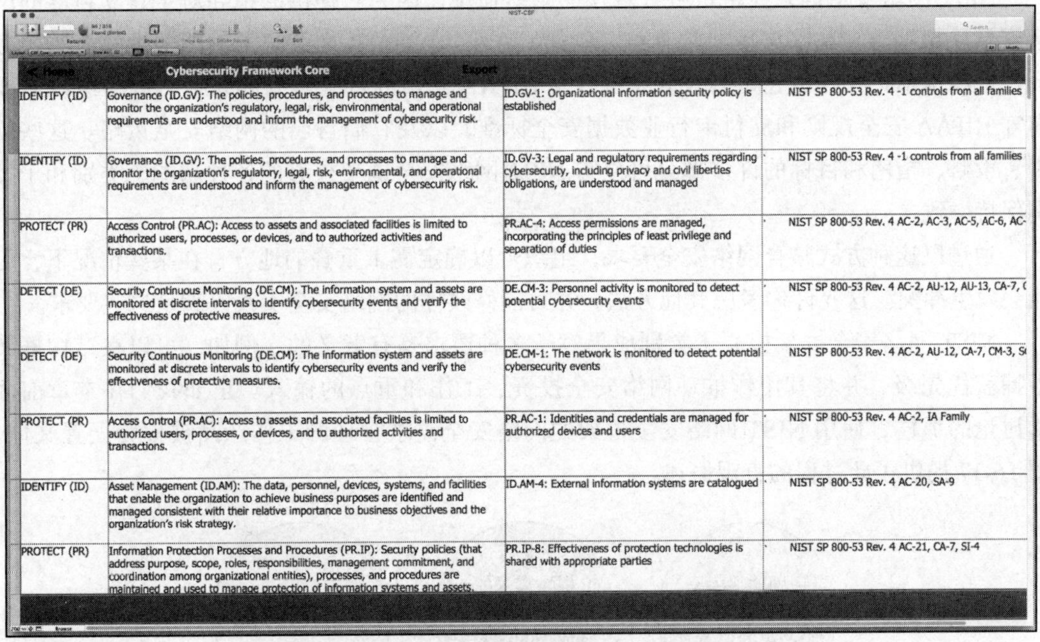

图 16-15　NIST CSF 网络安全框架核心视图

NIST CSF 参考工具还允许你搜索特定单词并将当前查看的数据导出为不同的文件类型，

例如以制表符或逗号分隔的文本文件或 XML 文件，如图 16-16 所示。

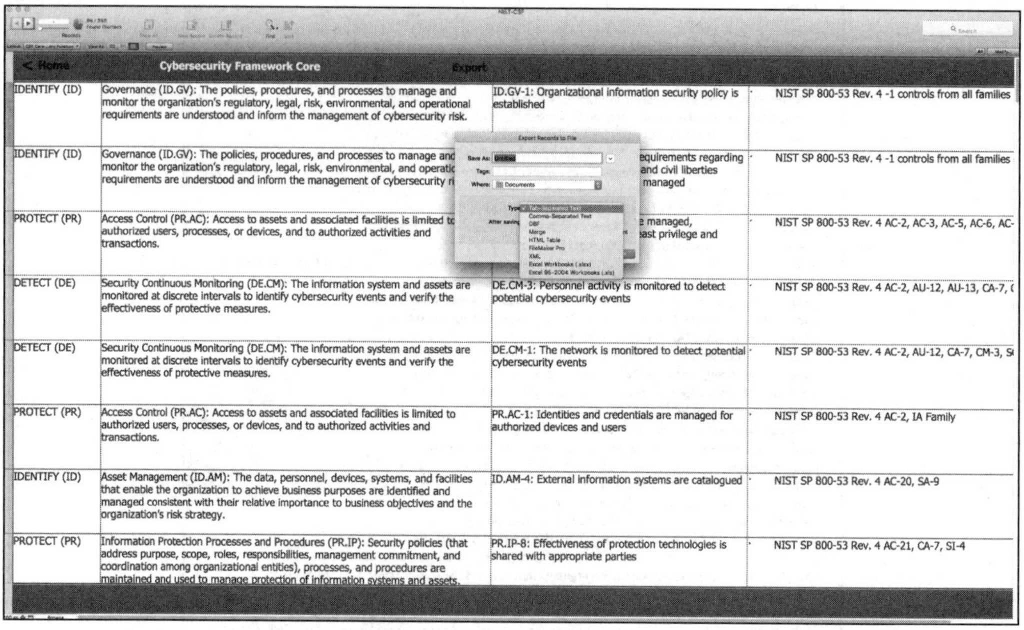

图 16-16　NIST CSF 导出功能

在现实生活中采用 NIST 网络安全框架

NIST 网络安全框架经常被各种规模的组织使用，因为它提供的指导对于建立自己的网络安全计划和遵守某些法规非常有益。例如，在第 14 章中，你了解了美国卫生和人类服务部已经将 NIST 网络安全框架的组成部分与 HIPAA 元素进行了对齐和映射。许多组织需要遵守 HIPAA 安全规则和支付卡行业数据安全标准，以及它们自己的网络安全策略。这些规则、策略、指南和目标的许多部分可以与 NIST 网络安全框架核心的各种功能、类别和子类别保持一致。

通过以这种方式整合网络安全要求，组织可以确定需求重叠的地方，在某些情况下，可能会发生冲突。这允许你考虑其他方法，并可能修改你的网络安全实践以满足这些要求。

NIST 网络安全框架核心子类别成果对于多种要求是有意义的。例如，可以在结构框架中捕获优先级，并将其用作推动网络安全投资、工作和重点的输入。正如我们在本章前面所讨论的那样，使用 NIST 网络安全框架的网络安全需求管理的工作产品被称为配置文件。图 16-17 提供了此过程的直观概述。

识别网络安全需求重叠或冲突的位置 → 根据需求的调整确定子类别成果的优先级 → 根据配置文件进行网络安全活动

图 16-17　基于 NIST 网络安全框架进行网络安全活动

NIST 网络安全框架还可用于在各种风险管理实践之间进行转换，并在你与各种提供商（包括服务提供商、产品提供商、系统集成商和其他合作伙伴）进行交互时为你的组织提供支持。例如，你甚至可以在市场调查期间使用该框架，要求提供商在回复信息请求（RFI）时包含类似于其网络安全框架配置文件或表达其产品和组织的网络安全功能。

NIST 网络安全框架中的实现层被设计为网络安全风险管理成熟度的总体衡量标准。但是，实现层不是规定性的，正如你可能在其他成熟度模型中找到的那样。此外，遵循 NIST 网络安全框架中的一般指导，你可以将网络安全责任分配给组织中的业务单位或个人。你可以指定网络安全计划的任务、职责和所有权及其相关策略。

总结

NIST 网络安全框架由美国政府、企业和个人合作创建，是使用通用分类法开发的，其主要目标之一是以经济有效的方式解决和管理网络安全风险，以保护关键基础设施。

NIST 网络安全框架旨在补充你组织的现有风险管理流程和网络安全计划，它不会取代这样的流程或计划。你可以通过遵循行业最佳实践利用该框架帮助你加强策略和计划。如果你的组织没有现成的网络安全计划，你可以使用 NIST 网络安全框架作为开发此类计划的参考。

在本章中，你了解了 NIST 网络安全框架的不同部分。框架核心是"网络安全活动、成果和参考信息的集合，在关键基础设施部门中很常见，为开发个人组织的配置文件提供详细指南"。框架配置文件旨在帮助基础组织使其网络安全业务与业务需求、风险容忍度和资源保持一致。框架实现层旨在帮助组织查看和了解其管理网络安全风险的方法的特征。这些层描述了你的风险管理实践如何与框架中定义的特征一致。

你还了解了可用于浏览 NIST 网络安全框架组件和参考的工具。最后，你了解了组织如何使其网络安全计划和实践与 NIST 网络安全框架保持一致。

自测题

选择题

1. NIST 网络安全框架是由以下哪个构建的？
   A. 法律法规
   B. 标准、指南和实践
   C. 由网络安全专业人员开发的清单
   D. 以上所有

2. NIST 网络安全框架为组织提供了共同的指导，以便能够实现以下哪项？
   A. 描述它们当前的网络安全态势
   B. 描述它们的网络安全目标状态
   C. 在连续和可重复的过程中识别并优先考虑改进机会
   D. 以上所有

3. NIST 网络安全框架分为以下哪些部分？
   A. 框架配置文件、实现层、成果
   B. 框架配置文件、核心、成果
   C. 框架核心、配置文件、实现层
   D. 框架核心、实现层、成果

4. 框架核心分为多个功能。这些功能包括以下哪些元素？
   A. 实现层、类别、参考信息
   B. 实现层、识别元素、参考信息
   C. 类别、子类别、参考信息
   D. 标准、类别、参考信息

5. 类别将功能的元素分组为网络安全_____的集合。

    A. 结果   B. 标准   C. 规则   D. 清单

6. 有关参考信息的描述以下哪一项不正确？

    A. 参考信息指的是行业标准、指南和实践，这些标准、指南和实践对于试图实现与每个子类别相关的成果的组织是有益的

    B. 参考信息是仅适用于试图实现与每个子类别相关的成果的政府机构的规则

    C. NIST 提到参考信息是"说明性的而非详尽的"

    D. 你可以提交参考资料，将其视为 NIST 网络安全框架信息参考资料的一部分

7. 风险评估类别用于识别和分析组织运营、资产和个人的网络安全风险。风险评估类别是其中哪个功能的一部分？

    A. 识别   B. 检测   C. 保护   D. 响应

8. 意识和培训类别涉及网络安全意识教育，以便你的员工接受充分培训，以履行与相关策略、程序和协议相一致的信息安全相关职责。意识和培训类别是其中哪个功能的一部分？

    A. 识别   B. 检测   C. 保护   D. 响应

9. 异常和事件、安全持续监测和检测过程类别是哪个功能的一部分？

    A. 识别   B. 检测   C. 保护   D. 响应

10. 关于 NIST 网络安全框架实现层，以下哪一项是正确的？

    A. 提供指导，使组织能够保持对 FISMA 要求的遵守

    B. 提供指导，使组织能够分析网络安全风险并加强其管理此类风险的流程

    C. 提供指导，以使组织能够遵守 FIPS 要求

    D. 提供指导，使组织能够遵守 HIPAA 要求

11. 谁应该将任务优先级、可用资源和总体风险承受能力传达给业务 / 流程级别？

    A. NIST   B. 高管   C. 美国总统   D. 美国商务部

12. 以下哪项不是 NIST 网络安全框架建议或改进网络安全计划的步骤之一？

    A. 确定你的业务目标和高级别的组织优先级

    B. 使用该框架作为 FISMA 合规性的核对表

    C. 通过定义哪些类别或子类别与 GDPR 合规性相关来创建当前配置文件

    D. 为你的组织创建目标配置文件

13. 以下哪一项是不正确的？

    A. 组织可以利用目标配置文件向外部服务提供商（例如，正在向其导出数据的云提供商）表达网络安全风险管理要求

    B. 组织可以通过当前配置文件表达其网络安全状态，以报告成果或与获取要求进行比较

    C. 关键基础设施所有者 / 运营商在确定了该基础设施所依赖的外部合作伙伴后，可以使用目标配置文件来传达所需的类别和子类别

    D. 只有关键基础设施机构才可以建立目标配置文件，该目标配置文件可以在其成员之间用作初始基线配置文件，以构建其定制的目标配置文件

练习题

练习 16.1：了解 NIST 网络安全框架核心

1. 解释 NIST 网络安全框架核心如何构建一系列活动以达到某些网络安全成果，并包括实现此类成果的指导示例。

2. 解释哪些部分可用作创建事件响应计划和实践的指导。

3. 探索每个类别中的参考信息。你发现了任何重叠吗？你有没有找到相互矛盾的东西？

练习 16.2：了解实现层

1. 描述组织的风险管理实践如何与框架中定义的特征保持一致。

2. 实现层的哪些方面可用于增强组织的风险管理流程？请解释原因。

练习 16.3：以框架为指导管理网络供应链风险管理

1. 解释 NIST 网络安全框架如何帮助你的组织为提供商和合作伙伴建立基线要求。

2. 创建此类基线的示例。

项目题

项目 16.1：NIST 网络安全框架电子表格

1. 从 https://www.nist.gov/cyberframework 下载 NIST 网络安全框架的电子表格。

2. 熟悉 NIST 网络安全框架的所有不同组件、类别、子类别和参考信息。

3. 从 https://www.nist.gov/cyberframework/csf-reference-tool 下载 NIST 的 CSF 工具。熟悉该工具的所有不同功能以及它如何允许你开始开发自己的网络安全计划。

4. 准备一份报告，说明企业或私营部门组织如何利用该框架来帮助实现以下目标。

   ❏ 识别资产和相关风险。

   ❏ 防范威胁行动者。

   ❏ 检测并响应任何网络安全事件。

   ❏ 网络安全事件发生后恢复。

案例研究：英特尔和迈克菲采用 NIST 网络安全框架

英特尔发布并交付了题为"网络安全框架：英特尔实施工具和方法"的演示文稿。该演示文稿可在 https://www.nist.gov/sites/default/files/documents/cyberframework/cyber securityframework_6thworkshop_intel_corp.pdf 中找到。

英特尔使用 NIST 网络安全框架的目标包括与风险承受能力实践保持一致。此外，他们还使用该框架作为向高级管理人员传达风险的指导。

同样，迈克菲发布了一篇名为"我们尝试过 NIST 框架及其工作原理"的博文，可以访问 https://securingtomorrow.mcafee.com/executive-perspectives/tried-nist- framework-works-2 查看。在其中，迈克菲解释了如何"专注于开发一个能够创建共同语言的用例，并鼓励将框架用作流程和风险管理工具，而不是一组静态要求"。

研究两种实现方式并回答以下问题：

1. 为什么这些公司试图将他们的网络安全计划与 NIST 网络安全框架保持一致？

2. 有哪些主要好处？

3. 描述英特尔和迈克菲的努力有何异同。

4. 研究其他公司，他们还将其网络安全工作与 NIST 网络安全框架保持一致，并将成果与英特尔和迈克菲的成果进行比较。

参考资料

Executive Order—"Improving Critical Infrastructure Cybersecurity," accessed 04/2018, https://obamawhitehouse.archives.gov/the-press-office/2013/02/12/executive-order-improving-critical-infrastructure-cybersecurity.

Cybersecurity Enhancement Act of 2014, accessed 04/2018, https://www.congress.gov/bill/113th-congress/senate-bill/1353/text.

NIST Cybersecurity Framework, accessed 04/2018, https://www.nist.gov/cyberframework.

NIST Cybersecurity Framework Interactive Framework Resources, accessed 04/2018, https://www.nist.gov/cyberframework/framework-resources-0.

NIST Cybersecurity Framework Roadmap, accessed 04/2018, https://www.nist.gov/cyberframework/related-efforts-roadmap.

"We Tried the NIST Framework and It Works," McAfee, accessed 04/2018, https://securingtomorrow.mcafee.com/executive-perspectives/tried-nist-framework-works-2.

"Cybersecurity Framework: Intel's Implementation Tools and Approach," Intel, accessed 04/2018, https://www.nist.gov/sites/default/files/documents/cyberframework/cybersecurityframework_6thworkshop_intel_corp.pdf.

Applying the NIST Cybersecurity Framework to Elections, accessed 04/2018, https://www.eac.gov/file.aspx?&A=Us%2BFqgpgVZw6CIHjBnD2tHKX0PKbwfShtOKsIx2kbEE%3D.

附录 A 网络安全计划资源

美国 NIST 网络安全框架

NIST 网络安全框架：https://www.nist.gov/cyberframework

NIST 特别出版物

https://csrc.nist.gov/publications/sp

- SP 1800-4: "Mobile Device Security: Cloud and Hybrid Builds"
- SP 1800-2: "Identity and Access Management for Electric Utilities"
- SP 1800-1: "Securing Electronic Health Records on Mobile Devices"
- SP 800-192: "Verification and Test Methods for Access Control Policies/Models"
- SP 800-190: "Application Container Security Guide"
- SP 800-185: "SHA-3 Derived Functions: cSHAKE, KMAC, TupleHash, and ParallelHash"
- SP 800-184: "Guide for Cybersecurity Event Recovery"
- SP 800-183: "Networks of 'Things'"
- SP 800-181: "National Initiative for Cybersecurity Education (NICE) Cybersecurity Workforce Framework"
- SP 800-180: "NIST Definition of Microservices, Application Containers and System Virtual Machines"
- SP 800-175B: "Guideline for Using Cryptographic Standards in the Federal Government: Cryptographic Mechanisms"
- SP 800-167: "Guide to Application Whitelisting"
- SP 800-164: "Guidelines on Hardware-Rooted Security in Mobile Devices"
- SP 800-163: "Vetting the Security of Mobile Applications"
- SP 800-162: "Guide to Attribute Based Access Control (ABAC) Definition and Considerations"
- SP 800-161: "Supply Chain Risk Management Practices for Federal Information Systems and Organizations"
- SP 800-160 Vol. 2: "Systems Security Engineering: Cyber Resiliency Considerations for the Engineering of Trustworthy Secure Systems"
- SP 800-160 Vol. 1: "Systems Security Engineering: Considerations for a Multidisciplinary

Approach in the Engineering of Trustworthy Secure Systems"

- SP 800-157: "Guidelines for Derived Personal Identity Verification (PIV) Credentials"
- SP 800-156: "Representation of PIV Chain-of-Trust for Import and Export"
- SP 800-155: "BIOS Integrity Measurement Guidelines"
- SP 800-154: "Guide to Data-Centric System Threat Modeling"
- SP 800-153: "Guidelines for Securing Wireless Local Area Networks (WLANs)"
- SP 800-152: "A Profile for U.S. Federal Cryptographic Key Management Systems (CKMS)"
- SP 800-150: "Guide to Cyber Threat Information Sharing"
- SP 800-147B: "BIOS Protection Guidelines for Servers"
- SP 800-147: "BIOS Protection Guidelines"
- SP 800-146: "Cloud Computing Synopsis and Recommendations"
- SP 800-145: "The NIST Definition of Cloud Computing"
- SP 800-144: "Guidelines on Security and Privacy in Public Cloud Computing"
- SP 800-142: "Practical Combinatorial Testing"
- SP 800-137: "Information Security Continuous Monitoring (ISCM) for Federal Information Systems and Organizations"
- SP 800-135 Rev. 1: "Recommendation for Existing Application-Specific Key Derivation Functions"
- SP 800-133: "Recommendation for Cryptographic Key Generation"
- SP 800-132: "Recommendation for Password-Based Key Derivation: Part 1: Storage Applications"
- SP 800-131A Rev. 1: "Transitions: Recommendation for Transitioning the Use of Cryptographic Algorithms and Key Lengths"
- SP 800-130: "A Framework for Designing Cryptographic Key Management Systems"
- SP 800-128: "Guide for Security-Focused Configuration Management of Information Systems"
- SP 800-127: "Guide to Securing WiMAX Wireless Communications"
- SP 800-126 Rev. 3: "The Technical Specification for the Security Content Automation Protocol (SCAP): SCAP Version 1.3"
- SP 800-125B: "Secure Virtual Network Configuration for Virtual Machine (VM) Protection"
- SP 800-125A: "Security Recommendations for Hypervisor Deployment on Servers"
- SP 800-125: "Guide to Security for Full Virtualization Technologies"
- SP 800-124 Rev. 1: "Guidelines for Managing the Security of Mobile Devices in the Enterprise"
- SP 800-123: "Guide to General Server Security"
- SP 800-122: "Guide to Protecting the Confidentiality of Personally Identifiable Information (PII)"
- SP 800-121 Rev. 2: "Guide to Bluetooth Security"

- SP 800-120: "Recommendation for EAP Methods Used in Wireless Network Access Authentication"

- SP 800-119: "Guidelines for the Secure Deployment of IPv6"

- SP 800-117 Rev. 1: "Guide to Adopting and Using the Security Content Automation Protocol (SCAP) Version 1.2"

- SP 800-117: "Guide to Adopting and Using the Security Content Automation Protocol (SCAP) Version 1.0"

- SP 800-116 Rev. 1: "A Recommendation for the Use of PIV Credentials in Physical Access Control Systems (PACS)"

- SP 800-116: "A Recommendation for the Use of PIV Credentials in Physical Access Control Systems (PACS)"

- SP 800-115: "Technical Guide to Information Security Testing and Assessment"

- SP 800-114 Rev. 1: "User's Guide to Telework and Bring Your Own Device (BYOD) Security"

- SP 800-113: "Guide to SSL VPNs"

- SP 800-111: "Guide to Storage Encryption Technologies for End User Devices"

- SP 800-108: "Recommendation for Key Derivation Using Pseudorandom Functions (Revised)"

- SP 800-107 Rev. 1: "Recommendation for Applications Using Approved Hash Algorithms"

- SP 800-102: "Recommendation for Digital Signature Timeliness"

- SP 800-101 Rev. 1: "Guidelines on Mobile Device Forensics"

- SP 800-100: "Information Security Handbook: A Guide for Managers"

- SP 800-98: "Guidelines for Securing Radio Frequency Identification (RFID) Systems"

- SP 800-97: "Establishing Wireless Robust Security Networks: A Guide to IEEE 802.11i"

- SP 800-96: "PIV Card to Reader Interoperability Guidelines"

- SP 800-95: "Guide to Secure Web Services"

- SP 800-94 Rev. 1: "Guide to Intrusion Detection and Prevention Systems (IDPS)"

- SP 800-92: "Guide to Computer Security Log Management"

- SP 800-88 Rev. 1: "Guidelines for Media Sanitization"

- SP 800-86: "Guide to Integrating Forensic Techniques into Incident Response"

- SP 800-85B-4: "PIV Data Model Test Guidelines"

- SP 800-85A-4: "PIV Card Application and Middleware Interface Test Guidelines (SP 800-73-4 Compliance)"

- SP 800-84: "Guide to Test, Training, and Exercise Programs for IT Plans and Capabilities"

- SP 800-83 Rev. 1: "Guide to Malware Incident Prevention and Handling for Desktops and Laptops"

- SP 800-82 Rev. 2: "Guide to Industrial Control Systems (ICS) Security"

- SP 800-81-2: "Secure Domain Name System (DNS) Deployment Guide"

- SP 800-79-2: "Guidelines for the Authorization of Personal Identity Verification Card Issuers (PCI) and Derived PIV Credential Issuers (DPCI)"

- SP 800-77: "Guide to IPsec VPNs"

- SP 800-76-2: "Biometric Specifications for Personal Identity Verification"

- SP 800-73-4: "Interfaces for Personal Identity Verification"

- SP 800-64 Rev. 2: "Security Considerations in the System Development Life Cycle"

- SP 800-63C: "Digital Identity Guidelines: Federation and Assertions"

- SP 800-63B: "Digital Identity Guidelines: Authentication and Life Cycle Management"

- SP 800-61 Rev. 2: "Computer Security Incident Handling Guide"

- SP 800-53 Rev. 5: "Security and Privacy Controls for Information Systems and Organizations"

- SP 800-53A Rev. 4: "Assessing Security and Privacy Controls in Federal Information Systems and Organizations: Building Effective Assessment Plans"

- SP 800-52: "Guidelines for the Selection, Configuration, and Use of Transport Layer Security (TLS) Implementations"

- SP 800-51 Rev. 1: "Guide to Using Vulnerability Naming Schemes"

- SP 800-50: "Building an Information Technology Security Awareness and Training Program"

- SP 800-48 Rev. 1: "Guide to Securing Legacy IEEE 802.11 Wireless Networks"

- SP 800-47: "Security Guide for Interconnecting Information Technology Systems"

- SP 800-46 Rev. 2: "Guide to Enterprise Telework, Remote Access, and Bring Your Own Device (BYOD) Security"

- SP 800-45 Version 2: "Guidelines on Electronic Mail Security"

- SP 800-44 Version 2: "Guidelines on Securing Public Web Servers"

- SP 800-41 Rev. 1: "Guidelines on Firewalls and Firewall Policy"

- SP 800-40 Rev. 3: "Guide to Enterprise Patch Management Technologies"

- SP 800-37 Rev. 2: "Guide for Applying the Risk Management Framework to Federal Information Systems: a Security Life Cycle Approach"

- SP 800-36: "Guide to Selecting Information Technology Security Products"

- SP 800-35: "Guide to Information Technology Security Services"

- SP 800-34 Rev. 1: "Contingency Planning Guide for Federal Information Systems"

- SP 800-33: "Underlying Technical Models for Information Technology Security"

- SP 800-32: "Introduction to Public Key Technology and the Federal PKI Infrastructure"

- SP 800-30 Rev. 1: "Guide for Conducting Risk Assessments"

- SP 800-25: "Federal Agency Use of Public Key Technology for Digital Signatures and Authentication"

- SP 800-23: "Guidelines to Federal Organizations on Security Assurance and Acquisition/Use of Tested/Evaluated Products"

- SP 800-19: "Mobile Agent Security"
- SP 800-18 Rev. 1: "Guide for Developing Security Plans for Federal Information Systems"
- SP 800-17: "Modes of Operation Validation System (MOVS): Requirements and Procedures"
- SP 800-16 Rev. 1: "A Role-Based Model for Federal Information Technology/Cybersecurity Training"
- SP 800-15: "MISPC Minimum Interoperability Specification for PKI Components, Version 1"
- SP 800-13: "Telecommunications Security Guidelines for Telecommunications Management Network"
- SP 800-12 Rev. 1: "An Introduction to Information Security"
- SP 500-320: "Report of the Workshop on Software Measures and Metrics to Reduce Security Vulnerabilities (SwMM-RSV)"
- SP 500-299: "NIST Cloud Computing Security Reference Architecture"

联邦金融机构检查委员会（FFIEC）IT 手册

https://ithandbook.ffiec.gov/it-booklets.aspx
- 审计
- 业务连续性计划
- 发展与收购
- 电子银行
- 信息安全
- 管理
- 操作
- 外包技术服务
- 零售支付系统
- 监督技术服务提供者
- 批发支付系统

卫生与人类服务部 HIPAA 安全系列

https://www.hhs.gov/hipaa/for-professionals/security/guidance/index.html
- 涵盖实体的安全性 101
- 行政保障
- 物理保障
- 技术保障
- 组织、策略、过程以及文件要求
- 风险分析和风险管理的基础知识
- 安全标准：小型提供商的实施
- HIPAA 安全指南

- ❑ 风险分析
- ❑ 卫生与公众服务部安全风险评估工具
- ❑ NIST HIPAA 安全规则工具包应用程序
- ❑ 远程使用
- ❑ 移动设备
- ❑ 勒索
- ❑ 联邦信息处理标准出版物 140-2：加密模块的安全要求
- ❑ NIST HIPAA 安全规则工具包应用程序
- ❑ NIST 网络安全框架到 HIPAA 安全规则人行横道
- ❑ FTC HIPAA 相关指南："从点对点文件共享应用程序对电子健康信息的安全风险"
- ❑ FTC HIPAA 相关指南："保护数字复印机上的电子保护健康信息"
- ❑ FTC HIPAA 相关指南："医疗身份盗窃"
- ❑ OCR 网络意识通信

支付卡行业安全标准委员会（PCI SSC）文件库

https://www.pcisecuritystandards.org/document_library
- ❑ PCI DSS v3.2
- ❑ 术语表，缩略语和首字母缩写词 v3.2
- ❑ PCI DSS 变更摘要 v3.1 至 v3.2
- ❑ PCI DSS v3.2 的优先方法
- ❑ 优先方法变更摘要版本 3.1 至 3.2
- ❑ 优先方法工具
- ❑ PCI DSS 快速参考指南 v3.2
- ❑ 小商户参考指南订单
- ❑ PCI 快速参考订单
- ❑ ROC 报告模板 v3.2
- ❑ PCI DSS AOC– 商家 v3.2
- ❑ PCI DSS AOC– 服务提供商 v3.2
- ❑ 服务提供商的 AOC 额外表格
- ❑ 关于合规的补充报告 – 指定实体 v3.2
- ❑ 现场评估的补充 AOC– 指定实体 v3.2
- ❑ 与 PCI DSS ROC 报告模板 v3.x 一起使用的常见问题解答（FAQ）
- ❑ 指定实体补充验证的常见问题解答

SANS 信息安全策略模板

https://www.sans.org/security-resources/policies
- ❑ 可接受的加密策略

- ❑ 可接受的使用策略
- ❑ 清理桌面策略
- ❑ 数据泄露响应策略
- ❑ 灾难恢复计划策略
- ❑ 数字签名接受策略
- ❑ 电子邮件策略
- ❑ 道德策略
- ❑ 大流行应对计划策略
- ❑ 密码构造指南
- ❑ 密码保护策略
- ❑ 安全响应计划策略
- ❑ 最终用户加密密钥保护策略
- ❑ 收购评估策略
- ❑ 蓝牙基线要求策略
- ❑ 远程访问策略
- ❑ 远程访问工具策略
- ❑ 路由器和交换机安全策略
- ❑ 无线通信策略
- ❑ 无线通信标准
- ❑ 数据库凭据策略
- ❑ 技术设备处置策略
- ❑ 信息记录标准
- ❑ 实验室安全策略
- ❑ 服务器安全策略
- ❑ 软件安装策略
- ❑ 工作站安全（针对 HIPAA）策略
- ❑ Web 应用程序安全策略

信息安全专业发展和认证组织

- ❑ 国际信息系统安全认证联盟（ISC2）：https://isc2.org
- ❑ 信息系统审计和控制协会（ISACA）：https://isaca.org
- ❑ 信息系统安全协会公司（ISSA）：https://issa.org
- ❑ SANS 研究所：https://sans.org
- ❑ 灾难恢复研究所（DRI）：https://drii.org
- ❑ CompTIA：https://www.comptia.org
- ❑ 事件响应和安全团队论坛（FIRST）：https://first.org
- ❑ 内部审计师协会：https://theiia.org
- ❑ EC 理事会：https://www.eccouncil.org/

附录 B　选择题答案

寻求课程讲师的指导，完成章节练习题和项目题。

第1章

1. D	2. A	3. B	4. A	5. A	6. D	7. C	8. D	9. B	10. D
11. C	12. A	13. C	14. A	15. C	16. D	17. C	18. A	19. D	20. D
21. C	22. B	23. D	24. D	25. C					

第2章

1. B	2. C	3. D	4. C	5. C	6. A	7. C	8. D	9. B	10. D
11. B	12. B	13. C	14. D	15. B	16. A	17. A	18. C	19. D	20. D
21. A	22. A	23. C	24. B	25. D	26. C	27. A	28. B	29. C	30. C

第3章

1. C	2. C 和 D		3. A	4. A	5. A	6. B	7. A 和 C		8. C
9. C	10. D	11. B	12. C	13. B	14. D	15. C	16. D	17. C	18. D
19. C	20. B	21. B	22. D	23. A	24. B	25. C	26. C	27. C	28. A
29. B	30. D	31. A、C 和 D							

第4章

1. D	2. C	3. A	4. D	5. D	6. A	7. B	8. B	9. C	10. A
11. D	12. A	13. B	14. C	15. D	16. B	17. B	18. C	19. B	20. D
21. B	22. A	23. D	24. A	25. C	26. B	27. C	28. D	29. C	30. E

第5章

1. B	2. C	3. A	4. D	5. A	6. D	7. D	8. B	9. D	10. D
11. B	12. C	13. B	14. C	15. C	16. D	17. A	18. A	19. C	20. B
21. A	22. C	23. C	24. D	25. B	26. D	27. B	28. D	29. C	30. B

第6章

1. D	2. C	3. C	4. A	5. B	6. D	7. A	8. D	9. B	10. B
11. C	12. A	13. B	14. B	15. C	16. A	17. D	18. B	19. C	20. B

21. A   22. D   23. C   24. B   25. D   26. A   27. A   28. C   29. A   30. B

第 7 章

1. D   2. C   3. A   4. D   5. A   6. A   7. C   8. C   9. A   10. B
11. C   12. D   13. A   14. A   15. C   16. A   17. D   18. C   19. B   20. D

第 8 章

1. C   2. B   3. A   4. B   5. A   6. A   7. D   8. A   9. A   10. B
11. D   12. B   13. C   14. B   15. D   16. A   17. A   18. A   19. B   20. A
21. B   22. D   23. B   24. A   25. B   26. D   27. A   28. B   29. D   30. A

第 9 章

1. D   2. D   3. B   4. A   5. C   6. C   7. C   8. A   9. A   10. B
11. C   12. B   13. B   14. D   15. B   16. C   17. A   18. A   19. C   20. C

第 10 章

1. B   2. D   3. A   4. B   5. B   6. D   7. A   8. C   9. B   10. A
11. C   12. D   13. B   14. A   15. B   16. C   17. B   18. C   19. D   20. C
21. A   22. B   23. B   24. A   25. D   26. C   27. D   28. A   29. D   30. A

第 11 章

1. B   2. B   3. B   4. A   5. D   6. C   7. B   8. C、D 和 E   9. D
10. B   11. C   12. B   13. D   14. D   15. C   16. B   17. D   18. C   19. A
20. C   21. A   22. C   23. A

第 12 章

1. B   2. C   3. B   4. B   5. D   6. D   7. C   8. A   9. B   10. D
11. C   12. C   13. C   14. B   15. A   16. A   17. D

第 13 章

1. C   2. C   3. C   4. B   5. B   6. D   7. D   8. C   9. B   10. B
11. B   12. A   13. B   14. C   15. D   16. C   17. C   18. A   19. B   20. B
21. C   22. C   23. A   24. C   25. B   26. B   27. D   28. D   29. B   30. B

第 14 章

1. A   2. D   3. B   4. D   5. A   6. B   7. C   8. C   9. C   10. A 和 C
11. D   12. B   13. D   14. B   15. A   16. A   17. A   18. D   19. C   20. D
21. C   22. D   23. C   24. B   25. D   26. B   27. A   28. B   29. B   30. A

第 15 章

1. B	2. C	3. D	4. B	5. A	6. B	7. C	8. D	9. D	10. A
11. A	12. B	13. A	14. B	15. D	16. A	17. B	18. D	19. C	20. C
21. D	22. D	23. A	24. B	25. C	26. A	27. A	28. D	29. A	30. D

第 16 章

1. B	2. D	3. C	4. C	5. A	6. B	7. A	8. C	9. B	10. B
11. B	12. B	13. D							